国防科技图书出版基金

宽带阵列信号波达方向估计理论与方法

Wideband Array Signal Direction of Arrive Estimation Theory and Methods

赵拥军　李冬海　赵 闯　胡德秀　刘成城　著

国防工业出版社

·北京·

图书在版编目(CIP)数据

宽带阵列信号波达方向估计理论与方法/赵拥军等著.—北京:国防工业出版社,2013.8

ISBN 978-7-118-08679-9

Ⅰ.①宽... Ⅱ.①赵... Ⅲ.①数字信号处理-研究 Ⅳ.①TN911.72

中国版本图书馆 CIP 数据核字(2013)第 170784 号

※

国防工业出版社出版发行

(北京市海淀区紫竹院南路 23 号 邮政编码 100048)

北京嘉恒彩色印刷责任有限公司

新华书店经售

*

开本 710×1000 1/16 **印张** 18 **字数** 327 千字

2013 年 8 月第 1 版第 1 次印刷 **印数** 1—3000 册 **定价** 88.00 元

国防书店:(010)88540777 发行邮购:(010)88540776

发行传真:(010)88540755 发行业务:(010)88540717

致　读　者

本书由国防科技图书出版基金资助出版。

国防科技图书出版工作是国防科技事业的一个重要方面。优秀的国防科技图书既是国防科技成果的一部分，又是国防科技水平的重要标志。为了促进国防科技和武器装备建设事业的发展，加强社会主义物质文明和精神文明建设，培养优秀科技人才，确保国防科技优秀图书的出版，原国防科工委于 1988 年初决定每年拨出专款，设立国防科技图书出版基金，成立评审委员会，扶持、审定出版国防科技优秀图书。

国防科技图书出版基金资助的对象是：

1. 在国防科学技术领域中，学术水平高，内容有创见，在学科上居领先地位的基础科学理论图书；在工程技术理论方面有突破的应用科学专著。

2. 学术思想新颖，内容具体、实用，对国防科技和武器装备发展具有较大推动作用的专著；密切结合国防现代化和武器装备现代化需要的高新技术内容的专著。

3. 有重要发展前景和有重大开拓使用价值，密切结合国防现代化和武器装备现代化需要的新工艺、新材料内容的专著。

4. 填补目前我国科技领域空白并具有军事应用前景的薄弱学科和边缘学科的科技图书。

国防科技图书出版基金评审委员会在总装备部的领导下开展工作，负责掌握出版基金的使用方向，评审受理的图书选题，决定资助的图书选题和资助金额，以及决定中断或取消资助等。经评审给予资助的图书，由总装备部国防工业出版社列选出版。

国防科技事业已经取得了举世瞩目的成就。国防科技图书承担着记载和弘扬这些成就，积累和传播科技知识的使命。在改革开放的新形势下，原国防科工委率先设立出版基金，扶持出版科技图书，这是一项具有深远意义的创举。此举势必促使国防科技图书的出版随着国防科技事业的发展更加兴旺。

设立出版基金是一件新生事物，是对出版工作的一项改革。因而，评审工作需要不断地摸索、认真地总结和及时地改进，这样，才能使有限的基金发挥出巨大的效能。评审工作更需要国防科技和武器装备建设战线广大科技工作者、专家、教授，以及社会各界朋友的热情支持。

让我们携起手来，为祖国昌盛、科技腾飞、出版繁荣而共同奋斗！

国防科技图书出版基金
评审委员会

前　言

阵列信号处理是现代信号处理的一个重要分支，在近40年来得到迅速发展，其应用涉及雷达、声纳、通信、电子侦察、射电天文等军事与国民经济的众多领域。阵列信号处理是通过放置在空间不同位置的多个传感器形成的传感器阵列，对空间信号场进行感应接收（即并行空域采样）和处理，以提取阵列接收到的信号及其特征参数，同时增强所需的有用信号，抑制干扰和噪声。阵列信号处理主要是利用信号的空域特性对一些方向上的信号进行增强，对另外一些方向上的干扰和噪声进行抑制并提取信号的空域信息，因而常被称为空域信号处理。阵列信号处理与传统的测向方法相比较，具有波束控制灵活、空间分辨率高、信号增益高、抗干扰能力强等突出特点，它的两个最主要的研究方向是自适应阵列处理（即自适应空域滤波）和空间谱估计。自适应阵列处理的理论与技术已经比较成熟，并有很多实际系统得到广泛应用；而空间谱估计理论的产生要晚一些，但是其发展却非常迅速。空间谱估计技术与自适应阵列技术不同，它侧重于研究空间多传感器阵列所构成的处理系统，对感兴趣的空间信号的多种参数进行准确的估计，其主要目的是估计信号的空域参数或信号源位置，而这恰恰是雷达、声纳、电子侦察等许多领域的重要任务，常规波束形成算法进行测向时其分辨力受瑞利限制约。而从理论上说，阵列高分辨空间谱估计技术可以突破瑞利限的约束，大幅度改善系统处理带宽内空间信号波达方向的估计精度、角度分辨率及其他相关参数精度，因而在雷达、通信、电子侦察等领域有着极为广阔的应用前景。

传统的阵列信号处理，针对的主要是窄带信号，相应的各种高分辨算法和快速算法已经比较成熟，窄带信号空间谱估计测向系统已经得到成功应用。然而，科技的迅猛发展，使得现代雷达、通信系统占据的信号频带越来越宽，宽带雷达、宽带通信系统应用更加广泛，信号环境越来越复杂，信号形式日趋多样，信号带宽与频率范围不断拓展，已有的各种窄带阵列测向处理系统日渐显现出不适应性。因此，迫切需要深入研究发展宽带信号的阵列处理理论与技术。国内外不少学者在窄带信号空间谱估计技术取得重要成绩的基础上，又开始了对宽带信号的研究，建立了宽带信号阵列处理模型，提出了许多适应宽带信号的性能优良的处理算法。但在宽带信号处理的研究中依然存在着大量未解决的问题，围绕这些问题国内外学者做了不懈的探索研究，特别是建立了基于时域模型的宽带信号空间谱估计模型,相比于基于频域模型的宽带信号空间谱估计具有更好的估计性能及适应性。

本书重点介绍了基于阵列信号处理的宽带信号波达方向估计的概念、理论和方法。全书内容共分3篇。其中:第1篇包括第1、2章,介绍了空间谱估计基础;第2篇包括第3~7章,介绍了基于频域模型的宽带信号空间谱估计;第3篇包括第8、9章,介绍了基于时域模型的宽带信号空间谱估计。各篇及章节内容安排如下:

第1篇主要介绍阵列信号处理的相关基本知识,将读者引入到阵列信号及空间谱估计的领域,使读者对阵列信号处理建立一个基础,对其发展历程有一个整体的了解。本篇内容是后续各章节的基础。其中:第1章为绪论,简要评述了阵列信号处理以及高分辨空间谱估计的研究进展和现状,对阵列信号处理领域的重大突破性成就进行总结,对该领域的研究现状和发展方向进行概括,使读者能够了解阵列信号处理的整体概貌;第2章为空间谱估计的基本知识,主要介绍了阵列信号处理的基本原理、阵列信号模型、天线阵以及窄带信号空间谱估计等基础知识,由浅入深,逐步展现阵列信号处理以及空间谱估计的魅力所在。

第2篇重点论述了基于频域模型的宽带信号空间谱估计的最新研究成果,其中很大部分是作者长期从事宽带空间谱估计的研究成果。本篇内容散见于一些文献,在公开出版的书籍中尚未涉及。其中:第3章主要研究了基于宽带子空间的空间谱估计方法,包括宽带聚焦类信号波达方向(DOA)估计算法、基于多级维纳滤波(MSWF)技术的宽带DOA估计快速算法以及对冲击噪声条件下的宽带DOA估计等;第4章主要对宽带信号源数目估计进行了深入研究,并对各种方法进行了分析和归纳分类,得出了两类宽带信号源数目估计方法,即基于特征分解和基于盖氏圆半径的宽带信号源数目估计方法;第5章主要研究了基于波束域的宽带空间谱估计,主要内容包括恒定束宽波束形成算法、空间重采样法、离散傅里叶变换(DFT)加权法和窗函数加权法,分析比较了这些恒定束宽波束形成法的性能;第6章主要研究了宽带循环空间谱估计,主要包括几种常用信号的循环平稳特性、基于循环平稳特性的窄带信号的DOA估计的经典算法、谱相关信号子空间拟合(SC-SSF)方法、相干宽带循环平稳信号的DOA估计等;第7章主要研究了宽带空间谱估计的快速算法,主要包括基于MSWF的快速子空间估计方法、基于主成分分析(PCA)神经网络的快速子空间估计方法以及基于波束间小生境遗传算法的空间谱优化搜索技术。

第3篇主要研究了基于时域模型的高分辨DOA估计方法。本篇内容是宽带高分辨DOA估计的最新研究成果,在国内几乎没有相关专著涉及有关内容,是本书的重要特色之所在。其中:第8章主要讨论了基于时差的阵列信号处理模型和蒙特卡罗方法。时域模型考虑到阵列接收宽带信号和窄带信号之间的一个共同点是相邻阵元信号的时延与信号的带宽没有关系,直接在时域建模,基于带通信号重构理论建立了一种同时适用于宽带信号、窄带信号以及宽窄带混合信号的阵列信号处理时域模型；蒙特卡罗方法中深入研究了近年来被广泛应用于贝叶斯参数估计求解的马尔科夫链蒙特卡罗（MCMC）方法，给出了混合 MCMC 方法和基于可逆跳转马尔科夫链蒙特卡罗方法（RJMCMC）的混合抽样技术；第 9 章主要讨论了基于时差模型的高分辨 DOA 估计方法，通过选取合适的先验分布得到未知参数的联合后验概率密度函数，给出基于混合 MCMC 方法的信号时延估计过程和基于混合 RJMCMC 方法的信号源数目和信号时延联合估计过程。

本书由赵拥军、李冬海、赵闯、胡德秀、刘成城撰写。书中部分算法实例和素材由张恒利、尤亚静、周林、王锋、王进等同志提供，在撰写过程中也得到他们的大力支持，在此对他们表示衷心感谢。我们尽自己的最大努力试图给出宽带信号阵列处理的发展历程和最新成果，然而阵列信号处理是一个发展非常迅速的领域，新的理论和技术层出不穷，本书不可能对这些发展与成果做出统揽无余的介绍和讨论。为此，本书在每章的最后都进行了总结和归纳，指出一些重要的新发展以供读者参考。鉴于著者水平有限，书中难免存在错误和疏漏，殷切希望广大读者批评指正。

著　者

目 录

第1篇 宽带阵列空间谱估计基础

第 2 篇 频域宽带阵列信号波达方向估计

第3篇 时域宽带阵列信号波达方向估计

Contents

Part 1 Basis of Wideband Spatial Spectrum Estimation

Part 3 Wideband Array Signal DOA Estimation in Time Domain

第1篇 宽带阵列空间谱估计基础

第1章 绪 论

1.1 引 言

阵列信号处理是现代信号处理的一个重要分支,其涉及雷达、声纳、通信、电子侦察、射电天文以及生物医学工程等军事与国民经济的众多领域,应用非常广泛。

阵列信号处理是指将多个传感器放置在空间不同位置形成传感器阵列,由传感器阵列对空间信号(电磁、声学等信号)进行感应接收(即空域并行采样),再通过处理器进行各种信号处理,从中恢复有用信息的理论和技术。其主要内容包括信号波达方向(Direction Of Arrival,DOA)估计和自适应阵列处理两大部分。其中:前者又称为来波方向估计或方向估计(Bearing Estimation)、角度估计(Angle Estimation)、空间谱估计(Spatial Spectrum Estimation)以及测向(Direction Finding)等,本书对这些名称不加区分,认为其含义相同;后者也称为自适应波束形成或空域滤波,可进一步分为波束形成与零陷技术,主要是利用信号的空域特性对一些方向上的信号进行增强,对其他方向上的干扰和噪声进行抑制。

阵列信号处理与传统方法相比较,具有波束控制灵活、空间分辨率高、信号增益高、抗干扰能力强等突出特点,这也正是阵列信号处理理论得以蓬勃发展和广泛应用的根本原因。阵列信号处理的2个最主要的研究方向是自适应波束形成和信号波达方向估计。自适应波束形成的理论与技术已经比较成熟,在雷达与通信系统中都有广泛的应用,当然其理论与技术在许多方面仍然处于不断的创新与发展之中;而信号波达方向估计理论的产生要晚一些,但是其发展速度却非常快。波达方向估计侧重于通过对感兴趣的空域信号进行各种处理、计算,实现对信号到达方向等多种参数的准确估计,从而获得信号的来波方向或信号源位置,而这恰恰是雷达、声纳、电子侦察等许多领域的重要任务。

1.2 窄带阵列信号波达方向估计的发展历程与现状

阵列信号处理发端于20世纪40年代的自适应天线组合技术,它主要是使用锁相环进行天线跟踪;然而,作为阵列信号处理中一个非常重要的研究内容——高分辨波达方向估计技术(即高分辨DOA技术)——却是在20世纪60年代中后期才被提出来。由于在阵列信号处理中占据着重要的地位,高分辨DOA估计技术在问世以来的几十年间得到了飞速发展。几个具有标志性的研究成果可以把阵列信号处理中的DOA估计技术划分为如下发展阶段。

第1阶段为20世纪70年代以前,主要成果是基于线性预测类算法。以Burg在1967年提出的最大熵法(Maximum Entropy Method,MEM)[1]和Capon于1969年提出的最小方差法(Minimum Variance Method,MVM)[2]为代表,标志着在改善阵列天线的分辨能力方面取得开拓性的成果。与常规的波束形成方法相比,MEM法和MVM法均提供了更高的分辨率。"高分辨"(又称超分辨)测向这一术语也由此应运而生。不过,这2种方法仅仅是对常规波束形成方法做了修正,只是通过增加对已知信息的利用,达到提高阵列天线对信号来波方向分辨能力的目的。

第2阶段的主要标志是子空间分解类算法的提出。其具有里程碑意义的成果分别是1979年Schmidt提出的多重信号分类(Multiple Signal Classification,MUSIC)法[3]和1986年Roy等人提出的信号参数估计旋转不变技术(Estimation Signal Parameter via Rotational Invariance Techniques,ESPRIT)[4]。MUSIC算法,实现了传统测向向现代高分辨测向的跨越,开创了特征子空间分解类算法的新领域。子空间分解类算法就是将接收数据的协方差矩阵分解出信号子空间和噪声子空间,利用信号方向矢量与噪声子空间正交的性质构造出"针状"空间谱峰,从而大幅度提高了算法的分辨能力,实现了信号DOA估计的超分辨。根据处理对象的不同,子空间分解类算法又可分为两大类:一类是以MUSIC为代表的噪声子空间类算法;另一类是以ESPRIT为代表的信号子空间类算法。MUSIC类算法主要包括特征矢量法[5]、MUSIC法[3]、求根MUSIC法[6]及最小范数法(Minimum Norm Method,MNM)[7]等。MUSIC类算法的DOA估计方差非常接近克拉美罗下界(Cramer-Rao Lower Bound),具有非常好的估计性能。ESPRIT算法也是一类具有优良估计性能的典型方法,它是利用某些阵列的平移不变性带来的信号子空间的平移不变性,通过构造特殊的矩阵束并对其进行广义特征分解求得与信号来向对应的平移算子,从而获得来波方向参数估计。该算法避免了谱峰搜索,其运算量比其他高分辨算法如最大熵法、最大似然(Maximum Likelihood,ML)法、MUSIC算法等相对较低,不过它要求阵列子阵的阵形具有平移不变性,相对应的阵元特性一致。这些要求会影响其应用,如在圆阵上无法使用该算法,它通常应用在直线阵、面阵和L形阵中,并且无法克服测向频带范围窄、相位模糊这些由类直线阵形本身固有的缺陷所导致的问题,同时它对系统幅相误差也较为敏感。ESPRIT算法主要有TAM法[8]、最小二乘ESPRIT(LS-ESPRIT)法[4]及总体最小二乘ESPRIT(TLS-ESPRIT)法[9]等。

第3阶段始于20世纪80年代后期,以信号子空间拟合(Signal Subspace Fitting,SSF)类算法为典型代表。其中最著名的算法有最大似然参数估计类算法[10,11]、加权子空间拟合(Weighted Subspace Fitting,WSF)算法[12,13]及多维MUSIC(MD-MUSIC)算法[14]等。最大似然参数估计类方法是参数估计理论中一种典型和实用的估计方法,它包括确定性最大似然(DML)算法[10]和随机性最大似然(SML)算法[111]。最大似然参数估计方法需要进行多维搜索,因而运算量巨大。后来,Wax提出了用交替投影(Altering Projection,AP)算法[15]求解似然函数的最优解,大幅度减少了运算量,不过交替投影算法是一种寻找局部最优解的算法,并不能保证全局最优。WSF算法按子空间特性也可分为2类:一类是信号子空间拟合算法[12];另一类是噪声子空间拟合算法[13]。子空间拟合算法都可以归结为多维参数的优化问题,所以ML算法的实现过程和WSF算法的实现过程可以通用,并且MODE算法[16]、MVP算法[17]、迭代二次型最大似然(IQML)算法[18]也可使用ML和WSF算法的实现过程。与其他方法相比,SSF方法具有很多突出的优点:首先是该方法在理论上可以给出与随机性最大似然(SML)方法一样的大样本估计精度;其次是可以采用阵列协方差矩阵的特征值分解,得到维数比观测空间小的信号子空间,从而可以降低其搜索过程的计算复杂度;再次是加权子空间拟合(WSF)方法还具有与随机性最大似然方法相同的小样本估计性能;最后,WSF等子空间拟合算法在相干源情况下仍能有效地进行估计,而此时子空间分解类算法若不做特殊处理则失效。子空间拟合类算法的不足之处是运算量较大,但是与最大似然方法相比较,WSF方法无论是在计算复杂度还是估计性能方面均有优势。

第4阶段的突出特点是现代信号处理理论与空间谱估计技术的结合。其主要做法是在充分利用信号的空域特性的同时,还要尽量利用信号的时域特性,将时域处理与空域处理结合起来,主要内容包括2个方面:

其一,20世纪90年代以来,人们将循环平稳信号处理技术与空间谱估计方法相结合,提出一系列循环平稳DOA估计的理论和方法。较早的算法是由W. A. Gardner等人提出的循环MUSIC(Cyclic MUSIC)[19]、循环ESPRIT(Cyclic ESPRIT)[20]、循环最小二乘(Cyclic Least Squares,CLS)[21]等算法。这些算法将信号在空间上的相关特性和有用信号在时间上的循环平稳特性相结合,有效地提高了空间谱估计的性能,它们在信号选择性、分辨率、过载能力、检测能力等方面明显优于常规的谱估计测向算法。

其二,近年来随着对高阶累积量理论的深入研究,高阶累积量方法的许多优良特性越来越得到了人们的重视，不少学者将高阶统计量理论引入阵列信号处理领域，提出了许多基于高阶累积量的空间谱估计方法。这些方法主要有：Pan和Nikias的4阶累积量估计方法[22]、Chiang和Nikias的4阶累积量ESPRIT法[23]、Porat和Friedlander的类MUSIC方法[24]、M. C. Dogan和J. M. Mendel的虚拟互相关计算法(Virtual Cross-Correlation Compution, VC3)[25]和VESPA算法[26]以及N. Yuen和B. Friedlander提出的SV-DOA方法[27]，其中SV-DOA方法和E. Gonen、J. M. Mendel提出的EVESPA方法[28,29]能够处理相干信号源。2005年，黄可生等人提出了适用于宽带信号波达方向估计的高阶累积量方法[30]。基于高阶累积量的波达方向估计方法，能够实现对高斯、非高斯噪声的抑制和阵列扩展，展现出优于基于2阶统计量的算法性能，但计算高阶累积量比计算协方差的运算量大得多，基于高阶累积量的阵列高分辨DOA估计方法在目前情况下还很难实际应用。关于高阶累积量的阵列DOA估计算法还有许多方面值得进一步研究，如利用高阶累积量克服任意阵列的误差[25,31,32]、高阶累积量的多维参数估计[33-36]、宽带信号[37]以及非高斯噪声[25,34,38-42]等特殊信号的高阶累积量估计等。

以上简要总结了窄带辐射源信号阵列高分辨波达方向估计理论和方法的形成与发展历程。需求的强力驱动和科技的迅猛发展，使得现代雷达、通信系统占据的信号频带越来越宽，宽带雷达、宽带通信系统应用更加广泛，已有的各种窄带测向理论与技术日渐显现出不适应性，迫切的现实需求为宽带阵列信号高分辨波达方向估计理论和技术研究提供了强大动力。许多发达国家竞相开展宽带辐射源信号的侦察、测向与定位技术研究。由于宽带阵列信号的处理远比窄带信号的处理复杂得多，运算量也更大，因此，如何合理、充分地利用宽带信息，获得比单纯使用某一窄带时更好的处理效果，是宽带阵列信号处理面临的研究课题，研究适合于宽带信号的阵列高分辨测向算法具有极其重要的意义。下面简要介绍宽带阵列信号高分辨DOA估计技术的发展历程和研究现状。

1.3 宽带阵列信号高分辨波达方向估计的研究现状

宽带信号的DOA估计的理论和算法是在窄带信号DOA估计的基础上发展而来的。但是对于宽带信号而言，由于不同频率下的阵列流形不同，导致不同频率对应的信号子空间也不一样，这就使得原有的窄带高分辨DOA估计的很多方法并不能直接应用于宽带信号的DOA估计，必须寻找新的解决途径。比较经典的宽带高分辨DOA估计算法主要有两大类：一类是非相干信号子空间算法(Incoherent Signal Subspace Method, ISM)[43]；另一类是相干信号子空间算法(Coherent Signal Subspace Method, CSM)[44]。ISM类算法是将宽带信号分解成多个窄带信号，然后分别对每一个窄带信号进行处理，最后对各个窄带信号的处理结果进行加权综合,得到宽带信号的 DOA 估计结果。很明显,ISM 类算法都是仅仅利用了各子带的频率信息并没有利用宽带信号的全部信息,所以其估计性能不高,主要表现是分辨率低,不能解相干源。相干信号子空间 DOA 估计算法是 Wang 和 Kaveh 在 1985 年提出的,该方法引入了“聚焦”(focusing)的思想,通过聚焦,使得不同频率上的观测量在某一频率分量的子空间上对齐,然后对各子带的协方差矩阵进行平均,最后得到聚焦的协方差矩阵,利用该协方差矩阵可估计出宽带信号的 DOA。CSM 方法的估计性能优于 ISM 类方法,而且它具有处理相干信号的能力。在 CSM 方法之后,又提出了许多不同约束准则下的 CSM 类算法,包括双边相关变换(Two - side Correlation Transformation,TCT)算法[45]、旋转信号子空间(Rotating Signal Subspace,RSS)算法[46]和信号子空间变换(Signal Subspace Transformation,SST)算法[47]等。这类算法的聚焦矩阵大多需要对 DOA 进行预估计,而且聚焦矩阵对预估计的信号 DOA 十分敏感,估计性能不够理想。此外聚焦变换过程比较复杂,往往会引入转换误差,且该类算法只有在大快拍数条件下才能得到比较好的估计结果,运算量非常大。

宽带高分辨 DOA 估计理论与算法的研究吸引了国外大批的学者,成为阵列信号处理领域理论研究的热点。国内许多学者对其也给予了高度关注。国防科学技术大学、西北工业大学、西安电子科技大学和解放军信息工程大学等多所高校在这方面都开展了深入研究。例如:黄可生提出基于 Krylov 子空间的宽带信号 DOA 快速估计方法[48];赵拥军提出一种基于 MSWF 的循环平稳信号 DOA 快速估计算法——谱相关多级维纳滤波器(SC - MWSF)算法[49];张恒利对宽带信号源数目估计进行了深入研究,并对一些宽带信号源数目的方法进行了改进[50];黄知涛提出一种基于循环互相关的非相干源信号方向估计方法[51];2004 年,王永良等出版了学术专著《空间谱估计理论与算法》,总结了空间谱估计的一些经典理论,为科研人员提供了很好的参考。

阵列高分辨 DOA 估计技术发展至今已出现了许多理论和方法,很多宽带信号阵列高分辨 DOA 估计技术起源于窄带高分辨估计技术,宽带信号 DOA 估计的许多方法都需要结合窄带的方法来实现。目前,针对宽带信号的高分辨 DOA 估计理论与方法的研究已经成为阵列信号处理领域最重要、发展最迅速的研究方向之一,这些研究主要集中在宽带信号源数目估计、宽带高分辨波达方向估计新理论与新模型以及其高效快速算法、阵列误差校正的理论与技术、宽带信号源动目标跟踪技术等方面。下面简要综述宽带信号阵列高分辨处理领域一些研究热点的发展历程和研究现状。

1.3.1 宽带信号源数目估计

阵列信号处理中的窄带信号源数目估计问题,可以追溯到 20 世纪五六十年代。当时的信号源数目估计主要是采用假设检验的方法。由于假设检验方法需要人为确定一个检测门限,用以与似然比检验统计量进行比较,所以基于假设检验的信号源数目估计方法容易受人的主观因素的影响。基于 AIC(Akaike Information Theoretic Criteria)准则[52]和 MDL(Minimum Description Length)准则[53],Wax 和 Kailath 通过在对数似然函数后增加罚函数的方法消除了主观门限的设置。但这些方法的推导都假设了一些理想的条件,如噪声是高斯白噪声,信号是非相干的,快拍数足够大,等等。之后,很多学者对基于信息论的方法进行了研究和改进。Q. T. Zhang[54]等人分析了它们的性能;K. M. Wong、Q. T. Zhang 和 J. P. Reilly[55]将一种新的对数似然函数应用到 AIC 准则和 MDL 准则之中,得到修正的 AIC 准则和 MDL 准则。E. Fisher 和 H. Messer[56,57]给出了一种基于顺序统计量的 MDL 准则。但是上述的改进算法均是基于白噪声模型推导出来的,仅适用于白噪声条件。在实际中,由于各种因素的影响,白噪声条件很难满足,因此很多学者提出了色噪声条件下信号源数目估计方法。Wax[58]提出了一种色噪声背景下信号源数目和 DOA 联合估计方法,但是它并非一致估计。H. T. Wu、J. F. Yang 和 F. K. Chen[59,60]提出了一种基于盖氏圆定理的信号源数目估计方法。与基于协方差矩阵的特征值估计信号源数目的信息论方法不同,盖氏圆方法不是利用协方差矩阵的特征值,而是利用它的盖氏圆的半径来进行信号源数目的估计。该方法能够用于色噪声环境下的信号源数目估计,并且对阵列结构没有特殊要求。

信号源数目估计是阵列信号处理中的重点之一,而相干源数目的估计则是信号源数目估计的一个难点。当信号源完全相干时,阵列接收到的数据协方差矩阵的秩降为1,信号子空间"扩散"到了噪声子空间,从而无法正确估计信号源的数目,所以,在相干信号源情况下,正确估计信号源数目的核心问题是如何通过一系列处理或变换使信号协方差矩阵的秩得到有效恢复。目前关于解相干的处理方法主要有两大类:一类是降维处理;另一类是非降维处理。降维处理算法是一类常用的解相干处理方法,它又可以分为基于空间平滑[61]和基于矩阵重构[62,63]两大类。非降维处理算法也是一类重要的解相干处理算法,如频域平滑算法[64]、Toeplitz 方法[65]、虚拟阵列变换法[66]等,这类算法与降维算法相比最大的优点在于阵列孔径没有损失,但这类算法往往是针对特定的环境,如宽带信号、非等距阵列、移动阵列等。

上述的信号源数目估计方法针对的都是窄带信号源,但宽带信号源个数估计与窄带信号的模型不同,因此窄带信号源个数估计方法不能直接用于估计宽带信号源的数目估计。到目前为止,有关宽带信号源数目估计方法的研究,公开发表的文献仍然不多。相干信号子空间(CSM)方法是目前比较经典的宽带信号源数目估计方法。它的基本思想是把频带内不重叠频率点上的信号空间聚焦到参考频率点,聚焦后得到单一频率点的数据协方差,再利用窄带信号源个数估计方法估计信号源数目。由于需要先对阵列输出进行聚焦变换,导致该方法的估计性能受聚焦矩阵的影响较大。而且该方法进行宽带信号源数目估计时,对聚焦矩阵的构造方法有特殊要求,即大部分需要采用基于角度预估计的方法来构造聚焦矩阵,运算量大。刘翔[67]等提出了一种基于空间平滑的宽带信号源数目估计,该方法首先对阵列采样数据进行分段并做快速傅里叶变换(FFT),得到若干个窄带信号,然后分别对每一个窄带信号进行处理,最后对各个窄带的处理结果进行加权综合来得到宽带信号源数目的估计结果,采用空间平滑技术可处理相关宽带信号源。此方法避免了聚焦变换和角度预估计,减少了计算量,但它要求空间平滑的子阵列数目不小于最大相干源数的一半,而估计之前并不知道最大相干源数。汪玲[68]等人提出了一种宽带信号源数目估计的频域 bootstrap 方法,该方法基于 bootstrap 方法,利用样本频域协方差矩阵的特征值特性,结合多假设检验过程,估计宽带信号源的数目,但该方法不适于相干信号源的情况。

1.3.2 聚焦类宽带信号高分辨 DOA 估计

CSM 算法通过引入聚焦的概念,将各个频率点上的观测量在某一子空间上对齐,得到聚焦合成的观测量,并由此进行信号 DOA 估计。CSM 算法具有较高的估计精度、较低的信噪比门限,而且聚焦变换相当于频域平滑,使得 CSM 算法能够分辨相干信号源。但是该方法要求有一个初始方向估计和预选的聚焦频率来确定聚焦矩阵,因而聚焦精度和效果易受信号的影响,为了提高估计性能,出现了很多种聚焦矩阵的计算方法,从而形成聚焦类算法。Frobenius 范数下的一类最佳聚焦矩阵的求解方法有:旋转信号子空间(Rotating Signal Subspace,RSS)算法[46]、信号子空间变换(Signal Subspace Transformation,SST)算法[47];在 RSS 算法基础上的 UCAMF(Unitary Constrainted Array Manifold Focusing)算法[69],主要用来降低 RSS 对 DOA 初始估计值的敏感性;指向最小方差法(Steered Minimum Covariance Method,SMCM)[70],该方法首先引入指向延时,再形成阵列输出协方差矩阵,它在指向方向上有效地聚焦了宽带信号,估计稳定性较好,但是当指向方向增多时,实现起来计算量非常大;空间重采样最小方差法(Spatially Resampled Minimum Variance Method,SRMVM)[71]是根据不同频率来调整空间采样间隔,以使宽带源在空间谱上对齐,其优点是可以获得稳定的宽带空间谱估计,估计偏差小且运算量不大,但是它只适合于均匀线阵。

CSM 类算法估计精度受制于 DOA 初始值的估计精度,并且初始估计增加了额外的计算负担。针对这一问题的解决方法有:相关插值法(Coherent Interpolation,CI)[72],通过在波束域插值,对不同的频带选取不同的空间采样点,以达到不同频点的空间对准,而 CI 算法只适应空间频率较小的情况,随着空间频率的增大,DOA 估计误差增大,这极大地限制了 DOA 估计的有效区域;改进 CI 算法[73],其用来解决有效区域限制问题,但当空间谱在高频和低频区域同时出现谱峰时,算法可能失效;阵列流形插值法(Array Manifold Interpolation,

AMI)[74],不需要初始估计,但该算法只能应用于满足空间采样条件的特殊阵列;基于 RSS 算法的自聚焦迭代算法[75,76]可以提高精度和鲁棒性,不需要初始估计,但每次迭代都需要历经一个完整的 RSS 算法过程,计算量太大。

1.3.3 基于信号子空间的快速参数估计

当阵列的阵元数目较多,需要处理的频带较宽时,宽带阵列高分辨 DOA 估计算法的运算量将变得非常大。并且现有的基于子空间的高分辨方法,为了获得信号子空间或噪声子空间大都需要进行特征值分解,而特征值分解的过程,算法复杂,运算量大,工程实现繁琐,影响了算法应用的实时性。算法的时效性在雷达、声纳、电子侦察等许多应用领域是至关重要的,为了使高分辨处理方法能够应用于实际当中,研究快速算法是十分必要的。已有的快速算法大多是寻求以简单的分解代替特征值分解来获得信号子空间或噪声子空间。典型的方法有 RRQR 分解法[77]、URV 分解法[78],以及用采样协方差矩阵的多项式或有理函数形式去近似信号子空间[79,80];类似的思想还有用离散傅里叶和余弦变换近似信号子空间法[81],用采样协方差矩阵的乘幂形式去近似噪声子空间[82]等。针对阵元数较多的情形,参考文献[83]利用阵元冗余性大幅度降低了传统的 DOA 估计方法的计算复杂度,使得一些高分辨算法的实时实现成为可能。但上述方法均以一定的性能损失为代价换来计算量的降低,且算法大都仅适用于白噪声环境。G. H. Xu 等人提出的子空间快速分解法[84,85]在一定程度上减小了窄带阵列信号处理算法的运算量,该方法首先采用 Lanczos 方法求得阵列协方差矩阵的一组正交基,然后用该正交基对阵列协方差矩阵进行变换,使得它变成一个低维的三角对角阵,对该对角阵进行特征分解可得到信号子空间,但该方法仍需进行特征值分解运算,运算量降低幅度有限,如果直接将该方法应用于宽带信号的处理,计算量仍将很大。

多级维纳滤波器(Multi-Stage Wiener Filter,MSWF)[86,87]技术是降维自适应滤波技术中的一个重大突破,将其应用到阵列信号处理领域可以为子空间快速估计带来曙光。MSWF 推广了传统维纳滤波器(Wiener Filter,WF)的结构,通过构建由标量维纳滤波器组成的一个嵌套链,从而具有更强的降维能力。MSWF 的结构由一个分解滤波器组和一个合成滤波器组构成。相应地,其算法被分为前向递推和后向递推算法。MSWF 的特殊结构具有很多优点,如不需要估计阵列协方差矩阵从而使得其可以应用在小样本支撑和快时变信号的环境中,不需要阵列协方差矩阵的特征值分解从而具有低计算复杂度的特点,收敛速度比最小均方(LMS)算法快等。Ricks 等人针对 MSWF 的结构进行了改进,提出了基于数据水平的相关相减结构(CSA)[88]。这种 MSWF 的实现结构,仅用到观测数据矩阵,不需要构造阻塞矩阵,不需要估计协方差矩阵和特种分解,从而具有更低的计算复杂度,更符合实时处理的要求。Died 则改进了 MSWF 的计算方法,提出了基于 Lanczos 和 MSWF 的 Lanczos - MSWF 算法[89]，避免了 MSWF 的后向递推，并且在每一步递推中均可以计算到相应的均方误差。MSWF 的优点，使之在提出后的短短几年时间内成为国内外学者的研究热点，与其相关的理论得到了深入研究和快速拓展。Honig 和 Joham 独立地证明了 D 级的 MSWF 等效于 Wiener - Hopf 方程在维数为 D 的 Krylov 子空间中的解[90,91]，将 MSWF 与已有的线性方程求解方法联系了起来。Chen Wanshi 等人[92]证明了 MSWF、AVF（辅助矢量滤波）算法和 Cayley - Hamilton（CH）3 种降维自适应滤波算法是相互等效的。在 MSWF 理论研究的同时，MSWF 在雷达[93,94]、通信[95,96]、GPS 定位[96,97]等信号处理相关领域的应用研究也取得了丰硕的成果。同样，MSWF 也被广泛地应用到高分辨 DOA 估计中。Witzgall 等人提出了 ROCKET[98] 和 ROCK MUSIC[99,100] 2 种基于 MSWF 的具有低复杂度的高分辨谱估计算法。在此基础上，黄磊利用 MSWF 的多级分解思想，提出了无需特征值分解的快速子空间估计的有效方法，将其应用到了波达方向估计的高分辨算法中[101]。黄可生等人则将 MSWF 推广到宽带信号源条件下，提出了一种基于 Krylov 子空间的宽带信号 DOA 快速估计方法[102]。总之，MSWF 能够有效地提升阵列信号处理的实时性，并且其研究和应用仍然在不断地深入和拓宽之中。

1.3.4 循环平稳信号高分辨 DOA 估计算法

传统的 DOA 估计方法一般均假定信号是广义平稳的，事实上，这主要是由于数学理论的滞后造成的无奈之举。在许多实际应用场合，遇到的信号往往是非平稳的，即信号的统计特性随时间而变化，如通信信号、雷达信号以及水文气象数据等，这一类信号虽然是非平稳的，但是由于其单样本估计可以替代集平均估计，因此仍然具有平稳信号的某些性质。要处理非平稳信号，无论在理论研究还是在实时计算方面均十分困难。在雷达、通信等大多数实际应用中，由于信号受人工周期信号的调制，因而是一类特殊的非平稳信号，其统计特性往往表现出一定的周期性变化规律，称为循环平稳（或周期平稳），因此可引入循环平稳随机过程来描述和研究此类信号。循环平稳特性一方面反映了信号的非平稳性，相对传统方法能更准确地反映信号的本质特性，从而大大改善信号处理器的性能；另一方面，与一般非平稳信号相比循环平稳信号具有频谱冗余特性，因而具有潜在的抗干扰能力。由于不同循环平稳信号的循环频率集（Cyclic Frequency Set）不同，因而可充分利用这一信息将其作为信号的特征参量用于信号检测与分类。例如，在 DOA 估计方面，可以利用循环平稳信号的时间信息，采取时域和空域相结合的处理方法提高 DOA 估计精度及抗干扰和噪声的能力。

传统的阵列信号处理方法主要利用了到达传感器阵列信号的空间特性，在信号处理中充分利用信号的循环平稳等时间特性可以有效地滤出干扰和背景噪声的影响，从而达到常规处理方法达不到的效果。为了在提取信号空间特性的同时充分利用信号的循环平稳这一时间特性，近年来，人们将空时处理技术引入到DOA估计中，并与传统DOA估计方法结合，出现了一系列基于循环统计量的DOA估计方法。最早的算法是Gardner在1988年发表的一篇利用信号的循环平稳性简化MUSIC和ESPRIT算法的文章中提出的循环MUSIC法和循环ESPRIT法[20]。通过计算阵列输出信号的循环自相关函数，并计算相应的协方差矩阵，得到基于MUSIC或ESPRIT实现的高分辨信号DOA估计方法。该方法假定在某个循环频率上只有1个信号具有循环平稳性，其他干扰信号不具有这种循环平稳性，所以这时的循环相关矩阵中只含有1个信号可以不需特征分解或奇异值分解就可得到噪声子空间估计。这个方法的意义在于第1次把循环相关的滤波特性应用到了阵列信号处理中。随后，Gardner、Schell、J. M. Xin、Pascal和G. H. Xu等人在高分辨DOA估计的研究中又做了许多有益的尝试[103-108]。研究结果表明，由于循环平稳统计量对噪声和干扰有特殊的抑制作用，同时由于不同信号的特征循环频率不同，这种将期望信号的循环平稳性引入到阵列信号处理中的方法确实能有效地提高DOA估计性能，主要表现在[108-111]：信号选择能力（能使天线阵元数大量减少，理想情况下只需2个阵元即可对多个目标进行处理）、抑制干扰和噪声能力、DOA估计精度、分辨率、过载能力等方面明显比常规方法优越。然而，不管是Cyclic MUSIC法还是Cyclic ESPRIT法，它们都要求信号必须是窄带的，对宽带信号则不适用。为此，G. H. Xu和Kailath等人重新研究了阵列信号模型，在不进行任何信号模型约束的情况下研究得到了基于信号谱相关特性的信号子空间拟合DOA估计方法，称为谱相关信号子空间拟合（Spectral Correlation Method Based on Signal Subspace Fitting，SC－SSF）法[108,112]。该方法除了具有上述算法的优点外，一个显著的特点就是不仅能适用于窄带信号，对宽带信号同样成立。而后，由姚敏立、金梁等人提出的广义谱相关信号子空间（Generalized Spectral Correlation Method Based on Signal Subspace Fitting，GSC－SSF）算法[113-115]，可以看成是一个循环平稳类算法的总体框架，即SC－SSF及Cyclic算法均是它的简化形式。后来，在充分利用信号循环平稳特性的基础上，黄知涛等人又提出了一系列适用于宽带信号空间谱估计的新方法：基于信号1阶循环平稳性的DOA估计方法[116]、基于循环互相关的DOA估计方法[117]、基于加权循环谱的DOA估计方法[118]以及利用信号多循环频率信息的DOA估计方法[119]等。赵拥军等在研究基于循环平稳特性的宽带信号DOA估计的经典算法基础上，将多级维纳滤波理论引入循环平稳信号DOA估计，提出了一种基于MSWF的循环平稳信号DOA快速估计算法——谱相关多级维纳滤波器（SC－MSWF）算法[49]，有效降低了算法的计算量。

传统高分辨谱估计方法在处理宽带信号时采用了“聚焦变换”的思想，将宽带信号通过聚焦变换变成窄带来处理，其本质仍是一种窄带DOA估计算法。而基于信号循环平稳特性的宽带信号DOA估计方法与传统高分辨DOA估计方法相比一个最显著的不同是,该方法的处理模型对窄带和宽带信号都是严格成立的。

目前,国内外对 SC – SSF 方法的研究主要集中在估计方法的原理与 Cyclic MUSIC 方法的比较以及对相干源的处理等方面[120]。对 SC – SSF 算法的研究在许多方面还需完善,譬如:要明确协方差数据矩阵的构造方法,以便于实际应用;对估计方法的估计性能进行定量分析等。总之,利用信号的循环平稳特性进行高分辨 DOA 估计是目前 DOA 估计领域的研究热点之一。

1.3.5 宽带信号阵列误差校正

目前大部分的宽带高分辨 DOA 估计算法都是基于无误差的理想阵列或是已经精确校准后的阵列,即假设阵元位置精确放置,各通道幅相均一致,阵元之间不存在互耦效应等。然而,实际的宽带 DOA 估计,各种阵列模型误差(如阵元位置误差、通道幅相误差和阵元互耦等)往往同时存在,且阵元增益、相位误差和阵元互耦误差随着频率的变化而变化,在现有技术条件下很难准确测量与估计,极大地影响了宽带信号高分辨 DOA 估计的性能。

如何在窄带阵列误差校正方法的基础上,实现对宽带阵列误差的校正是宽带阵列测向技术走向实用化的一个关键环节。然而,由于宽带阵列误差校正系统模型的复杂性,使得实现稳健的宽带高分辨测向算法非常困难。稳健的宽带高分辨测向算法主要分 2 种:一是通过 Monte Carlo 方法测得阵列在中心频率点的实际方向矩阵,然后根据此测量结果进行聚焦变换,求得存在误差时宽带信号的波动方向[121-123];二是将窄带稳健测向技术应用到宽带信号的测向中,首先将宽频带划分为多个子频带,各子频带满足窄带的要求,再将接收数据按各子带分段,每段按照窄带情形计算空间谱,然后将各段空间谱进行综合,实现宽带阵列误差校正[124]。从现有公开文献来看,窄带阵列误差校正方法的研究相当多,并取得了丰硕的研究成果,相对比较成熟,而对于存在误差时稳健的宽带 DOA 估计方法的研究却非常少。

目前,学者们关于宽带阵列误差校正方法的研究主要集中于理想环境下存在阵列误差的情况,对于实际应用中,阵列及其周围环境比较特殊时(例如存在多径、结构散射、色噪声等等),已有的大部分校正算法将不再适用。宽带阵列误差校正与 DOA 的联合估计是一个新的重要研究方向,目前看这方面的研究工作开展得还很少,急需加大研究力量,可以肯定的是,快速有效的联合估计算法将会极大地推动宽带阵列高分辨测向技术的广泛应用。所有的窄带和宽带的阵列误差校正方法几乎总可归结为参数的估计与优化问题,如何建立精确的阵列误差模型,利用合理的迭代搜索、收敛判定准则进行校正[125]是值得进一步深入研究的重要内容。

1.3.6 基于时域模型的高分辨波达方向估计

以前,几乎所有的宽带阵列信号高分辨波达方向估计方法都是建立在频域模型基础之上。这种模型在宽带信号的每个频点上,利用信号相位延迟和DOA的对应关系构建接收信号与来波方向之间的关系。然而,信号的相位延迟不仅与到达角有关,还与信号的频率有关,这就导致宽带信号在不同频点上,即使信号的DOA相同,其相位延迟也不一样。所以宽带信号的频域模型处理起来非常繁琐、复杂,而且从模型上讲就存在近似和误差。2005年,N. G. William[126,127]等人利用同一入射信号在相邻阵元的时延信息,构建了宽、窄带信号同时适用的时域阵列信号处理模型。该模型不再利用阵列信号相位延迟和到达角之间的关系,而是直接利用信号时间延迟和到达角的关系而构建,使得该模型与信号频率无关,也就是此模型严格适用于任何频率、任何带宽的信号。在该模型下,可以利用贝叶斯高分辨参数估计方法,提高DOA估计的精度,并且可以同时解决宽带和窄带信号、相干信号、动目标的DOA跟踪等问题,为高分辨DOA估计与跟踪方法的研究提供了新的思路。

在时域阵列信号处理模型基础上,N. G. William引入贝叶斯估计,将波达方向和信号辐射源数目同时当做未知参量,建立高分辨DOA和信号源个数联合估计模型。与传统的高分辨DOA估计方法相比较,时域贝叶斯高分辨DOA估计方法性能更好,且宽窄带信号都严格适用,有很大的研究价值。但是,该方法在实际应用方面还存在一些问题有待解决:由于多重积分和多维搜索导致计算量巨大,实时性差,难以工程化应用,因此,需要寻找更有效的贝叶斯计算方法。

国外已有学者深入研究了如何将马尔科夫链蒙特卡罗(Markov Chain Monte Carlo,MCMC)方法引入贝叶斯高分辨参数估计。美国纽约州立大学的信号处理专家Petar M. Djuric[128]教授首次将贝叶斯高分辨估计方法用于谐波频率估计,其获得的分辨率超过了当时其他高分辨估计方法。在此基础上,Christopher Andrea等人引入序贯马尔科夫链蒙特卡罗方法(Sequential MCMC方法),亦称做粒子滤波(Particle Filter),实现了动态贝叶斯参数估计[129]。国内一些学者也较早地关注了MCMC方法问题,然而直到近年才有学者将MCMC方法引入高分辨DOA估计领域。西北工业大学某课题组研究了贝叶斯高分辨DOA估计方法[130-132],针对水下多目标的DOA估计,给出了基于重要性抽样(Importance Sampling,IS)和吉布斯(Gibbs)抽样的贝叶斯最大后验概率DOA估计方法,有效地实现了水下目标的DOA估计。金美娜分析了原有的阵列信号处理时域模型,发现了导致模型误差较大的原因,并且原有模型通用性不强,还需要对入射信号进行角度预估计,她将带通信号重构理论引入模型构建中,给出了一种更为准确有效的宽带阵列信号处理时域模型。同时通过扩大模型中插值矩阵的范围,避免了已有方法因角度预估计带来的性能下降[133]。

1.4 本书内容及结构安排

本书共分为 3 篇，分别为阵列信号波达方向估计概述、基于窄带信号空间谱估计基础上的宽带信号阵列波达方向估计算法与基于时延模型的波达方向估计算法。具体共分为 9 章：

第 1 章简要介绍了阵列信号处理的概念、高分辨波达方向估计的发展历程以及宽带阵列信号高分辨 DOA 估计的研究现状和发展趋势，使读者对阵列高分辨 DOA 估计有一个概略了解。

第 2 章介绍了空间谱估计基础。首先引入空间谱概念，然后介绍了阵列信号的数学模型，在此基础上，对窄带信号的空间谱估计做了介绍。

第 3 章介绍了非相干和相干信号子空间算法的基本原理，对 TCT、RSS、SST、LS 类几种经典的 CSM 类算法聚焦矩阵的实现过程进行了详细讨论，并做了相应的改进，同时对它们的计算量进行了估算比较，最后通过大量的计算机仿真实验比较了上述各种算法的估计性能。

第 4 章介绍了宽带信号空间谱估计中信号源数目估计问题。通过对各种方法进行分析和归纳，得出了 3 类宽带信号源数目估计方法，即基于特征分解、基于盖氏圆半径和基于信号子空间旋转不变性的宽带信号源数目估计方法。在对每类方法的原理进行详细推导的基础上，通过仿真实验验证了方法的有效性和先进性。

第 5 章介绍了宽带波束域高分辨测向算法。本章首先研究了窄带波束域测向算法的理论、方法及其性能，分析了算法性能与波束数目、波束密集性的关系，然后讨论了波束域算法对阵列误差的宽容性，最后重点研究了宽带波束域高分辨测向算法及其在均匀圆阵和非等距线阵上的应用。

第 6 章介绍了宽带循环相关 DOA 估计算法。本章在详细介绍常用信号的循环平稳特性的基础上，研究利用信号的循环平稳特性对信号进行处理的算法，以达到有效地滤出干扰信号和背景噪声的目的，分别深入讨论了各类宽带循环平稳信号和相干宽带循环平稳信号的 DOA 估计方法。

第 7 章介绍了宽带快速 DOA 估计算法。本章主要针对宽带 DOA 估计算法运算量大、实现复杂和实时性差的问题，从子空间的快速求取和谱峰的优化搜索两个方面挖掘潜力，寻求突破，对几种宽带快速 DOA 估计算法进行了深入研究。

第 8 章介绍了时域阵列信号处理模型和蒙特卡罗方法。利用阵元之间的延时信息，结合带通信号采样重构定理，构建了宽窄带信号统一的处理模型，介绍了求解贝叶斯估计的有效方法——马尔科夫链蒙特卡罗（MCMC）方法，在此基础上研究了可逆跳转马尔科夫链蒙特卡罗（RJMCMC）方法，用于解决模型阶数和波达方向联合估计问题。

第 9 章介绍了基于时域模型的高分辨 DOA 估计。基于宽带阵列的时域模型,应用贝叶斯最大后验概率估计方法,推导了时延和信号源数目的联合后验概率,并通过引入可逆跳转马尔科夫链蒙特卡罗方法,同时估计出了信号源数目和来波方向。

参 考 文 献

[1] Burg J P. Maximum entropy spectrum analysis. [C]. The 37th Meeting of the Annual Int. SEG Meeting, Oklahoma City, 1967.

[2] Capon J. High-resolution frequency-wave number spectrum analysis [J]. Proc. of IEEE, 1969, 57 (8): 1408 – 1418.

[3] Schmidt R O. Multiple emitter location and signal parameter estimation[J]. IEEE Trans. on AP, 1986, 34 (3): 276 – 280.

[4] Roy R, Kailath T. ESPRIT-a subspace rotation approach to estimation of parameters of cissoids in noise [J]. IEEE Trans. on ASSP, 1986, 34(10): 1340 – 1342.

[5] Cadzow J A, Kim Y S, Shiue D C. General direction-of-arrival estimation: a signalsubspace approach [J]. IEEE Trans. on AES, 1989, 25(1): 31 – 46.

[6] Rao B D, Hari K V S. Performance analysis of Root-MUSIC. IEEE Trans. on ASSP, 1989, 37 (12): 1939 – 1949.

[7] Kumaresan R, Tufts D W. Estimating the angles of arrival of multiple plane waves[J]. IEEE Trans. on AES, 1983, 19(1): 134 – 139.

[8] Kung S Y, Arun K S, Rao D V B. State space and SVD based approximation methods for the harmonic retrieval problem[J]. J. Opt. Soc. Amer, 1983, 73(12): 1799 – 1811.

[9] Roy R, Kailath T. ESPRIT-estimation of signal parameters via rotational invariance techniques[J]. IEEE Trans. on ASSP, 1989, 37(7): 984 – 995.

[10] Stoica P, Nehorai A. MUSIC, Maximum likelihood, and Cramer-Rao bound[C]. In Proc. ICASSP, 1988: 2296 – 2299.

[11] Ottersten B, Viberg M, Stoica P, et al. Exact and large sample ML techniques for parameter estimation and detection in array processing[C]. IN Haykin, Litva, and shepherd, editors, Radar array processing, Springer-Verlag, Berlin, 1993: 99 – 151.

[12] Cadzow J A. A high resolution direction-of-arrival algorithm for narrow-band coherent and incoherent sources [J]. IEEE Trans. on ASSP, 1988, 36(7): 965 – 979.

[13] Krim H, Viberg M. Two decades of array signal processing research[J]. IEEE signal processing magazine, 1996, 13(4): 67 – 94.

[14] Clergeot H, Tressens S, Ouamri A. Performance of high resolution frequencies estimation methods compared to the Cramer-Rao bounds[J]. IEEE Trans. on ASSP, 1989, 37(11): 1703 – 1720.

[15] Ziskind L, Wax M. Maximum likelihood localization of multiple sources by alternating projection[J]. IEEE Trans. on ASSP, 1988, 36(10): 1553 – 1559.

[16] Stoica P, Sharman K C. Novel eigenanalysis methods for direction estimation[J]. IEEE Proceeding Pt. F, 1990, 137(1): 19 – 26.

[17] Viberg M, Ottersten B. Detection and estimation in sensor arrays using weighed subspace fitting[J]. IEEE Trans. on SP, 1991, 39(11): 2463 – 2449.
[18] Bresler Y, Macovski A. Exact maximum likelihood parameter estimation of superimposed exponential signals in noise[J]. IEEE Trans. on ASSP, 1986, 34(5): 1081 – 1089.
[19] Schell S V, Gardner W A. Cyclic MUSIC algorithms for signal-selective direction finding[C]. In Proc. ICASSP 1989 Conf, 1989, 4: 2278 – 2281.
[20] Gardner W A. Simplification of MUSIC and ESPRIT by exploitation of cyclostationarity[J]. Proc. IEEE, 1988, 76(7): 845 – 847.
[21] Schell S V, et al. Signal-selective high-resolution direction finding in multipath[C]. Proc. IEEE ICASSP, 1990: 2667 – 2670.
[22] Pan P, Nikias C L. Harmonic decomposition methods in cumulant domains[C]. Proc. Int. Conf ASSP, 1998, (4): 2356 – 2359.
[23] Chiang H H, Nikias C L. The ESPRIT algrorithm with higher order statistics[C]. In Proc, Vail Workshop Higher Order Spectral Anal. Vail, CO, 163 – 168.
[24] Porat B, Friedlander B. Direction finding algorithms based on high-order statistics[J]. IEEE Trans. signal processing, 1991, 39(9): 2016 – 2023.
[25] Dogan M C, Mendel J M. Application of cummulants to array processing part I: Aperture exetension and array calibration[J]. IEEE Trans. On SP, 1995, 43(5): 1200 – 1216.
[26] Dogan M C, Mendel J M. Applications of cummulants to array processing part II: Non-Gaussian noise suppression[J]. IEEE Trans. SP, 1995, 43(7): 1663 – 1675.
[27] Yuen N, Friedlander B. DOA estimation in multipath: an approach using fourth-order cumulants[J]. IEEE Trans. on SP, 1997, 45(5): 1253 – 1263.
[28] Gonen E, Dogan M C, Mendel J M. Applications of cummulants to array processing: direction-finding in coherert signal environment[C]. Proc. 28th Asilomar Conf, signals Syst. Computer, Asilomar, CA, 1994: 633 – 637.
[29] Gonen E, Dogan M C, Mendel J M. Applications of cummulants to array processing part IV: direction-finding in coherert signal case[J]. IEEE Trans SP, 1997, 45(9): 2265 – 2275.
[30] 黄可生．宽带信号阵列高分辨处理技术研究[D]．长沙:国防科学技术大学,2005.
[31] Liu T H, Mendel J M. Applications of cummulants to array processing V Sensitivity issues[J]. IEEE Trans SP, 1999, 47(3): 746 – 759.
[32] Dogan M C, Mendel J M. Joint array calibration and direction finding with virtual-esprit algorithm [C]. 1993 IEEE signal processing workshop on higher-order statistics. Lake Tahoe, CA, 1993: 146 – 150.
[33] Gonen E, Mendel J M. Applications of cummulants to array processing part VI: polarization and direction of arrival estimation with minimally constrained arrays[J]. IEEE Trans On Signal Processing, 1999, 47(9): 2589 – 2592.
[34] 徐尚志,吴先良．复杂噪声中基于累积量的二维 DOA 估计[J]．安徽大学学报(自然科学版), 2002,26(2):29 – 33.
[35] 唐斌,施太和,肖先赐．基于四阶累积量的空间信号 2 – D DOA 分离估计[J]．电子科学学刊, 1998,20(6):745 – 749.
[36] 刘若论,王树勋．基于累积量的二维 DOA 估计的特征矢量算法[J]．电子学报,1999,(27): 138 – 140.
[37] Ju K H, Sung H J, Youn D H, et al. Cummulant based approach for direction-of-arrival estimation of wideband sources[J]. 1996 AP – S, 2: 1376 – 1379.

[38] Chevalier P, Ferreol A. On the virtual array concept for the fourth-order direction finding problem [J]. IEEE Trans. on SP, 1999, 47(9): 2592 – 2595.
[39] 刘若论. DOA 估计中的应用研究[D]. 长春:吉林工业大学,2000.
[40] 雷中定,黄绣坤,张树京,等. 宽带非高斯信号波达方向的估计方法[J]. 电子学报:1998,26(10):45 – 49.
[41] 陈冬梅. 高级统计量在多径情况下 DOA 估计中的应用[D]. 长春:吉林工业大学,2002.
[42] 周志敏. 基于软件无线电技术的智能天线[D]. 武汉:华中科技大学,2002.
[43] Wax M, Shan T, Kailath T. Spatio-temporal spectral analysis by eigenstructure methods[J]. IEEE Trans. On ASSP, 1984, 32(4): 817 – 827.
[44] Wang H, Kaven M. Coherent signal-subspace processing for the detection and estimation of angles of arrival of multiple wideband sources[J]. IEEE Trans. On ASSP, 1985, 33(4): 823 – 831.
[45] Valaee S, Kabal P. Wideband array processing using a two-sided correlation transformation[J]. IEEE Trans. on SP, 1995, 43(1): 160 – 172.
[46] Hung H, Kaveh M. Focusing matrices for coherent signal-subspace processing[J]. IEEE Trans. on ASSP, 1988, 36(8): 1272 – 1281.
[47] Doron M A, Weiss A J. On focusing matrices for wide-band array processing[J]. IEEE Trans. on SP, 1992, 40(6): 1295 – 1302.
[48] 黄可生. 宽带信号阵列高分辨处理技术研究[D]. 长沙:国防科学技术大学, 2005.
[49] 赵拥军. 宽带信号阵列高分辨 DOA 估计技术[D]. 北京:北京理工大学, 2008.
[50] 张恒利. 宽带信号源数目估计方法研究[D]. 郑州:解放军信息工程大学, 2008.
[51] 黄知涛,等. 一种基于循环互相关的非相干源信号方向估计方法[J]. 通信学报,2003, 24(2): 108 – 113.
[52] Akaike H. A new look at the statistical model identification[J]. IEEE Trans. On AC, 1974, 19(6): 716 – 723.
[53] Rissanen J. Modeling by shortest data description[J]. Automatica, 1978, 14: 465 – 471.
[54] Zhang Q T, Wong K M, Yip P C. Statistical analysis of the performance information theoretic criteria: Criteria in the detection of the number of signals in array processing[J]. IEEE Trans Acoustics Speech Signal Processing, 1989, 37(10): 1557 – 1567.
[55] Wong K M, Zhang Q T, Reilly J P. On information theoretic criteria for determing the number of signals in high resolution array processing[J]. IEEE Trans. ASSP, 1990, 38(11): 1959 – 1971.
[56] Fisher E, Messer H. Order statistics approach for determing the mumber of sources using an array of sensors[J]. IEEE Signal Processing Letters, 1999, 6(7): 179 – 182.
[57] Fisher E, Messer H. On the use of order statistics for improved detection of signals by the MDL criterion [J]. IEEE Trans. SP, 2000, 48(8): 2242 – 2247.
[58] Wax M. Detection and localization of multiple sources in noise with unknown covariance [J]. IEEE Trans. on Signal Processing, 1992, 40: 245 – 249.
[59] Wu H T, Yang J F, Chen F K. Source number estimator using Gerschgorin disks[C]. Proc ICASSP, Adelaide, Australia, 1994: 261 – 264.
[60] Wu H T, Yang J F, Chen F K. Source number estimators using transformed Gerschgorin radii[J]. IEEE Trans. on SP, 1995, 43(6): 1325 – 1333.
[61] Linebarger D A, DeGroat R D, Dowling E M. Efficient direction-finding methods employing forward/backward averaging[J]. IEEE Trans. on SP, 1994, 42(8): 2136 – 2145.
[62] Di A. Multiple sources location-a matrix decomposition approach[J]. IEEE Trans on ASSP, 1985, 33(4):

1086 – 1091.

[63] Cadzow J A, Kim Y S, Shiue D C. General direction-of-arrival estimation: a signal subspace approach [J]. IEEE Trans. on AES, 1989, 25(1): 31 – 46.

[64] Wang H, Kaveh M. On the performance of signal-subspace processing-part coherent wide-band systems [J]. IEEE Trans. on ASSP, 1987, 35(11): 1583 – 1591.

[65] Linebarger D A. Redundancy averaging with large arrays[J]. IEEE Trans. on SP, 1993, 41(4): 1707 – 1710.

[66] Park H R, Kim Y S. A solution to the narrow-band coherency problem in multiple source location [J]. IEEE Trans. on SP, 1993, 41(1): 473 – 476.

[67] 刘翔, 黄可生, 黄知涛, 等. 基于子带平均的宽带源个数估计方法[J]. 电子信息对抗技术, 2006, 21(1): 22 – 25.

[68] 汪玲, 殷吉昊, 陈天麒. 宽带信号源个数估计频域 Bootstrap 方法[J]. 电波科学学报, 2007, 22(1): 130 – 133.

[69] Hung H S, Mao C Y. Robust coherent signal-subspace processing for direction-of-arrival estimation of wideband sources[J]. IEEE Proceedings of Radar, Sonar and Navigation, 1994, 141(5): 256 – 262.

[70] Swingler N, Walker R S, Krolik J. High-resohution broadband Beamforming using doubly-steered coherent signal-subspace approach[J]. IEEE ICASSP, 1988: 2658 – 2661.

[71] Jeferey K, David S. Focussed wideband array processing by spatial resampling[J]. IEEE Trans. ASSP, 1990, 38(2): 356 – 360.

[72] Bienvenu G, Fuerxer P, Vezzosi G, et al. Coherent wideband high resolution processing for linear array: International Conference on Acoustics[J]. Speech, and Signal Processing, ICASSP, 1989, 4(89): 23 – 26.

[73] Chen Y H, Chen R H. Directions-of-arrival estimations of multiple coherent broadband signals[J]. IEEE Trans. Aerospace Electronic Systems, 1993, 29(3): 1035 – 1043.

[74] Doron M A, Doron E, Weiss A J. Coherent wideband processing for arbitrary array geometry[J]. IEEE Trans. on SP, 1993, 41(1): 414 – 417.

[75] Fabrizio S. Robust wideband DOA estimation[C]. IEEE/SP 13th Workshop on Statistical Signal Processing, 2005: 277 – 282.

[76] Fabrizio S. Robust auto-focusing wideband DOA estimation[J]. Signal Processing. 2006, 86: 17 – 37.

[77] Prasad S, Chandna B. DOA estimation using rank revealing QR factorization[J]. IEEE Trans. on SP, 1991, 39: 1224 – 1228.

[78] Stewart G W. An updating algorithm for subspace tracking[J]. IEEE Trans. on SP, 1992, 40(6): 1535 – 1541.

[79] Kay S M, Shaw A K. Frequency estimation by principal component AR spectral estimation method without eigen-decomposition[J]. IEEE Trans. ASSP, 1988, 36(1): 127 – 135.

[80] Ghavami M. Wideband smart antennas theory using rectangular array structures[J]. IEEE Trans. on SP, 2002, 50(9): 2143 – 2151.

[81] Krim H, Viberg M. Two decades of array signal processing research[J]. IEEE Signal processing magazine, 1996, 13(4): 67 – 94.

[82] Godara L C. Application of antenna arrays to mobile communications, part II: Beamforming and direction-of-arrival consideration[C]. Proc. of the IEEE, 1997(8): 1195 – 1245.

[83] Ghavami M, Kohno R. Application of adaptive fan filters in DOA estimation of broadband signals[C]. In Proc. 10th International Symp. on Personal, In door and Mobile Radio Communications, PIMRC'99, Osaka, 1999: 800 – 804.

[84] Xu G H, Kailath T. Fast subspace decomposition[J]. IEEE Trans. SP, 1994, 42(3): 539 – 551.

[85] Xu G H, Kailath T. Fast estimation of principal eigenspace using Lanczos algorithm[J]. SIAM J. Matrix ANAL. APPL, 1994, 5(3): 974 - 994.

[86] Goldstein J S, Reed I S. A new method of wiener filtering and its application to interference mitigation for communications[C]. Proc. MILCOM, 1997, 3: 1087 - 1091.

[87] Goldstein J S, Reed I S, Scharf L L. A multistage representation of the Wiener filter based on orthogonal projections[J]. IEEE Trans. Inf. Theory, 1998, 44(7): 2943 - 2959.

[88] Ricks D, Goldstein J S. Efficient implemntation of multi-stage adaptive wiener filters[C]. Antenna Applications Symposium, 2000.

[89] Died G, Zoltowski M D, Joham M. Recursive reduced-rank adaptive equalization for wireless communications[C]. Proc. SPIE, 2001, 4395: 16 - 27.

[90] Joham M, Zoltowski M D. Interpretation of the multi-stage nested wiener filter in the krylov subspace framework[R]. Tech. Rep. TUM-LNS-TR-00 - 6, Munich University of Technology, 2000.

[91] Honig M L, Goldstein J S. Adaptive reduced-rank interference suppression based on the multistage wiener filter[J]. IEEE Trans. Communications, 2002, 50(6).

[92] Chen Wanshi, Urbashi M, Philip S. On the Equivalence of Three Reduced Rank Linear Estimators with Applications to DS-CDMA[J], IEEE Trans. Information Theory, 2002, 48(9).

[93] Goldstein J S, Reed I S. Subspace Selection for Partially Adaptive Sensor Array Processing[J]. IEEE Trans. Aerospace and Electronic Systems, 1997, 33(2): 539 - 543.

[94] Goldstein J S, Reed I S, Zulch P A. Multistage Partially Adaptive STAP CFAR Detection Algorithm [J]. IEEE Trans. Aerospace and Electronic Systems, 1999, 35(2): 645 - 661.

[95] Honig M L, Xiao W. Performance of reduced-rank linear interference suppression[J]. IEEE Trans. Inform. Theory, 2001, 47(5): 1928 - 1946.

[96] Myrick W L, Zoltowski M D, Goldstein J S. Exploiting conjugate symmetry in power minimization based pre-processing for GPS: reduced complexity and smoothness[C]. Proc. of 2000 IEEE Conf. on Acoustic, Speech and Signal Processing, 2000, 5: 2833 - 2836.

[97] Myrick W L, Zoltowski M D, Goldstein J S. Antijam space-time preprocessor for GPS based on multistage nested wiener filter[C]. IEEE Military Communications, 1999.

[98] Witzgall H E, Goldstein J S. Detection performance of the reduced-rank linear predictor ROCKET [J]. IEEE Trans. Signal Processing, 2003, 51(7): 1731 - 1738.

[99] Witzgall H E, Goldstein J S. ROCK MUSIC-non-unitary spectral estimation [R]. Tech. Rep. ASE - 00 - 05 - 001, SAIC, 2000.

[100] Witzgall H E, Goldstein J S, Zoltowski M D. A non-unitary extension to spectral estimation[C]. the Ninth IEEE Digital Signal Processing Workshop Hunt, Texas, 2000.

[101] 黄磊. 快速子空间估计方法研究及其在阵列信号处理中的应用[D]. 西安:西安电子科技大学,2005.

[102] 黄可生,周一宇,张国柱,等. 基于 Krylov 子空间的宽带信号 DOA 快速估计方法[J]. 宇航学报,2005,26(4):461 - 465.

[103] Shamsunder S, Kailath T. Signal selective localization of non-gaussian cyclostationary sources [J]. IEEE Trans. on Signal Processing, 1994, 42(10): 2860 - 2864.

[104] Xin J M, Sano A. Direction-of-arrival estimation of cyclostationary signals in multipath propagation environment[J]. IEEE Trans. on SP, 2001: 524 - 527.

[105] Xin J M, Sano A. Linear prediction approach to direction estimation of cyclostationary signals in multipath environment[J]. IEEE Trans. on Signal Processing, 2001, 49(4): 710 - 720.

[106] Charge P, Wang Y D, Saillard J. An Extended Cyclic MUSIC Algorithm[J]. IEEE Trans. on Signal Processing, 2002, 3: 3025-3028.
[107] Schell S V, Calabreta R A, Gardner W A, et al. Cyclic MUSIC algorithms for signal-selective direction estimation[C]. In Proc. ICASSP'89 Conf(Glasgow. Scotland), 1989, 5: 2278-2281.
[108] Xu G H, Kailath T. Direction-of-arrival estimation via exploitation of cyclostationarity-A combination of temporal and spatial processing[J]. IEEE Trans. on. Signal Processing, 1992, 40: 1775-1785.
[109] 黄知涛,周一宇,姜文利. 一种基于循环互相关的非相干源信号方向估计方法[J]. 通信学报, 2003, 24(2): 108-113.
[110] 金梁,姚敏立,殷勤业. 宽带循环平稳信号的二维空间谱估计[J]. 通信学报, 2000, 21(3): 7-11.
[111] 汪仪林,殷勤业,金梁,等. 利用信号的循环平稳特性进行相干源的波达方向估计[J]. 电子学报, 1999, 27(9): 86-89.
[112] Xu G H, Kailath T. Array signal processing via exploitation of spectral correlation-a combination of temporal and spatial processing [C]. In Proc. 23rd Asilomar Conf. Signals. Syst., Comput. (Pacific Grove, CA), 1989, 2: 945-949.
[113] Jin L, Yin Q Y, Yao M L. Estimating spatial spectrum with generalized spectral-correlation signal subspace fitting [C]. The IEEE International Symposium on Circuits and Systems, Geneva, 2000, 4: 577-580.
[114] Jin L, Yao M L, Yin Q Y. A New Model for the DOA Estimation of The Coherent Signals [J]. IEEE, 1998, 4: 329-332.
[115] 金梁,殷勤业,汪仪林. 广义谱相关子空间拟合 DOA 估计原理[J]. 电子学报, 2000, 28(1): 60-63.
[116] 黄知涛,周一宇,姜文利. 基于信号一阶循环平稳特性的源信号方向估计方法[J]. 信号处理, 2001, 17(5): 412-417.
[117] 黄知涛,王炜华,姜文利,等. 一种基于循环互相关的非相干源信号方向估计方法[J]. 通信学报, 2003, 24(2): 108-113.
[118] Huang Z T, et al. DOA estimation method based on weighted cyclic spectrum [C]. CIE International Conference on Radar, Beijing, 2001: 1108-1111.
[119] Huang Z T, Jiang W L, Zhou Y Y. Direction-finding for wideband cyclostationary signals[J]. Progress in Natural Science, 2005, 15(5): 491-495.
[120] Lee Y T, Lee J H. Direction-finding methods for cyclostationary signals in the presence of coherent sources[J]. IEEE Trans. on Antennas and Propagation, 2001, 49(12): 1821-1826.
[121] Do-Hong T, Russer P. Comparing performance of direction-of-arrival estimation methods for wideband signal sources[C]. In 2002 Eur. Conf. Wireless Technology Proc, 2002, (9): 201-204.
[122] Do-Hong T, RuSser P. Analysis and simulation of direction-of-arrival estimation for closely spaced wideband sources using arbitrary antenna arrays[C]. In 2002 Eur. Conf. Wireless Technology Proc, 2002, (9): 197-200.
[123] Do-Hong T, Russer P. An analysis of windeband direction-of-arrival estimation for closely-spaced sources in the presence of model errors[J]. IEEE Trans. On Microwave and Wireless Components, 2003, 13(8): 314-316.
[124] Mohammadpour V J, Khorasani K. A robust state-space approach for localizing wideband sources in sensor arrays [C]. Proceedings of the 3rd IEEE Sensor Array and Multichannel Signal Processing Workshop, Barcelona, Spain, 2004: 298-302.

[125] 刘成城. 宽带信号源数目估计方法研究[D]. 郑州:解放军信息工程大学,2011.
[126] William N G, James P Reilly, Thia Kirubarajan. Wideband array signal processing using MCMC methods [J]. IEEE Trans. SP, 2003.
[127] William N G, James P R. Wideband Array Signal Processing Using MCMC Methods[J]. IEEE Trans. on Signal Processing, 2005, 53(2).
[128] Petar M D, Godsill S J. Guest Editorial-special Issue on Monte Carlo Methods for Statistical Signal Processing[J]. IEEE Transactions on Signal Processing, 2000, 50(2).
[129] Christopher A, Arnaud D. Joint Bayesian Model Selection and Estimation of Noisy Sinusoids via Reversible Jump MCMC[J]. IEEE Transactions on Signal Processing, 1999, 47(10).
[130] 李雄. 基于蒙特卡罗方法的高分辨方位估计新方法研究[D]. 西安:西北工业大学,2005.
[131] 鲁瑛. 贝叶斯高分辨方位估计方法的性能分析与应用研究[D]. 西安:西北工业大学,2001.
[132] 孙毅. 基于贝叶斯原理和蒙特卡罗方法的高分辨方位估计新方法研究[D]. 西安:西北工业大学,2003.
[133] 金美娜. 基于 MCMC 方法的宽带信号源数和 DOA 联合估计方法研究[D]. 郑州:解放军信息工程大学,2009.

第2章　空间谱估计基础

众所周知,时域信号的频谱表示信号在各个频率上的能量分布,是时域处理的一个重要概念。而空间谱则表示信号在空间各个方向上的能量分布,是空域处理的一个重要概念。因此,如果能得到信号的空间谱,就能得到信号的波达方向(DOA),所以空间谱估计常称为"DOA 估计"。有的文献也称"方向估计"或"角度估计",在军事侦察领域也称为"测向"。

因为现代空间谱估计技术具有超(高)的空间信号分辨能力,能突破并改善一个波束宽度内的空间不同来向信号的分辨能力,空间谱估计又常称为"超(高)分辨谱估计"。

从20世纪70年代末开始,在空间谱估计方面涌现出了大量的研究成果和文献,如1979年美国学者 Schmidt 等人提出的多重信号分类(MUSIC)算法、1986年 Roy 等人提出的信号估计参数旋转子空间不变技术(ESPRIT)算法。MUSIC 算法的提出,实现了向现代超分辨测向技术的飞跃,是空间谱估计技术发展的里程碑。同时,MUSIC 算法也促进了子空间分解类算法的兴起。子空间分解类算法通过对阵列接收数据的数学分解(如特征分解、奇异值分解及 QR 分解),将接收数据划分为2个相互正交的子空间:一个是与信号源的阵列流形空间一致的信号子空间;另一个则是与信号子空间正交的噪声子空间。子空间分解类算法就是利用2个子空间的正交特性构造出"针状"空间谱峰,从而大大提高算法的分辨力。子空间分解类算法从处理方式上可分为2类:一类是以 MUSIC 为代表的噪声子空间类算法;另一类是以 ESPRIT 为代表的信号子空间类算法。

2.1　空间谱的概念

从实质上讲,空间谱与频谱有着平行相似性,频谱处理的是时域信号,空间谱处理的是空域信号(阵列空间快拍信号)。对于时域信号传统的傅里叶变换、功率谱等概念都可平行地引入对空间信号的处理,对应于空间傅里叶变换与空间功率谱。

2.1.1　均匀直线阵的输入信号

假定有一个远场平面波信号 $s_0(t)$,以 θ_0 角度入射到均匀直线天线阵,均匀线阵由 M 个阵元等间距(阵元间距为 d)排列成一条直线组成,天线阵基线在 x 轴,垂直于阵列的方向为法线方向,入射方位角 θ_0 是信号入射方向与线阵法线的夹角,每个天线接一部数字接收机,如图2-1所示。

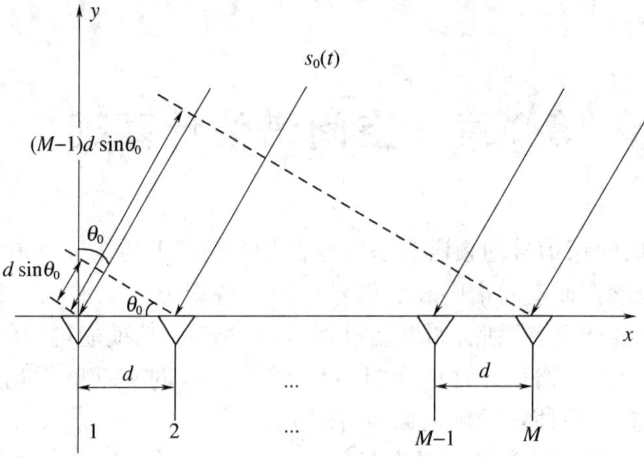

图 2－1　线阵接收平面波信号

设参考点接收一个入射信号源 $s_0(t)$ 为一个正弦信号，幅度为 A_0，角频率为 ω_0（频率为 f_0，波长为 λ_0），则

$$s_0(t) = A_0\cos(\omega_0 t) = A_0\cos(2\pi f_0 t) = A_0\cos\left(2\pi \frac{c}{\lambda_0}t\right) \tag{2-1}$$

式中：c 为光速。

以左边第 1 个阵元为参考阵元，在无噪声情况下，接收到的信号 $x_1(t)$ 为

$$x_1(t) = s_0(t) = A_0\cos(\omega_0 t) \tag{2-2}$$

由于是平面波，信号到达各阵元的波程不一样，从而到达时刻不一样，其他阵元接收的信号相对于第 1 个参考阵元有时间上的提前（以右边第 1 个阵元为参考阵元，时间是延迟），那么第 k 个天线收到信号为

$$x_k(t) = s_0(t+\tau_k) = A_0\cos[\omega_0(t+\tau_k)] \tag{2-3}$$

τ_k 为第 k 个天线上的信号相对于参考阵元（第 1 个天线）上信号的提前时间，信号到达第 k 个天线时相对于参考阵元（第 1 个天线）的波程差为

$$\Delta r_k = (k-1)d\sin\theta_0 \tag{2-4}$$

那么相应的时间差（即时延）为

$$\tau_k = \frac{\Delta r_k}{c} = \frac{(k-1)d\sin\theta_0}{c} \tag{2-5}$$

把式(2－5)代入式(2－3)，得到第 k 个天线收到信号 $x_k(t)$ 为

$$\begin{aligned} x_k(t) &= s_0(t+\tau_k) = s_0\left(t + \frac{(k-1)d\sin\theta_0}{c}\right) = \\ &A_0\cos\left[\omega_0\left(t + \frac{(k-1)d\sin\theta_0}{c}\right)\right] = \\ &A_0\cos\left[2\pi f_0 t + 2\pi f_0 \frac{(k-1)d\sin\theta_0}{c}\right] \quad (k = 1,2,\cdots,M) \end{aligned} \tag{2-6}$$

一般情况下，如果有 P 个不同方向的正弦信号，那么第 k 个阵元接收到的信号 $x_k(t)$ 为 P 个信号之和，即

$$x_k(t) = \sum_{i=1}^{P} A_i \cos\left[2\pi f_i t + 2\pi f_i \frac{(k-1)d\sin\theta_i}{c}\right] \quad (k = 1,2,\cdots,M) \tag{2-7}$$

2.1.2 均匀直线阵的空间频率

1. 空间频率

当某一时刻 t'，M 个阵元的接收机同时采样（快拍），得到一次快拍 M 个数据（空间采样数据），当接收为单个信号时，式(2-6)变为

$$\begin{aligned} x_k(t') &= A_0\cos\left[2\pi f_0 t' + 2\pi f_0 \frac{(k-1)d\sin\theta_0}{c}\right] = \\ &A_0\cos\left[2\pi f_0 \frac{(k-1)d\sin\theta_0}{c} + 2\pi f_0 t'\right] = \\ &A_0\cos\left[2\pi\left(f_0 \frac{d\sin\theta_0}{c}\right)(k-1) + 2\pi f_0 t'\right] \quad (k = 1,2,\cdots,M) \end{aligned} \tag{2-8}$$

从式(2-8)可以看出，一次快拍得到的 M 个空间序列数据点（$k=1,2,\cdots,M$）是一个单频率正弦离散信号。这里定义空间数字频率 $f_{\theta0}$、空间数字角频率 $\omega_{\theta0}$[1] 为

$$f_{\theta0} = f_0 \frac{d\sin\theta_0}{c} = \frac{d\sin\theta_0}{\lambda_0} \tag{2-9}$$

$$\omega_{\theta0} = 2\pi f_{\theta0} = 2\pi \frac{d\sin\theta_0}{\lambda_0} \tag{2-10}$$

相位 $\phi_{\theta0}$ 为

$$\phi_{\theta0} = 2\pi f_0 t'$$

那么快拍空间序列为

$$x_k(t') = A_0\cos[2\pi f_{\theta0}(k-1) + \phi_{\theta0}] \quad (k = 1,2,\cdots,M) \tag{2-11}$$

从式(2-11)可知，一次快拍数据 $x_k(t')$（$k=1,2,\cdots,M$）是单频正弦离散信号，频率为 $f_{\theta0}$，假定计算出空间数字频率 $f_{\theta0}$ 及信号的频率 f_0（或 λ_0），就可以从式(2-9)得到来波方向 θ_0，得

$$\sin\theta_0 = f_{\theta0} \frac{\lambda_0}{d} \tag{2-12}$$

从式(2-9)的数学关系上讲，空间数字频率 $f_{\theta0}$ 与信号来波方向（θ_0）相关，当然其还与信号本身频率（f_0）以及阵元间距（d）相关；从物理意义上讲，空间数字频率 $f_{\theta0}$ 反映了信号的空间位置分布（来波方向 θ_0）。

当天线阵接收为多个空间正弦信号时，式(2-7)中 M 个阵元接收到的信号

一次快拍为

$$
\begin{aligned}
x_k(t') &= \sum_{i=1}^{P} A_i\cos\left[2\pi f_i t' + 2\pi f_i \frac{(k-1)d\sin\theta_i}{c}\right] = \\
&\sum_{i=1}^{P} A_i\cos\left[2\pi f_i \frac{d\sin\theta_i}{c}(k-1) + 2\pi f_i t'\right] = \\
&\sum_{i=1}^{P} A_i\cos\left[2\pi \frac{d\sin\theta_i}{\lambda_i}(k-1) + 2\pi f_i t'\right] \quad (k=1,2,\cdots,M)
\end{aligned}
\tag{2-13}
$$

从式(2-13)可以看出,一次快拍的空间序列数据 $x_k(t')(k=1,2,\cdots,M)$是 P 个正弦离散信号的叠加,P 个空间数字频率为

$$
f_{\theta i} = \frac{d\sin\theta_i}{\lambda_i} \quad (i=1,2,\cdots,P) \tag{2-14}
$$

空间数字角频率为

$$
\omega_{\theta i} = 2\pi \frac{d\sin\theta_i}{\lambda_i} \quad (i=1,2,\cdots,P) \tag{2-15}
$$

同理,其 P 个空间频率 $f_{\theta i}(i=1,2,\cdots,P)$反映了信号的空间分布($\theta_i$)。

通过上述对空间频率的分析可以发现:

(1) 对于频率相同的多个信号(λ_i 相同),由于来波方向不同(θ_i 不同)时,那么空间频率 $f_{\theta i}$就不同,因此阵列可以实现对同频信号测向(区分开)。

(2) 当信号方向相同(θ_i 相同),频率不同(λ_i 不同)时,那么空间频率 $f_{\theta i}$也不同,因此也可以对方位相同但频率不同的信号测向(区分开)。

2. 仿真实验

阵列快拍数据的空间数字频率。图 2-2 为 10°与 30°两个空域信号的时域与频率幅度谱图,其中信号数字频率分别为 0.125 与 0.25。图 2-3 为 32 阵元均匀直线阵接收两信号的快拍数据序列及其空间频率幅度谱图,其中阵元间距与信号的波长比分别为 $d/\lambda_1=0.25$ 与 $d/\lambda_2=0.5$。

从图 2-3 中可以看出,接收快拍数据为 2 个信号的线性混合。可以由式(2-14)计算 2 个信号的空间数字频率分别为 0.0434 与 0.25,这与图 2-3 中结果一致。

2.1.3 均匀直线阵信号方向矢量

一般为了理论推导方便,可以认为接收的信号为复信号,工程上可以用 I/Q 相互正交两路接收机得到复信号,对实信号进行希尔伯特变换也可以得到复信号。

设参考点接收一个入射信号源 $s_0(t)$为一个复正弦信号,即

$$
s_0(t) = A_0\exp(\mathrm{j}\omega_0 t) \tag{2-16}
$$

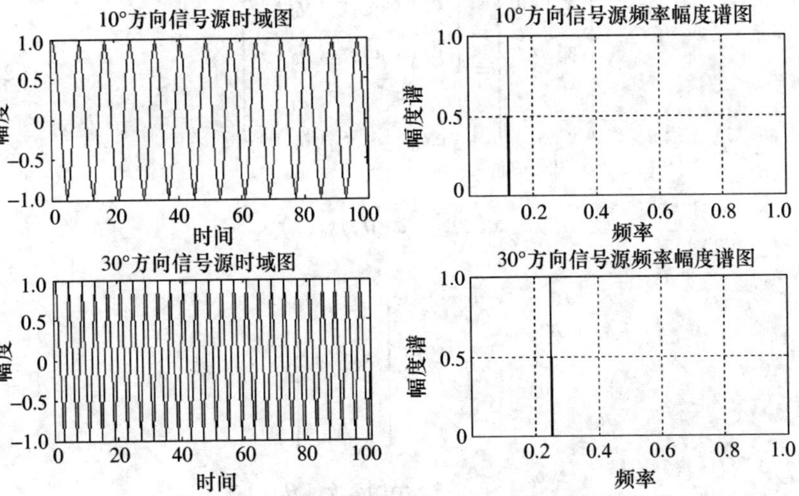

图 2－2　10°与 30°两个空域信号的时域与频率幅度谱

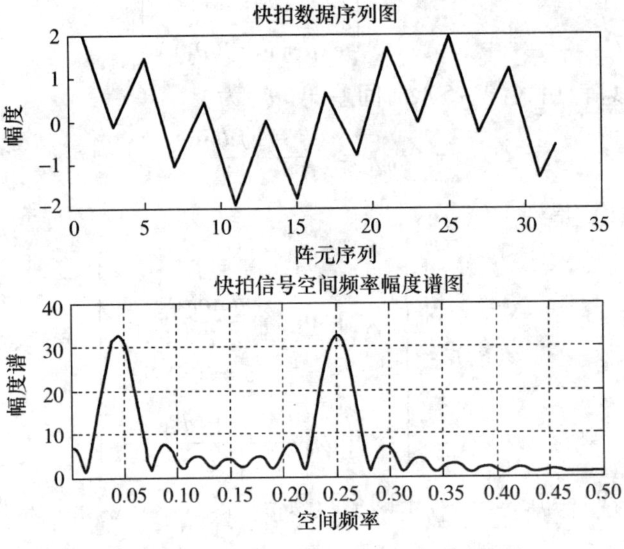

图 2－3　32 阵元均匀直线阵接收两信号的快拍数据序列及其空间频率幅度谱

对于复信号的时间延迟 $\tau_k(\theta_0)$ 可以等价为相位延迟 $\omega_0\tau_k(\theta_0)$，那么，由式(2－3)，第 k 个天线收到信号为

$$\begin{aligned} x_k(t) &= s_0(t+\tau_k(\theta_0)) = \\ & A_0\exp[\mathrm{j}\omega_0(t+\tau_k(\theta_0))] = \\ & A_0\exp(\mathrm{j}\omega_0 t)\exp(\mathrm{j}\omega_0\tau_k(\theta_0)) = \\ & s_0(t)\exp(\mathrm{j}\omega_0\tau_k(\theta_0)) \quad (k=1,2,\cdots,M) \end{aligned} \tag{2-17}$$

将上式写为矢量形式

$$\begin{bmatrix} x_1(t) \\ x_2(t) \\ \vdots \\ x_M(t) \end{bmatrix} = \begin{bmatrix} \exp(\mathrm{j}\omega_0\tau_1(\theta_0)) \\ \exp(\mathrm{j}\omega_0\tau_2(\theta_0)) \\ \vdots \\ \exp(\mathrm{j}\omega_0\tau_M(\theta_0)) \end{bmatrix} s_0(t) \tag{2-18}$$

那么

$$\boldsymbol{x}(t) = \boldsymbol{a}(\theta_0)s_0(t) \tag{2-19}$$

其中

$$\boldsymbol{x}(t) = \begin{bmatrix} x_1(t) \\ x_2(t) \\ \vdots \\ x_M(t) \end{bmatrix} \tag{2-20}$$

$$\boldsymbol{a}(\theta_0) = \begin{bmatrix} \exp(\mathrm{j}\omega_0\tau_1(\theta_0)) \\ \exp(\mathrm{j}\omega_0\tau_2(\theta_0)) \\ \vdots \\ \exp(\mathrm{j}\omega_0\tau_M(\theta_0)) \end{bmatrix} \tag{2-21}$$

对于均匀直线阵，由式(2－5)，时间差 $\tau_k(\theta_0)$ 为

$$\tau_k(\theta_0) = \frac{(k-1)d\sin\theta_0}{c} \tag{2-22}$$

代入式(2－21)，得到

$$\boldsymbol{a}(\theta_0) = \begin{bmatrix} 1 \\ \exp\left(\mathrm{j}\omega_0\dfrac{d\sin\theta_0}{c}\right) \\ \vdots \\ \exp\left(\mathrm{j}\omega_0\dfrac{(M-1)d\sin\theta_0}{c}\right) \end{bmatrix} \tag{2-23}$$

把式(2－9)与式(2－10)中的空间频率定义代入式(2－23)，得到

$$\boldsymbol{a}(\theta_0) = \begin{bmatrix} 1 \\ \exp(\mathrm{j}2\pi f_{\theta0}) \\ \vdots \\ \exp(\mathrm{j}2\pi f_{\theta0}(M-1)) \end{bmatrix} = \begin{bmatrix} 1 \\ \exp(\mathrm{j}\omega_{\theta0}) \\ \vdots \\ \exp(\mathrm{j}\omega_{\theta0}(M-1)) \end{bmatrix} \tag{2-24}$$

矢量 $\boldsymbol{a}(\theta_0)$ 是一个复正弦序列矢量，其频率为 $f_{\theta0}$，前面分析过 $f_{\theta0}$ 反映信号能量空间分布(θ_0)，因此 $\boldsymbol{a}(\theta_0)$ 称为源信号的方向矢量(也称为舵矢量)。

通过上述对方向矢量的分析可以发现：

(1) 方向矢量 $\boldsymbol{a}(\theta_0)$ 的组成。从式(2－21)可以看出，方向矢量由各个阵元相位延迟($\exp(\mathrm{j}\omega_0\tau_k(\theta_0))$)组成。

(2) 方向矢量 $\boldsymbol{a}(\theta_0)$ 的不变性。从式(2－19)、式(2－21)可以看出,每次快拍 $\boldsymbol{x}(t')$ 矢量不同,但方向矢量由各个阵元相位延迟组成,不同快拍各个阵元相位延迟不变,因此方向矢量 $\boldsymbol{a}(\theta_0)$ 不变。

$$\boldsymbol{x}(t_1) = \boldsymbol{a}(\theta_0)s_0(t_1) \tag{2-25}$$

$$\boldsymbol{x}(t_2) = \boldsymbol{a}(\theta_0)s_0(t_2) \tag{2-26}$$

t_1 与 t_2 两时刻,快拍矢量不同,但都包含不变的方向矢量,我们就是从变化量中寻找不变的量。

(3) 方向矢量 $\boldsymbol{a}(\theta_0)$ 的意义。方向矢量由各个阵元相位延迟组成,相位延迟又由来波方向、阵元位置与信号中心频率决定,因此方向矢量由来波方向 θ_0、阵元位置与信号中心频率 ω_0 决定,其物理意义可以认为其反映了来波方向,同时也反映了阵列阵形与信号的中心频率。

2.1.4 任意阵列信号方向矢量

对于角度为 θ_0 的窄带复信号,阵列第 k 个阵元接收到的信号相对于参考阵元接收的信号时间延迟为 $\tau_k(\theta_0)$,可以等价为相位延迟 $\omega_0\tau_k(\theta_0)$,那么任意阵列信号方向矢量为

$$\boldsymbol{a}(\theta_0) = \begin{bmatrix} \exp(\mathrm{j}\omega_0\tau_1(\theta_0)) \\ \exp(\mathrm{j}\omega_0\tau_2(\theta_0)) \\ \vdots \\ \exp(\mathrm{j}\omega_0\tau_M(\theta_0)) \end{bmatrix} \tag{2-27}$$

对于均匀线阵的方向矢量 $\boldsymbol{a}(\theta_0)$,因为其是正弦序列,还可以从方向矢量中找到另一个不变量空间频率 $f_{\theta 0}$。

对于非均匀线阵或任意阵,方向矢量 $\boldsymbol{a}(\theta_0)$ 不再是正弦序列,得不到空间频率 $f_{\theta 0}$,但方向矢量 $\boldsymbol{a}(\theta_0)$ 仍然是个不变量,因为当阵列阵形已定时,阵元之间接收某一方向的信号相对时间差 $\tau_k(\theta_0)$ 不变,所以方向矢量不变,其反映了来波方向(θ_0),空间谱估计任务就是寻找方向矢量不变量,这就是方向矢量的本质。

同理,当阵列接收 P 个复正弦信号时,$\tau_k(\theta_i)$ 为第 k 个阵元与参考阵元接收到的第 i 个源信号之间的时间差(经窄带近似,等效为相移 $\omega_i\tau_k(\theta_i)$),那么第 k 个天线收到信号为

$$\begin{aligned} x_k(t) &= \sum_{i=1}^{P} s_i(t+\tau_k(\theta_i)) = \\ &\sum_{i=1}^{P} A_i\exp[\mathrm{j}\omega_i(t+\tau_k(\theta_i))] = \\ &\sum_{i=1}^{P} A_i\exp(\mathrm{j}\omega_i t)\exp(\mathrm{j}\omega_i\tau_k(\theta_i)) = \\ &\sum_{i=1}^{P} s_i(t)\exp(\mathrm{j}\omega_i\tau_k(\theta_i)) \quad (k=1,2,\cdots,M) \end{aligned} \tag{2-28}$$

将上式写为矢量形式

$$\begin{bmatrix} x_1(t) \\ x_2(t) \\ \vdots \\ x_M(t) \end{bmatrix} = \begin{bmatrix} e^{j\omega_1\tau_1(\theta_1)} & e^{j\omega_2\tau_1(\theta_2)} & \cdots & e^{j\omega_P\tau_1(\theta_P)} \\ e^{j\omega_1\tau_2(\theta_1)} & e^{j\omega_2\tau_2(\theta_2)} & \cdots & e^{j\omega_P\tau_2(\theta_P)} \\ \vdots & \vdots & & \vdots \\ e^{\omega_1\tau_M(\theta_1)} & e^{j\omega_2\tau_M(\theta_2)} & \cdots & e^{j\omega_P\tau_M(\theta_P)} \end{bmatrix} \begin{bmatrix} s_1(t) \\ s_2(t) \\ \vdots \\ s_P(t) \end{bmatrix} \tag{2-29}$$

那么

$$\boldsymbol{x}(t) = \boldsymbol{A}\boldsymbol{s}(t) \tag{2-30}$$

其中

$$\boldsymbol{x}(t) = \begin{bmatrix} x_1(t) \\ x_2(t) \\ \vdots \\ x_M(t) \end{bmatrix} \tag{2-31}$$

$\boldsymbol{s}(t)$为 P 个空间信号组成的矢量,即

$$\boldsymbol{s}(t) = \begin{bmatrix} s_1(t) \\ s_2(t) \\ \vdots \\ s_P(t) \end{bmatrix} \tag{2-32}$$

矩阵$\boldsymbol{A}$是阵列方向矢量的集合,又称做阵列流形。矢量$\boldsymbol{a}(\theta_i)$称为第 i 个源信号的方向矢量(也称为舵矢量)。

$$\boldsymbol{A} = [\boldsymbol{a}(\theta_1), \boldsymbol{a}(\theta_2), \cdots, \boldsymbol{a}(\theta_P)]_{M\times P} \tag{2-33}$$

$$\boldsymbol{a}(\theta_i) = \begin{bmatrix} \exp(j\omega_i\tau_1(\theta_i)) \\ \exp(j\omega_i\tau_2(\theta_i)) \\ \vdots \\ \exp(j\omega_i\tau_M(\theta_i)) \end{bmatrix} \tag{2-34}$$

DOA 估计的任务就是研究如何由观测信号及阵列结构估计出阵列流形中包含的信源个数及其方向 DOA。

2.1.5 均匀直线阵的空间傅里叶变换

1. 阵列快拍矢量数据

当阵列接收一个信号时,其 t'时刻快拍数据矢量 $\boldsymbol{x}(t')$为

$$\boldsymbol{x}(t') = \boldsymbol{a}(\theta_0)s_0(t') \tag{2-35}$$

其中

$$\boldsymbol{x}(t') = \begin{bmatrix} x_1(t') \\ x_2(t') \\ \vdots \\ x_M(t') \end{bmatrix} \tag{2-36}$$

当阵列为均匀直线阵列时，方向矢量为

$$\boldsymbol{a}(\theta_0) = \begin{bmatrix} 1 \\ \exp(\mathrm{j}2\pi f_{\theta 0}) \\ \vdots \\ \exp(\mathrm{j}2\pi f_{\theta 0}(M-1)) \end{bmatrix} = \begin{bmatrix} 1 \\ \exp(\mathrm{j}\omega_{\theta 0}) \\ \vdots \\ \exp(\mathrm{j}\omega_{\theta 0}(M-1)) \end{bmatrix} \tag{2-37}$$

当阵列接收 P 个复正弦信号时，其 t'时刻快拍数据矢量 $x(t')$为

$$\boldsymbol{x}(t') = [\boldsymbol{a}(\theta_1),\boldsymbol{a}(\theta_2),\cdots,\boldsymbol{a}(\theta_P)]\begin{bmatrix} s_1(t') \\ s_2(t') \\ \vdots \\ s_P(t') \end{bmatrix} = \sum_{i=1}^{P} s_i(t')\boldsymbol{a}(\theta_i) \tag{2-38}$$

上式可解释为阵列信号快拍数据为多个信号方向矢量的叠加。

2. 阵列快拍数据傅里叶变换

对离散序列进行离散时间傅里叶变换可以得到离散信号的连续频谱。离散时间傅里叶变换（Discrete-time Fourier Transform，DTFT）是傅里叶变换的一种，它将以离散时间信号 $X(n) = X(nT)$（其中 n 为整数，T 为采样间隔）作为变量的函数（离散时间信号）变换到连续的频域，即产生这个离散时间信号的连续频谱。

同理，对阵列信号的一次拍快 $\boldsymbol{x}(t')$进行 DTFT 可以得到连续的频谱 $X(\omega_\theta)$为

$$X(\omega_\theta) = \sum_{n=0}^{M-1} x_n(t')\exp(-\mathrm{j}n\omega_\theta) \tag{2-39}$$

其幅度谱 $|X(\omega_\theta)|$峰值个数反映了空间信号数量，峰值位置反映了信号空间方位分布，从而得到空间谱（空间幅度谱）。

从式(2-35)、式(2-37)可知，当阵列接收一个空间信号时，均匀直线阵快拍 $\boldsymbol{x}(t')$是一个复正弦离散序列，复正弦序列的频率包含方位信息，因此快拍数据 $\boldsymbol{x}(t')$的空间傅里叶变换幅度谱的峰值位置反映了空间信号的位置分布(θ)，也就是说可以得到来波信号的方向。

同理当阵列接收 P 个空间信号时，如式(2-13)所示，均匀直线阵快拍 $\boldsymbol{x}(t')$是 P 个复正弦离散序列之和，因此快拍数据 $\boldsymbol{x}(t')$的空间傅里叶变换幅度

谱有 P 个峰值，其峰值位置反映了空间信号的位置分布(θ)。

在实际应用中由 $|X(\omega_\theta)|$ 的峰值位置空间频率 ω_θ 反映的空间信号位置并不直接，可直接转换为与方位 θ 有关的量 $X(\theta)$。将式(2－10)空间频率代入式(2－39)，式(2－39)变为

$$X(\theta) = \sum_{n=0}^{M-1} x_n(t')\exp\left(-\mathrm{j}2\pi\frac{d\sin\theta}{\lambda}n\right) \tag{2-40}$$

直接搜索 $|X(\theta)|$ 的峰值位置 θ 来求方位。

$|X(\theta)|$ 是连续谱，对于峰值位置的搜索不可能计算无数个点进行比较，实际应用中可通过对 360°的方位 θ 等分(如按 0.1°等分成 3600 个角度离散点)，计算离散点的 $|X(\theta)|$，然后搜索峰值位置。

3. 阵列快拍数据傅里叶变换矢量形式

将空间谱式(2－39)写为矢量形式

$$X(\omega_\theta) = \sum_{n=0}^{M-1} x_n(t')\exp(-\mathrm{j}n\omega_\theta) = \begin{bmatrix}1 & \exp(-\mathrm{j}\omega_\theta) & \cdots & \exp(-\mathrm{j}n\omega_\theta)\end{bmatrix}\begin{bmatrix}x_1(t')\\ x_2(t')\\ \vdots \\ x_M(t')\end{bmatrix} \tag{2-41}$$

那么

$$X(\omega_\theta) = X(\theta) = \boldsymbol{a}(\theta)^{\mathrm{H}}\boldsymbol{x}(t') = \langle \boldsymbol{a}(\theta), \boldsymbol{x}(t')\rangle \tag{2-42}$$

其中

$$\boldsymbol{x}(t') = \begin{bmatrix}x_1(t')\\ x_2(t')\\ \vdots \\ x_M(t')\end{bmatrix} \tag{2-43}$$

从式(2－37)可知，对于均匀线阵的方向矢量为

$$\boldsymbol{a}(\theta) = \begin{bmatrix}1\\ \exp(\mathrm{j}\omega_\theta)\\ \vdots \\ \exp(\mathrm{j}\omega_\theta(M-1))\end{bmatrix} = \begin{bmatrix}1\\ \exp\left(\mathrm{j}2\pi\frac{d\sin\theta}{\lambda}\right)\\ \vdots \\ \exp\left(\mathrm{j}2\pi\frac{(M-1)d\sin\theta}{\lambda}\right)\end{bmatrix} \tag{2-44}$$

从式(2－42)可知，空间傅里叶变换可以认为是阵列快拍数据矢量与方向矢量的内积；也可以认为是阵列快拍数据矢量在各个方向矢量的投影，在某一方向矢量投影模值出现峰值，此方向矢量就是信号的方向矢量，那么空间傅里叶变换就可以得到空间谱。

4. 仿真实验

仿真实验 2 -1　假定 $d/\lambda = 1/2$，阵元数为 9，当有一个复正弦信号，方位是 0°时，对一次快拍进行空间傅里叶变换，其幅度谱如图 2 -4 所示，从图中可以看出峰值位置对应 0°。

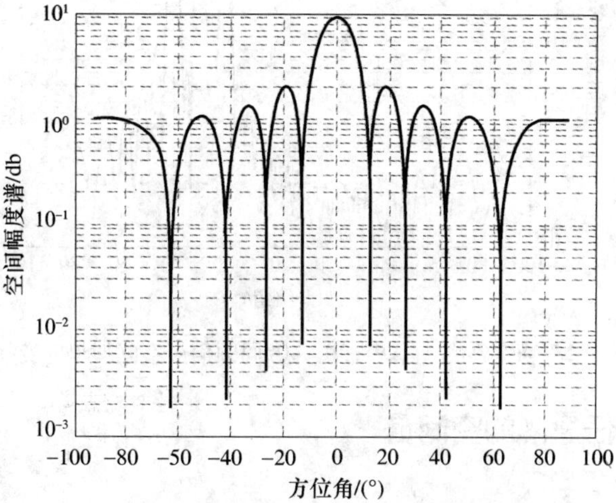

图 2 -4　9 阵元均匀线阵，0°信号空间傅里叶变换幅度谱

仿真实验 2 -2　假定 $d/\lambda = 1/2$，阵元数为 9，当有一个复正弦信号，方位是 20°时，对一次快拍进行空间傅里叶变换，其幅度谱如图 2 -5 所示，从图中可以看出峰值位置对应 20°。

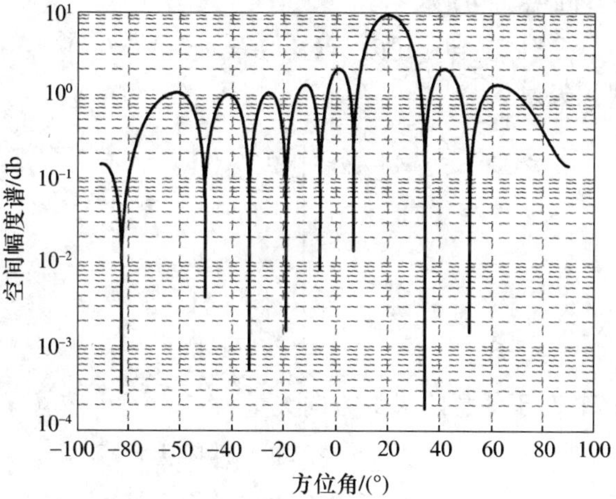

图 2 -5　9 阵元均匀线阵，20°信号空间傅里叶变换幅度谱

仿真实验 2 -3　假定 $d/\lambda = 1/2$，阵元数为 32，当有 3 个同频复正弦信号，方位分别是 20°、30°、40°时，对一次快拍进行空间傅里叶变换，其幅度谱如图2 -6所示，从图中可以看出 3 个峰值位置分别对应 20°、30°、40°，并能对同频信号测向。

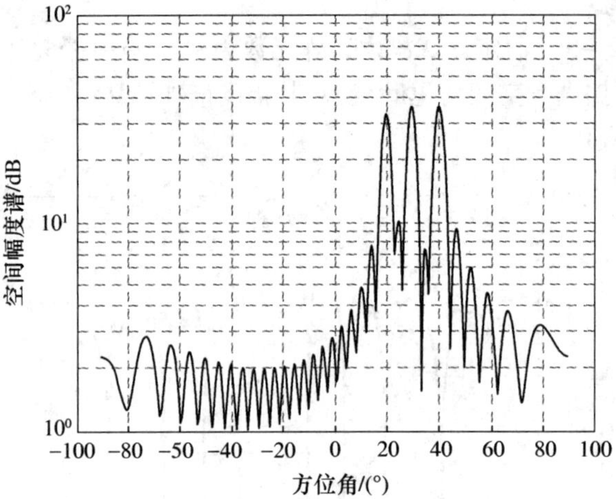

图 2－6　32 阵元均匀线阵,20°、30°、40°同频信号空间傅里叶变换幅度谱

2.1.6　任意阵的空间谱

1. 空间谱

在 2.1.5 节中讨论的是均匀线阵,对于非均匀线阵或其他阵形空间傅里叶变换是不存在的,但从式(2－42)的物理意义可知:阵列快拍数据矢量在各个方向矢量的投影,在某一方向矢量投影模值出现峰值,此方向矢量就是信号的方向矢量,因此阵列快拍数据矢量与各个方向矢量的内积就可以得到空间谱。根据式(2－42)构造空间谱 $X(\theta)$ 为

$$X(\theta) = \langle \boldsymbol{a}(\theta), \boldsymbol{x}(t') \rangle = \boldsymbol{a}(\theta)^{\mathrm{H}} \boldsymbol{x}(t') \tag{2-45}$$

式中:$\boldsymbol{x}(t')$ 为快拍矢量。

$$\boldsymbol{x}(t') = \begin{bmatrix} x_1(t') \\ x_2(t') \\ \vdots \\ x_M(t') \end{bmatrix} \tag{2-46}$$

从式(2－34)可知,对于任意阵形的方向矢量为

$$\boldsymbol{a}(\theta) = \begin{bmatrix} \exp(\mathrm{j}\omega_i \tau_1(\theta)) \\ \exp(\mathrm{j}\omega_i \tau_2(\theta)) \\ \vdots \\ \exp(\mathrm{j}\omega_i \tau_M(\theta)) \end{bmatrix} \tag{2-47}$$

任意阵形的方向矢量由阵元相对位置关系决定,阵元相对位置固定,阵元之间接收某一方向信号的相对时差就固定。

当阵列接收 P 个空间信号时,因为快拍 $\boldsymbol{x}(t')$ 为 P 个信号方向矢量的叠加 $\sum_{i=1}^{P} s_i(t')\boldsymbol{a}(\theta_i)$,因此快拍数据 $\boldsymbol{x}(t')$ 与某个信号方向矢量 $\boldsymbol{a}(\theta_k)$ 共轭相乘后,$\boldsymbol{x}(t')$ 中相同信号方向矢量 $\boldsymbol{a}(\theta_k)$ 部分与其方向矢量 $\boldsymbol{a}(\theta_k)$ 共轭相乘后得到同相相加,会出现峰值,因此阵列快拍数据矢量与各个方向矢量的内积构成空间谱。

空间幅度谱就是取阵列快拍数据矢量 $\boldsymbol{x}(t')$ 在各个方向矢量 $\boldsymbol{a}(\theta)$ 的投影的模值,即

$$|X(\theta)| = |\langle \boldsymbol{a}(\theta), \boldsymbol{x}(t') \rangle| \tag{2-48}$$

搜索其模值的极大值点对应的角度,此角度就是来波方向,即

$$\theta = \arg_{\theta}\{\max(|\langle \boldsymbol{a}(\theta), \boldsymbol{x}(t') \rangle|)\} \tag{2-49}$$

2. 仿真实验

仿真实验 2-4 假定圆阵半径与波长比为 1.1,阵元数为 32,当有一个复正弦信号,方位为 0°,俯仰角为 40°时,对一次快拍数据计算空间谱,其幅度谱如图 2-7 所示,从图中可以看出峰值位置对应于方位角 0°,俯仰角 40°。

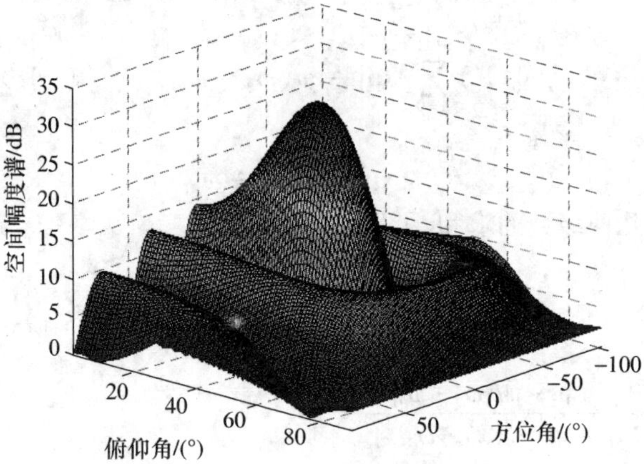

图 2-7 圆阵空间幅度谱

2.1.7 空间傅里叶变换的空间分辨率

与时域的傅里叶限制一样,将这种方法扩展到空域后,阵列的角度分辨率同样会受到空域“傅里叶限”的限制。空域“傅里叶限”就是阵列的物理孔径限,常称“瑞利限”,即对位于一个波束宽度内的空间目标不可分辨。所以,提高空域处理精度的有效方法就是增大天线孔径(等效于减小波束宽度)。但对于实际应用环境而言,增大天线孔径就是增加天线数量,是不现实的,所以需要更好的算法来提高方位估计的精度。因此,如何突破“瑞利限”成为广大学者研究的热点,从而促进了空间谱估计技术的兴起与发展。

当信号为单个复正弦信号时,参考点接收信号为

$$s_0(t) = A_0\exp(\mathrm{j}\omega_0 t) \tag{2-50}$$

阵列天线数据矢量 $\boldsymbol{x}(t)$ 如式(2-19)所示，t'时刻快拍得到的数据矢量 $\boldsymbol{x}(t')$ 为

$$\boldsymbol{x}(t') = \boldsymbol{a}(\theta_0)s_0(t') \tag{2-51}$$

其中，当阵列为均匀直线阵时，方向矢量 $\boldsymbol{a}(\theta_0)$ 为

$$\boldsymbol{a}(\theta_0) = \begin{bmatrix} 1 \\ \exp(\mathrm{j}\omega_{\theta 0}) \\ \vdots \\ \exp(\mathrm{j}\omega_{\theta 0}(M-1)) \end{bmatrix} \tag{2-52}$$

空间角频率为

$$\omega_{\theta 0} = 2\pi f_{\theta 0} = 2\pi \frac{d\sin\theta_0}{\lambda_0} \tag{2-53}$$

对快拍数据矢量进行空间傅里叶变换为

$$\begin{aligned} X(\omega_\theta) &= \sum_{n=0}^{M-1} x_n(t')\exp(-\mathrm{j}n\omega_\theta) = \\ &\sum_{n=0}^{M-1} s_0(t')\exp(\mathrm{j}n\omega_{\theta 0})\exp(-\mathrm{j}n\omega_\theta) = \\ &s_0(t')\sum_{n=0}^{M-1}\exp[-\mathrm{j}n(\omega_\theta - \omega_{\theta 0})] = s(t')\sum_{n=0}^{M-1} r^n \end{aligned} \tag{2-54}$$

其中

$$r = \exp[-\mathrm{j}(\omega_\theta - \omega_{\theta 0})]$$

式(2-54)是几何级数的求和，可以写成

$$X(\omega_\theta) = s_0(t')\frac{1 - r^M}{1 - r} \tag{2-55}$$

那么

$$\begin{aligned} X(\omega_\theta) &= s_0(t')\frac{1 - \exp[-\mathrm{j}M(\omega_\theta - \omega_{\theta 0})]}{1 - \exp[-\mathrm{j}(\omega_\theta - \omega_{\theta 0})]} = \\ &s_0(t')\frac{\exp[-\mathrm{j}M(\omega_\theta - \omega_{\theta 0})/2]}{\exp[-\mathrm{j}(\omega_\theta - \omega_{\theta 0})/2]}\cdot\frac{\exp[\mathrm{j}M(\omega_\theta - \omega_{\theta 0})/2] - \exp[-\mathrm{j}M(\omega_\theta - \omega_{\theta 0})/2]}{\exp[\mathrm{j}(\omega_\theta - \omega_{\theta 0})/2] - \exp[-\mathrm{j}(\omega_\theta - \omega_{\theta 0})/2]} = \\ &A_0\frac{\exp[-\mathrm{j}M(\omega_\theta - \omega_{\theta 0})/2]}{\exp[-\mathrm{j}(\omega_\theta - \omega_{\theta 0})/2]}\cdot\frac{\sin[M(\omega_\theta - \omega_{\theta 0})/2]}{\sin[(\omega_\theta - \omega_{\theta 0})/2]} \end{aligned} \tag{2-56}$$

$X(\omega_\theta)$ 的幅度为

$$|X(\omega_\theta)| = A_0\frac{|\sin[M(\omega_\theta - \omega_{\theta 0})/2]|}{|\sin[(\omega_\theta - \omega_{\theta 0})/2]|} \tag{2-57}$$

这是线阵的响应，$|X(\omega_\theta)|$ 的最大值出现在

$$\omega_\theta - \omega_{\theta 0} = 0$$

即

$$\omega_\theta = \omega_{\theta 0} \tag{2-58}$$

峰值在这就是想要的结果,就是空间频率点,零点出现在

$$\frac{M(\omega_\theta - \omega_{\theta 0})}{2} = n\pi \quad (n = 1,2,\cdots) \tag{2-59}$$

第 1 个零点出现在 $n=1$ 时,即

$$\omega_\theta - \omega_{\theta 0} = \frac{2\pi}{M} \tag{2-60}$$

这个角的 2 倍代表了阵列天线的波束宽度(主瓣宽度),即

$$\delta\omega_\theta = \frac{4\pi}{M} \tag{2-61}$$

将空间角频率公式(2-53)代入式(2-61)得

$$\delta\omega_\theta = \delta\left(2\pi\frac{d\sin\theta}{\lambda}\right) = 2\pi\frac{d\cos\theta}{\lambda}\delta\theta = \frac{4\pi}{M} \tag{2-62}$$

那么

$$\delta\theta = \frac{2\lambda}{Md\cos\theta} \tag{2-63}$$

上式表明,天线阵越长(近似等于 Md),分辨力越高,另外分辨力与方位有关,当 $\theta=0°$时分辨力最高,偏离天线轴线越大分辨力越差。

当 $d/\lambda=1/2$,阵元数 M 为 32,角度 θ 为 0°时,理论上角度分辨率为

$$\delta\theta = \frac{2\lambda}{Md\cos\theta} = \frac{2}{32}\cdot\frac{1}{\frac{1}{2}}\cdot\frac{1}{\cos 0°} = 0.125\text{rad} = 0.125\cdot\frac{180°}{\pi} = 7° \tag{2-64}$$

32 阵元的角度分辨率为 7°。

图 2-8 所示为 32 阵元方向为 0°时,复正弦信号的空间傅里叶变换的幅度谱,图 2-9 所示为 64 阵元方向为 0°时,复正弦信号的空间傅里叶变换幅度谱。

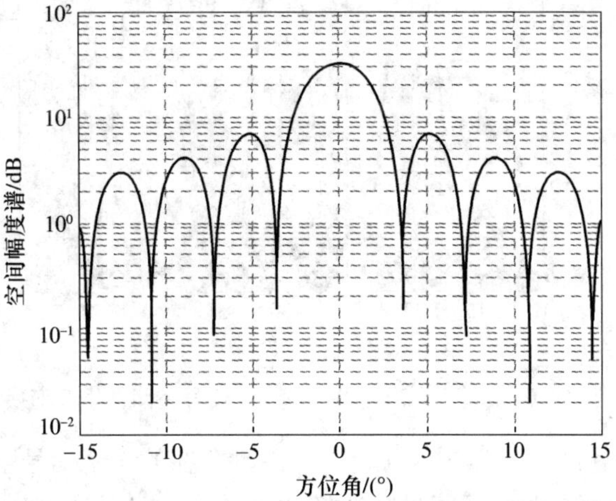

图 2-8　32 阵元空间傅里叶变换幅度谱

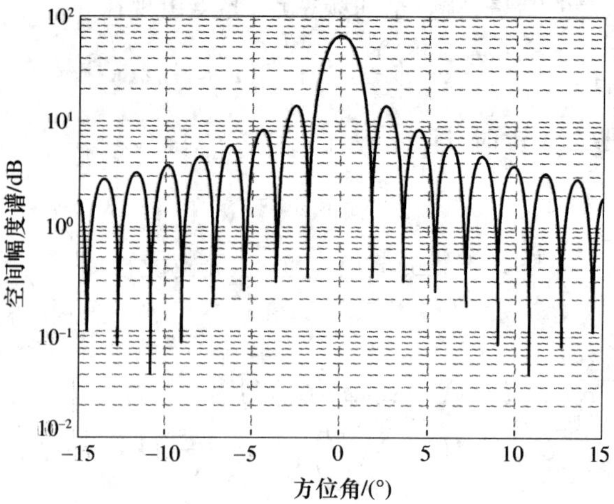

图 2－9　64 阵元空间傅里叶变换幅度谱

从图 2－9 中可以看出，64 阵元的主瓣波束宽度窄，因此其分辨力也高。

图 2－10 所示为 32 阵元 20°、30°、40°3 个信号空间傅里叶变换幅度谱，图 2－11所示为 32 阵元 20°、23°、25°3 个信号空间傅里叶变换幅度谱。图中分别画出了 3 个信号单独存在的幅度谱以及同时存在时的幅度谱。空间傅里叶变换是线性变换，3 个信号单独存在的空间傅里叶变换的和就是 3 个信号同时存在的空间傅里叶变换。

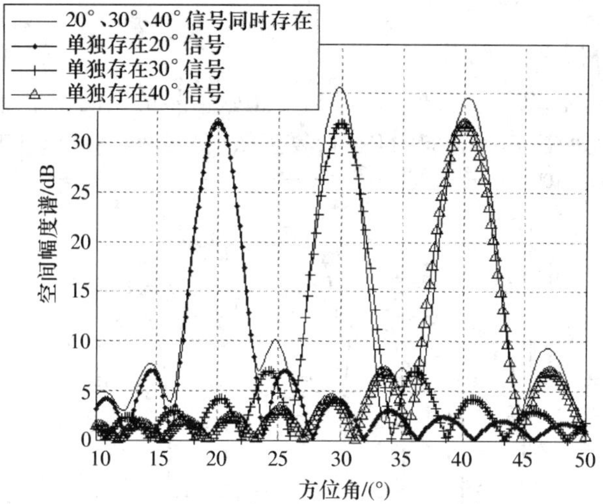

图 2－10　32 阵元 20°、30°、40°3 个信号空间傅里叶变换

从图 2－10 和图 2－11 中可以看出，同时存在的 3 个信号空间傅里叶变换是 3 个信号单独存在时空间傅里叶变换的叠加和。在图 2－10 中，由于 3 个信号角度分得开，叠加和后仍然分得开，但 3 个信号的副瓣对其他信号主瓣影响使

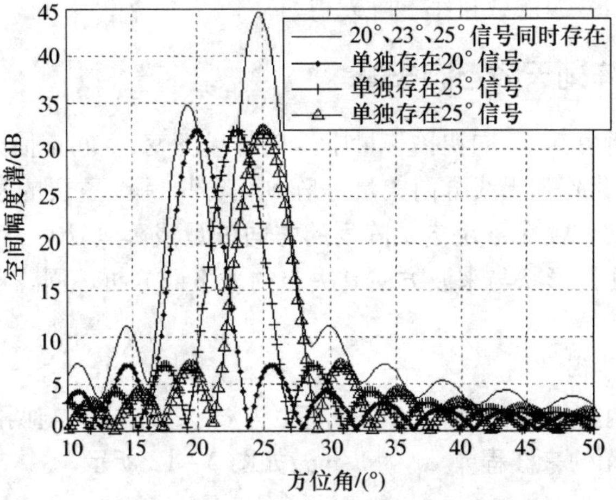

图 2 - 11　32 阵元 20°、23°、25°3 个信号空间傅里叶变换

主瓣的幅度增加，产生测幅度误差，主瓣位置发生偏离，产生测向误差。在图 2 - 11 中，由于 3 个信号比较近，主瓣发生叠加，23°与 25°的 2 个主瓣叠加之后变为 1 个主瓣，分辨不出 2 个信号，产生测向错误。

2.2　阵列信号数学模型

前面讨论的空间信号是正弦信号，而实际载频都有信息调制，也就不再是单音正弦信号，本节讨论更贴近实际的信号模型。由于信号通过无线信道的传输情况是极其复杂的，为空间谱估计建立严格的数学模型需要有物理环境的完整描述，几乎不可能做到。为了得到一个比较实用的参数化模型，必须简化信号在无线信道中传输的一些条件。在描述空间谱估计的数学模型时，通常以下面的假设条件为前提：

（1）天线阵元均为全向天线，增益相等且阵元相互之间的互耦可忽略不计。

（2）天线阵元的接收特性仅与其位置有关，而与其尺寸无关，即可认为天线是空间位置中的一个点。

（3）天线阵元接收信号时所产生的噪声为加性高斯白噪声，各阵元上的噪声相互统计独立，且噪声与信号也是统计独立的。

（4）空间源信号的传播介质是均匀且各向同性的，信号在介质中按直线传播。

（5）天线阵列处在空间源信号的远场中，阵列接收的空间源信号可以认为是一束平行的平面波。

（6）空间源信号到达阵列时，在各阵元之间的不同时延可以由阵列的几何结构及其来波方向所确定。

(7) 空间信号源的数目小于阵元数目。

2.2.1 阵列天线方向矢量

从前面分析可知,不同快拍矢量中方向矢量不变,空间谱估计本质上是估计此方向矢量,因此阵列天线方向矢量是阵列信号中一个重要的基本概念。阵元间的延迟 τ 与信号频率 ω 决定了阵列的方向矢量或阵列流形,而阵元间的延迟又是由阵列的几何形状与来波方向 θ 决定的。下面分析不同阵形的延迟表达式及其方向矢量。

1. 两阵元波程差

空间任意两阵元(阵元1、阵元2)间距为 d,来波方向(与两阵元法线夹角)为 θ,那么两阵元的来波程差 Δr 为 $d\sin\theta$,如图2-12所示。

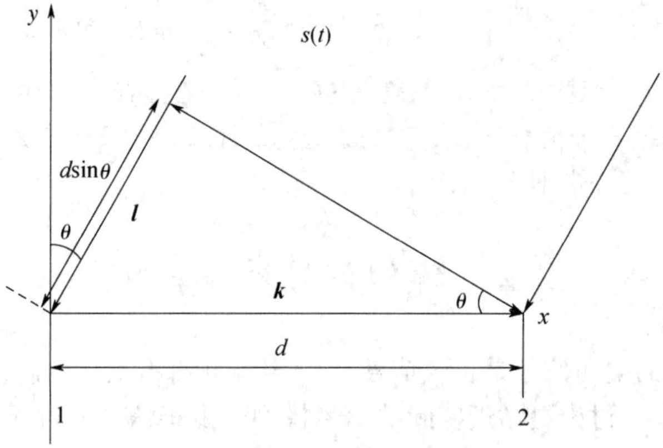

图2-12 两阵元波程差

从图2-12中可以看出,波程差可以看成天线基线矢量 $\boldsymbol{k}$(两天线连线)在来波方向单位矢量 $\boldsymbol{l}$ 的投影大小,因此波程差可以用两矢量内积表示,内积的运算就是两矢量的点乘,为

$$\Delta r = \langle \boldsymbol{k}, \boldsymbol{l} \rangle = \boldsymbol{k} \cdot \boldsymbol{l} \tag{2-65}$$

以阵元1为原点,基线为 x 轴,那么来波方向单位矢量 $\boldsymbol{l}$ 为

$$\boldsymbol{l} = [\sin\theta \quad \cos\theta] \tag{2-66}$$

两天线连线矢量 $\boldsymbol{k}$ 为

$$\boldsymbol{k} = [d \quad 0] \tag{2-67}$$

两阵元波程差 Δr 为

$$\Delta r = \langle \boldsymbol{k}, \boldsymbol{l} \rangle = [d \quad 0]\begin{bmatrix}\sin\theta \\ \cos\theta\end{bmatrix} = d\sin\theta \tag{2-68}$$

2. 直线阵

设阵元的位置为 $x_k(k=1,2,\cdots,M)$,原点为参考点,假设信号入射方位角为

$\theta_i(i=1,2,\cdots,P)$，方位角表示与 y 轴的夹角（即与直线阵法线的夹角），如图 2－13所示，那么第 i 个信号单位方向矢量 $\boldsymbol{l}_i$ 为

$$\boldsymbol{l}_i = [\sin\theta_i \quad \cos\theta_i] \tag{2-69}$$

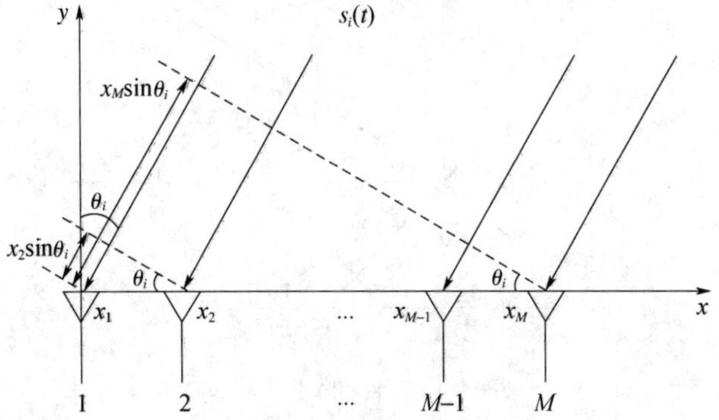

图 2－13　1 维线阵几何模型

阵元 k 与参考点连线矢量（等于位置矢量）$\boldsymbol{k}_k$ 为

$$\boldsymbol{k}_k = [x_k \quad 0] \tag{2-70}$$

第 i 个信号阵元 k 与参考点波程差为

$$\Delta r_{ki} = \langle \boldsymbol{k}_k, \boldsymbol{l}_i \rangle = [x_k \quad 0]\begin{bmatrix} \sin\theta_i \\ \cos\theta_i \end{bmatrix} = x_k \sin\theta_i \tag{2-71}$$

时间差为

$$\tau_{ki} = \frac{\Delta r_{ki}}{c} = \frac{1}{c}x_k\sin\theta_i \tag{2-72}$$

根据方向矢量公式（2－27）与线阵时间差公式（2－72），可得 M 个阵元排列在 x 轴上（不一定是均匀直线阵）的方向矢量为

$$\boldsymbol{a}(\theta_i) = \begin{bmatrix} \exp[\mathrm{j}\omega_i\tau_1(\theta_i)] \\ \exp[\mathrm{j}\omega_i\tau_2(\theta_i)] \\ \vdots \\ \exp[\mathrm{j}\omega_i\tau_M(\theta_i)] \end{bmatrix} = \begin{bmatrix} \exp\left(\mathrm{j}\omega_i \dfrac{x_1\sin\theta_i}{c}\right) \\ \exp\left(\mathrm{j}\omega_i \dfrac{x_2\sin\theta_i}{c}\right) \\ \vdots \\ \exp\left(\mathrm{j}\omega_i \dfrac{x_M\sin\theta_i}{c}\right) \end{bmatrix} \tag{2-73}$$

从而可得其阵列流形矩阵 $\boldsymbol{A}(\theta)=[\boldsymbol{a}(\theta_1) \quad \boldsymbol{a}(\theta_2) \quad \cdots \quad \boldsymbol{a}(\theta_M)]$。

3. 平面阵

设阵元的位置为$(x_k,y_k)(k=1,2,\cdots,M)$，原点为参考点，假设信号入射角参数为$(\theta_i,\phi_i)(i=1,2,\cdots,P)$，分别表示方位角和俯仰角，其中方位角表示与 x 轴的夹角，如图 2－14 所示，那么第 i 个信号的单位方向矢量 $\boldsymbol{l}_i$ 为

$$\boldsymbol{l}_i = [\cos\theta_i\cos\varphi_i \quad \sin\theta_i\cos\varphi_i \quad \sin\varphi_i] \tag{2-74}$$

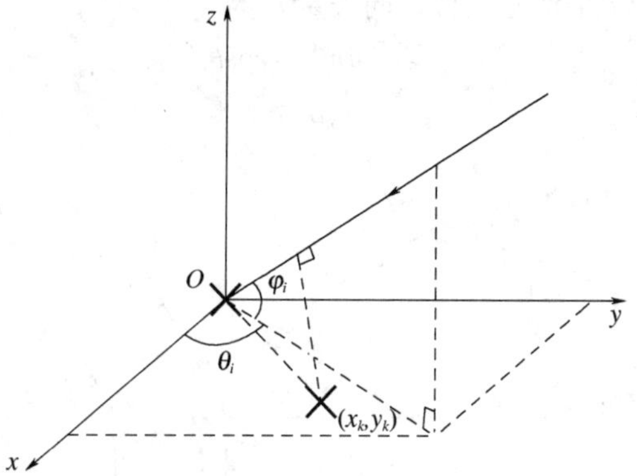

图 2-14　平面阵几何模型

阵元 k 与参考点连线的矢量 $\boldsymbol{k}_k$ 为

$$\boldsymbol{k}_k = [x_k \quad y_k \quad 0] \tag{2-75}$$

第 i 个信号阵元 k 与参考点的波程差为

$$\Delta r_{ki} = \langle \boldsymbol{k}_k, \boldsymbol{l}_i \rangle = [x_k \quad y_k \quad 0]\begin{bmatrix} \cos\theta_i\cos\varphi_i \\ \sin\theta_i\cos\varphi_i \\ \sin\varphi_i \end{bmatrix} = x_k\cos\theta_i\cos\varphi_i + y_k\sin\theta_i\cos\varphi_i \tag{2-76}$$

时间差为

$$\tau_{ki} = \frac{\Delta r_{ki}}{c} = \frac{1}{c}(x_k\cos\theta_i\cos\varphi_i + y_k\sin\theta_i\cos\varphi_i) \tag{2-77}$$

那么方向矢量 $\boldsymbol{a}(\theta_i)$ 为

$$\boldsymbol{a}(\theta_i) = \begin{bmatrix} \exp[\mathrm{j}\omega_i\tau_1(\theta_i)] \\ \exp[\mathrm{j}\omega_i\tau_2(\theta_i)] \\ \vdots \\ \exp[\mathrm{j}\omega_i\tau_M(\theta_i)] \end{bmatrix} = \begin{bmatrix} \exp\left(\mathrm{j}\omega_i \dfrac{x_1\cos\theta_i\cos\varphi_i + y_1\sin\theta_i\cos\varphi_i}{c}\right) \\ \exp\left(\mathrm{j}\omega_i \dfrac{x_2\cos\theta_i\cos\varphi_i + y_2\sin\theta_i\cos\varphi_i}{c}\right) \\ \vdots \\ \exp\left(\mathrm{j}\omega_i \dfrac{x_M\cos\theta_i\cos\varphi_i + y_M\sin\theta_i\cos\varphi_i}{c}\right) \end{bmatrix} \tag{2-78}$$

4. 均匀圆阵

以均匀圆阵的圆心为坐标圆点，圆半径为 r，等间隔布阵，阵元顺序按照逆时针排序，以原点为参考点（无阵元，不是参考阵元），所有阵元的波程差都与参考点比较，第一阵元与 x 轴夹角为 α，信号入射角参数为 (θ_i, ϕ_i) $(i = 1, 2, \cdots, P)$，分别表示方位角和俯仰角，其中方位角表示与 x 轴的夹角，如图 2-15 所示。

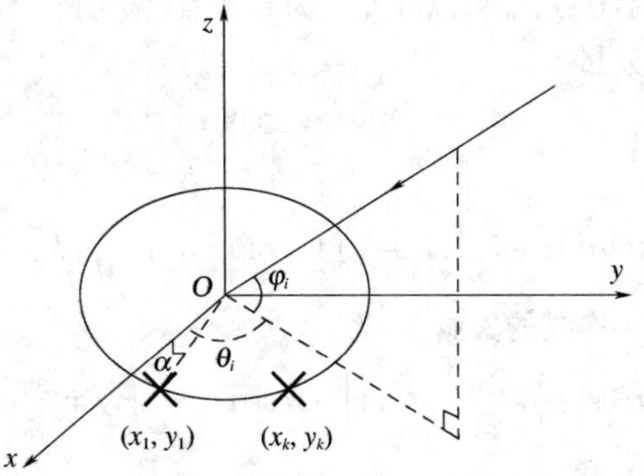

图 2 - 15　均匀圆阵几何模型

那么第 i 个信号的单位方向矢量 $\boldsymbol{l}_i$ 为

$$\boldsymbol{l}_i = [\cos\theta_i\cos\varphi_i \quad \sin\theta_i\cos\varphi_i \quad \sin\varphi_i] \tag{2-79}$$

阵元 k 与参考点(原点)连线的矢量 $\boldsymbol{k}_k$ 为

$$\boldsymbol{k}_k = \left[r\cos\left(\alpha + \frac{2\pi}{M}(k-1)\right) \quad r\sin\left(\alpha + \frac{2\pi}{M}(k-1)\right) \quad 0\right] \tag{2-80}$$

第 i 个信号阵元 k 与参考点的波程差为

$$\begin{aligned}
\Delta r_{ki} &= \langle \boldsymbol{k}_k, \boldsymbol{l}_i \rangle = \\
&\left[r\cos\left(\alpha + \frac{2\pi}{M}(k-1)\right), r\sin\left(\alpha + \frac{2\pi}{M}(k-1)\right), 0\right]\begin{bmatrix}\cos\theta_i\cos\varphi_i \\ \sin\theta_i\cos\varphi_i \\ \sin\varphi_i\end{bmatrix} = \\
&r\cos\varphi_i\left(\cos\left(\alpha + \frac{2\pi}{M}(k-1)\right)\cos\theta_i + \sin\left(\alpha + \frac{2\pi}{M}(k-1)\right)\sin\theta_i\right) = \\
&r\cos\varphi_i\cos\left(\alpha + \frac{2\pi}{M}(k-1) - \theta_i\right)
\end{aligned} \tag{2-81}$$

当 $\alpha = 0$ 时,第 i 个空间信号在第 k 个阵元与参考点产生的时间差为

$$\tau_{ki} = \frac{\Delta r_{ki}}{c} = \frac{r}{c}\left(\cos\left(\frac{2\pi}{M}(k-1) - \theta_i\right)\right)\cos\varphi_i \tag{2-82}$$

那么方向矢量 $\boldsymbol{a}(\theta_i)$ 为

$$\boldsymbol{a}(\theta_i) = \begin{bmatrix}\exp[\mathrm{j}\omega_i\tau_1(\theta_i)] \\ \exp[\mathrm{j}\omega_i\tau_2(\theta_i)] \\ \vdots \\ \exp[\mathrm{j}\omega_i\tau_M(\theta_i)]\end{bmatrix} = \begin{bmatrix}\exp\left(\mathrm{j}\omega_i\frac{r}{c}\cos(-\theta_i)\cos\varphi_i\right) \\ \exp\left(\mathrm{j}\omega_i\frac{r}{c}\cos\left(\frac{2\pi}{M} - \theta_i\right)\cos\varphi_i\right) \\ \vdots \\ \exp\left(\mathrm{j}\omega_i\frac{r}{c}\cos\left(\frac{2\pi}{M}(M-1) - \theta_i\right)\cos\varphi_i\right)\end{bmatrix} \tag{2-83}$$

上面推导以原点为参考点,如果以阵元1为参考点(参考阵元),波程差推导如下:
参考阵元1的位置矢量

$$\boldsymbol{m}_1 = [r\cos\alpha \quad r\sin\alpha \quad 0]$$

阵元 k 的位置矢量

$$\boldsymbol{m}_k = \left(r\cos\left(\alpha + \frac{2\pi}{M}(k-1)\right) \quad r\sin\left(\alpha + \frac{2\pi}{M}(k-1)\right) \quad 0\right)$$

阵元 k 与参考阵元1连线的矢量 $\boldsymbol{k}_k$ 为

$$\boldsymbol{k}_k = \boldsymbol{m}_k - \boldsymbol{m}_1 = \left[r\cos\left(\alpha + \frac{2\pi}{M}(k-1)\right] - r\cos\alpha \quad r\sin\left(\alpha + \frac{2\pi}{M}(k-1)\right) - r\sin\alpha \quad 0\right] \tag{2-84}$$

第 i 个信号阵元 k 与参考阵元1的波程差为

$$\Delta r_{ki} = \langle \boldsymbol{k}_k, \boldsymbol{l}_i \rangle =$$

$$\left[r\cos\left(\alpha + \frac{2\pi}{M}(k-1)\right) - r\cos\alpha, r\sin\left(\alpha + \frac{2\pi}{M}(k-1)\right) - r\sin\alpha, 0\right]\begin{bmatrix}\cos\theta_i\cos\varphi_i \\ \sin\theta_i\cos\varphi_i \\ \sin\varphi_i\end{bmatrix} =$$

$$r\cos\varphi_i\left(\cos\left(\alpha + \frac{2\pi}{M}(k-1)\right)\cos\theta_i - \cos\alpha\cos\theta_i + \sin\left(\alpha + \frac{2\pi}{M}(k-1)\right)\sin\theta_i - \sin\alpha\sin\theta_i\right) =$$

$$r\cos\varphi_i\left(\cos\left(\alpha + \frac{2\pi}{M}(k-1) - \theta_i\right) - \cos(\alpha - \theta_i)\right)_i \tag{2-85}$$

当 $\alpha = 0$ 时,第 i 个空间信号在第 k 个阵元与参考阵元1产生的时间差为

$$\tau_{ki} = \frac{\Delta r_{ki}}{c} = \frac{r}{c}\left(\cos\left(\frac{2\pi}{M}(k-1) - \theta_i\right) - \cos\theta_i\right)\cos\varphi_i \tag{2-86}$$

5. 立体阵

设阵元的位置为 $(x_k, y_k, z_k)(k = 1, 2, \cdots, M)$,原点为参考点,假设信号入射角参数为 $(\theta_i, \phi_i)(i = 1, 2, \cdots, P)$,分别表示方位角和俯仰角,其中方位角表示与 x 轴的夹角,如图2-16所示,那么第 i 个信号的单位方向矢量 $\boldsymbol{l}_i$ 为

$$\boldsymbol{l}_i = [\cos\theta_i\cos\varphi_i \quad \sin\theta_i\cos\varphi_i \quad \sin\varphi_i] \tag{2-87}$$

阵元 k 与参考点连线的矢量 $\boldsymbol{k}_k$(阵元 k 的位置矢量)为

$$\boldsymbol{k}_k = [x_k \quad y_k \quad z_k] \tag{2-88}$$

第 i 个信号阵元 k 与参考点的波程差为

$$\Delta r_{ki} = \langle \boldsymbol{k}_k, \boldsymbol{l}_i \rangle = [x_k \quad y_k \quad z_k]\begin{bmatrix}\cos\theta_i\cos\varphi_i \\ \sin\theta_i\cos\varphi_i \\ \sin\varphi_i\end{bmatrix} =$$

$$x_k\cos\theta_i\cos\varphi_i + y_k\sin\theta_i\cos\varphi_i + z_k\sin\varphi_i \tag{2-89}$$

时间差为

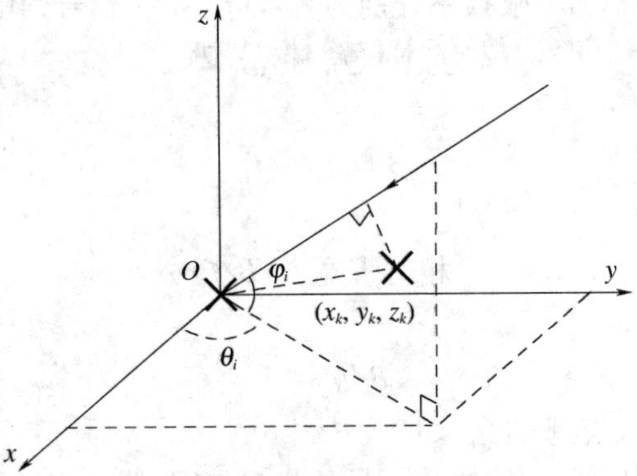

图 2-16　立体阵几何模型

$$\tau_{ki} = \frac{\Delta r_{ki}}{c} = \frac{1}{c}(x_k\cos\theta_i\cos\varphi_i + y_k\sin\theta_i\cos\varphi_i + z_k\sin\varphi_i) \qquad (2-90)$$

2.2.2　窄带信号模型

窄带信号模型要满足空域上的窄带与频域上的窄带。

1. 空域上的窄带

阵列空域上的窄带是指：单次快拍中，阵元之间的时间延迟可以用相位延迟替代。对于大时间尺度 T 的宽带信号(比如带宽为 B 的线性调频，调频持续时间 T)，只要阵元之间接收信号延迟时间 τ 足够短，可以认为是载频不变化的窄带信号，即小时间尺度 τ 上可以认为是窄带信号。

由时间带宽积定理可知，时间带宽积 $T \cdot B \geqslant 1$，窄带信号 $T \cdot B = 1$，宽带信号 $T \cdot B > 1$，因此形成信号带宽时间 $T > 1/B$ 时为宽带信号，当 $T = 1/B$ 时为窄带信号。那么，信号波前掠过阵列孔径所需的传播时间 τ 小于信号带宽的倒数 $1/B$，则为窄带信号，否则为宽带信号。即对于窄带信号而言，有

$$\tau < d/c < 1/B \qquad (2-91)$$

式中：c 为空间波的传播速度。

这里的窄带仅仅是延迟时间内，信号频率变化小，并不表明信号本身是窄带信号。

2. 频域上的窄带

虽然信号在空域上是窄带，单次快拍中，阵元之间的时间延迟可以用相位延迟替代。但是在多次快拍中，如果信号是宽带，每次快拍模型中的中心频率将是变化的，不再满足窄带模型中每次快拍中心频率不变条件，因此不仅要求满足单次快拍中空域上的窄带，而且要满足多次快拍中频域的窄带。

窄带信号与宽带信号是相对而言的。一般将满足相对带宽条件的信号统称为窄带信号，而不满足该条件的信号则称为宽带信号。

设信号上限频率和下限频率分别为 f_H 与 f_L，那么信号的中心频率 f_0 为

$$f_0 = (f_H + f_L)/2 \tag{2-92}$$

信号带宽 B 为

$$B = f_H - f_L \tag{2-93}$$

相对带宽定义为

$$\text{相对带宽} = B/f_0 \tag{2-94}$$

当信号相对带宽满足

$$B/f_0 \ll 1 \tag{2-95}$$

时称为窄带信号。一般取 $B/f_0 < 1\%$。

可见，窄带的假设不仅取决于信号的相对带宽，还与相对于信号波长的阵元间距有关。

3. 窄带信号模型

满足以上两条件时，窄带信号近似模型归纳如下。当阵元接收一个中心频率为 f_0 的窄带信号 $s(t)$ 时，其表达式为

$$s(t) = u(t)e^{j(\omega_0 t + \phi(t))} \tag{2-96}$$

式中：$\omega_0 = 2\pi f_0 = 2\pi \dfrac{c}{\lambda_0}$；$u(t)$ 为慢变化的幅度调制函数；$\phi(t)$ 为慢变化的相位调制函数。

在阵列信号处理中，关键因素是小的延迟对基带信号 $u(t)$ 及调相信号 $\phi(t)$ 的影响。当接收信号 $s(t)$ 延迟时间 τ 后，有

$$s(t-\tau) = u(t-\tau)e^{j(\omega_0(t-\tau) + \phi(t-\tau))} \tag{2-97}$$

当 $u(t)$ 的带宽 B 很小时（相对于中心频率 f_0），可以认为 $u(t)$ 和 $\phi(t)$ 的变化较缓慢，当 τ 较小时（$\tau < d/c < 1/B$），有

$$u(t-\tau) \approx u(t) \tag{2-98}$$

$$\phi(t-\tau) \approx \phi(t) \tag{2-99}$$

即

$$s(t-\tau) \approx u(t)e^{j(\omega_0(t-\tau) + \phi(t))} = u(t)e^{j(\omega_0 t + \phi(t))}e^{-j\omega_0\tau} = s(t)e^{-j\omega_0\tau} \tag{2-100}$$

由上式说明：对于窄带信号 $s(t)$，当延迟远小于带宽的倒数时，延迟对信号的作用相当于信号发生与时间延迟线性相关的相移，而幅度的变化可以忽略不计。这一结论在阵列信号处理中具有十分重要的作用。

2.2.3 窄带信号阵列接收模型

按前面的假设条件，考虑 P 个远场的窄带信号入射到空间某阵列上，该阵列天线由 M 个阵元组成，假设阵元数等于通道数，即各阵元接收到信号后经各

自的传输通道送到处理器。

设参考点接收的第 i 个信号源 $s_i(t)$ 为

$$s_i(t) = u_i(t)\mathrm{e}^{\mathrm{j}[\omega_i t+\phi_i(t)]} \tag{2-101}$$

式中：$u_i(t)$ 是接收信号的幅度；$\phi_i(t)$ 是接收信号的相位；ω_i 是接收信号的频率，这里的假定比前面假定信号为正弦信号更接近真实信号。

第 k 个阵元接收的第 i 个信号为

$$s_i(t+\tau_k(\theta_i)) = u_i(t+\tau_k(\theta_i))\mathrm{e}^{\mathrm{j}[\omega_i(t+\tau_k(\theta_i))+\phi_i(t+\tau_k(\theta_i))]} \tag{2-102}$$

$\tau_k(\theta_i)$ 为第 k 个阵元与参考点接收到第 i 个源信号之间的时间差，对于远场窄带信号而言，在同一时刻空间源信号在各阵元处的 $u_i(t)$ 和 $\phi_i(t)$ 均保持不变，仅有因空间源信号到达各阵元的波程差而引起的相位变化，信号包络相对于信号随时间的相位变化来说是慢变化的。因此，对于窄带信号源，可得到如下等式：

$$\begin{cases} u_i(t+\tau_k(\theta_i)) \approx u_i(t) \\ \phi_i(t+\tau_k(\theta_i)) \approx \phi_i(t) \end{cases} \tag{2-103}$$

那么式(2-102)近似为

$$\begin{aligned} s_i(t+\tau_k(\theta_i)) &\approx u_i(t)\mathrm{e}^{\mathrm{j}[\omega_i(t+\tau_k(\theta_i))+\phi_i(t)]} = \\ &u_i(t)\mathrm{e}^{\mathrm{j}[\omega_i t+\phi_i(t)]}\mathrm{e}^{\mathrm{j}\omega_i\tau_k(\theta_i)} = \\ &s_i(t)\mathrm{e}^{\mathrm{j}\omega_i\tau_k(\theta_i)} \end{aligned} \tag{2-104}$$

则第 k 个阵元接收的 P 个信号可以表示为

$$\begin{aligned} x_k(t) &= \sum_{i=1}^{P} g_{k,i}s_i(t+\tau_k(\theta_i)) + n_k(t) = \\ &\sum_{i=1}^{P} g_{k,i}s_i(t)\mathrm{e}^{\mathrm{j}\omega_i\tau_k(\theta_i)} + n_k(t) \qquad (k=1,2,\cdots,M) \end{aligned} \tag{2-105}$$

式中：$g_{k,i}$ 是 k 阵元对第 i 个信号的增益；$\tau_k(\theta_i)$ 是第 i 个信号到达第 k 个阵元相对参考点的时延；$n_k(t)$ 是第 k 个阵元在 t 时刻的噪声。将 M 个阵元在特定时刻接收的信号排列成一个列矢量[2]，可得

$$\begin{bmatrix} x_1(t) \\ x_2(t) \\ \vdots \\ x_M(t) \end{bmatrix} = \begin{bmatrix} g_{11}\mathrm{e}^{\mathrm{j}\omega_1\tau_1(\theta_1)} & g_{12}\mathrm{e}^{\mathrm{j}\omega_2\tau_1(\theta_2)} & \cdots & g_{1P}\mathrm{e}^{\mathrm{j}\omega_P\tau_1(\theta_P)} \\ g_{21}\mathrm{e}^{\mathrm{j}\omega_1\tau_2(\theta_1)} & g_{22}\mathrm{e}^{\mathrm{j}\omega_2\tau_2(\theta_2)} & \cdots & g_{2P}\mathrm{e}^{\mathrm{j}\omega_P\tau_2(\theta_P)} \\ \vdots & \vdots & & \vdots \\ g_{M1}\mathrm{e}^{\mathrm{j}\omega_1\tau_M(\theta_1)} & g_{M2}\mathrm{e}^{\mathrm{j}\omega_2\tau_M(\theta_2)} & \cdots & g_{MP}\mathrm{e}^{\mathrm{j}\omega_P\tau_M(\theta_P)} \end{bmatrix} \begin{bmatrix} s_1(t) \\ s_2(t) \\ \vdots \\ s_P(t) \end{bmatrix} + \begin{bmatrix} n_1(t) \\ n_2(t) \\ \vdots \\ n_M(t) \end{bmatrix} \tag{2-106}$$

在理想情况下，忽略阵列中各阵元的通道不一致、互耦等因素的影响，并将式(2-106)中的各增益 g 归一化为 1，式(2-106)简化为

$$\begin{bmatrix} x_1(t) \\ x_2(t) \\ \vdots \\ x_M(t) \end{bmatrix} = \begin{bmatrix} e^{j\omega_1\tau_1(\theta_1)} & e^{j\omega_2\tau_1(\theta_2)} & \cdots & e^{j\omega_P\tau_1(\theta_P)} \\ e^{j\omega_1\tau_2(\theta_1)} & e^{j\omega_2\tau_2(\theta_2)} & \cdots & e^{j\omega_P\tau_2(\theta_P)} \\ \vdots & \vdots & & \vdots \\ e^{j\omega_1\tau_M(\theta_1)} & e^{j\omega_2\tau_M(\theta_2)} & \cdots & e^{j\omega_P\tau_M(\theta_P)} \end{bmatrix} \begin{bmatrix} s_1(t) \\ s_2(t) \\ \vdots \\ s_P(t) \end{bmatrix} + \begin{bmatrix} n_1(t) \\ n_2(t) \\ \vdots \\ n_M(t) \end{bmatrix} \tag{2-107}$$

式(2－105)简化为

$$x_k(t) = \sum_{i=1}^{P} s_i(t + \tau_k(\theta_i)) + n_k(t) = \sum_{i=1}^{P} s_i(t) e^{j\omega_i\tau_k(\theta_i)} + n_k(t) \quad (k = 1,2,\cdots,M) \tag{2-108}$$

将式(2－107)写成矢量形式如下：

$$\boldsymbol{x}(t) = \boldsymbol{A}\boldsymbol{s}(t) + \boldsymbol{n}(t) \tag{2-109}$$

式中：$\boldsymbol{x}(t)$为阵列的 $M \times 1$ 维快拍数据矢量，即

$$\boldsymbol{x}(t) = \begin{bmatrix} x_1(t) \\ x_2(t) \\ \vdots \\ x_M(t) \end{bmatrix} \tag{2-110}$$

$\boldsymbol{s}(t)$为空间信号的 $P \times 1$ 维矢量，即

$$\boldsymbol{s}(t) = \begin{bmatrix} s_1(t) \\ s_2(t) \\ \vdots \\ s_P(t) \end{bmatrix} \tag{2-111}$$

$\boldsymbol{n}(t)$为阵列的 $M \times 1$ 维噪声矢量，即

$$\boldsymbol{n}(t) = \begin{bmatrix} n_1(t) \\ n_2(t) \\ \vdots \\ n_M(t) \end{bmatrix} \tag{2-112}$$

矩阵 $\boldsymbol{A}$ 是阵列方向矢量的集合，又称做阵列流形。矢量 $\boldsymbol{a}(\theta_i)$称为第 i 个源信号的方向矢量(也称为舵矢量)。

$$\boldsymbol{A} = [\boldsymbol{a}(\theta_1) \quad \boldsymbol{a}(\theta_2) \quad \cdots \quad \boldsymbol{a}(\theta_P)]_{M\times P} \tag{2-113}$$

$$\boldsymbol{a}(\theta_i) = \begin{bmatrix} \exp[j\omega_i\tau_1(\theta_i)] \\ \exp[j\omega_i\tau_2(\theta_i)] \\ \vdots \\ \exp[j\omega_i\tau_M(\theta_i)] \end{bmatrix} \tag{2-114}$$

式中：$\omega_i = 2\pi f_i = 2\pi \dfrac{c}{\lambda_i}$，$c$ 为光速，λ_i 为波长。

2.2.4 相干信号模型

在实际环境中相干信号源是普遍存在的，如信号传输过程中的多径现象，或者敌方有意设置的电磁干扰等原因。对 2 个平稳信号 $s_i(t)$ 和 $s_k(t)$，定义它们的相关系数为

$$\rho_{ik} = \frac{E[s_i(t)s_k^{\ *}(t)]}{\sqrt{E[|s_i(t)|^2]E[|s_k(t)|^2]}} \tag{2-115}$$

由 Schwartz 不等式可知 $|\rho_{ik}| \leqslant 1$，信号之间的相关性定义如下：

$$\begin{cases} \rho_{ik} = 0 & (s_i(t)\ 和\ s_j(t)\ 不相关) \\ 0 < |\rho_{ik}| < 1 & (s_i(t)\ 和\ s_j(t)\ 相关) \\ |\rho_{ik}| = 1 & (s_i(t)\ 和\ s_j(t)\ 相干) \end{cases} \tag{2-116}$$

因此，当信号相干时，信号之间只差 1 个复常数，假设有 P 个相干信号源，则有

$$s_i(t) = \alpha_i s_0(t) \quad (i = 1,2,\cdots,P) \tag{2-117}$$

这里 $s_0(t)$ 称为生成信源。因为它生成了入射到阵列上的 n 个相干信号源。对于相干源而言，其阵列输出模型可表示为

$$\boldsymbol{x}(t) = \boldsymbol{A}\boldsymbol{s}(t) + \boldsymbol{n}(t) = \boldsymbol{A}\boldsymbol{\rho} s_0(t) + \boldsymbol{n}(t) \tag{2-118}$$

式中：$\boldsymbol{\rho} = [\alpha_1 \quad \alpha_2 \quad \cdots \quad \alpha_P]^{\mathrm{T}}$ 是由一系列复常数组成的 $P \times 1$ 维矢量。

2.2.5 宽带信号模型

目前，宽带信号尚没有统一的定义。一般认为宽带信号介于窄带和超宽带信号之间。美国联邦通信委员会（Federal Communications Commission，FCC）对超宽带信号的定义为任何相对带宽 $B/f_0 \geqslant 20\%$ 或绝对带宽大于 500MHz 的电磁波信号。其中：B 是传输带宽；f_0 是频带中心频率。参照其标准，有学者将 $B/f_0 < 1\%$ 的信号称为窄带信号，将 $1\% \leqslant B/f_0 \leqslant 20\%$ 的信号称为宽带信号。

宽、窄带信号的划分应与具体的应用场合有关，不同的应用场合对宽、窄划分的标准应该不同。在阵列信号处理中宽带信号是指在阵列接收到的信号包络不再恒定，相位延迟和时延不再是简单的线性关系，不再满足窄带阵列信号模型假设，即 $u_i(t+\tau_{ki}) \neq u_i(t)$ 或 $\phi_i(t+\tau_{ki}) \neq \phi_i(t)$ 的信号。根据此定义，可将宽带阵列信号分为 3 类：

（1）$u_i(t-\tau_{ki}) = u_i(t)$，$\mathrm{d}(\omega_0 t + \phi_i(t))/\mathrm{d}t \neq \omega_0$，这类宽带信号主要是脉内调制信号，如线性调频信号、巴克码信号、相位调制信号、调频信号等；

（2）$u_i(t-\tau_{ki}) \neq u_i(t)$，$\mathrm{d}(\omega_0 t + \phi_i(t))/\mathrm{d}t = \omega_0$，这类宽带信号主要是窄脉冲或是冲击脉冲；

(3) $u_i(t-\tau_{ki})\neq u_i(t)$，$\mathrm{d}(\omega_0 t+\phi_i(t))/\mathrm{d}t\neq\omega_0$，这种窄脉冲并且脉内复杂调制信号并不多见。

从宽带阵列信号定义可以看出，第一类宽带阵列信号在实际应用中最为广泛。

2.2.6 宽带信号阵列接收模型

窄带阵列信号处理中将信号的相位延迟看成是时延与载频的乘积，各阵元之间通过信号的相位延迟构造了阵列信号处理模型。然而，在宽带阵列信号处理中，阵列接收到的信号包络不再恒定，相位延迟和时延不再是简单的线性关系。因此，建立宽带信号阵列处理模型比较困难。

1. 宽带时域模型

考虑由 M 个阵元组成的阵列，设空间中有 P 个宽带信号，其入射角度分别为 $\theta_1,\theta_2,\cdots,\theta_P$，则第 k 个阵元接收到的信号可表示为

$$x_k(t) = \sum_{i=1}^{P} s_i[t+\tau_k(\theta_i)] + n_k(t) \tag{2-119}$$

式中：$s_i(t)$ $(i=1,2,\cdots,P)$ 为入射的宽带信号；$n_k(t)$ 为加性噪声；$\tau_k(\theta_i)$ 为第 k 个阵元与参考点接收到第 i 个源信号之间的时间差。

2. 宽带频域模型

傅里叶变换的时移定理为：信号时移后的傅里叶变换等于信号傅里叶变换相位延迟。如果 $s(t)$ 的傅里叶变换为 $s(f)$，即

$$\mathrm{FT}[s(t)] = s(f) \tag{2-120}$$

那么 $s(t-\tau)$ 的傅里叶变换为

$$\mathrm{FT}[s(t+\tau)] = s(f)\mathrm{e}^{\mathrm{j}2\pi f\tau} \tag{2-121}$$

把第 k 个阵元接收到的信号，对式(2-119)两边做傅里叶变换得

$$x_k(f) = \sum_{i=1}^{P} s_i(f)\mathrm{e}^{\mathrm{j}2\pi f\tau_k(\theta_i)} + n_k(f) \tag{2-122}$$

M 个阵元的傅里叶变换写成矩阵形式，变为

$$\begin{bmatrix} x_1(f) \\ x_2(f) \\ \vdots \\ x_M(f) \end{bmatrix} = \begin{bmatrix} \mathrm{e}^{\mathrm{j}2\pi f\tau_1(\theta_1)} & \mathrm{e}^{\mathrm{j}2\pi f\tau_1(\theta_2)} & \cdots & \mathrm{e}^{\mathrm{j}2\pi f\tau_1(\theta_P)} \\ \mathrm{e}^{\mathrm{j}2\pi f\tau_2(\theta_1)} & \mathrm{e}^{\mathrm{j}2\pi f\tau_2(\theta_2)} & \cdots & \mathrm{e}^{\mathrm{j}2\pi f\tau_2(\theta_P)} \\ \vdots & \vdots & & \vdots \\ \mathrm{e}^{\mathrm{j}2\pi f\tau_M(\theta_1)} & \mathrm{e}^{\mathrm{j}2\pi f\tau_M(\theta_2)} & \cdots & \mathrm{e}^{\mathrm{j}2\pi f\tau_M(\theta_P)} \end{bmatrix} \begin{bmatrix} s_1(f) \\ s_2(f) \\ \vdots \\ s_P(f) \end{bmatrix} + \begin{bmatrix} n_1(f) \\ n_2(f) \\ \vdots \\ n_M(f) \end{bmatrix} \tag{2-123}$$

记为

$$\boldsymbol{X}(f) = \boldsymbol{A}(f,\boldsymbol{\theta})\boldsymbol{S}(f) + \boldsymbol{N}(f) \tag{2-124}$$

其中，方向矩阵为

$$
\boldsymbol{A}(f,\boldsymbol{\theta}) = \begin{bmatrix} e^{j2\pi f\tau_1(\theta_1)} & e^{j2\pi f\tau_1(\theta_2)} & \cdots & e^{j2\pi f\tau_1(\theta_P)} \\ e^{j2\pi f\tau_2(\theta_1)} & e^{j2\pi f\tau_2(\theta_2)} & \cdots & e^{j2\pi f\tau_2(\theta_P)} \\ \vdots & \vdots & & \vdots \\ e^{j2\pi f\tau_M(\theta_1)} & e^{j2\pi f\tau_M(\theta_2)} & \cdots & e^{j2\pi f\tau_M(\theta_P)} \end{bmatrix} \quad (2-125)
$$

这里的信号方向矩阵 $\boldsymbol{A}(f,\boldsymbol{\theta})$ 与窄带的有所不同,窄带模型中频率为固定单值,这里的频率为信号整个频带。

当对数字信号进行 J 点离散傅里叶变换时,频率点也为 J 个离散点,那么式(2-124)离散化为

$$
\boldsymbol{X}(f_j) = \boldsymbol{A}(f_j,\boldsymbol{\theta})\boldsymbol{S}(f_j) + \boldsymbol{N}(f_j) \quad (j=0,1,\cdots,J-1) \quad (2-126)
$$

其中,方向矩阵为

$$
\boldsymbol{A}(f_j,\boldsymbol{\theta}) = \begin{bmatrix} e^{j2\pi f_j\tau_1(\theta_1)} & e^{j2\pi f_j\tau_1(\theta_2)} & \cdots & e^{j2\pi f_j\tau_1(\theta_P)} \\ e^{j2\pi f_j\tau_2(\theta_1)} & e^{j2\pi f_j\tau_2(\theta_2)} & \cdots & e^{j2\pi f_j\tau_2(\theta_P)} \\ \vdots & \vdots & & \vdots \\ e^{j2\pi f_j\tau_M(\theta_1)} & e^{j2\pi f_j\tau_M(\theta_2)} & \cdots & e^{j2\pi f_j\tau_M(\theta_P)} \end{bmatrix} =
$$

$$
[\boldsymbol{a}(\theta_1,f_j) \quad \boldsymbol{a}(\theta_2,f_j) \quad \cdots \quad \boldsymbol{a}(\theta_P,f_j)] \quad (j=0,1,\cdots,J-1) \quad (2-127)
$$

式中:$\boldsymbol{a}(\theta_i,f_j)$ 为方向矢量,与宽带信号的入射方向 θ_i 和各子带频率 f_j 有关。

$$
\boldsymbol{a}(\theta_i,f_j) = \begin{bmatrix} e^{j2\pi f_j\tau_1(\theta_i)} \\ e^{j2\pi f_j\tau_2(\theta_i)} \\ \vdots \\ e^{j2\pi f_j\tau_M(\theta_i)} \end{bmatrix} \quad (2-128)
$$

当选择第 1 个阵元作为参考阵元时,$\tau_1(\theta_i)=0$,则有

$$
\boldsymbol{a}(\theta_i,f_j) = \begin{bmatrix} 1 \\ e^{j2\pi f_j\tau_2(\theta_i)} \\ \vdots \\ e^{j2\pi f_j\tau_M(\theta_i)} \end{bmatrix} \quad (2-129)
$$

$\boldsymbol{a}(\theta_1,f_j)$ 为信号 1 在频点 f_j 的方向矢量,$x_1(f_j)$ 为第 1 个阵元接收数据的傅里叶变换在频点 f_j 的值。

如果再将观察时间 T_0 内的阵列接收数据分为 L 个子段,每段时间为 T_d,然后对观察数据进行 J 点离散傅里叶变换,只要子段 T_d 相比噪声的相关时间较长(以保证 DFT 变换后的数据是不相关的),式(2-126)宽带模型就变为

$$
\boldsymbol{X}_l(f_j) = \boldsymbol{A}(f_j,\theta)\boldsymbol{S}_l(f_j) + \boldsymbol{N}_l(f_j) \quad (2-130)
$$

式中:$\boldsymbol{X}_l(f_j)$、$\boldsymbol{S}_l(f_j)$、$\boldsymbol{N}_l(f_j)$ 分别是第 l 段数据在频率 f_j($l=1,2,\cdots,L;j=1,2,\cdots,J$)处的接收数据、信号和噪声的 DFT 变换。

需要说明的是,此处的 J 是指将带宽为 B 的宽带信号划分为 J 个子带的个

数。对于各子带对应的不同频率点 $f_1, f_2, \cdots, f_J$，式(2－130)均成立，因此有 J 个等式。

在每一个子带频率 f_j 处求频域采样数据的协方差矩阵

$$\boldsymbol{R}_X(f_j) = \boldsymbol{A}(f_j, \theta)\boldsymbol{R}_S(f_j)\boldsymbol{A}^{\mathrm{H}}(f_j, \theta) + \boldsymbol{R}_N(f_j) \tag{2-131}$$

式中：$\boldsymbol{R}_X(f_j)$、$\boldsymbol{R}_S(f_j)$ 分别为频率 f_j 处的满足窄带信号条件的阵元接收数据协方差矩阵和信号协方差矩阵；$\boldsymbol{R}_N(f_j) = \sigma^2\boldsymbol{I}$ 为窄带噪声协方差矩阵。

实际中，$\boldsymbol{R}_X(f_j)$ 通过 L 个（L 段，每段傅里叶每个频点一个值）有限快拍数得到。

$$\boldsymbol{R}_X(f_j) = \frac{1}{L}\sum_{l=1}^{L}\boldsymbol{X}_l(f_j)\boldsymbol{X}_l^{\mathrm{H}}(f_j) \tag{2-132}$$

为了讨论简便，常将 $\boldsymbol{A}(f_j, \theta)$、$\boldsymbol{R}_X(f_j)$、$\boldsymbol{S}(f_j)$、$\boldsymbol{N}(f_j)$ 分别简记为 $\boldsymbol{A}_j$、$\boldsymbol{R}_j$、$\boldsymbol{S}_j$、$\boldsymbol{N}_j$。

3. 宽带滤波模型

宽带频域模型也可从宽带滤波模型理解，它们是等价的。为了能够使用窄带阵列信号处理的模型和相应算法，通过对时域信号，在整个频段用窄带滤波器组对宽带信号滤波变成多个窄带信号，然后用窄带阵列信号处理的模型。

离散傅里叶变换的基正是一组正交的滤波器组，对 J 点时域信号进行离散傅里叶变换得 J 点值，就是滤波器组的输出。因此式(2－126)成立，即

$$\boldsymbol{X}(f_j) = \boldsymbol{A}(f_j, \boldsymbol{\theta})\boldsymbol{S}(f_j) + \boldsymbol{N}(f_j) \quad (j = 0, 1, \cdots, J-1) \tag{2-133}$$

这里 $x_1(f_j)$ 不再理解为第 1 个阵元接收数据的傅里叶变换在频点 f_j 的值，而理解为第 1 个阵元接收数据在频点 f_j 的滤波输出。

2.2.7 加性噪声模型

假设接收到的加性噪声为平稳、零均值的高斯白噪声，方差均为 σ^2，且各阵元上的噪声相互统计独立。

从式(2－112)可知噪声矢量 $\boldsymbol{n}(t)$ 为

$$\boldsymbol{n}(t) = \begin{bmatrix} n_1(t) \\ n_2(t) \\ \vdots \\ n_M(t) \end{bmatrix} \tag{2-134}$$

则加性噪声矢量 $\boldsymbol{n}(t)$ 满足

$$\begin{cases} E[n_i(t)n_j^*(t)] = 0 & (i \neq j) \\ E[n_i(t)n_j^*(t)] = \sigma^2 & (i = j) \end{cases} \tag{2-135}$$

那么其 2 阶矩为

$$
\boldsymbol{R}_n = E[\boldsymbol{n}(t)\,\boldsymbol{n}^{\mathrm{H}}(t)] =
$$

$$
E\left[\begin{bmatrix} n_1(t) \\ n_2(t) \\ \vdots \\ n_M(t) \end{bmatrix} [n_1^*(t) \quad n_2^*(t) \quad \cdots \quad n_M^*(t)]\right] =
$$

$$
\begin{bmatrix} r_{n_1n_1} & r_{n_1n_2} & \cdots & r_{n_1n_M} \\ r_{n_2n_1} & r_{n_2n_2} & \cdots & r_{n_2n_M} \\ \vdots & \vdots & & \vdots \\ r_{n_Mn_1} & r_{n_Mn_2} & \cdots & r_{n_Mn_M} \end{bmatrix} = \sigma^2 \boldsymbol{I} \tag{2-136}
$$

另外假定噪声与信号也是统计独立的,即

$$
E[s_i(t)n_j^*(t)] = 0 \quad (i = 1,2,\cdots,P;j = 1,2,\cdots,M) \tag{2-137}
$$

式中:P 为信号源个数;M 为阵元个数。

除白噪声以外的噪声都可以看成不同类型的色噪声。本书采用如下色噪声模型,即

$$
E[n_i(t)\boldsymbol{n}_k^{\mathrm{H}}(t)] = \sigma_n^2 \rho^{|i-k|} \exp\left[\mathrm{j}(i-k)\frac{\pi}{2}\right] \tag{2-138}
$$

式中:$n_i(t)$为第 i 个阵元上的噪声;ρ 为空间色噪声的噪声相关度,$0 \leqslant \rho \leqslant 1$。从式(2-138)可以看出:当 $\rho = 0$ 时,空间色噪声为白噪声,即噪声空间不相关;ρ 越大,噪声空间相关度越大。

从式(2-135)和式(2-138)可以看出,空间色噪声使得噪声协方差矩阵不再是对角矩阵,而变成普通的矩阵,这必然对算法研究产生不利影响。

2.2.8 接收信号矢量协方差矩阵

协方差矩阵反映的是随机矢量中随机变量之间的相关性(2 阶统计特性),如果随机矢量的不同分量之间的相关性很小,则所得的协方差矩阵几乎是一个对角矩阵。

窄带信号阵列接收快拍数据矢量(随机矢量)$\boldsymbol{x}(t)$为

$$
\boldsymbol{x}(t) = \boldsymbol{A}\boldsymbol{s}(t) + \boldsymbol{n}(t) \tag{2-139}
$$

其协方差矩阵为

$$
\begin{aligned}
\boldsymbol{R}_X &= E[\boldsymbol{x}\boldsymbol{x}^{\mathrm{H}}] = E[(\boldsymbol{A}\boldsymbol{s}(t) + \boldsymbol{n}(t))(\boldsymbol{s}^{\mathrm{H}}(t)\boldsymbol{A}^{\mathrm{H}} + \boldsymbol{n}^{\mathrm{H}}(t))] = \\
&E[\boldsymbol{A}\boldsymbol{s}(t)\boldsymbol{s}^{\mathrm{H}}(t)\boldsymbol{A}^{\mathrm{H}}] + E[\boldsymbol{n}(t)\boldsymbol{n}^{\mathrm{H}}(t)] + E[\boldsymbol{A}\boldsymbol{s}(t)\boldsymbol{n}^{\mathrm{H}}(t)] + E[\boldsymbol{n}(t)\boldsymbol{s}^{\mathrm{H}}(t)\boldsymbol{A}^{\mathrm{H}}]
\end{aligned} \tag{2-140}
$$

因为噪声与信号是统计独立的,下式成立:

$$
E[s_i(t)n_j^*(t)] = 0 \quad (i = 1,2,\cdots,P;j = 1,2,\cdots,M) \tag{2-141}
$$

那么 $\boldsymbol{R}_X$ 为

$$\boldsymbol{R}_X = E[\boldsymbol{A}\boldsymbol{s}(t)\boldsymbol{s}^{\mathrm{H}}(t)\boldsymbol{A}^{\mathrm{H}}] + E[\boldsymbol{n}(t)\boldsymbol{n}^{\mathrm{H}}(t)] = \boldsymbol{A}E[\boldsymbol{s}(t)\boldsymbol{s}^{\mathrm{H}}(t)]\boldsymbol{A}^{\mathrm{H}} + E[\boldsymbol{n}(t)\boldsymbol{n}^{\mathrm{H}}(t)] = \boldsymbol{A}\boldsymbol{R}_S\boldsymbol{A}^{\mathrm{H}} + \boldsymbol{R}_N \tag{2-142}$$

式中:$E[\cdot]$为数学期望运算;上标"H"表示复共轭转置运算;R_S、R_N 分别为信号协方差矩阵和噪声协方差矩阵,均为 Hermitian 矩阵。对于空间理想的白噪声,若噪声功率为 σ^2,则有

$$\boldsymbol{R}_X = \boldsymbol{A}\boldsymbol{R}_S\boldsymbol{A}^{\mathrm{H}} + \sigma^2\boldsymbol{I} \tag{2-143}$$

$\boldsymbol{x}(t)$的协方差矩阵 $\boldsymbol{R}_X$ 反映了 M 个随机变量(M 个阵元的数据)的相关程度。协方差对角线上的元素反映的是方差,也就是交流功率。

2.2.9 协方差矩阵特征值分解

在矩阵理论中关于特征值与特征矢量描述如下

$$\boldsymbol{R}_x\boldsymbol{u}_i = \lambda_i\boldsymbol{u}_i \quad (i = 1,2,\cdots,M) \tag{2-144}$$

假定特征值按照降序排列

$$\lambda_1 > \lambda_2 > \lambda_3 > \cdots > \lambda_M \tag{2-145}$$

那么

$$\lambda_1 = \lambda_{\max} \tag{2-146}$$

特征矢量组成矩阵

$$\boldsymbol{U} = [\boldsymbol{u}_1 \quad \boldsymbol{u}_2 \quad \cdots \quad \boldsymbol{u}_M] \tag{2-147}$$

那么

$$\boldsymbol{R}_x\boldsymbol{U} = \boldsymbol{R}_x[\boldsymbol{u}_1 \quad \boldsymbol{u}_2 \quad \cdots \quad \boldsymbol{u}_M] = [\lambda_1\boldsymbol{u}_1 \quad \lambda_2\boldsymbol{u}_2 \quad \cdots \quad \lambda_M\boldsymbol{u}_M] = [\boldsymbol{u}_1 \quad \boldsymbol{u}_2 \quad \cdots \quad \boldsymbol{u}_M]\begin{bmatrix} \lambda_1 & 0 & \cdots & 0 \\ 0 & \lambda_2 & \cdots & 0 \\ \vdots & \vdots & & \vdots \\ 0 & 0 & \cdots & \lambda_M \end{bmatrix} = \boldsymbol{U}\boldsymbol{\Lambda} \tag{2-148}$$

式中:$\boldsymbol{\Lambda}$ 是矩阵 $\boldsymbol{R}_x$ 特征值降序排列构成的对角阵,为

$$\boldsymbol{\Lambda} = \mathrm{diag}[\lambda_1 \quad \lambda_2 \quad \cdots \quad \lambda_M] = \begin{bmatrix} \lambda_1 & & & \\ & \lambda_2 & & \\ & & \ddots & \\ & & & \lambda_M \end{bmatrix} \tag{2-149}$$

$\boldsymbol{U}$ 是正交矩阵，满足

$$\begin{cases} \boldsymbol{u}_i^{\mathrm{H}} \boldsymbol{u}_j = 1 & (i = j) \\ \boldsymbol{u}_i^{\mathrm{H}} \boldsymbol{u}_j = 0 & (i \neq j) \\ \boldsymbol{U}^{\mathrm{H}} \boldsymbol{U} = \boldsymbol{I} \\ \boldsymbol{U}^{\mathrm{H}} = \boldsymbol{U}^{-1} \end{cases} \tag{2-150}$$

由式(2-150)可知，特征矢量构成一个矢量分解的正交基。

式(2-148)两边同右乘$\boldsymbol{U}^{\mathrm{H}}$ 得

$$\boldsymbol{R}_x = \boldsymbol{U}\boldsymbol{\Lambda}\boldsymbol{U}^{\mathrm{H}} = \sum_{i=1}^{M} \lambda_i \boldsymbol{u}_i \boldsymbol{u}_i^{\mathrm{T}} \tag{2-151}$$

这就是谱分解定理。

2.2.10 接收信号矢量在特征矢量上投影

由式(2-144)特征值的定义可知

$$\boldsymbol{R}_x \boldsymbol{u}_i = \lambda_i \boldsymbol{u}_i \quad (i = 1,2,\cdots,M) \tag{2-152}$$

两边左乘 $\boldsymbol{u}_i^{\mathrm{H}}$ 得

$$\boldsymbol{u}_i^{\mathrm{H}} \boldsymbol{R}_x \boldsymbol{u}_i = \lambda_i \boldsymbol{u}_i^{\mathrm{H}} \boldsymbol{u}_i \quad (i = 1,2,\cdots,M) \tag{2-153}$$

由式(2-150)可知特征矢量是单位矢量，式(2-153)可写成

$$\lambda_i = \boldsymbol{u}_i^{\mathrm{H}} \boldsymbol{R}_x \boldsymbol{u}_i \quad (i = 1,2,\cdots,M) \tag{2-154}$$

另外接收信号矢量在其特征矢量 $\boldsymbol{u}_i$ 投影的功率 $E[\,|\langle \boldsymbol{u}_i, \boldsymbol{x}(t) \rangle|^2]$为

$$\begin{aligned} E[\,|\langle \boldsymbol{u}_i, \boldsymbol{x}(t) \rangle|^2] &= E[\boldsymbol{u}_i^{\mathrm{H}} \boldsymbol{x}(t) \boldsymbol{x}(t)^{\mathrm{H}} \boldsymbol{u}_i] = \\ & \boldsymbol{u}_i^{\mathrm{H}} E[\boldsymbol{x}(t) \boldsymbol{x}(t)^{\mathrm{H}}] \boldsymbol{u}_i = \\ & \boldsymbol{u}_i^{\mathrm{H}} \boldsymbol{R}_x \boldsymbol{u}_i \end{aligned} \tag{2-155}$$

将式(2-154)代入上式，得

$$E[(\langle \boldsymbol{x}(t), \boldsymbol{u}_i \rangle)^2] = \boldsymbol{u}_i^{\mathrm{H}} \boldsymbol{R}_x \boldsymbol{u}_i = \lambda_i \tag{2-156}$$

因此特征值 λ_i 是接收信号矢量 $\boldsymbol{x}(t)$在其特征矢量$\boldsymbol{u}_i$ 投影的功率。

2.3 基于波束形成的空间谱估计

波束形成与空间谱估计关系密切，可以用波束形成方法进行空间谱估计。例如用一个窄波束对整个空域扫描，其输出就可以得到方位与输出大小的关系，即得到空间谱。

2.3.1 常规波束形成方法

常规波束形成(CBF)就是用方向矢量作阵列权值矢量，常规波束形成方法

空间谱估计就是扫描整个方位的方向矢量,由其输出的幅度与方位关系可得到空间幅度谱,多快拍输出的平均功率就是空间功率谱。常规波束形成方法分辨率较低,但同时也具有运算量低、稳健性高、不需要目标信号先验知识等优点,因而仍然得到广泛运用。

1. 基于波束形成的空间谱估计原理

阵列加权后相加输出为

$$\boldsymbol{y}(t)=\langle \boldsymbol{w},\boldsymbol{x}(t)\rangle \tag{2-157}$$

在波束形成中可知,为了接收某一方向 θ_0 的信号 $s_0(t)$,抑制其他方向信号,也就是形成指向 θ_0 主波束,需找一个权值矢量 $\boldsymbol{w}$,使波束指向 θ_0,从而加权后相加为此方向期望信号 $s_0(t)$,以抑制其他信号。

当满足条件的权值 $\boldsymbol{w}$ 找到后,可以得到波束指向 θ_0 时输出功率,即

$$P(\boldsymbol{w})=E[|\boldsymbol{y}(t)|^2]=E[\boldsymbol{y}(t)\boldsymbol{y}^{\mathrm{H}}(t)]=$$
$$E[\boldsymbol{w}^{\mathrm{H}}\boldsymbol{x}(t)(\boldsymbol{w}^{\mathrm{H}}\boldsymbol{x}(t))^{\mathrm{H}}]=\boldsymbol{w}^{\mathrm{H}}\boldsymbol{R}_x\boldsymbol{w} \tag{2-158}$$

因为 $\boldsymbol{w}$ 是指向 θ_0 的权值,因此一定与方向 θ_0 相关,上式变为

$$P(\theta_0)=\boldsymbol{w}^{\mathrm{H}}(\theta_0)\boldsymbol{R}_x\boldsymbol{w}(\theta_0) \tag{2-159}$$

实际不知道方向,可以在方向上搜索,从而构成空间功率谱,即

$$P(\theta)=\boldsymbol{w}^{\mathrm{H}}(\theta)\boldsymbol{R}_x\boldsymbol{w}(\theta) \tag{2-160}$$

2. 常规波束形成的空间谱估计

常规波束形成器中取 $\boldsymbol{w}=\boldsymbol{a}(\theta_0)$,那么可以由式(2-160)得到常规波束形成时的空间功率谱为

$$P(\theta)=\boldsymbol{a}^{\mathrm{H}}(\theta)\boldsymbol{R}_x\boldsymbol{a}(\theta) \tag{2-161}$$

3. 协方差矩阵的估计

需要说明的是,在空间谱估计技术的具体应用中,数据协方差矩阵是用采样协方差矩阵 $\boldsymbol{R}_x$ 代替的,即

$$\boldsymbol{R}_x=\frac{1}{L}\sum_{i=1}^{L}\boldsymbol{X}\boldsymbol{X}^{\mathrm{H}} \tag{2-162}$$

式中:L 表示数据的快拍数。

那么空间功率谱估计为

$$P(\theta)=\boldsymbol{a}^{\mathrm{H}}(\theta)\boldsymbol{R}_x\boldsymbol{a}(\theta) \tag{2-163}$$

4. 接收信号随机矢量在方向矢量上的投影

$\boldsymbol{x}(t)$ 是随机变量,其在方向矢量 $\boldsymbol{a}(\theta)$ 的投影 $A_x(\theta)$ 也是随机变量,即

$$X(\theta)=\langle \boldsymbol{a}(\theta),\boldsymbol{x}(t)\rangle \tag{2-164}$$

投影功率

$$P_x^2 = E[|X(\theta)|^2] = E[\boldsymbol{a}(\theta)^{\mathrm{H}}\boldsymbol{x}(t)\boldsymbol{x}(t)^{\mathrm{H}}\boldsymbol{a}(\theta)] = \boldsymbol{a}(\theta)^{\mathrm{H}}E[\boldsymbol{x}(t)\boldsymbol{x}(t)^{\mathrm{H}}]\boldsymbol{a}(\theta) = \boldsymbol{a}(\theta)^{\mathrm{H}}\boldsymbol{R}_x\boldsymbol{a}(\theta) \tag{2-165}$$

上式与常规波束形成的空间功率谱一致,空间功率谱也可以理解为:接收信号矢量在各个方向矢量投影的2阶矩就是在各个方向矢量投影的功率,构成空间功率谱。信号矢量本身由多个信号方向矢量组成,因此在相应信号方向矢量投影会出现峰值,投影功率峰值的方向就是空间信号方向。

2.3.2 最小方差波束形成方法

从式(2-109)阵列信号接收模型可知

$$\boldsymbol{x}(t) = s_0(t)\boldsymbol{a}(\theta_0) + \boldsymbol{n}(t) \tag{2-166}$$

在波束形成中,寻找加权矢量 $\boldsymbol{w}$,从阵列快拍 $\boldsymbol{x}(t)$ 中恢复出信号 $s_0(t)$ 为

$$\boldsymbol{s}_0(t) = \langle \boldsymbol{w}, \boldsymbol{x}(t) \rangle = \langle \boldsymbol{w}, s_0(t)\boldsymbol{a}(\theta_0) + \boldsymbol{n}(t) \rangle = s_0(t)\boldsymbol{w}^{\mathrm{H}}\boldsymbol{a}(\theta_0) + \boldsymbol{w}^{\mathrm{H}}\boldsymbol{n}(t) \tag{2-167}$$

从式(2-167)可以看出,当 $\boldsymbol{w}^{\mathrm{H}}\boldsymbol{a}(\theta_0) = 1$ 时,可以恢复出信号 $s_0(t)$ 为

$$\boldsymbol{s}_0(t) = s_0(t) + \boldsymbol{w}^{\mathrm{H}}\boldsymbol{n}(t) \tag{2-168}$$

均值

$$E[\boldsymbol{s}_0(t)] = E[s_0(t)] + \boldsymbol{w}^{\mathrm{H}}E[\boldsymbol{n}(t)] = s_0(t) \tag{2-169}$$

从上式可以看出,当下式成立时,对信号的估计是无偏估计,即

$$\boldsymbol{w}^{\mathrm{H}}\boldsymbol{a}(\theta_0) = 1 \tag{2-170}$$

估计方差

$$E[|\boldsymbol{s}_0(t) - E[\boldsymbol{s}_0(t)]|^2] = E[|\boldsymbol{s}_0(t)|^2] - |E[\boldsymbol{s}_0(t)]|^2 = E[|\boldsymbol{s}_0(t)|^2] - |s_0(t)|^2 \tag{2-171}$$

在估计理论中可知,估计方差最小的估计为最优估计,即

$$\min_w E[|\boldsymbol{s}_0(t) - E[\boldsymbol{s}_0(t)]|^2] \tag{2-172}$$

从式(2-171)看出,上式等效为

$$\min_w E[|\boldsymbol{s}_0(t)|^2] = \min_w E[\boldsymbol{w}^{\mathrm{H}}\boldsymbol{x}(t)\boldsymbol{x}^{\mathrm{H}}(t)\boldsymbol{w}] = \min_w \boldsymbol{w}^{\mathrm{H}}\boldsymbol{R}_x\boldsymbol{w} \tag{2-173}$$

信号的无偏估计条件式(2-170)及估计方差最小条件式(2-173)总结如下:

$$\begin{cases} \boldsymbol{w}^{\mathrm{H}}\boldsymbol{a}(\theta_0) = 1 \\ \min\limits_w \boldsymbol{w}^{\mathrm{H}}\boldsymbol{R}_x\boldsymbol{w} \end{cases} \tag{2-174}$$

上式也可以解释为保证来自某个确定方向 θ_0 的信号能正确接收,而其他入射方向的信号或干扰被完成抑制。

式(2－174)可以归结为条件下求极值,对于条件下求极值可以用拉格朗日常数法。构造目标函数

$$L(\boldsymbol{w}) = \frac{1}{2}\boldsymbol{w}^{\mathrm{H}}\boldsymbol{R}_x\boldsymbol{w} - \lambda[\boldsymbol{w}^{\mathrm{H}}\boldsymbol{a}(\theta_0) - 1] \tag{2-175}$$

上式对 $\boldsymbol{w}$ 求导,并令其为 0,由矩阵求导公式 $\frac{\mathrm{d}(\boldsymbol{x}^{\mathrm{T}}\boldsymbol{A}\boldsymbol{x})}{\mathrm{d}\boldsymbol{x}} = 2\boldsymbol{A}\boldsymbol{x}$, $\frac{\mathrm{d}(\boldsymbol{x}^{\mathrm{T}}\boldsymbol{A}\boldsymbol{y})}{\mathrm{d}\boldsymbol{x}} = \boldsymbol{A}\boldsymbol{y}$, $\frac{\mathrm{d}(\boldsymbol{x}^{\mathrm{T}}\boldsymbol{A}\boldsymbol{y})}{\mathrm{d}\boldsymbol{y}} = \boldsymbol{A}^{\mathrm{T}}\boldsymbol{x}$ 得

$$\boldsymbol{R}_x\boldsymbol{w} - \lambda\boldsymbol{a}(\theta_0) = 0 \tag{2-176}$$

那么,最优权为

$$\boldsymbol{w} = \lambda\boldsymbol{R}_x^{-1}\boldsymbol{a}(\theta_0) \tag{2-177}$$

两边同乘 $\boldsymbol{a}^{\mathrm{H}}(\theta_0)$,得

$$\boldsymbol{a}^{\mathrm{H}}(\theta_0)\boldsymbol{w} = \lambda\boldsymbol{a}^{\mathrm{H}}(\theta_0)\boldsymbol{R}_x^{-1}\boldsymbol{a}(\theta_0) \tag{2-178}$$

再利用 $\boldsymbol{w}^{\mathrm{H}}\boldsymbol{a}(\theta_0) = \boldsymbol{a}^{\mathrm{H}}(\theta_0)\boldsymbol{w} = 1$,得

$$\lambda = \frac{1}{\boldsymbol{a}^{\mathrm{H}}(\theta_0)\boldsymbol{R}_x^{-1}\boldsymbol{a}(\theta_0)} \tag{2-179}$$

那么,最优权为

$$\boldsymbol{w}_{\mathrm{opt}} = \frac{\boldsymbol{R}_x^{-1}\boldsymbol{a}(\theta_0)}{\boldsymbol{a}^{\mathrm{H}}(\theta_0)\boldsymbol{R}_x^{-1}\boldsymbol{a}(\theta_0)} \tag{2-180}$$

则阵列的输出功率为

$$\begin{aligned} P(\theta_0) &= \boldsymbol{w}_{\mathrm{opt}}^{\mathrm{H}}\boldsymbol{R}_x\boldsymbol{w}_{\mathrm{opt}} = \\ &\frac{\boldsymbol{a}^{\mathrm{H}}(\theta_0)(\boldsymbol{R}_x^{-1})^{\mathrm{H}}}{\boldsymbol{a}^{\mathrm{H}}(\theta_0)(\boldsymbol{R}_x^{-1})^{\mathrm{H}}\boldsymbol{a}(\theta_0)}\boldsymbol{R}_x\frac{\boldsymbol{R}_x^{-1}\boldsymbol{a}(\theta_0)}{\boldsymbol{a}^{\mathrm{H}}(\theta_0)\boldsymbol{R}_x^{-1}\boldsymbol{a}(\theta_0)} = \\ &\frac{1}{\boldsymbol{a}^{\mathrm{H}}(\theta_0)\boldsymbol{R}_x^{-1}\boldsymbol{a}(\theta_0)} \end{aligned} \tag{2-181}$$

由于不知道来波方向,可对整个方向上扫描,得到谱线,谱线峰值对应方向即为来波方向,即

$$P(\theta) = \frac{1}{\boldsymbol{a}^{\mathrm{H}}(\theta)\boldsymbol{R}_x^{-1}\boldsymbol{a}(\theta)} \tag{2-182}$$

最小方差法是 Capon 于 1969 年提出的,也称为基于 Capon 的滤波方法[3]。

2.3.3 分辨力对比分析

假定 $d/\lambda = 1/2$,阵元数为32,当有3个正弦信号,信噪比为10dB时,方位分别是20°、23.5°、35°。对1024次快拍数据,图2－17是基于常规波束形成的空间功率谱估计,图2－18是基于最小方差法波束形成的空间功率谱。

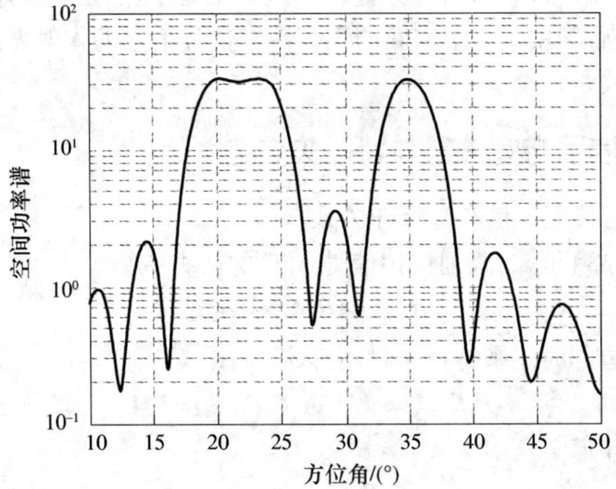

图 2－17　基于常规波束形成的空间功率谱（20°、23.5°、35°3 个信号）

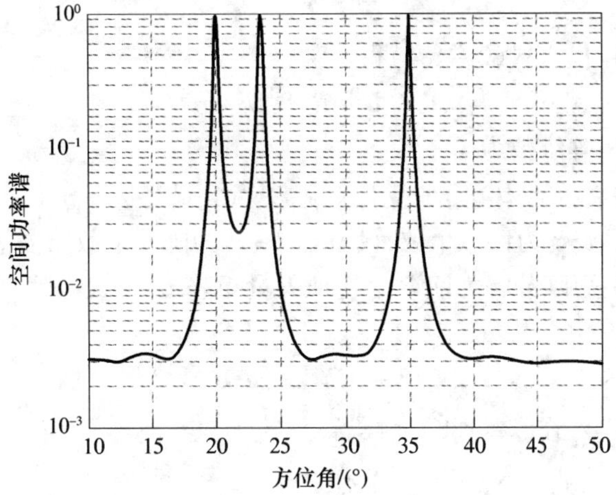

图 2－18　基于最小方差法波束形成的空间功率谱（20°、23.5°、35°3 个信号）

从图 2－17、图 2－18 中可以看出：基于常规波束形成的空间谱中已分不开 20°与 23.5°的 2 个信号，而基于最小方差法波束形成的空间功率谱中可以分开 2 个信号。因为基于最小方差法的波束形成可以得到对信号估计的方差最小，从而其构造的空间谱就准确，分辨率高于基于常规波束形成的方法。

2.4　多重信号分类算法

MUSIC[4]算法是学者 Schmidt 等人 1979 年提出的，该算法是空间谱估计理论体系中的标志性算法，它开创了空间谱估计算法研究的新时代，促进了特征结构类算法的兴起和发展。MUSIC 算法的基本思想是将阵列输出数据的协方差矩阵进行特征分解,得到与信号分量相对应的信号子空间和与信号分量正交的噪声子空间,然后利用这 2 个空间的正交性来估计信号的入射方向、极化信息及信号强度等参数。

2.4.1 信号方向矢量与特征矢量的关系

方向矢量与特征矢量有着特殊关系。

从式(2-143)可知,阵列快拍信号 $\boldsymbol{x}(t)$ 的协方差矩阵为

$$\boldsymbol{R}_x = \boldsymbol{A}\boldsymbol{R}_s\boldsymbol{A}^{\mathrm{H}} + \sigma^2\boldsymbol{I} \tag{2-183}$$

式(2-183)两边同时左乘特征矢量矩阵 $\boldsymbol{U}^{\mathrm{H}}$、右乘 $\boldsymbol{U}$ 得

$$\boldsymbol{U}^{\mathrm{H}}\boldsymbol{R}_x\boldsymbol{U} = \boldsymbol{U}^{\mathrm{H}}(\boldsymbol{A}\boldsymbol{R}_s\boldsymbol{A}^{\mathrm{H}} + \sigma^2\boldsymbol{I})\boldsymbol{U} \tag{2-184}$$

从式(2-148)知道

$$\boldsymbol{R}_x\boldsymbol{U} = \boldsymbol{U}\boldsymbol{\Lambda} \tag{2-185}$$

两边左乘 $\boldsymbol{U}^{\mathrm{H}}$ 得

$$\boldsymbol{U}^{\mathrm{H}}\boldsymbol{R}_x\boldsymbol{U} = \boldsymbol{\Lambda} \tag{2-186}$$

式(2-186)代入式(2-184)得

$$\boldsymbol{\Lambda} = \boldsymbol{U}^{\mathrm{H}}\boldsymbol{A}\boldsymbol{R}_s\boldsymbol{A}^{\mathrm{H}}\boldsymbol{U} + \sigma^2\boldsymbol{I} \tag{2-187}$$

式(2-187)的矩阵维数为

$$\boldsymbol{\Lambda}_{(M\times M)} = \boldsymbol{U}^{\mathrm{H}}_{(M\times M)}\boldsymbol{A}_{(M\times P)}\boldsymbol{R}_{s(P\times P)}\boldsymbol{A}^{\mathrm{H}}_{(P\times M)}\boldsymbol{U}_{(M\times M)} + \sigma^2\boldsymbol{I}_{(M\times M)} \tag{2-188}$$

式中:M 为阵元数;P 为信号个数;设 $Q=M-P$ 为阵元个数减去信号个数。

把特征矢量矩阵分解为前 P 个特征矢量矩阵 $\boldsymbol{U}_{s(M\times P)}$ 与后 Q 个特征矢量矩阵 $\boldsymbol{U}_{n(M\times Q)}$,即

$$\boldsymbol{U}_{(M\times M)} = [\boldsymbol{U}_{s(M\times P)} \quad \boldsymbol{U}_{n(M\times Q)}] \tag{2-189}$$

把式(2-189)代入式(2-188)变换后得

$$\begin{aligned}\boldsymbol{\Lambda}_{(M\times M)} &= \begin{bmatrix}\boldsymbol{U}^{\mathrm{H}}_{s(P\times M)}\\ \boldsymbol{U}^{\mathrm{H}}_{n(Q\times M)}\end{bmatrix}\boldsymbol{A}_{(M\times P)}\boldsymbol{R}_{s(P\times P)}\boldsymbol{A}^{\mathrm{H}}_{(P\times M)}[\boldsymbol{U}_{s(M\times P)} \quad \boldsymbol{U}_{n(M\times Q)}] + \sigma^2\boldsymbol{I}_{(M\times M)} = \\ &\begin{bmatrix}\boldsymbol{U}^{\mathrm{H}}_{s(P\times M)}\boldsymbol{A}_{(M\times P)}\boldsymbol{R}_{s(P\times P)}\boldsymbol{A}^{\mathrm{H}}_{(P\times M)}\boldsymbol{U}_{s(M\times P)} & \boldsymbol{U}^{\mathrm{H}}_{s(P\times M)}\boldsymbol{A}_{(M\times P)}\boldsymbol{R}_{s(P\times P)}\boldsymbol{A}^{\mathrm{H}}_{(P\times M)}\boldsymbol{U}_{n(M\times Q)}\\ \boldsymbol{U}^{\mathrm{H}}_{n(Q\times M)}\boldsymbol{A}_{(M\times P)}\boldsymbol{R}_{s(P\times P)}\boldsymbol{A}^{\mathrm{H}}_{(P\times M)}\boldsymbol{U}_{s(M\times P)} & \boldsymbol{U}^{\mathrm{H}}_{n(Q\times M)}\boldsymbol{A}_{(M\times P)}\boldsymbol{R}_{s(P\times P)}\boldsymbol{A}^{\mathrm{H}}_{(P\times M)}\boldsymbol{U}_{n(M\times Q)}\end{bmatrix} + \\ &\sigma^2\boldsymbol{I}_{(M\times M)}\end{aligned} \tag{2-190}$$

因为式(2-190)是对角阵,因此非对角线的值为零,即

$$\boldsymbol{U}^{\mathrm{H}}_{s(P\times M)}\boldsymbol{A}_{(M\times P)}\boldsymbol{R}_{s(P\times P)}\boldsymbol{A}^{\mathrm{H}}_{(P\times M)}\boldsymbol{U}_{n(M\times Q)} = \boldsymbol{0}_{(P\times Q)} \tag{2-191}$$

$$\boldsymbol{U}^{\mathrm{H}}_{n(Q\times M)}\boldsymbol{A}_{(M\times P)}\boldsymbol{R}_{s(P\times P)}\boldsymbol{A}^{\mathrm{H}}_{(P\times M)}\boldsymbol{U}_{s(M\times P)} = \boldsymbol{0}_{(Q\times P)} \tag{2-192}$$

式(2-191)为零矩阵时,需要

$$\boldsymbol{U}^{\mathrm{H}}_{s(P\times M)}\boldsymbol{A}_{(M\times P)} = \boldsymbol{0}_{(P\times P)} \tag{2-193}$$

或

$$\boldsymbol{A}_{(P\times M)}^{\mathrm{H}}\boldsymbol{U}_{n(M\times Q)}=\boldsymbol{0}_{(P\times Q)} \tag{2-194}$$

1. 信号方向矢量与特征矢量的关系

当式(2-193)成立时,式(2-190)中对角线 $\boldsymbol{U}_{s(P\times M)}^{\mathrm{H}}\boldsymbol{A}_{(M\times P)}\boldsymbol{R}_{s(P\times P)}\boldsymbol{A}_{(P\times M)}^{\mathrm{H}}\boldsymbol{U}_{s(M\times P)}=\boldsymbol{0}$,那么第 1 个值 λ_1 最小,这和式(2-146)$\lambda_1=\lambda_{\max}$假定第 1 个特征值最大相矛盾,因此只有式(2-194)成立,即

$$\boldsymbol{A}_{(P\times M)}^{\mathrm{H}}\boldsymbol{U}_{n(M\times Q)}=\boldsymbol{0}_{(P\times Q)} \tag{2-195}$$

式(2-195)表明信号方向矢量与 $Q=M-P$ 个小特征值对应的特征矢量正交。

2. 特征值的关系

当式(2-195)成立时,式(2-190)简化为

$$\boldsymbol{\Lambda}_{(M\times M)}=\begin{bmatrix}\boldsymbol{U}_{s(P\times M)}^{\mathrm{H}}\boldsymbol{A}_{(M\times P)}\boldsymbol{R}_{s(P\times P)}\boldsymbol{A}_{(P\times M)}^{\mathrm{H}}\boldsymbol{U}_{s(M\times P)} & \boldsymbol{0}\\ \boldsymbol{0} & \boldsymbol{0}\end{bmatrix}+\sigma^2\boldsymbol{I}_{(M\times M)} \tag{2-196}$$

从式(2-196)可以得出最小特征值为噪声的方差

$$\lambda_1\geqslant\lambda_2\geqslant\cdots\geqslant\lambda_P>\lambda_{P+1}=\lambda_{P+2}=\cdots=\lambda_M=\sigma^2 \tag{2-197}$$

那么

$$\boldsymbol{\Lambda}_{(M\times M)}=\begin{bmatrix}\lambda_1 & & & \\ & \lambda_2 & & \\ & & \ddots & \\ & & & \sigma^2\end{bmatrix}=\begin{bmatrix}\sum_s & \boldsymbol{0}\\ \boldsymbol{0} & \sigma^2\boldsymbol{I}\end{bmatrix} \tag{2-198}$$

2.4.2 信号子空间与噪声子空间

式(2-189)把特征矢量矩阵分解为前 P 个特征矢量矩阵$\boldsymbol{U}_s$ 与后 Q 个特征矢量矩阵$\boldsymbol{U}_n$,即

$$\boldsymbol{U}_{(M\times M)}=[\boldsymbol{U}_{s(M\times P)}\quad \boldsymbol{U}_{n(M\times Q)}] \tag{2-199}$$

式中

$$\boldsymbol{U}_s=[\boldsymbol{u}_1\quad \boldsymbol{u}_2\quad\cdots\quad \boldsymbol{u}_P] \tag{2-200}$$

$$\boldsymbol{U}_n=[\boldsymbol{u}_{P+1}\quad \boldsymbol{u}_{P+2}\quad\cdots\quad \boldsymbol{u}_M] \tag{2-201}$$

前 P 个大特征值对应特征矢量 $\boldsymbol{U}_s$,由信号特征矢量组成;后 $M-P$ 个小特征值对应特征矢量 $\boldsymbol{U}_n$,由噪声特征矢量组成。

而式(2-151)进一步写成如下形式:

$$\boldsymbol{R}_x=\sum_{i=1}^{P}\lambda_i\boldsymbol{u}_i\boldsymbol{u}_i^{\mathrm{H}}+\sum_{j=P+1}^{M}\lambda_j\boldsymbol{u}_j\boldsymbol{u}_j^{\mathrm{H}}=$$

$$[\boldsymbol{U}_s\quad \boldsymbol{U}_n]\sum[\boldsymbol{U}_s\quad \boldsymbol{U}_n]^{\mathrm{H}} \tag{2-202}$$

在线性代数中,给定一矢量组 $\boldsymbol{x}_1,\boldsymbol{x}_2,\cdots,\boldsymbol{x}_P\in\mathbf{C}^m$($m$ 维复数空间),则这些矢量的所有线性组合的集合成为矢量组合$\{\boldsymbol{x}_1\quad \boldsymbol{x}_2\quad\cdots\quad \boldsymbol{x}_P\}$张成的子空间,即有

$$\mathrm{span}\{\boldsymbol{x}_1 \quad \boldsymbol{x}_2 \quad \cdots \quad \boldsymbol{x}_P\} = \left\{\sum_{i=1}^{P}\beta_i \boldsymbol{x}_i \quad (\beta_i \in \mathbf{C})\right\} \tag{2-203}$$

一般把前 P 个大特征值对应特征矢量张成的 $\mathrm{span}\{\boldsymbol{u}_1 \quad \boldsymbol{u}_2 \quad \cdots \quad \boldsymbol{u}_P\}$ 空间称为信号子空间,把后 $M-P$ 个小特征值对应特征矢量张成的 $\mathrm{span}\{\boldsymbol{u}_{P+1} \quad \boldsymbol{u}_{P+2} \quad \cdots \quad \boldsymbol{u}_M\}$ 空间称为噪声子空间。

下面给出信号源相互独立条件下关于特征子空间的若干性质,为后续的空间谱估计理论和算法做准备。

性质 2-1 信号子空间 $\boldsymbol{U}_s$ 与噪声子空间 $\boldsymbol{U}_n$ 正交:

$$\mathrm{span}\{\boldsymbol{u}_1 \quad \boldsymbol{u}_2 \quad \cdots \quad \boldsymbol{u}_P\} \perp \mathrm{span}\{\boldsymbol{u}_{P+1} \quad \boldsymbol{u}_{P+2} \quad \cdots \quad \boldsymbol{u}_M\} \tag{2-204}$$

由特征矢量性质式(2-150)可知 $\boldsymbol{U}$ 是正交矩阵,因此信号子空间与噪声子空间正交。把 $\boldsymbol{U}$ 正交阵性分解为

$$\boldsymbol{U}\boldsymbol{U}^{\mathrm{H}} = [\boldsymbol{U}_s \quad \boldsymbol{U}_n]\begin{bmatrix}\boldsymbol{U}_s^{\mathrm{H}} \\ \boldsymbol{U}_n^{\mathrm{H}}\end{bmatrix} = \boldsymbol{U}_s\boldsymbol{U}_s^{\mathrm{H}} + \boldsymbol{U}_n\boldsymbol{U}_n^{\mathrm{H}} = \boldsymbol{I} \tag{2-205}$$

那么

$$\begin{cases}\boldsymbol{U}_s\boldsymbol{U}_s^{\mathrm{H}} = \boldsymbol{I} - \boldsymbol{U}_n\boldsymbol{U}_n^{\mathrm{H}} \\ \boldsymbol{U}_n\boldsymbol{U}_n^{\mathrm{H}} = \boldsymbol{I} - \boldsymbol{U}_s\boldsymbol{U}_s^{\mathrm{H}}\end{cases} \tag{2-206}$$

性质 2-2 方向矢量 $\boldsymbol{A}$ 与噪声子空间 $\boldsymbol{U}_n$ 正交:

$$\boldsymbol{A}^{\mathrm{H}}\boldsymbol{u}_i = \boldsymbol{0} \quad (i = P+1, P+2, \cdots, M) \tag{2-207}$$

从式(2-224)可知

$$\boldsymbol{A}^{\mathrm{H}}_{(P\times M)}\boldsymbol{U}_{n(M\times Q)} = \boldsymbol{0}_{(P\times Q)} \tag{2-208}$$

因此方向矢量与噪声子空间正交。

性质 2-3 协方差矩阵的大特征值对应的特征矢量张成的空间与入射信号的导向矢量所张成的空间是同一个空间,即

$$\mathrm{span}\{\boldsymbol{u}_1 \quad \boldsymbol{u}_2 \quad \cdots \quad \boldsymbol{u}_P\} = \mathrm{span}\{\boldsymbol{a}_1 \quad \boldsymbol{a}_2 \quad \cdots \quad \boldsymbol{a}_P\} \tag{2-209}$$

证明:当没噪声时阵列接收信号变为

$$\boldsymbol{x}_S(t) = \boldsymbol{A}\boldsymbol{s}(t) \tag{2-210}$$

式中:$\boldsymbol{x}_S(t)$ 为阵列的 $M\times 1$ 维快拍数据矢量,即

$$\boldsymbol{x}_S(t) = \begin{bmatrix} x_1(t) \\ x_2(t) \\ \vdots \\ x_M(t)\end{bmatrix} \tag{2-211}$$

$$\boldsymbol{x}_S(t) = \boldsymbol{A}\boldsymbol{s}(t) = \sum_{i=1}^{P} s_i(t)\boldsymbol{a}_i \tag{2-212}$$

$\boldsymbol{x}_S(t)$ 为方向矢量 $\{\boldsymbol{a}_1 \quad \boldsymbol{a}_2 \quad \cdots \quad \boldsymbol{a}_P\}$ 的线性组合,按照线性代数理论,方向矢量 $\{\boldsymbol{a}_1 \quad \boldsymbol{a}_2 \quad \cdots \quad \boldsymbol{a}_P\}$ 所有线性组合的集合成为矢量组合张成的子空间,即

$$\boldsymbol{x}_S(t) \in \{\boldsymbol{a}_1 \quad \boldsymbol{a}_2 \quad \cdots \quad \boldsymbol{a}_P\} = \{\sum_{i=1}^{P} \beta_i \boldsymbol{a}_i \quad (\beta_i \in \mathbf{C})\} \tag{2-213}$$

其张成的空间为无噪声的信号空间，因此成为信号子空间$\boldsymbol{U}_s$。

无噪声信号矢量$\boldsymbol{x}_S(t)$的协方差矩阵为

$$\boldsymbol{R}_{x_s(M\times M)} = \boldsymbol{A}_{(M\times P)} \boldsymbol{R}_{s(P\times P)} \boldsymbol{A}^{\mathrm{H}}_{(P\times M)} \tag{2-214}$$

上式的秩为 $\mathrm{rank}(\boldsymbol{R}_{x_s(M\times M)}) = \mathrm{rank}(\boldsymbol{R}_{s(P\times P)}) = P$。

另外式(2-196)右边为得到对角阵，因此左边也为对角阵，即

$$\boldsymbol{\Lambda}_{(P\times P)} = \boldsymbol{U}^{\mathrm{H}}_{s(P\times M)} \boldsymbol{A}_{(M\times P)} \boldsymbol{R}_{s(P\times P)} \boldsymbol{A}^{\mathrm{H}}_{(P\times M)} \boldsymbol{U}_{s(M\times P)} \tag{2-215}$$

把式(2-214)代入式(2-215)得到

$$\boldsymbol{\Lambda}_{(P\times P)} = \boldsymbol{U}^{\mathrm{H}}_{s(P\times M)} \boldsymbol{R}_{x_s(M\times M)} \boldsymbol{U}_{s(M\times P)} \tag{2-216}$$

两边右乘$\boldsymbol{U}_{s(M\times P)}$，变换得

$$\boldsymbol{R}_{x_s(M\times M)} \boldsymbol{U}_{s(M\times P)} = \boldsymbol{U}_{s(M\times P)} \boldsymbol{\Lambda}_{(P\times P)} \tag{2-217}$$

即

$$\boldsymbol{R}_{x_s(M\times M)} \boldsymbol{u}_i = \lambda_i \boldsymbol{u}_i \quad (i = 1,2,\cdots,P) \tag{2-218}$$

由于$\boldsymbol{R}_{x_s(M\times M)}$秩为$P$，式(2-218)表明$\boldsymbol{U}_{s(M\times P)}$是信号$\boldsymbol{x}_S(t)$协方差矩阵$\boldsymbol{R}_{x_s(M\times M)}$的特征矢量矩阵，特征矢量矩阵$\boldsymbol{U}_{s(M\times P)}$是信号$\boldsymbol{x}_S(t)$空间的正交基，即可以用$\boldsymbol{u}_1,\boldsymbol{u}_2,\cdots,\boldsymbol{u}_P$的线性组合表示信号$\boldsymbol{x}_S(t)$为

$$\boldsymbol{x}_S(t) \in \mathrm{span}\{\boldsymbol{u}_1,\boldsymbol{u}_2,\cdots,\boldsymbol{u}_P\} = \{\sum_{i=1}^{P} \beta_i \boldsymbol{u}_i \quad (\beta_i \in \mathbf{C})\} \tag{2-219}$$

因此前P个大特征值对应特征矢量$\boldsymbol{u}_1,\boldsymbol{u}_2,\cdots,\boldsymbol{u}_P$张成$\mathrm{span}\{\boldsymbol{u}_1 \quad \boldsymbol{u}_2 \quad \cdots \quad \boldsymbol{u}_P\}$的空间也称为信号子空间$\boldsymbol{U}_s$。

从式(2-213)与式(2-219)可知，协方差矩阵的大特征值对应的特征矢量张成的空间与入射信号的导向矢量所张成的空间是同一个空间即信号子空间。

在实际计算中，对$\boldsymbol{R}_x$进行特征值分解可以计算得到信号子空间$\boldsymbol{U}_s$、噪声子空间$\boldsymbol{U}_n$和由特征值构成的对角矩阵$\boldsymbol{\Sigma}$。

2.4.3 MUSIC 算法的基本原理

窄带远场信号的阵列输出数学模型为

$$\boldsymbol{x}(t) = \boldsymbol{A}\boldsymbol{s}(t) + \boldsymbol{n}(t) \tag{2-220}$$

在实际应用中，我们得到的数据是在有限时间范围内的有限次快拍，假定在这段有限的时间内空间信号源的方向不发生变化，且认为空间源信号是一个平稳随机过程，其统计特性不随时间而变化。同时，还满足以下几个条件：

(1) 阵元数M要大于阵列可能接收到的同频空间信号的个数；

(2) 对应于不同的信号入射角$\theta_i(i=1,2,\cdots,N)$，信号的导向矢量$\boldsymbol{a}(\theta_i)$是线性独立的；

(3) 阵列加性噪声$n(t)$为统计独立的高斯白噪声，且方差为σ^2；

(4) 空间信号源矢量 $s(t)$ 的协方差矩阵 $\boldsymbol{R}_s = E[\boldsymbol{s}(t)\boldsymbol{s}^{\mathrm{H}}(t)]$ 是非奇异的正定 Hermitian 矩阵，即各空间信号源是不相干的，且与阵列加性噪声不相干。

此时，由于信号与噪声相互独立，数据协方差矩阵可分解为与信号、噪声相关的 2 部分，即阵列的协方差矩阵为

$$\boldsymbol{R}_{xx} = \boldsymbol{A}\boldsymbol{R}_s\boldsymbol{A}^{\mathrm{H}} + \sigma^2\boldsymbol{I} \tag{2-221}$$

对 $\boldsymbol{R}_x$ 进行特征分解为

$$\boldsymbol{R}_{xx} = \boldsymbol{U}\boldsymbol{\Lambda}\boldsymbol{U}^{\mathrm{H}} = \sum_{i=1}^{m} \lambda_i \boldsymbol{u}_i \boldsymbol{u}_i^{\mathrm{T}} \tag{2-222}$$

由特征值和特征矢量的定义可知

$$\boldsymbol{R}_x \boldsymbol{u}_i = \lambda_i \boldsymbol{u}_i \quad (i = 1,2,\cdots,M) \tag{2-223}$$

由于矩阵 $\boldsymbol{R}_{xx}$ 是正定 Hermitian 矩阵，所以其特征值均为正实数。将 $\boldsymbol{R}_{xx}$ 的特征值按大小顺序排列，可得到 $\lambda_1 \geqslant \lambda_2 \geqslant \cdots \geqslant \lambda_P > \lambda_{P+1} = \lambda_{P+2} = \cdots = \lambda_M = \sigma^2$。前 P 个特征值与信号有关，其数值大于 σ^2，这 P 个较大特征值 $\lambda_1, \lambda_2, \cdots, \lambda_P$ 对应的特征矢量构成信号子空间 $\boldsymbol{U}_s = [u_1 \quad u_2 \quad \cdots \quad u_P]$，$M-P$ 个较小特征值 λ_{P+1}，$\lambda_{P+2}, \cdots, \lambda_M$ 对应的特征矢量构成噪声子空间 $\boldsymbol{U}_n = [u_{P+1} \quad u_{P+2} \quad \cdots \quad u_M]$。

在分析信号方向矢量与特征矢量关系中，式(2-195)中信号方向矢量与噪声子空间正交，即

$$\boldsymbol{A}^{\mathrm{H}}_{(P\times M)} \boldsymbol{U}_{n(M\times Q)} = \boldsymbol{0}_{(P\times Q)} \tag{2-224}$$

展开为

$$\boldsymbol{A}^{\mathrm{H}}\boldsymbol{u}_i = \boldsymbol{0} \quad (i = P+1, P+2, \cdots, M) \tag{2-225}$$

及

$$\boldsymbol{a}_j^{\mathrm{H}}\boldsymbol{U}_N = \boldsymbol{0} \quad (j = 1,2,\cdots,P) \tag{2-226}$$

考虑到实际接收数据矩阵是时间有限长的，数据协方差矩阵的估计为

$$\boldsymbol{R}_x = \frac{1}{L}\sum_{i=1}^{L} \boldsymbol{X}\boldsymbol{X}^{\mathrm{H}} \tag{2-227}$$

对 $\boldsymbol{R}_x$ 进行特征值分解可以计算得到信号子空间 $\boldsymbol{U}_s$、噪声子空间 $\boldsymbol{U}_n$ 和由特征值构成的对角矩阵 $\boldsymbol{\Sigma}$。式(2-226)改写成标量形式，即

$$\boldsymbol{a}_j^{\mathrm{H}}\boldsymbol{U}_n\boldsymbol{U}_n^{\mathrm{H}}\boldsymbol{a}_j = 0 \quad (j = 1,2,\cdots,P) \tag{2-228}$$

实际上求 DOA 是以最小优化搜索实现的，即

$$\theta_{\mathrm{MUSIC}} = \arg_{\theta}\{\min(\boldsymbol{a}^{\mathrm{H}}(\theta)\boldsymbol{U}_n\boldsymbol{U}_n^{\mathrm{H}}\boldsymbol{a}(\theta))\} \tag{2-229}$$

习惯上，我们构造类似功率谱函数，搜索最大值替代搜索最小值，即

$$P_{\mathrm{MUSIC}} = \frac{1}{\boldsymbol{a}^{\mathrm{H}}(\theta)\boldsymbol{U}_n\boldsymbol{U}_n^{\mathrm{H}}\boldsymbol{a}(\theta)} \tag{2-230}$$

按方位角度 θ 进行搜索，式(2-230)取得峰值的 $\theta_1, \theta_2, \cdots, \theta_N$ 就是 N 个信号源的波达方向估计值。

也可以采用信号子空间方法构造空间谱函数

$$P_{\mathrm{MUSIC}}=\frac{1}{\boldsymbol{a}^{\mathrm{H}}(\theta)(\boldsymbol{I}-\boldsymbol{U}_S\boldsymbol{U}_S^{\mathrm{H}})\boldsymbol{a}(\theta)} \tag{2-231}$$

阵列的输出实际上是在空间不同位置上的阵元对空间信号的采样，建立阵列信号模型后，可以对这种空间采样得到的空域信号进行空域谱分析。就像对时域信号进行频谱分析一样，频谱分析的目的是为了得到时域信号在不同频率上信号能量的分布情况，而空域谱分析是为了得到在空间不同方向上信号能量的分布情况。根据上面的分析，给出 MUSIC 算法的计算步骤：

（1）根据式（2－227）计算阵列输出数据矩阵的协方差矩阵$\boldsymbol{R}_x$；

（2）对$\boldsymbol{R}_x$ 进行特征值分解，并根据特征值进行信号源数判断；

（3）求出信号子空间$\boldsymbol{U}_s$ 和噪声子空间$\boldsymbol{U}_n$；

（4）根据式（2－230）进行谱峰搜索，找出极大值点对应的角度就是空间信号源入射方向。

MUSIC 算法在特定条件下具有很高的分辨力、估计精度及稳健性，在 MUSIC 算法的基础上，加权 MUSIC 算法、求根 MUSIC 算法等 MUSIC 算法的推广形式相继被提出。由于篇幅所限，在此不再赘述，感兴趣的读者可以参阅相关文献。

2.4.4 分辨力对比分析

假定 $d/\lambda=1/2$，阵元数为 32，当有 3 个正弦信号，信噪比为 10dB 时，方位分别是 20°、21.5°、35°。对 1024 次快拍数据，图 2－19 是基于最小方差法波束形成的空间功率谱，图 2－20 是基于 MUSIC 的空间谱估计。

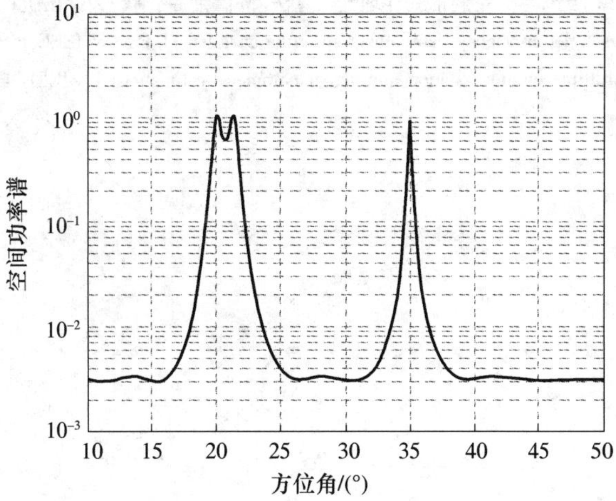

图 2－19 基于最小方差法波束形成的空间功率谱

从图 2－19 和图 2－20 中可以看出，基于最小方差法波束形成的空间谱中已分不开 20°与 21.5°的 2 个信号，而基于 MUSIC 的空间功率谱中可以分开 2 个

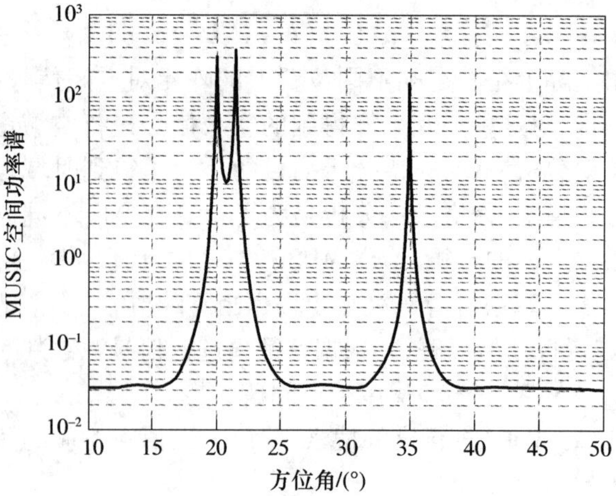

图 2-20　基于 MUSIC 的空间谱

信号。因为基于 MUSIC 的空间谱利用信号子空间与噪声子空间正交特性构造出“针状”空间谱峰,从而大大提高了算法的分辨力。

参 考 文 献

[1] 詹姆斯．崔保延．数字式微波接收机-理论和概念[M]．龚金楦,顾耀平,译．北京:电子工业出版社,1992.

[2] 王永良,陈辉,彭应宁,等．空间谱估计理论与算法[M]．北京:清华大学出版社,2004:52-54.

[3] Capon J. High-resolution frequency-wavenumber spectrum analysis[J]. Proc. of IEEE,1969,57(8):1408-1418.

[4] Schmidt R O. Multiple emitter location and signal parameter estimation[J]. IEEE Trans. on AP,1986,34(3):276-280.

第2篇　频域宽带阵列信号波达方向估计

第3章　宽带信号子空间类算法

最初的宽带高分辨测向算法基本上是在窄带算法的基础上产生的。比较经典的宽带高分辨算法主要有2类,分别是非相干子空间处理法(即ISM法)和相干信号子空间法(即CSM法)。本章主要对这2类算法进行深入分析研究。

3.1　ISM 算法

ISM算法[1,2]的基本思想是把宽带信号分割成多个窄带,并用窄带DOA估计方法进行处理。在频域上,把宽带信号分为J个子带,每个子带就可以看做是一个窄带信号,对每个子带应用窄带信号的子空间算法进行处理,得到各子带的空间谱,最后对这些空间谱进行组合,就可以得到宽带信号的空间谱估计。

每个频率点的数据协方差矩阵为

$$\boldsymbol{R}_x(f_j) = \boldsymbol{E}[\boldsymbol{X}(f_j)\boldsymbol{X}^{\mathrm{H}}(f_j)] \tag{3-1}$$

对$\boldsymbol{R}_x(f_j)$做特征分解,得到噪声子空间为$\boldsymbol{E}_N(f_j)$,理想条件下信号子空间与噪声子空间是相互正交的,即信号子空间中的导向矢量也与噪声子空间正交,$\boldsymbol{a}^{\mathrm{H}}(f_j)\boldsymbol{E}_N(f_j)=0$,则

ISM算法的空间谱为

$$P_{\mathrm{ISM1}} = \frac{1}{J}\sum_{j=1}^{J}\frac{\boldsymbol{a}^{\mathrm{H}}(f_j)\boldsymbol{a}(f_j)}{\boldsymbol{a}^{\mathrm{H}}(f_j)\boldsymbol{E}_N(f_j)\boldsymbol{E}_N^{\mathrm{H}}(f_j)\boldsymbol{a}(f_j)} \tag{3-2}$$

$$P_{\mathrm{ISM2}} = \left[\prod_{j=1}^{J}\frac{\boldsymbol{a}^{\mathrm{H}}(f_j)\boldsymbol{a}(f_j)}{\boldsymbol{a}^{\mathrm{H}}(f_j)\boldsymbol{E}_N(f_j)\boldsymbol{E}_N^{\mathrm{H}}(f_j)\boldsymbol{a}(f_j)}\right]^{\frac{1}{J}} \tag{3-3}$$

其中式(3-2)为对每个频率点估计出来的角度做算术平均,式(3-3)为几何平均。

由式(3-2)和式(3-3)可见,ISM算法用平均的方法利用了宽带信号的信

息，具有较好的抗信号起伏、衰落性能。但 ISM 算法是对各窄带处理结果的简单平均，因而不能克服子空间类算法的缺点，当目标信号具有相干性时，每一子带估计结果都会出错，因而它们的平均处理也不能解相干源。另外 ISM 算法对每一子带进行估计，再对结果做平均，因此运算量也很大。

做仿真分析。所采用的宽带阵列信号的仿真条件：阵列天线的阵元数为16，阵元间距 $d = c/2f_{\max}$，$f_{\max}$ 为宽带信号的最高频率。入射远场信号为时域平稳、均值为零的宽带信号，中心频率为 100MHz，带宽为 20MHz，噪声为与信号不相关的高斯白噪声，均值为零，方差为 σ^2，将宽带信号分为 33 个频率点。

仿真实验及结果分析：两宽带信号从 30°和 40°方向入射，信噪比为 10dB，图 3－1 为 ISM 算法在两信号非相干时得到的空间谱，图 3－2 为两信号相干时得到的空间谱，其中 $s_2(t) = s_1(t-0.5)$。

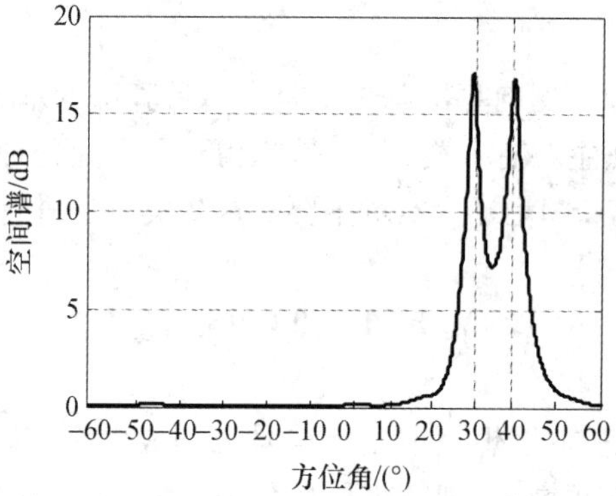

图 3－1　入射信号为非相干信号

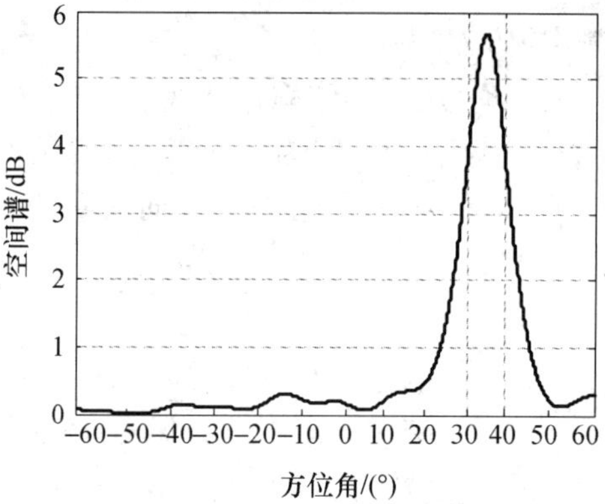

图 3－2　入射信号为相干信号

从图 3－1 和图 3－2 可以看出，ISM 算法不能处理相干源，对于非相干信号具有较高的分辨力。

3.2 CSM 类算法

CSM[3-8]方法是宽带阵列信号处理的经典算法，这类算法的基本思想是把频带内不重叠的频率点上的信号子空间聚焦到参考频率点，聚焦后得到单一频率点的数据协方差，再应用窄带信号处理的方法进行 DOA 估计。算法的核心问题是构造聚焦矩阵[3,9]，聚焦矩阵构造的好坏直接影响着算法的性能，而聚焦变换带来的误差是不可避免的。为了提高 CSM 方法的估计精度，人们从不同角度对其进行了改进，主要针对 CSM 法在求解聚焦矩阵时产生的巨大计算量和构造聚焦矩阵时需要进行角度预估计等缺点进行了改进，这些方法在一定程度上提高了基于聚焦变换的宽带高分辨算法的速度和性能。

本节将在系统分析典型算法的基础上，详细深入地研究几种经典的 CSM 类算法（包括 TCT、SST、LS 类算法）聚焦矩阵的实现过程和改进方法，并通过大量的计算机仿真实验比较了各种 CSM 算法的性能。

假设有 2 个宽带相干源 $s_1(t)$ 和 $s_2(t)$，且 $s_2(t)=s_1(t-t_0)$，分别来自 2 个不同的方向 θ_1 和 θ_2，令 $\boldsymbol{s}(t)=\begin{bmatrix} s_1(t) \\ s_2(t) \end{bmatrix}$，那么相关函数矩阵为

$$\boldsymbol{r}_s(\tau) = \boldsymbol{E}\{\boldsymbol{s}(t)\boldsymbol{s}^{\mathrm{T}}(t)\} = \begin{bmatrix} r_1(\tau) & r_1(\tau-t_0) \\ r_1(\tau+t_0) & r_1(\tau) \end{bmatrix} \tag{3-4}$$

式中：$r_1(\tau)$ 是 $s_1(t)$ 的自相关函数。对上式两边做傅里叶变换，得到

$$\boldsymbol{P}_s(f) = \begin{bmatrix} \boldsymbol{P}_1(f) & \boldsymbol{P}_1(f)\exp(-\mathrm{j}2\pi f t_0) \\ \boldsymbol{P}_1(f)\exp(\mathrm{j}2\pi f t_0) & \boldsymbol{P}_1(f) \end{bmatrix} \tag{3-5}$$

显然，无论信号谱密度矩阵 $\boldsymbol{P}_1(f)$ 的形式如何，$\boldsymbol{P}_s(f)$ 都是奇异矩阵。因此，在任何频率处都不能处理相干源。但是，只要 $t_0 \neq 0$，就可以对上式进行积分，得到

$$\int \boldsymbol{P}_s(f)\,\mathrm{d}f = \boldsymbol{r}(0) = \begin{bmatrix} r_1(0) & r_1(t_0) \\ r_1(t_0) & r_1(0) \end{bmatrix} \tag{3-6}$$

一般地，上式是非奇异矩阵。也就是说，若将所有频率成分的信号功率谱密度度矩阵做平均，就可以消除相干源相关矩阵的奇异性。CSM 方法就是利用聚焦矩阵将所有频率分量聚焦到参考频率上，然后对聚焦后的协方差矩阵进行平均，从而减小了信号之间的相关系数，使协方差矩阵的有效秩等于信号源个数，从而达到解相干的目的。

聚焦矩阵应满足以下聚焦变换：

$$\boldsymbol{T}(f_j)\boldsymbol{A}(f_j) = \boldsymbol{A}(f_0) \tag{3-7}$$

式中：f_j 为带宽内任一频率；f_0 为参考频率。聚焦后的阵列输出矢量为

$$\boldsymbol{T}(f_j)\boldsymbol{X}(f_j) = \boldsymbol{T}(f_j)\boldsymbol{A}(f_j)\boldsymbol{S}(f_j) + \boldsymbol{T}(f_j)\boldsymbol{N}(f_j) = \boldsymbol{A}(f_0)\boldsymbol{S}(f_j) + \boldsymbol{T}(f_j)\boldsymbol{N}(f_j) \tag{3-8}$$

聚焦平均后的互谱密度矩阵为

$$\boldsymbol{R}_y = \frac{1}{J}\sum_{j=1}^{J}\boldsymbol{T}(f_j)\boldsymbol{X}(f_j)\boldsymbol{X}(_j^f)^{\mathrm{H}}\boldsymbol{T}^{\mathrm{H}}(f_j) =$$

$$\boldsymbol{A}(f_0)\left[\frac{1}{J}\sum_{j=1}^{J}\boldsymbol{R}_s(f_j)\right]\boldsymbol{A}^{\mathrm{H}}(f_0) + \frac{1}{J}\sum_{j=1}^{J}\boldsymbol{T}(f_j)\boldsymbol{R}_N(f_j)\boldsymbol{T}^{\mathrm{H}}(f_j) \tag{3-9}$$

$$\boldsymbol{R}_{TS} = \sum_{j=1}^{J}\boldsymbol{R}_S(f_j) \tag{3-10}$$

$$\boldsymbol{R}_{TN} = \sum_{j=1}^{J}\boldsymbol{T}(f_j)\boldsymbol{R}_N(f_j)\boldsymbol{T}^{\mathrm{H}}(f_j) \tag{3-11}$$

对矩阵 $\boldsymbol{R}_y$ 进行特征分解得到特征值 λ_i(按降序排列)和对应的特征矢量 $\boldsymbol{e}_i$ $(i=1,2,\cdots,M)$。定义 $\boldsymbol{E}_S \triangleq [\boldsymbol{e}_1 \quad \boldsymbol{e}_2 \quad \cdots \quad \boldsymbol{e}_P]$,$\boldsymbol{E}_N \triangleq [\boldsymbol{e}_{P+1} \quad \boldsymbol{e}_{P+2} \quad \cdots \quad \boldsymbol{e}_M]$的列张成的空间分别为相干信号子空间和相干噪声子空间,则有[8]

$$\lambda_{P+1} = \lambda_{P+2} = \cdots = \lambda_M = \sigma_N^2 \tag{3-12}$$

$$\boldsymbol{A}^{\mathrm{H}}(f_0)\boldsymbol{E}_N = \boldsymbol{0} \tag{3-13}$$

$$\boldsymbol{E}_S^{\mathrm{H}}\boldsymbol{R}_{TN}\boldsymbol{E}_N = \boldsymbol{0}_{P\times(M-P)} \tag{3-14}$$

$$\boldsymbol{E}_S^{\mathrm{H}}\boldsymbol{R}_{TS}\boldsymbol{E}_S = \boldsymbol{I}_P \tag{3-15}$$

$$\boldsymbol{E}_N^{\mathrm{H}}\boldsymbol{R}_{TN}\boldsymbol{E}_N = \boldsymbol{0}_{(M-P)} \tag{3-16}$$

由以上结论可以知道,相干信号子空间和相干噪声子空间互相正交,且包含了信号源数目以及信号到达角度的所有信息。因此,可以得到特征子空间类方法的空间谱

$$P(\theta) = \frac{1}{\|\boldsymbol{a}^{\mathrm{H}}(f_0,\theta)\boldsymbol{E}_N\|^2} \tag{3-17}$$

3.2.1 CSM 聚焦矩阵的构造方法

考虑 p 个远场平面波,占有相同的带宽,且为带宽与中心频率可比的宽带信号,阵列天线由 M 个阵元组成,宽带信号模型为

$$\boldsymbol{X}(f_j) = \boldsymbol{A}(f_j)\boldsymbol{S}(f_j) + \boldsymbol{N}(f_j) \quad (j = 1,2,\cdots,J) \tag{3-18}$$

式中:$\boldsymbol{A}(f_j)$是 $M\times P$ 的方向矩阵。整个宽频段共分为 J 个窄频段,目的是通过一个变换矩阵 $\boldsymbol{T}(f_j)$,使得对应于 J 个不同频段的数据变换成同一个中心频率的数据。这里的关键就在于 $\boldsymbol{T}(f_j)$ 的选取。

基于相干信号的宽带聚焦算法的基本思想就是通过聚焦矩阵将各频率点的数据变成同一频率点(参考频率)的数据,从而形成相关矩阵,其关键在于聚焦矩阵的选择,不同的选择对应于不同的算法。

3.2.2 TCT 算法

TCT[10]算法即双边相关变换算法是对不含噪声的阵列互谱矩阵进行双边变换来求取聚焦矩阵的。

阵列输出数据去噪后的协方差矩阵 $\boldsymbol{P}(f_j)=\boldsymbol{A}(f_j)\boldsymbol{R}_S(f_j)\boldsymbol{A}^{\mathrm{H}}(f_j)$，信号协方差矩阵 $\boldsymbol{R}_S(f_j)=\boldsymbol{S}(f_j)\boldsymbol{S}^{\mathrm{H}}(f_j)$。实际中可以按下式来获得某频率点上的信号协方差矩阵，这里称其为聚焦相关矩阵。

$$\boldsymbol{R}_S(f_j)=[\boldsymbol{A}^{\mathrm{H}}(f_j)\boldsymbol{A}(f_j)]^{-1}\boldsymbol{A}^{\mathrm{H}}(f_j)\boldsymbol{P}(f_j)\boldsymbol{A}(f_j)[\boldsymbol{A}^{\mathrm{H}}(f_j)\boldsymbol{A}(f_j)]^{-1} \tag{3-19}$$

当然可以通过

$$\boldsymbol{P}(f_j)=\boldsymbol{R}(f_j)-\sigma_j^2\boldsymbol{I} \tag{3-20}$$

来计算去噪后的数据协方差矩阵，式中噪声功率 σ_j^2 是频率点 f_j 的数据协方差矩阵小特征值的平均，在仿真过程中有时也取最小特征值作为噪声功率。

假设聚焦矩阵为 $\boldsymbol{T}(f_j)$，TCT 算法就是求 $\boldsymbol{T}(f_j)$，使得

$$\boldsymbol{T}(f_j)\boldsymbol{A}(f_j)\boldsymbol{S}(f_j)=\boldsymbol{A}(f_0)\boldsymbol{S}(f_0) \tag{3-21}$$

并且 $\boldsymbol{T}(f_j)$ 是归一化约束的，即

$$\boldsymbol{T}^{\mathrm{H}}(f_j)\boldsymbol{T}(f_j)=\boldsymbol{I} \tag{3-22}$$

由于从接收数据中无法确知信号的数据矢量 $\boldsymbol{S}(f_j)$，可将上式两边各取其协方差矩阵，即

$$\boldsymbol{T}(f_j)\boldsymbol{P}(f_j)\boldsymbol{T}^{\mathrm{H}}(f_j)=\boldsymbol{P}(f_0) \tag{3-23}$$

考虑误差的影响，上式可以进一步改进为拟合形式，即

$$\min_{\boldsymbol{T}(f_j)}\|\boldsymbol{P}(f_0)-\boldsymbol{T}(f_j)\boldsymbol{P}(f_j)\boldsymbol{T}^{\mathrm{H}}(f_j)\|_F \quad (j=1,2,\cdots,J) \tag{3-24}$$

由上可知，TCT 算法就是在式(3-22)的约束条件下，找到宽带各频点与参考频率点的关系 $\boldsymbol{T}(f_j)$，使得式(3-24)最小。参考文献[10]中给出了式(3-22)和式(3-24)的一个解，即

$$\boldsymbol{T}(f_j)=\boldsymbol{U}(f_0)\boldsymbol{U}^{\mathrm{H}}(f_j) \tag{3-25}$$

式中：$\boldsymbol{U}(f_0)$ 和 $\boldsymbol{U}(f_j)$ 分别是 $\boldsymbol{P}(f_0)$ 和 $\boldsymbol{P}(f_j)$ 的特征矢量矩阵。

对不含噪声的阵列互谱矩阵进行聚焦，得到相干平均的互谱矩阵

$$\boldsymbol{P}=\frac{1}{J}\sum_{j=1}^{J}\boldsymbol{T}(f_j)\boldsymbol{P}(f_j)\boldsymbol{T}^{\mathrm{H}}(f_j) \tag{3-26}$$

上式表明 TCT 算法有效地将带宽内的信号能量聚焦到参考频率的子空间上，对 $\boldsymbol{P}$ 应用常规的空间谱估计方法就可实现宽带信号源的 DOA 估计。

通过上述讨论得知，对于 TCT 算法而言每个聚焦过程都和数据矩阵 $\boldsymbol{P}(f_0)$ 有关，因此参考频率点 f_0 和其对应的相关矩阵 $\boldsymbol{R}_S(f_0)$ 的选择对 TCT 算法相当重要。下面讨论参考频率点 f_0 的选择问题。

由于聚焦变换矩阵是归一化约束的,所以理想的聚焦性能是不可能得到的。考虑如下的方案,即选取参考频率 f_0,使

$$\begin{cases}\min\limits_{f_0}\min\limits_{\boldsymbol{T}(f_j)} \|\boldsymbol{P}(f_0) - \boldsymbol{T}(f_j)\boldsymbol{P}(f_j)\boldsymbol{T}^{\mathrm{H}}(f_j)\|_F \\ \text{s. t. } \boldsymbol{T}^{\mathrm{H}}(f_j)\boldsymbol{T}(f_j) = \boldsymbol{I} \quad (j = 1,2,\cdots,J)\end{cases} \tag{3-27}$$

的聚焦误差最小。

当固定 $\boldsymbol{P}(f_0)$ 时,就可以得到聚焦矩阵 $\boldsymbol{T}(f_j)$,这时的聚焦误差可写为

$$\varepsilon = \sum_{j=1}^{J}\left[\|\boldsymbol{P}(f_0)\|^2 + \|\boldsymbol{P}(f_j)\|^2 - 2\sum_{i=1}^{p}\sigma_i(\boldsymbol{P}_0)\sigma_i(\boldsymbol{P}_j)\right] \tag{3-28}$$

式中:$\sigma_i(P_0)$ 和 $\sigma_i(P_j)$ 分别表示 $P(f_0)$ 和 $P(f_j)$ 的奇异值。由于上式中 $\boldsymbol{P}(f_j)$ 与聚焦频率无关,所以聚焦误差可以改写为

$$\begin{aligned}\varepsilon &= \min_{f_0}\sum_{j=1}^{J}\left[\sum_{i=1}^{p}\sigma_i^2(P_0) - 2\sum_{i=1}^{p}\sigma_i(P_0)\sigma_i(P_j)\right] = \\ &\min_{f_0}\sum_{j=1}^{p}\left[J\sigma_i^2(P_0) - 2\sigma_i(P_0)\sum_{j=1}^{J}\sigma_i(P_j)\right]\end{aligned} \tag{3-29}$$

显然,在忽略常数的情况下使上式最小的条件是

$$\sigma_i(P_0) = \frac{1}{J}\sum_{j=1}^{J}\sigma_i(P_j) \quad (i = 1,2,\cdots,p) \tag{3-30}$$

考虑非理想情况,则聚焦误差最小的准则可以修改为

$$\min_{f_0}\sum_{i=1}^{p}\left|\sigma_i(P_0) - \frac{\mu_i}{J}\right|^2 \tag{3-31}$$

式中:$\mu_i = \sum_{j=1}^{J}\sigma_i(P_i)$。上式为 1 维优化问题,用搜索的方法可以很容易得最优参考频率 f_0。

综上所述,TCT 算法可归纳为如下几步:

(1) 通过式(3-21)选择参考频率 f_0;

(2) 由阵列的接收数据计算出数据协方差矩阵 $\boldsymbol{R}(f_j)$,得到各频率点上的数据协方差矩阵,根据式(3-20)对其进行去噪;

(3) 对去噪后的数据协方差矩阵进行特征分解,利用式(3-25)构造各频率点的聚焦矩阵;

(4) 由根据式(3-26)得到单一频率点的数据协方差矩阵 $\boldsymbol{P}$;

(5) 利用常规的空间谱估计方法估计信号 DOA。

TCT 聚焦矩阵的最优解可表示为 $\boldsymbol{T}(f_j) = \boldsymbol{U}(f_0)\boldsymbol{U}^{\mathrm{H}}(f_j)$,式中,$\boldsymbol{U}(f_0)$、$\boldsymbol{U}(f_j)$ 分别是去噪后的数据协方差矩阵 $\boldsymbol{P}(f_0)$ 和 $\boldsymbol{P}(f_j)$ 的特征矢量矩阵。

根据相关矩阵的酉相似变换性质,互谱矩阵可表示为其特征矢量投影的加权和,即

$$\boldsymbol{P}(f_j) = \sum_{i=1}^{p}\lambda_i\boldsymbol{u}_i\boldsymbol{u}_i^{\mathrm{H}} + \sum_{i=p+1}^{M}\lambda_i\boldsymbol{u}_i\boldsymbol{u}_i^{\mathrm{H}} = \boldsymbol{U}_S\boldsymbol{\Lambda}_S\boldsymbol{U}_S^{\mathrm{H}} + \boldsymbol{U}_n\boldsymbol{\Lambda}_n\boldsymbol{U}_n^{\mathrm{H}} \tag{3-32}$$

式中：λ_i 为 $\boldsymbol{P}(f_j)$ 的特征值，按降序排列，$\lambda_1 \geqslant \lambda_2 \geqslant \cdots \geqslant \lambda_M \geqslant 0$；$\boldsymbol{u}_i$ 为 λ_i 对应的特征矢量；$\boldsymbol{\Lambda}_S = \mathrm{diag}[\lambda_1 \quad \lambda_2 \quad \cdots \quad \lambda_p]$；$\boldsymbol{\Lambda}_n = \mathrm{diag}[\lambda_{p+1} \quad \lambda_{p+2} \quad \cdots \quad \lambda_M]$；$\boldsymbol{U}_S = [\boldsymbol{u}_1 \quad \boldsymbol{u}_2 \quad \cdots \quad \boldsymbol{u}_p]$ 为 $\boldsymbol{\Lambda}_S$ 对应的特征矢量构成的矩阵，其张成的空间为信号子空间；$\boldsymbol{U}_n = [\boldsymbol{u}_{p+1} \quad \boldsymbol{u}_{p+2} \quad \cdots \quad \boldsymbol{u}_M]$ 为 $\boldsymbol{\Lambda}_n$ 对应的特征矢量构成的矩阵，其张成的空间为噪声子空间。

去噪后的数据协方差矩阵 $\boldsymbol{P}(f_j)$ 的后 $M-p$ 个最小特征值理论上应为 0，所以只需对信号子空间进行变换即可。由信号子空间构造的快速聚焦矩阵为

$$\boldsymbol{T}_F(f_j) = \boldsymbol{U}_S(f_0)\boldsymbol{U}_S^{\mathrm{H}}(f_j) \quad (j = 1,2,\cdots,J) \tag{3-33}$$

对不含噪声的阵列互谱矩阵进行聚焦，得到相干平均的互谱矩阵

$$\boldsymbol{P}_F = \frac{1}{J}\sum_{j=1}^{J}\boldsymbol{T}_F(f_j)\boldsymbol{P}(f_j)\boldsymbol{T}_F^{\mathrm{H}}(f_j) \tag{3-34}$$

根据信号子空间和噪声子空间的正交性，有

$$\boldsymbol{U}_S^{\mathrm{H}}\boldsymbol{U}_n = \boldsymbol{U}_n^{\mathrm{H}}\boldsymbol{U}_S = \boldsymbol{0} \tag{3-35}$$

假设 $\boldsymbol{P}(f_j)$ 的 p 个最大的特征值各不相同，则

$$\boldsymbol{U}_S^{\mathrm{H}}\boldsymbol{U}_S = \boldsymbol{I} \tag{3-36}$$

将式(3-32)、式(3-33)、式(3-35)、式(3-36)代入式(3-34)有

$$\boldsymbol{P}_F = \frac{1}{J}\sum_{j=1}^{J}\boldsymbol{U}_S(f_0)\boldsymbol{\Lambda}_S(f_j)\boldsymbol{U}_S^{\mathrm{H}}(f_0) = \boldsymbol{U}_S(f_0)\boldsymbol{\Lambda}_S(f_0)\boldsymbol{U}_S^{\mathrm{H}}(f_0) \tag{3-37}$$

式中

$$\boldsymbol{\Lambda}_S(f_0) = \frac{1}{J}\sum_{j=1}^{J}\boldsymbol{\Lambda}_S(f_j) \tag{3-38}$$

式(3-37)表明此算法有效地将带宽内的信号能量聚焦到参考频率的子空间上，对 $\boldsymbol{P}_F$ 应用常规的空间谱估计方法就可实现宽带信号源的 DOA 估计。

综上所述，TCT 改进算法可归纳为如下几步：

(1) 通过式(3-31)选择参考频率 f_0；

(2) 由阵列的接收数据计算出数据协方差矩阵 $\boldsymbol{R}(f_j)$，得到各频率点上的数据协方差矩阵，根据式(3-20)对其进行去噪；

(3) 对去噪后的数据协方差矩阵进行特征分解，利用式(3-37)得到单一频率点的数据协方差阵 $\boldsymbol{P}_F$；

(4) 利用常规的空间谱估计方法估计信号入射角度。

在 TCT 算法中，求聚焦矩阵时左、右矢量矩阵相乘，需要 $O(M^3)$ 次浮点运算。而这里给出的改进算法中，在求聚焦矩阵过程中式(3-37)只需要 $O(M^2p)$ 次浮点运算。在通常情况下，$M>p$，因此改进算法能减小运算量，特别是在信号源数目较小时($p \ll M$)效果更明显。

3.2.3 SST 算法

TCT 算法是利用各频率点间无噪声数据之间的关系来选取聚焦矩阵的。参

考文献[11]提出的信号子空间变换(SST)算法的聚焦变换矩阵则是基于各频率点信号子空间与参考频率点信号子空间之间的关系导出的。

如果变换矩阵 $\boldsymbol{T}(f_j)$ 满足

$$\boldsymbol{P}_A(f_j) = \boldsymbol{T}^{\mathrm{H}}(f_j)\boldsymbol{C}\boldsymbol{T}(f_j) \quad (j = 1,2,\cdots,J) \tag{3-39}$$

则利用协方差矩阵

$$\boldsymbol{R} = \frac{1}{J}\sum_{j=1}^{J}\boldsymbol{T}(f_j)\boldsymbol{R}(f_j)\boldsymbol{T}^{\mathrm{H}}(f_j) \tag{3-40}$$

估计信号的 DOA 是一致估计,其中 $\boldsymbol{P}_A(f_j)$ 是 $\boldsymbol{A}(f_j)$ 的投影矩阵,即 $\boldsymbol{P}_A(f_j) = \boldsymbol{A}(f_j)[\boldsymbol{A}^{\mathrm{H}}(f_j)A(f_j)]^{-1}\boldsymbol{A}^{\mathrm{H}}(f_j)$,$\boldsymbol{C}$ 是与频率独立的矩阵。

式(3-39)的一个解为

$$\boldsymbol{T}(f_j) = \boldsymbol{U}(f_0)\boldsymbol{U}^{\mathrm{H}}(f_j) \tag{3-41}$$

式中:$\boldsymbol{U}(f_0)$ 为 $\boldsymbol{A}(f_0)$ 的左奇异矢量;$\boldsymbol{U}(f_j)$ 为 $\boldsymbol{A}(f_j)$ 的左奇异矢量。

式(3-41)所得到的矩阵 $\boldsymbol{T}(f_j)$ 就是 SST 算法的聚焦矩阵,它由各频率点导向矢量张成空间的子空间与参考频率点导向矢量张成空间的子空间组成。

需要说明的是,SST 算法需要预估计信号入射方向,这可以通过常规波束形成(CBF)等方法得到。初始的信号源数取得比真实信号源数多一些。一般情况下,只要在信号入射的波束宽度内,初始角度的取值对算法的影响不大。

综上所述,SST 算法可归纳为如下几步:

(1) 利用 CBF 算法估计信号的初始值,并选定参考频率点;

(2) 利用初始值,构造各频率点的阵列流形;

(3) 对各阵列流形矩阵进行奇异值分解;

(4) 根据式(3-41)计算各对应频率点的聚焦矩阵;

(5) 利用一系列聚焦矩阵对阵列接收数据进行聚焦变换,根据式(3-40)得到单一频率点的数据协方差矩阵 $\boldsymbol{R}$;

(6) 利用常规的空间谱估计方法估计信号入射角度。

SST 聚焦矩阵的解为 $\boldsymbol{T}(f_j)=\boldsymbol{U}(f_0)\boldsymbol{U}^{\mathrm{H}}(f_j)$,式中:$\boldsymbol{U}(f_0)$ 为 $\boldsymbol{A}(f_0)$ 的左奇异矢量;$\boldsymbol{U}(f_j)$ 为 $\boldsymbol{A}(f_j)$ 的左奇异矢量。等价于将聚焦矩阵表示为

$$\boldsymbol{T}(f_j) = \boldsymbol{V}_0\boldsymbol{V}_j^{\mathrm{H}} \tag{3-42}$$

式中:$\boldsymbol{V}_0$、$\boldsymbol{V}_j$ 分别是 $\boldsymbol{A}(f_0)$ 的左奇异矢量和 $\boldsymbol{A}(f_j)$ 的左奇异矢量。

将 $\boldsymbol{A}(f_0)$ 和 $\boldsymbol{A}(f_j)$ 的奇异值按递减顺序排列,把 $\boldsymbol{V}_0$、$\boldsymbol{V}_j$ 写为

$$\boldsymbol{V}_i = [\boldsymbol{V}_{i1},\boldsymbol{V}_{i2}] \quad (i = 0,j) \tag{3-43}$$

式中:$\boldsymbol{V}_{01}$、$\boldsymbol{V}_{j1}$ 分别是 $\boldsymbol{A}(f_0)$ 和 $\boldsymbol{A}(f_j)$ 奇异值分解时非零奇异值所对应的左奇异矢量所组成的 $M\times p$ 的矩阵,因此 $\boldsymbol{V}_{01}$ 形成 $\boldsymbol{A}(f_0)$ 的正交基,$\boldsymbol{V}_{j1}$ 形成 $\boldsymbol{A}(f_j)$ 的正交基,$\boldsymbol{V}_j$ 是一个酉矩阵,故有

$$\boldsymbol{V}_{j2}^{\mathrm{H}}\boldsymbol{A}(f_j) = 0 \tag{3-44}$$

进而有

$$\begin{aligned}
\boldsymbol{R} &= \frac{1}{J}\sum_{j=1}^{J}\boldsymbol{T}(f_j)\boldsymbol{R}(f_j)\boldsymbol{T}^{\mathrm{H}}(f_j) = \\
&\frac{1}{J}\sum_{j=1}^{J}\boldsymbol{T}(f_j)\boldsymbol{A}(f_j)\boldsymbol{R}_S(f_j)\boldsymbol{A}^{\mathrm{H}}(f_j)\boldsymbol{T}^{\mathrm{H}}(f_j) = \\
&\frac{1}{J}\sum_{j=1}^{J}[\boldsymbol{U}(f_0)\boldsymbol{U}^{\mathrm{H}}(f_j)]\boldsymbol{A}(f_j)\boldsymbol{R}_S(f_j)\boldsymbol{A}^{\mathrm{H}}(f_j)[\boldsymbol{U}(f_0)\boldsymbol{U}^{\mathrm{H}}(f_j)]^{\mathrm{H}} = \\
&\frac{1}{J}\sum_{j=1}^{J}[\boldsymbol{V}_{01}\quad \boldsymbol{V}_{02}]\begin{bmatrix}\boldsymbol{V}_{j1}^{\mathrm{H}}\\ \boldsymbol{V}_{j2}^{\mathrm{H}}\end{bmatrix}\boldsymbol{A}(f_j)\boldsymbol{R}_S(f_j)\left\{[\boldsymbol{V}_{01}\quad \boldsymbol{V}_{02}]\begin{bmatrix}\boldsymbol{V}_{j1}^{\mathrm{H}}\\ \boldsymbol{V}_{j2}^{\mathrm{H}}\end{bmatrix}\boldsymbol{A}(f_j)\right\}^{\mathrm{H}} = \\
&\frac{1}{J}\sum_{j=1}^{J}[\boldsymbol{V}_{01}\boldsymbol{V}_{j1}^{\mathrm{H}}\boldsymbol{A}(f_j)+\boldsymbol{V}_{02}\boldsymbol{V}_{j2}^{\mathrm{H}}\boldsymbol{A}(f_j)]\boldsymbol{R}_S(f_j)[\boldsymbol{V}_{01}\boldsymbol{V}_{j1}^{\mathrm{H}}\boldsymbol{A}(f_j)+\boldsymbol{V}_{02}\boldsymbol{V}_{j2}^{\mathrm{H}}\boldsymbol{A}(f_j)]^{\mathrm{H}} = \\
&\frac{1}{J}\sum_{j=1}^{J}[\boldsymbol{V}_{01}\boldsymbol{V}_{j1}^{\mathrm{H}}\boldsymbol{A}(f_j)]\boldsymbol{R}_S(f_j)[\boldsymbol{V}_{01}\boldsymbol{V}_{j1}^{\mathrm{H}}\boldsymbol{A}(f_j)]^{\mathrm{H}} = \\
&\frac{1}{J}\sum_{j=1}^{J}(\boldsymbol{V}_{01}\boldsymbol{V}_{j1}^{\mathrm{H}})\boldsymbol{R}(f_j)(\boldsymbol{V}_{01}\boldsymbol{V}_{j1}^{\mathrm{H}})^{\mathrm{H}}
\end{aligned}\tag{3-45}$$

因此得到式(3－39)的另一个解

$$\boldsymbol{T}(f_j) = \boldsymbol{V}_{01}\boldsymbol{V}_{j1}^{\mathrm{H}}\tag{3-46}$$

综上所述,SST 改进算法可归纳为如下几步:

(1) 利用 CBF 算法估计信号的初始值,并选定参考频率点;

(2) 利用初始值,构造各频率点的阵列流形;

(3) 对各阵列流形矩阵进行奇异值分解;

(4) 根据式(3－46)计算各对应频率点的聚焦矩阵;

(5) 利用一系列聚焦矩阵对阵列接收数据进行聚焦变换,根据式(3－40)得到单一频率点的数据协方差矩阵 $\boldsymbol{R}$;

(6) 利用常规的空间谱估计方法估计信号到达角度。

在 SST 算法中,求聚焦矩阵时左、右矢量矩阵相乘,需要 $O(M^3)$ 次浮点运算。而这里给出的改进算法中,在求聚焦矩阵过程中式(3－46)只需要 $O(M^2p)$ 次浮点运算。在通常情况下,$M>p$,因此改进算法能够减小运算量,特别是在信源数目较小时($p\ll M$)效果更好。

3.2.4 LS 类算法

前面讨论的几种算法的聚焦矩阵 $\boldsymbol{T}(f_j)$ 都是在约束条件 $\boldsymbol{T}(f_j)\boldsymbol{T}^{\mathrm{H}}(f_j)=\boldsymbol{I}$ 下推导出来的,也就是说聚焦矩阵 $\boldsymbol{T}(f_j)$ 是酉矩阵。而 LS 类方法则是一种聚焦矩阵为非酉矩阵的 CSM 算法。

在理想条件下,某频率点聚焦后的阵列流形应该与参考频率点的阵列流形完全相等,即

$$A(f_0) = T(f_j)A(f_j) \tag{3-47}$$

假设聚焦矩阵满足式

$$T(f_j)T^{\mathrm{H}}(f_j) = C^2 \tag{3-48}$$

对聚焦矩阵 $T(f_j)$ 进行奇异值分解,则有 $T(f_j) = U(f_j)\sum_j V^{\mathrm{H}}(f_j)$,则

$$T(f_j)T^{\mathrm{H}}(f_j) = U(f_j)\sum_j V^{\mathrm{H}}(f_j)\left[U(f_j)\sum_j V^{\mathrm{H}}(f_j)\right]^{\mathrm{H}} = U(f_j)\left(\sum_j\right)^2 U^{\mathrm{H}}(f_j) \tag{3-49}$$

所以

$$C = U(f_j)\sum_j U^{\mathrm{H}}(f_j) \tag{3-50}$$

如定义 $W_j = U(f_j)V^{\mathrm{H}}(f_j)$,则聚焦矩阵满足 $T(f_j) = CW_j$,式 $A(f_0) = T(f_j)A(f_j)$ 可以简化为

$$C^{-1}A(f_0) = W_jA(f_j) \tag{3-51}$$

则可以根据上式的关系,定义代价函数

$$\begin{cases} \min\limits_{T(f_j)} \| C^{-1}A(f_0) - W_jA(f_j) \|^2 \\ \text{s. t.} \quad W_jW_j^{\mathrm{H}} = I \end{cases} \tag{3-52}$$

由 RSS 算法可知,上述代价函数的解为

$$W_j = U(f_j)V^{\mathrm{H}}(f_j) \tag{3-53}$$

式中:$U(f_j)$ 和 $V(f_j)$ 分别为矩阵 $C^{-1}A(f_0)A^{\mathrm{H}}(f_j)$ 的左、右奇异矢量,所以对应的聚焦矩阵为

$$T(f_j) = CU(f_j)V^{\mathrm{H}}(f_j) \tag{3-54}$$

LS-CSM 算法的思想其实是用矩阵 $T(f_j)$ 把 $A(f_0)$ 张成空间的正交基旋转到 $A(f_j)$ 张成空间的正交基。

参考文献[12]还提出了一种修正的 LS-CSM 算法。这里只给出聚焦矩阵的具体表达式

$$T(f_j) = W_0W_j^{\mathrm{H}} \tag{3-55}$$

式中:$W_0 = A(f_0)[A^{\mathrm{H}}(f_0)A(f_0)]^{-1/2}$;$W_j = A(f_j)[A^{\mathrm{H}}(f_j)A(f_j)]^{-1/2}$。将 W_0 与 W_j 代入上式得

$$T(f_j) = A(f_0)[A^{\mathrm{H}}(f_0)A(f_0)]^{-1/2}[A^{\mathrm{H}}(f_j)A(f_j)]^{-1/2}A^{\mathrm{H}}(f_j) \tag{3-56}$$

综上所述,LS 类算法可归纳为如下几步:

(1) 利用 CBF 算法估计信号 DOA 的初始值,并选定参考频率点;

(2) 利用初始值,构造各频率点的阵列流形;

(3) 利用式(3-54)或式(3-56)构造各频率点的聚焦矩阵;

(4) 利用一系列聚焦矩阵对阵列接收数据进行聚焦变换,根据式(3-40)得到单一频率点的数据协方差矩阵 R;

(5) 利用常规的空间谱估计方法估计信号入射角度。

3.2.5 算法性能比较分析

仿真实验采用阵元数为8、阵元间距为 $d=C/2f_{\max}$ 的均匀线阵。2个远场时域平稳、均值为零的相干宽带信号，相对带宽为40%，噪声为与信号不相关的高斯白噪声，其中 $s_2(t)=s_1(t-0.5)$。将信号带宽分成20个频率点，聚焦角度都取信号的真实角度，独立实验100次。

仿真实验3-1 TCT算法与改进TCT算法性能比较。

信噪比为0dB，信号分别从10°和20°入射。图3-3是TCT算法与改进TCT算法的空间谱比较。表3-1为2种算法的均方根误差(RMSE)比较。由表3-1可以看出，在低信噪比的条件下改进TCT算法性能稍差于TCT算法，当信噪比较高时，2种算法的性能相当。由于改进TCT算法在求解聚焦矩阵的过程中，用信号子空间代替特征矢量矩阵，运算量小，计算时间明显低于TCT算法。

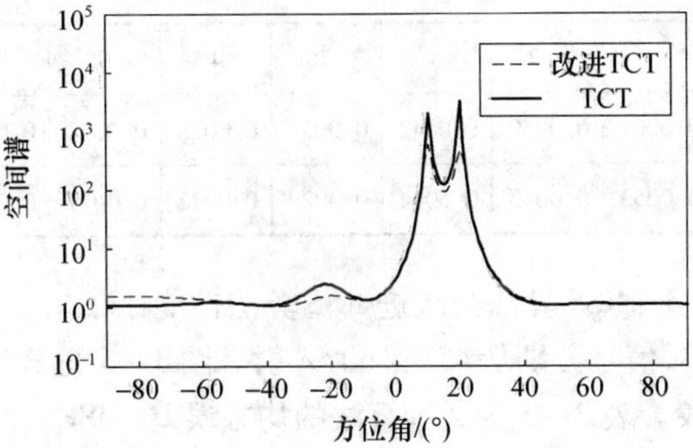

图3-3 TCT算法和改进TCT算法的空间谱

表3-1 TCT算法和改进TCT算法的RMSE

SNR/dB	-6	-4	-2	0	2	4	6	8	10	12
TCT	0.5508	0.3972	0.2980	0.2311	0.1817	0.1325	0.1171	0.1016	0.0804	0.0780
改进TCT	0.6525	0.4317	0.3239	0.2366	0.2093	0.1381	0.1173	0.1019	0.0805	0.0780

仿真实验3-2 SST算法与改进SST算法性能比较。

信噪比为0dB，信号分别从-30°和-60°入射。图3-4是SST算法与改进SST算法的空间谱比较。表3-2为2种算法的均方误差(MSE)比较。由表3-2可以看出在低信噪比的条件下，SST算法性能差于改进SST算法，当信噪比较高时，2种算法的性能相当。在改进SST算法求解聚焦矩阵的过程中，用奇异矢量矩阵的子空间代替奇异矢量矩阵，大幅度降低了运算量，因此计算时间低于SST算法。

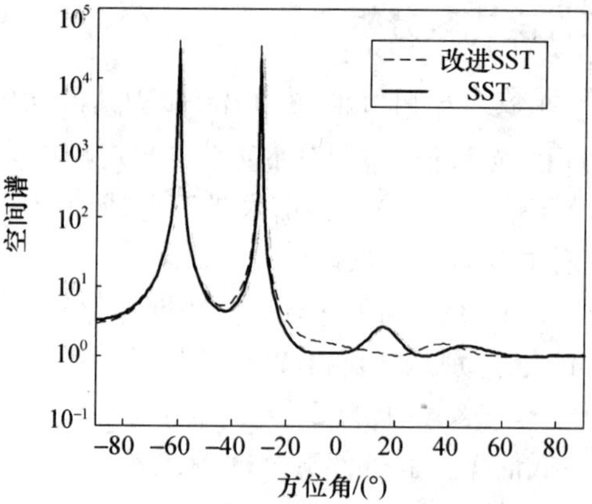

图 3-4　SST 算法和改进 SST 算法的空间谱

表 3-2　SST 算法和改进 SST 算法的 MSE

SNR/dB	-6	-4	-2	0	2	4	6	8	10	12
SST	0.0079	0.0061	0.0050	0.0042	0.0035	0.0028	0.0022	0.0018	0.0015	0.0013
改进 SST	0.0071	0.0053	0.0043	0.0034	0.0029	0.0022	0.0017	0.0016	0.0014	0.0013

仿真实验 3-3　RSS 算法与改进 RSS 算法性能比较。

信噪比为 0dB，信号分别从 45°和 60°入射。图 3-5 是 RSS 算法与改进 RSS 算法的空间谱比较。表 3-3 为 2 种算法的均方误差（MSE）比较。由表 3-3 可以看出，当信噪比较低时，改进 RSS 算法性能稍强于 RSS 算法，当信噪比较高时，2 种算法的性能相当。由于改进 RSS 算法求解聚焦矩阵时，用奇异矢量矩阵的子空间代替奇异矢量矩阵，大大降低了运算量，计算时间明显低于 RSS 算法。

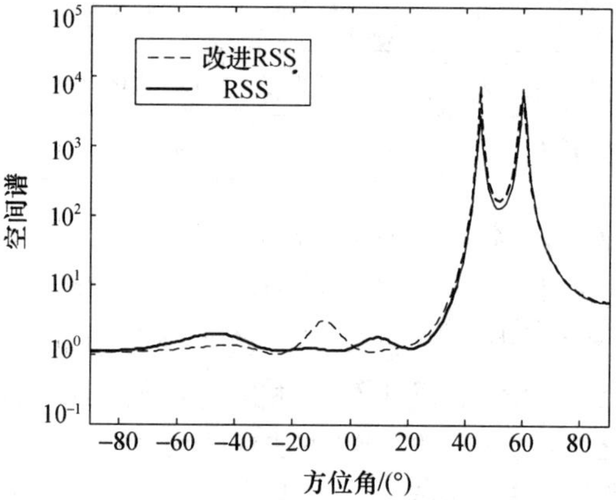

图 3-5　RSS 算法和改进 RSS 算法的空间谱

表 3-3　RSS 算法和改进 RSS 算法的 MSE

SNR/dB	-6	-4	-2	0	2	4	6	8	10	12
RSS	0.0066	0.0046	0.0031	0.0025	0.0021	0.0018	0.0013	0.0010	0.0008	0.0005
改进 RSS	0.0063	0.0042	0.0028	0.0020	0.0017	0.0016	0.0010	0.0008	0.0007	0.0005

仿真实验 3-4　各种经典 CSM 算法性能比较。

各 CSM 算法的性能统计如图 3-6 所示。其中图 3-6(a)反映的是几种 CSM 算法的信噪比与误差之间的关系,图 3-6(b)反映的是各算法 DOA 估计的信噪比与 MSE 之间的关系。实验表明,这几种聚焦算法的误差都很小,TCT 算法最好,RSS、LS 算法次之,SST 算法性能和 RSS 也很接近。当 LS 算法中约束条件 $\boldsymbol{T}_i\boldsymbol{T}_i^{\mathrm{H}}=\boldsymbol{C}$ 不取单位阵而取一个 8×8 的 Hadamard 方阵时,算法的性能明显下降。

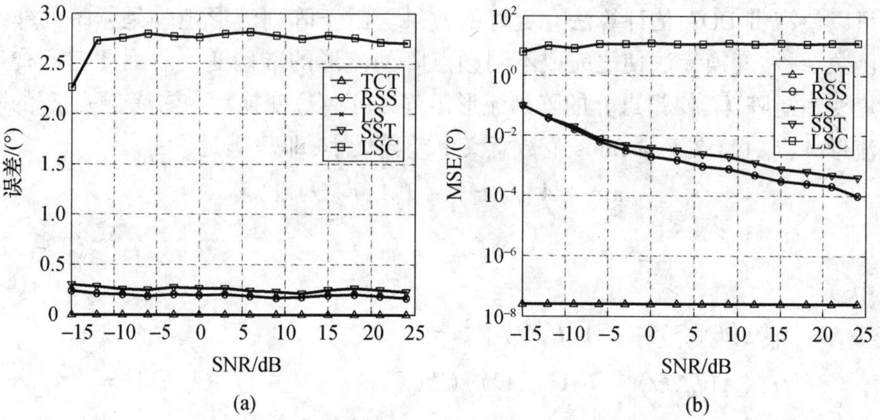

图 3-6　各 CSM 算法的比较

(a) 信噪比与误差之间的关系;(b) 信噪比与均方误差之间的关系。

3.3　自聚焦 CSM 类算法

基于波束空间的 CSM 算法将接收数据从阵元空间变换到波束空间,降低了复杂度,并且波束空间变换等价于聚焦变换,不需要对信号进行预估计,具有较好的实时性能。然而,由于波束空间变换是对整个观测区域的最佳聚焦,与聚焦方向准确的 RSS 算法相比而言,是一种次优变换。本节在 RSS 算法基础上提出了一种新的自聚焦算法,以增加一定计算复杂度为代价,获得了更好的聚焦性能,在计算复杂度要求不高的条件下给出了一种更好的解决方案。为描述方便,称新算法为 AF-CSM(Auto-focusing CSM)。RSS 算法可以简单地推广为一种自聚焦算法,即将每次估计的 DOA 估值作为新的聚焦方向,构造新的聚焦矩阵,多次迭代后便能得到更为精确的估值。R-CSM 算法便是采用了类似的方法。然而,这种自聚焦算法存在一个重要的问题,即计算量很大。每次迭代过程就是一次 RSS 算法的实现过程。各频点聚焦矩阵的更新都需要重新做奇异值分解,极大地限制了其应用前景。而 AF-CSM 算法则通过子空间投影变换将多目标的 DOA 估计变为多个单目标的 DOA 估计,通过建立目标最优聚焦矩阵与参考聚焦矩阵的变换关系,避免了聚焦矩阵更新过程中的奇异值分解,有效降低了计算复杂度。

3.3.1 RSS 算法原理

MUSIC 算法、ESPRIT 算法、最大似然类算法等高分辨的窄带 DOA 估计算法都可以看做是一类特殊的加权子空间拟合算法,即可由阵列流形矩阵张成的子空间与其估值间的加权拟合实现。因此,宽带信号模型中对阵列流形矩阵的聚焦可以使窄带 DOA 估计算法有更好的效果。由于阵列流形矩阵是频率的非线性函数,线性变换无法使之完成不同频点阵列流形的准确变换。因此考虑构造聚焦变换矩阵 $\boldsymbol{T}_j$,使频点 f_j 的阵列流形矩阵 $\boldsymbol{A}(f_j,\boldsymbol{\Theta})$ 变换后与参考频点 f_0 的阵列流形 $\boldsymbol{A}(f_0,\boldsymbol{\Theta})$ 在 Frobenius 范数意义下差异最小,即 $\boldsymbol{T}_j$ 满足

$$\begin{gathered}\min_{W_j} \| \boldsymbol{A}(f_0,\boldsymbol{\Theta}) - \boldsymbol{T}_j\boldsymbol{A}(f_j,\boldsymbol{\Theta}) \|_F^2 \\ \text{sub} \quad \boldsymbol{T}_j^{\mathrm{H}} \boldsymbol{T}_j = \boldsymbol{I}\end{gathered} \tag{3-57}$$

式中

$$\begin{aligned}&\| \boldsymbol{A}(f_0,\boldsymbol{\Theta}) - \boldsymbol{T}_j\boldsymbol{A}(f_j,\boldsymbol{\Theta}) \|_F^2 = \\ &\mathrm{tr}\{(\boldsymbol{A}(f_0,\boldsymbol{\Theta}) - \boldsymbol{T}_j\boldsymbol{A}(f_j,\boldsymbol{\Theta}))(\boldsymbol{A}(f_0,\boldsymbol{\Theta}) - \boldsymbol{T}_j\boldsymbol{A}(f_j,\boldsymbol{\Theta})^{\mathrm{H}})\} = \\ &\mathrm{tr}\{\boldsymbol{A}(f_0,\boldsymbol{\Theta})\boldsymbol{A}(f_0,\boldsymbol{\Theta})^{\mathrm{H}}\} + \mathrm{tr}\{\boldsymbol{A}(f_j,\boldsymbol{\Theta})\boldsymbol{A}(f_j,\boldsymbol{\Theta})^{\mathrm{H}}\} - \\ &2\mathrm{Real}\{\mathrm{tr}\{\boldsymbol{A}(f_j,\boldsymbol{\Theta})\boldsymbol{A}(f_0,\boldsymbol{\Theta})^{\mathrm{H}}\boldsymbol{T}_j\}\}\end{aligned} \tag{3-58}$$

式中:Real(·)表示取实部。上式表明使 $\| \boldsymbol{A}(f_0,\boldsymbol{\Theta}) - \boldsymbol{T}_j\boldsymbol{A}(f_j,\boldsymbol{\Theta}) \|_F^2$ 最小,即是使 $\mathrm{Real}\{\mathrm{tr}(\boldsymbol{A}(f_j,\boldsymbol{\Theta})\boldsymbol{A}(f_0,\boldsymbol{\Theta})^{\mathrm{H}}\boldsymbol{T}_j)\}$ 最大。

令

$$\boldsymbol{Q}_j = \boldsymbol{A}(\boldsymbol{\Theta},f_j)\boldsymbol{A}(\boldsymbol{\Theta},f_0)^{\mathrm{H}} = \boldsymbol{U}_j\boldsymbol{\Lambda}_j\boldsymbol{V}_j^{\mathrm{H}} \tag{3-59}$$

式中:$\boldsymbol{U}_j$ 和 $\boldsymbol{V}_j$ 分别为 $\boldsymbol{Q}_j$ 的左奇异值矢量和右奇异值矢量;$\boldsymbol{\Lambda}_j$ 为 $\boldsymbol{Q}_j$ 的奇异值 λ_{ij} 组成的对角阵。设 $\boldsymbol{Q}_j$ 的秩为 P,则其对应的奇异值满足

$$\lambda_{1j} \geqslant \lambda_{2j} \geqslant \cdots \geqslant \lambda_{Pj} > \lambda_{(P+1)j} = \cdots = \lambda_{Mj} \tag{3-60}$$

$$\begin{aligned}&\mathrm{Real}\{\mathrm{tr}(\boldsymbol{A}(f_j,\boldsymbol{\Theta})\boldsymbol{A}(f_0,\boldsymbol{\Theta})^{\mathrm{H}}\boldsymbol{T}_j)\} \leqslant \\ &|\mathrm{tr}\{\boldsymbol{Q}_j\boldsymbol{T}_j\}| = |\mathrm{tr}\{\boldsymbol{U}_j\boldsymbol{\Lambda}_j\boldsymbol{V}_j^{\mathrm{H}}\boldsymbol{T}_j\}| = \\ &|\mathrm{tr}\{\boldsymbol{\Lambda}_j\boldsymbol{V}_j^{\mathrm{H}}\boldsymbol{T}_j\boldsymbol{U}_j\}|\end{aligned} \tag{3-61}$$

由 $\boldsymbol{T}_j$ 为酉阵和奇异值矢量的特性可知矩阵 $\boldsymbol{V}_j^{\mathrm{H}}\boldsymbol{T}_j\boldsymbol{U}_j$ 为酉阵,则 $\boldsymbol{V}_j^{\mathrm{H}}\boldsymbol{T}_j\boldsymbol{U}_j$ 的

对角线元素$|[\boldsymbol{V}_j^{\mathrm{H}}\boldsymbol{T}_j\boldsymbol{U}_j]_{ii}|\leqslant 1$。

则式(3-61)变为

$$\begin{aligned}&\mathrm{Real}\{\mathrm{tr}\{\boldsymbol{A}(f_j,\boldsymbol{\Theta})\boldsymbol{A}(f_0,\boldsymbol{\Theta})^{\mathrm{H}}\boldsymbol{T}_j\}\}\leqslant\\&|\mathrm{tr}\{\boldsymbol{\Lambda}_j\boldsymbol{V}_j^{\mathrm{H}}\boldsymbol{T}_j\boldsymbol{U}_j\}|\leqslant\\&\sum_{i=1}^{P}\lambda_i|[\boldsymbol{V}_j^{\mathrm{H}}\boldsymbol{T}_j\boldsymbol{U}_j]_{ii}|\leqslant\sum_{i=1}^{P}\lambda_i\end{aligned}\tag{3-62}$$

当$|[\boldsymbol{V}_j^{\mathrm{H}}\boldsymbol{T}_j\boldsymbol{U}_j]_{ii}|=1$时，上式取等号，即$\boldsymbol{V}_j^{\mathrm{H}}\boldsymbol{T}_j\boldsymbol{U}_j=\boldsymbol{I}$。由此可得式(3-57)的一组最优解为

$$\boldsymbol{T}_j=\boldsymbol{V}_j\boldsymbol{U}_j^{\mathrm{H}}\tag{3-63}$$

在聚焦矩阵的实现过程中需要对聚焦方向做预估计。RSS算法能在离散的聚焦方向上达到最优的聚焦，然而当聚焦方向与信号真实来向不一致时，式(3-63)并不能在信号真实方向上达到最优聚焦。当RSS算法采用低分辨的波束形成方法做预估计时，这个问题会更严重，带来较大的初值误差。针对这一问题，许多算法通过增加聚焦的离散点，在信号可能入射区域内聚焦，来达到相对优化的聚焦变换。这种方法不需初始估计，对初值误差有较好的鲁棒性，第2章所述的波束空间测向算法也属于此类算法。但这类算法从聚焦效果来说并不是最优的。另一种办法就是利用RSS算法多次迭代求解，如R-CSM算法，以上次角度估值作为新的聚焦方向逐渐逼近真实信号来向。这种方法存在2个问题：一是RSS算法的初始估计用低分辨的常规波束形成方法得到，估计精度差；二是多次迭代过程计算复杂度大，每次迭代等同于一次RSS算法求解过程，计算负担成倍增加。针对上述2个问题，AF-CSM算法在迭代RSS算法的基础上进行了改进。

3.3.2 单一目标的AF-CSM算法

当只存在1个目标信号时，式(3-57)定义的最佳聚焦矩阵可以用下述参考聚焦矩阵表示。设参考方向为θ_r，以此为聚焦方向构造各频点的参考聚焦矩阵$\boldsymbol{T}_{rj}$为

$$\begin{gathered}\boldsymbol{T}_{rj}=\arg\{\min_{\boldsymbol{T}_{rj}}\|\boldsymbol{T}_{rj}\boldsymbol{A}_r(f_j)-\boldsymbol{A}_r(f_0)\|_F^2\}\quad(j=1,2,\cdots,J)\\ \text{subject to }\boldsymbol{T}_{rj}^{\mathrm{H}}\boldsymbol{T}_{rj}=\boldsymbol{I}\end{gathered}\tag{3-64}$$

与式(3-57)类似，式(3-64)的一组最优解为

$$\boldsymbol{T}_{rj}=\boldsymbol{V}_{rj}\boldsymbol{U}_{rj}^{\mathrm{H}}\tag{3-65}$$

其中$\boldsymbol{U}_{rj}$和$\boldsymbol{V}_{rj}$由$\boldsymbol{Q}_{rj}$的奇异值分解得到，即

$$\boldsymbol{Q}_{rj}=\boldsymbol{U}_{rj}\boldsymbol{\Lambda}_{rj}\boldsymbol{V}_{rj}^{\mathrm{H}}\tag{3-66}$$

$$\boldsymbol{Q}_{rj}=\boldsymbol{A}_r(f_j)\boldsymbol{A}_r(f_0)^{\mathrm{H}}\quad(j=1,2,\cdots,J)\tag{3-67}$$

设只存在1个目标信号，由θ_i入射到均匀线阵，其最佳聚焦矩阵$\boldsymbol{T}_{ij}$满足

$$T_{ij} = \arg\{\min_{T_{ij}} \| T_{ij}A(\theta_i,f_j) - A(\theta_i,f_0)\|_F^2\} \quad (j=1,2,\cdots,J)$$

$$\text{subject to } T_{ij}^{\mathrm{H}} T_{ij} = I \tag{3-68}$$

对均匀线阵,定义 $u = d\sin\theta/c$,将导向矢量表示为

$$a(u,f_j)_{(k)} = \exp(-\mathrm{j}2\pi f_j(k-1)u) \tag{3-69}$$

则信号的最佳聚焦矩阵满足如下定理。

定理 3-1 设 $\Delta u = u_i - u_r$,则式(3-57)的一组解为

$$T_{ij} = D(\Delta u,f_0)\, T_{rj} D(\Delta u,f_j)^{\mathrm{H}} \quad (j=1,2,\cdots,J) \tag{3-70}$$

其中T_{rj}由式(3-64)确定,$D(\Delta u,f_j)$为对角阵,其对角线元素为

$$D(\Delta u,f_j)_{(k,k)} = \exp(-\mathrm{j}2\pi f_j(k-1)\Delta u) \tag{3-71}$$

证明:式(3-57)为一典型的正交强迫一致问题,其一组最优解为

$$T_{ij} = V_{ij} U_{ij}^{\mathrm{H}} \tag{3-72}$$

其中 U_{ij}和 V_{ij}由 Q_{ij}的奇异值分解得到,即

$$Q_{ij} = U_{ij} \Lambda_{ij} V_{ij}^{\mathrm{H}} \tag{3-73}$$

$$Q_{ij} = A(u_i,f_j) A(u_i,f_0)^{\mathrm{H}} \quad (j=1,2,\cdots,J) \tag{3-74}$$

对单一目标信号,由 ULA 阵列流形定义式和 RSS 算法求解过程可知

$$\begin{aligned} A(u_i,f_j) &= [a(u_i-\beta,f_j) \quad a(u_i,f_j) \quad a(u_i+\beta,f_j)] = \\ &D(f_j,\Delta u) * [a(u_i-\beta-\Delta u,f_j) \quad a(u_i-\Delta u,f_j) \\ &a(u_i+\beta-\Delta u,f_j)] \end{aligned} \tag{3-75}$$

式中:$D(f_j,\Delta u)$为一对角阵;

对角线元素为 $D(f_j,\Delta u)_{(k,k)} = \exp(-\mathrm{j}2\pi f_j(k-1)\Delta u)$。

令 $\Delta u = u_i - u_r$,则

$$\begin{aligned} A(u_i,f_j) &= D(\Delta u,f_j) * [a(u_r-\beta,f_j) \quad a(u_r,f_j) \quad a(u_r+\beta,f_j)] = \\ &D(\Delta u,f_j) * A_r(f_j) \end{aligned} \tag{3-76}$$

代入Q_{ij},得

$$\begin{aligned} Q_{ij} &= D(\Delta u,f_j)\, A_r(f_j)\, A_r(f_0)^{\mathrm{H}} D(\Delta u,f_0)^{\mathrm{H}} = \\ &D(\Delta u,f_j)\, Q_{rj} D(\Delta u,f_0)^{\mathrm{H}} \end{aligned} \tag{3-77}$$

由式(3-57),得

$$Q_{ij} = D(\Delta u,f_j)\, U_{rj}\, \Lambda_{rj}\, V_{rj}^{\mathrm{H}} D(\Delta u,f_0)^{\mathrm{H}} \tag{3-78}$$

再因为有

$$(D(\Delta u,f_j)\, U_{rj})\,(D(\Delta u,f_j)\, U_{rj})^{\mathrm{H}} = (D(\Delta u,f_j)\, U_{rj})^{\mathrm{H}}(D(\Delta u,f_j)\, U_{rj}) = I \tag{3-79}$$

$$(D(\Delta u,f_0)\, V_{rj})\,(D(\Delta u,f_0)\, V_{rj})^{\mathrm{H}} = (D(\Delta u,f_0)\, V_{rj})^{\mathrm{H}}(D(\Delta u,f_0)\, V_{rj}) = I \tag{3-80}$$

可知$(D(\Delta u,f_j)U_{rj})$和$(D(\Delta u,f_0)V_{rj})$为酉阵,而Λ_{rj}为对角阵,则由奇异值分解的定义知 $D(\Delta u,f_j)U_{rj} = U_{ij}$和 $D(\Delta u,f_0)V_{rj} = V_{ij}$分别为$Q_{ij}$的左、右奇异值矢量,

代入$\boldsymbol{T}_{ij}$,再由式(3-72)得

$$\boldsymbol{T}_{ij}=\boldsymbol{D}(\Delta u,f_0)\boldsymbol{T}_{rj}\boldsymbol{D}(\Delta u,f_j)^{\mathrm{H}}\quad(j=1,2,\cdots,J)\tag{3-81}$$

证毕。

由上述定理可以看出,对任意聚焦方向的最佳聚焦矩阵可以由参考聚焦矩阵和对角阵的相乘得到。因此,由上述定理可以得到一种聚焦矩阵更新的新方法。

单目标的AF-CSM算法可以分为2部分:初始估计部分和自聚焦部分。初始估计部分在阵元空间采用与波束空间CSM算法类似的处理过程。构造聚焦矩阵$\boldsymbol{T}_{0j}$,在信号的观测区域Ω内使各频点聚焦后的阵列流形与参考频点的阵列流形在Frobenius意义下最相近,即

$$\boldsymbol{T}_{0j}=\arg\left\{\min_{\boldsymbol{T}_{0j}}\int_{\Omega}\|\boldsymbol{T}_{0j}a(\theta,f_j)-a(\theta,f_0)\|_F^2\mathrm{d}\theta\right\}\quad(j=1,2,\cdots,J)$$

$$\text{subject to }\boldsymbol{T}_{0j}^{\mathrm{H}}\boldsymbol{T}_{0j}=\boldsymbol{I}\tag{3-82}$$

其一组最优解为

$$\boldsymbol{T}_{0j}=\boldsymbol{V}_{0j}\boldsymbol{U}_{0j}^{\mathrm{H}}\tag{3-83}$$

其中$\boldsymbol{U}_{0j}$和$\boldsymbol{V}_{0j}$由$\boldsymbol{Q}_{0j}$的奇异值分解得到,即

$$\boldsymbol{Q}_{0j}=\boldsymbol{U}_{0j}\boldsymbol{\Lambda}_{0j}\boldsymbol{V}_{0j}^{\mathrm{H}}\tag{3-84}$$

$$\boldsymbol{Q}_{0j}=\int_{\Omega}\boldsymbol{a}(\theta,f_j)\boldsymbol{a}(\theta,f_0)^{\mathrm{H}}\mathrm{d}\theta\quad(j=1,2,\cdots,J)\tag{3-85}$$

应用窄带DOA估计算法可求出信号的初始估计$\hat{\theta}_S^{(0)}$。上述初始值求解过程中,聚焦矩阵与单个信号的入射方向无关,只取决于观测区域,因此可以事先构造,具有较低的实时计算量,但却比CAPON等算法有更好的估计精度,有利于自聚焦过程快速收敛。由此可以得到利用AF-CSM算法估计单一目标的DOA的步骤:以上述初始估计过程得到的$\hat{\theta}_S^{(0)}$作为自聚焦过程初始聚焦方向,构造信号最佳聚焦矩阵,得到更为精确的估值$\hat{\theta}_S^{(i)}$;以$\hat{\theta}_S^{(i)}$为新的聚焦方向,由定理所示参考聚焦矩阵与目标信号聚焦矩阵的关系实现自聚焦;重复多次直至收敛。

3.3.3 多目标的AF-CSM算法

当存在多个目标时,上述定理不再成立。多目标AF-CSM算法在完成初始估计过程后,需要将多目标变换为多次单目标自聚焦过程来处理。设来波方向θ_i的信号为欲处理的单个信号,定义来波方向为$\theta_n\in\Theta_0,\theta_n\neq\theta_i$的其他信号为干扰信号。则接收数据空间由信号子空间、噪声子空间和干扰子空间构成。由初始估计Θ_0构造指向θ_n的阵列流形矩阵为

$$\boldsymbol{A}_N(f_j)=(\boldsymbol{a}(\theta_1,f_j),\boldsymbol{a}(\theta_2,f_j),\cdots,\boldsymbol{a}(\theta_n,f_j),\cdots,\boldsymbol{a}(\theta_{(D-1)},f_j))\quad(\theta_n\in\Theta_0,\theta_n\neq\theta_i)\tag{3-86}$$

则$\boldsymbol{A}_N(f_j)$列矢量,即指向 θ_n 的导向矢量,张成了干扰子空间。干扰子空间的正交投影变换矩阵为

$$\boldsymbol{P}_N^{\perp} = \boldsymbol{I} - \boldsymbol{A}_N(f_j)\,(\boldsymbol{A}_N(f_j)^{\mathrm{H}}\boldsymbol{A}_N(f_j))^{-1}\boldsymbol{A}_N(f_j)^{\mathrm{H}} \tag{3-87}$$

利用$\boldsymbol{P}_N^{\perp}$ 则可以将接收数据投影到干扰的正交补空间,投影后的数据空间由单目标的信号子空间和噪声子空间构成。这时,频点 f_j 修正后的数据协方差矩阵为

$$\boldsymbol{R}'(f_j) = \boldsymbol{P}_N^{\perp}\boldsymbol{R}(f_j)\,\boldsymbol{P}_N^{\perp\mathrm{H}} \tag{3-88}$$

将 θ_i 的初始值与参考方向 θ_r 代入式(3-71)求得 $\boldsymbol{D}(f_j,\Delta u)$,由式(3-57)得到信号各子频带的最佳聚焦矩阵$\boldsymbol{T}_{ij}$,聚焦后的协方差矩阵

$$\overline{\boldsymbol{R}} = \frac{1}{J}\sum_{j=1}^{J}\boldsymbol{T}_{ij}\boldsymbol{R}'_j\boldsymbol{T}_{ij}^{\mathrm{H}} \tag{3-89}$$

对其应用窄带的 DOA 估计算法得到估值 $\hat{\theta}_i$。并以此为聚焦方向更新聚焦矩阵$\boldsymbol{T}_{ij}$,多次迭代后可以得到 θ_i 的精确估计。采取类似方法可以完成其余目标的 DOA 精确估计。由此可以得到多目标的 AF-CSM 算法的步骤:

(1) 确定参考聚焦方向 θ_r 并由式(3-65)得到参考聚焦矩阵;

(2) 由式(3-83)得到各子频带的初始聚焦矩阵$\boldsymbol{T}_{0j}$,应用窄带 DOA 估计算法求出信号的初始估计 $\boldsymbol{\Theta}_0$;

(3) 由 $\boldsymbol{\Theta}_0$ 求得不同信号的投影变换矩阵$\boldsymbol{P}_N^{\perp}$,代入式(3-88)得到各信号修正的协方差矩阵 $\boldsymbol{R}'(f_j)$,分别进行自聚焦处理;

(4) 将第 i 个目标信号的 DOA 估值 $\hat{\theta}_i$ 代入式(3-70)得到各子频带聚焦矩阵$\boldsymbol{T}_{ij}$,将$\boldsymbol{T}_{ij}$代入式(3-89)得到聚焦后的协方差矩阵 $\overline{\boldsymbol{R}}$;

(5) 对 $\overline{\boldsymbol{R}}$ 应用窄带 DOA 估计算法得到 $\hat{\theta}_i$,重复步骤(4)直至 $\hat{\theta}_i$ 收敛,则 $\hat{\theta}_i$ 为所求目标的 DOA 估计;

(6) 对其余目标信号分别按步骤(4)~(6)求解,可得到所有信号的 DOA 的精确估计。

由于不同目标在构造各自聚焦矩阵时,区别在于各自的聚焦方向不同,因此可以共用一组参考聚焦矩阵。多次单目标处理过程的计算量较一次多目标处理过程没有明显增加。

3.3.4 仿真实验

为验证算法性能,用阵元数 $M=16$ 的均匀线阵进行仿真实验。2 个远场宽带信号由 $\theta_1=8°$和 $\theta_2=13°$入射,归一化带宽为 40%,噪声为零均值的高斯白噪声,信噪比为 0dB。信号快拍数为 2048,分为 16 段,每段 128 点。AF-CSM 算法初始观测区域为[-90°,+90°],自聚焦过程迭代 5 次。RSS 算法可以看作 SST 算法的特殊情况,当聚焦方向与真实方向一致时,具有最优的聚焦性能,将 AF-CSM 算法的空间谱与之相比具有一定的典型性。图 3-7、图 3-8 分别给出了

RSS 算法与 AF-CSM 算法的空间谱对比，RSS 的聚焦方向分别为与信号真实方向一致和存在误差 2 种情况。入射信号间距略小于阵列的 3dB 波束宽带 6.38°，传统的低分辨 DOA 估计算法无法准确得到信号的初值，因此图 3-7 中 RSS 算法聚焦方向取值为[6.5°，10.5°，14.3°]。从实验结果可以看出，AF-CSM 算法在初始估计阶段，由于聚焦矩阵是在整个观测区域条件下的最优，虽然能估计出目标的 DOA，但性能相对较差，这一点和 BICSSM 算法是类似的。当进入自聚焦过程后，经过少量迭代 AF-CSM 即能达到近乎最优的聚焦性能。而在实际应用中，初值误差不可避免，此时 RSS 算法性能下降，而自聚焦过程则使 AF-CSM 算法避免了这一问题。

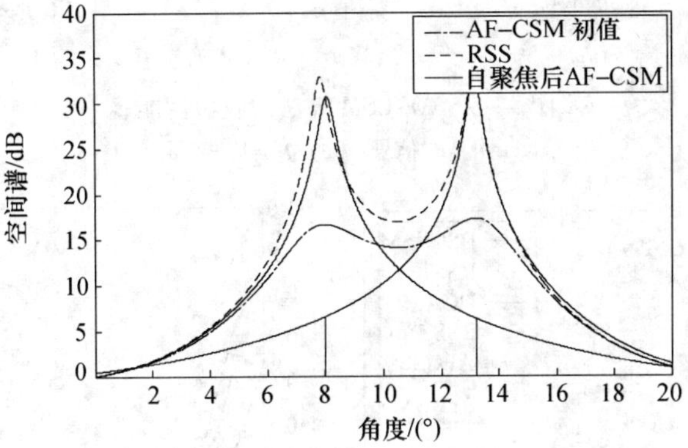

图 3-7　聚焦准确时 RSS 与 AF-CSM 的空间谱

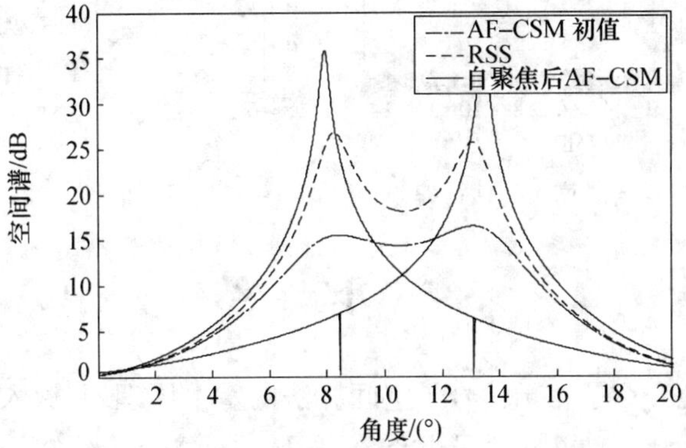

图 3-8　聚焦不准确时 RSS 与 AF-CSM 的空间谱

在不同信噪比下独立实验 200 次，仿真条件同上，以 $\theta_1=8°$ 信号为例，图 3-9 分析比较了 AF-CSM 算法与其他算法的误差性能。图 3-10 与图 3-11 中可以看出，在高信噪比条件下，几种算法的性能几乎没有区别，而在较低信噪比条件下，AF-CSM 算法则表现出对噪声干扰和初值误差更好的鲁棒性，性能更好。

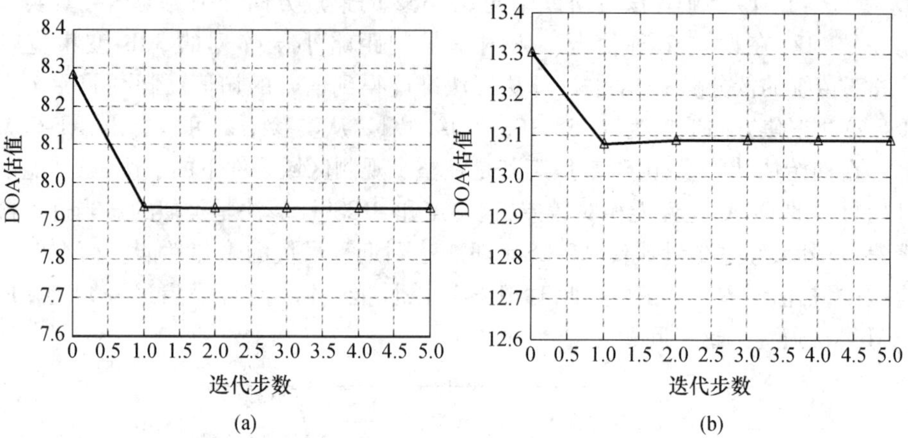

图 3-9 AF-CSM 算法的收敛性能

(a) $\theta_1=8°$信号；(b) $\theta_2=13°$信号。

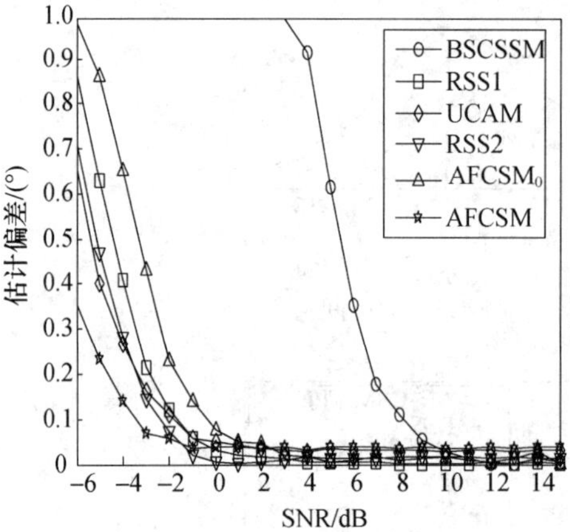

图 3-10 不同信噪比时算法的估计偏差

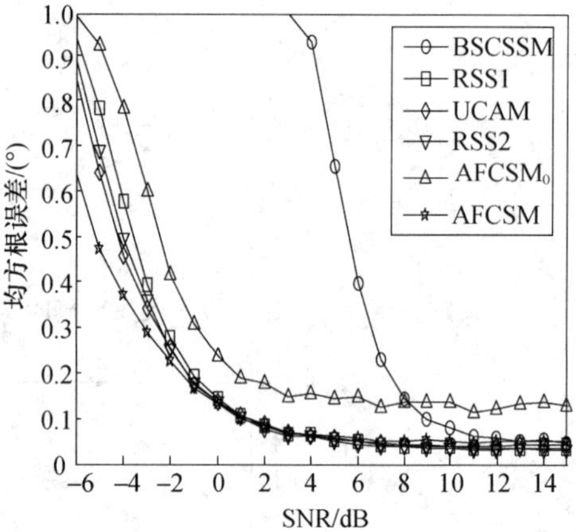

图 3-11 不同信噪比时算法的均方根误差

3.4 小　结

本章简要地介绍了相干信号子空间算法的基本原理,并深入研究了 ISM 以及几种经典的 CSM 类算法(TCT、RSS、SST、LS 类算法)聚焦矩阵的实现过程和改进方法,同时对它们的计算量进行了比较。最后通过大量的计算机仿真实验比较了各种 CSM 及其改进算法的统计性能。

参考文献

[1] Wax M, Shan T J, Kailath T. Spatio-temporal spectral annlysis by eigenstructure method[J]. IEEE Trans.

on ASSP,1984,32(4):817 – 827.

[2] Valaee S, Champagne B, Kabal P. Localization of wideband signals using least squares approaches[J]. IEEE Trans. on SP,1999,47(5):1213 – 1222.

[3] Doron M A, Doron E, Weiss A J. Coherent finding for wideband direction finding. IEEE Trans. on SP,1993, 41(1):414 – 417.

[4] Wang H, Kaveh M. Coherent signal-subspace processing for the detection and estimation of angles of arrival of multiple wideband sources[J]. IEEE Trans. on ASSP,1985,33(4):823 – 831.

[5] Valee S, Kabal P. Wideband array processing using a two-sided correlation transformation [J]. IEEE Trans. on SP,1995,43(1):160 – 172.

[6] Hung H, Kaveh M. Focusing matrices for coherent signal-subspace processing[J]. IEEE Trans. on ASSP, 1988,36(8):1272 – 128.

[7] Doron M A, Weiss A J. On focusing matrices for wide-band array processing[J]. IEEE Trans. on SP,1992, 40(6):1295 – 1302.

[8] Valaee S, Champagne B, Kabal P. Localization of wideband signals using least squares approaches[J]. IEEE Trans. on SP,1999,47(5):1213 – 1222.

[9] Valaee S, Champagne B, Kabal P. Localization of wideband signals using least squares approaches[J]. IEEE Trans. on SP,1999,47(5):1213 – 1222.

[10] Lee T S. Efficient wideband source localization using beamforming invariance technique[J]. IEEE Trans. on SP,1994,42(6):1376 – 1386.

[11] 刘云,李志舜,王新晓. 基于数据阵共轭重构的宽带相干源 DOA 估计算法[J]. 电声技术,2003,10(1):57 – 60.

[12] Wax M, Shan T J, Kailath T. Spatio-temporal spectral annlysis by eigenstructure method[J]. IEEE Trans. on ASSP,1984,32(4):817 – 827.

第 4 章　宽带信号源数目估计

4.1 引　　言

各种高分辨空间谱估计算法在运用时，都有相应的前提与限制，如有的算法对信号相干性提出限制，有的算法对阵元互耦性要求很高等，其中很多算法要求对进入阵列的信号数目已知，特别是在对宽带信号进行高分辨空间谱估计时尤甚。无疑，信号源数目估计无论是对窄带信号还是宽带信号高分辨 DOA 估计都具有很强的理论和现实意义。

高分辨率空间谱估计的很多算法要求进入阵列的信号源数 P 已知，但实际上 P 是未知的。若在计算空间谱函数时假设的信号源数 $\hat{P}$ 与实际信号源数目 P 不一致，那么空间谱曲线出现的峰值个数就很可能与实际信号源数不同。若 $\hat{P}<P$，就会将信号子空间的某些特征矢量（$P-\hat{P}$ 个）归并到噪声子空间中去，即对于某方位矢量 $\boldsymbol{a}(\theta_i)$（$i=\hat{P}+1,\hat{P}+2,\cdots,P$）不与噪声子空间正交，谱曲线可能不出现峰值而形成漏警。同时其他方向的方向矢量 $\boldsymbol{a}(\theta_k)$（$k=1,2,\cdots,\hat{P}$）也不完全与噪声子空间正交，峰值位置可能偏离真正的信号入射角。若 $\hat{P}>P$，则扩大了信号子空间的特征矢量个数，可能在没有信号入射的方向也会出现峰值而造成虚警。

关于窄带信号源数 P 的确定，在某些条件下是很容易的。例如，若阵列噪声是时空平稳的高斯白噪声，其阵列协方差矩阵可写成

$$\boldsymbol{R} = \boldsymbol{A}\boldsymbol{R}_S\boldsymbol{A}^{\mathrm{H}} + \sigma_n^{\ 2}\boldsymbol{I} \tag{4-1}$$

对 $\boldsymbol{R}$ 进行特征分解，得到的大特征值个数就是信号源数目 P，其余为 $M-P$ 个相等的特征值 $\sigma_n^{\ 2}$。但是存在如下问题：

（1）由于对阵列信号的处理总是要经过放大和变换后，得到足够大的复振幅后再进行的，各单元的放大和变换会引入通道噪声，由于各通道引入的噪声很难做到完全一致，这就使得，阵列输出噪声在空域不再是平稳白噪声，即阵列协方差矩阵变成

$$\boldsymbol{R} = \boldsymbol{A}\boldsymbol{R}_S\boldsymbol{A}^{\mathrm{H}} + \sigma_n^{\ 2}\sum \tag{4-2}$$

式中：$\sum$ 是对角阵，其对角元素不相等，经特征分解后，得不到 $M-P$ 个相等的特征值，从而无法直接确定信号源数目。

(2) 阵列协方差矩阵是统计自相关矩阵,实际上,不可能有无限长的时间进行相关,只能是有限的取样代替协方差矩阵,即

$$\boldsymbol{R} = \frac{1}{K}\sum_{k=1}^{K}\boldsymbol{X}(k)\boldsymbol{X}^{\mathrm{H}}(k) \tag{4-3}$$

将其展开,可以写成

$$\boldsymbol{R} = \boldsymbol{A}\boldsymbol{R}_S\boldsymbol{A}^{\mathrm{H}} + \boldsymbol{R}_{NN} + \boldsymbol{A}\boldsymbol{R}_{SN} + \boldsymbol{R}_{NS}\boldsymbol{A}^{\mathrm{H}} \tag{4-4}$$

其中

$$\boldsymbol{R}_S = \frac{1}{K}\sum_{k=1}^{K}\boldsymbol{S}(k)\boldsymbol{S}^{\mathrm{H}}(k)$$

$$\boldsymbol{R}_{NN} = \frac{1}{K}\sum_{k=1}^{K}\boldsymbol{N}(k)\boldsymbol{N}^{\mathrm{H}}(k)$$

$$\boldsymbol{R}_{SN} = \frac{1}{K}\sum_{k=1}^{K}\boldsymbol{S}(k)\boldsymbol{N}^{\mathrm{H}}(k)$$

$$\boldsymbol{R}_{NS} = \frac{1}{K}\sum_{k=1}^{K}\boldsymbol{N}(k)\boldsymbol{S}^{\mathrm{H}}(k) \tag{4-5}$$

$\boldsymbol{R}$ 的特征值不会出现有 $M-P$ 个相等的特征值,这是因为在有限取样的条件下,$\boldsymbol{R}_{NS}$ 和 $\boldsymbol{R}_{SN}$ 不等于零的缘故。所以也无法从特征值的大小来确定信号源个数。

尽管如上所述,一般情况下不能从最小特征值的个数确定信号源数目,然而,Anderson 证明[1],对于 $M \gg P$ 的情况,$\hat{\lambda}_p - {\sigma_n}^2 = O\left(\frac{1}{\sqrt{K}}\right)(p = P+1, P+2, \cdots, M)$,即最小特征值在 ${\sigma_n}^2$ 附近,误差为 $O\left(\frac{1}{\sqrt{K}}\right)$。由此可见,若信噪比较大,满足 $M \gg P$ 的情况下,设置一门限可以把小于门限的特征值个数认为等于 $M-P$。这种方法较简单。但是制作上的困难,使得阵元数 M 并不总能足够大,所以,这种方法经常不能用来确定信号源数。特别是当信噪比较低、取样数较少及存在高度相关或相干源时,确定源数就更加困难了。近年来有不少文章研究了估计信号源数目的方法,主要有信息论准则[2]、矩阵分解法[3]、平滑秩序列法[4]、盖氏圆法[5,6]等方法。

4.2 基于特征分解的宽带信号源数目估计

本节论述在宽带信号条件下,基于各个频率点下的阵列采样协方差矩阵的噪声特征值在平面直角坐标系中几乎处于同一条直线上这一统计特性,提出了一种估计宽带信号源数目的方法,该方法简单且易于实现。

4.2.1 噪声特征值的统计特性

对于非相关宽带信号源，对 $\boldsymbol{R}_j$ 进行特征分解，即

$$\boldsymbol{U}_j^{\mathrm{H}}\boldsymbol{R}_j\boldsymbol{U}_j = \mathrm{diag}(\lambda_{j1} \quad \lambda_{j2} \quad \cdots \quad \lambda_{jM}) \tag{4-6}$$

则有下式成立[7]：

$$\lambda_{j1} \geqslant \lambda_{j2} \geqslant \cdots \geqslant \lambda_{jP} > \lambda_{j(P+1)} = \lambda_{j(P+2)} = \cdots = \lambda_{jM} = \sigma_j^2 \tag{4-7}$$

式中：大特征值 $\lambda_{j1},\lambda_{j2},\cdots,\lambda_{jP}$ 是信号所对应的特征值；小特征值 $\lambda_{j(P+1)},\lambda_{j(P+2)},\cdots,\lambda_{jM}$ 是噪声所对应的特征值。根据上式就可以从最小特征值个数来估计宽带非相关信号源的数目。

但实际中，$\boldsymbol{R}_j$ 只能通过 K 个有限快拍数得到，即

$$\boldsymbol{R}_j = \frac{1}{K}\sum_{k=1}^{K}\boldsymbol{X}_k(f_j)\boldsymbol{X}_k^{\mathrm{H}}(f_j) \tag{4-8}$$

此时 $\boldsymbol{R}_j$ 的特征值满足

$$\hat{\lambda}_{j1} \geqslant \hat{\lambda}_{j2} \geqslant \cdots \geqslant \hat{\lambda}_{jP} \geqslant \hat{\lambda}_{j(P+1)} \geqslant \cdots \geqslant \hat{\lambda}_{jM} \tag{4-9}$$

从式(4-9)可以看出，由实际阵列数据得到的特征值不再满足式(4-7)，不能从最小特征值个数来估计信号源数目。但笔者在研究各个频率点下的采样协方差矩阵特征值的统计特性时，发现式(4-7)中的噪声特征值构成的点$(k,\hat{\lambda}_{jk})$$(k=P+1,P+2,\cdots,M)$在平面直角坐标系中几乎处在同一条直线上，可以根据这一统计特性，利用直线检测方法来估计连续处于同一直线上点的个数，进而估计宽带信号源数目。但如果只利用 1 个频率处协方差矩阵的特征值，则信息量较少，误差较大。为了提高算法的估计性能，对每个频率点下的相应特征值做平均，即

$$\hat{\lambda}_i = \frac{1}{J}\sum_{j=1}^{J}\hat{\lambda}_{ji} \quad (i = 1,2,\cdots,M) \tag{4-10}$$

噪声特征值构成的点$(i,\hat{\lambda}_i)$$(i=P+1,P+2,\cdots,M)$在平面直角坐标系中几乎处在同一条直线上。在足够高的信噪比下，做 100 次蒙特卡罗仿真实验，观察噪声特征值点的统计特性，利用它通过用直线检测的方法来估计宽带信号源数目。下面给出基于噪声特征值统计特性的信号源数目估计方法（Eigenvalue Grads Method，EGM）。

基于噪声特征值在平面直角坐标系中几乎处在一条直线上的这一统计特性，给出 2 种形式的宽带信号源数目估计方法：EGM1 和 EGM2。

1. EGM1

（1）对阵列接收的数据进行分段，对每段数据进行 DFT 变换，并计算各个频率点下的协方差矩阵

$$\hat{\boldsymbol{R}}_j = \frac{1}{K}\sum_{k=1}^{K}\boldsymbol{X}_k(f_j)\boldsymbol{X}_k^{\mathrm{H}}(f_j) \tag{4-11}$$

（2）对 $\hat{\boldsymbol{R}}_j$ 进行特征值分解，即

$$\hat{\boldsymbol{R}}_j = \sum_{k=1}^{M} \hat{\lambda}_{jk} \hat{\boldsymbol{u}}_{jk} \hat{\boldsymbol{u}}_{jk}^{\mathrm{H}} \tag{4-12}$$

式中：$\hat{\lambda}_{j1} \geqslant \hat{\lambda}_{j2} \geqslant \cdots \geqslant \hat{\lambda}_{jP} \geqslant \hat{\lambda}_{j(P+1)} \geqslant \cdots \geqslant \hat{\lambda}_{jM}$；$\hat{\lambda}_{jk}(k = P+1, P+2, \cdots, M)$ 是在频率点 f_j 下噪声所对应的特征值。

（3）求各个频率点下相应特征值的均值，即

$$\hat{\lambda}_i = \frac{1}{J} \sum_{j=1}^{J} \hat{\lambda}_{ji} \quad (i = 1, 2, \cdots, M) \tag{4-13}$$

（4）计算 $\Delta\overline{\lambda}^{(1)} = (\hat{\lambda}_1 - \hat{\lambda}_M)/(M-1)$ 和 $\Delta\overline{\lambda}_i^{(1)} = (\hat{\lambda}_i - \hat{\lambda}_{i+1})(i=1,2,\cdots,M-1)$。

（5）求出满足 $\Delta\overline{\lambda}_i^{(1)} \leqslant \Delta\overline{\lambda}^{(1)}$ 的所有 i 值，这些 i 值构成集合 $\{i_a\} = \{i \mid \Delta\overline{\lambda}_i^{(1)} \leqslant \Delta\overline{\lambda}^{(1)}\}$。

（6）找出 $\{i_a\}$ 最后一段连续的子集合 $\{i_0, i_0+1, i_0+2, \cdots\}$，则估计的宽带信号源数目为 $\hat{P} = i_0 - 1$。

2. EGM2

（1）对阵列接收的数据进行分段，对每段数据进行 DFT 变换，并计算各个频率点下的协方差矩阵 $\hat{\boldsymbol{R}}_j = \frac{1}{K}\sum_{k=1}^{K} \boldsymbol{X}_k(f_j)\boldsymbol{X}_k^{\mathrm{H}}(f_j)$。

（2）对 $\hat{\boldsymbol{R}}_j$ 进行特征值分解，$\hat{\boldsymbol{R}}_j = \sum_{k=1}^{M} \hat{\lambda}_{jk} \hat{\boldsymbol{u}}_{jk} \hat{\boldsymbol{u}}_{jk}^{\mathrm{H}}$。

（3）计算 $\hat{\lambda}_i = \frac{1}{J}\sum_{j=1}^{J} \hat{\lambda}_{ji}(i=1,2,\cdots,M)$。

（4）计算 $\Delta\overline{\lambda}^{(2)} = \ln(\hat{\lambda}_1/\hat{\lambda}_M)/(M-1)$ 和 $\Delta\overline{\lambda}_i^{(2)} = \ln(\hat{\lambda}_i/\hat{\lambda}_{i+1})(i=1,2,\cdots,M-1)$。

（5）求出满足 $\Delta\overline{\lambda}_i^{(2)} \leqslant \Delta\overline{\lambda}^{(2)}$ 的所有 i 值，这些 i 值构成集合 $\{i_a\} = \{i \mid \Delta\overline{\lambda}_i^{(2)} \leqslant \Delta\overline{\lambda}^{(2)}\}$。

（6）找出 $\{i_a\}$ 最后一段连续的子集合 $\{i_0, i_0+1, i_0+2, \cdots\}$，则估计的宽带信号源数目为 $\hat{P} = i_0 - 1$。

从上面的讨论可知，EGM 方法简单，易于工程实现。但是，该方法是一种统计意义下的方法，有一定的工程应用价值，理论意义尚待进一步论证。而且，这种方法也有局限性，因为两点必然决定一条直线，所以该方法最多可以检测到的宽带信号数目不超过 $M-3$。另外，该方法只能用来估计宽带非相干信号源数目，对于宽带相干信号源，还必须先对相干信号源进行空间平滑或频域平滑进行去相干预处理，然后再利用该方法来估计相干信号源数目。下节介绍去相干的基本原理。

4.2.2 宽带相干信号源数目估计

1. 用 CSM 算法估计宽带信号源数目

基于相干信号处理的 CSM 类算法[8-14]，引入了“聚焦”的思想，即通过聚

焦，把频带内不重叠的频率点上信号子空间聚焦到参考频率点，聚焦后得到单一频率点的数据协方差矩阵，再利用窄带信号源个数估计方法估计宽带信号源数目。CSM 算法将所有频率成分的信号功率谱密度矩阵作了平均，消除了信号源协方差矩阵的奇异性，使协方差矩阵的有效秩等于信号源个数，从而达到解相干的目的。典型的 CSM 算法有：相干信号子空间（Coherent Signal-Subspace，CSS）算法[15]、双边相关变换 TCT 算法[16]、旋转信号子空间变换算法[17]、信号子空间变换算法[18]、总体最小二乘变换算法（Total Least-Squares，TLS）[19]、波束空间变换（Beamforming Signalsubspace，BS）[20]等。下面以 TCT 为例来介绍 CSM 类算法估计宽带信号源数目的基本原理。

TCT 算法是对不含噪声的阵列互谱密度矩阵进行双边变换来求取聚焦矩阵的。

假设变换矩阵为 $\boldsymbol{T}(f_j,\theta)$，则有

$$\boldsymbol{T}(f_j,\theta)\boldsymbol{A}(f_j,\theta)\boldsymbol{S}(f_j) = \boldsymbol{A}(f_0,\theta)\boldsymbol{S}(f_0) \tag{4-14}$$

式中：f_0 为聚焦频率。考虑到从接收数据中无法确知信号的数据矢量 $\boldsymbol{S}(f_j)$，可将上式两边各取其协方差矩阵，化简可得

$$\boldsymbol{T}(f_j,\theta)\boldsymbol{P}(f_j)\boldsymbol{T}^{\mathrm{H}}(f_j,\theta) = \boldsymbol{P}(f_0) \tag{4-15}$$

式中：$\boldsymbol{P}(f_j)=\boldsymbol{A}(f_j,\theta)\boldsymbol{R}_S(f_j)\boldsymbol{A}^{\mathrm{H}}(f_j,\theta)$，信号协方差矩阵 $\boldsymbol{R}_S(f_j)=\boldsymbol{S}(f_j)\boldsymbol{S}^{\mathrm{H}}(f_j)$。考虑到误差的影响，可以将上式改为拟合形式

$$\min_{\boldsymbol{T}_j} \|\boldsymbol{P}(f_0) - \boldsymbol{T}(f_j,\theta)\boldsymbol{P}(f_j)\boldsymbol{T}^{\mathrm{H}}(f_j,\theta)\|_F \quad (j=1,2,\cdots,J) \tag{4-16}$$

对式（4-16）中的聚焦矩阵添加如下的归一化约束：

$$\boldsymbol{T}^{\mathrm{H}}(f_j,\theta)\boldsymbol{T}(f_j,\theta) = \boldsymbol{I} \tag{4-17}$$

由上面分析可知，TCT 算法的核心就是在式（4-17）的约束条件下，找到宽带信号各频率点与参考频率 f_0 的关系 $\boldsymbol{T}(f_j,\theta)$，使得式（4-16）最小。参考文献[21]中给出了式（4-16）和式（4-17）的一个解，即

$$\min_{\boldsymbol{T}_j}\boldsymbol{T}(f_j,\theta) = \boldsymbol{Q}(f_0)\boldsymbol{Q}^{\mathrm{H}}(f_j) \tag{4-18}$$

式中：$\boldsymbol{Q}(f_0)$ 和 $\boldsymbol{Q}(f_j)$ 分别是 $\boldsymbol{P}(f_0)$ 和 $\boldsymbol{P}(f_j)$ 的特征矢量矩阵。

可以通过下式来直接计算去噪后的数据矩阵：

$$\boldsymbol{P}(f_j) = \hat{\boldsymbol{R}}_j - \hat{\sigma}_j^2\boldsymbol{I} \tag{4-19}$$

式（4-19）中噪声功率 $\hat{\sigma}_j^2$ 是频率点 f_j 的数据协方差矩阵 $\boldsymbol{R}_j$ 小特征值的平均，在仿真过程中常取最小特征值作为噪声功率 $\hat{\sigma}_j^2$。

对不含噪声的阵列互谱密度矩阵进行聚焦，得到平均的互谱密度矩阵

$$\hat{\boldsymbol{R}} = \frac{1}{J}\sum_{j=1}^{J}\boldsymbol{T}(f_j,\theta)\boldsymbol{P}(f_j)\boldsymbol{T}^{\mathrm{H}}(f_j,\theta) \tag{4-20}$$

式（4-20）表明 TCT 算法有效地将带宽内的信号能量聚焦到参考频率的子空间上，对 $\hat{\boldsymbol{R}}$ 应用常规的窄带信号源数目估计方法就可以估计宽带信号源的个数。

综上所述,TCT 算法可归纳为如下几步:

(1) 由阵列的接收数据计算出数据协方差矩阵 $\hat{\boldsymbol{R}}_j(j=1,2,\cdots,J)$,得到各频率点上的数据协方差矩阵,根据式(4-19)对其进行去噪;

(2) 对去噪后的数据协方差矩阵进行特征分解,利用式(4-18)构造各频率点的聚焦矩阵;

(3) 根据式(4-20)得到单一频率点的数据协方差矩阵 $\hat{\boldsymbol{R}}$;

(4) 利用常规的窄带信号源数目估计方法(如信息论准则 MDL 和 AIC)估计宽带信号个数。

2. 宽带信号源相干结构估计方法

1) 信息论准则[22-24]

对于窄带信号,在一定的条件下协方差矩阵的大特征值个数对应于信号源数,而其他的小特征值是相等的。这就说明可以直接根据数据协方差矩阵的大特征值来判断信号的源数,但在实际应用场合(包括数据仿真),由于快拍数有限、信噪比等方面的限制,对实际得到的数据协方差矩阵进行特征分解,不可能得到界限明显的大小特征值。如何才能从分别不明显的特征值中进行判断?基于噪声特征值的置信区间,人为地设置一门限,Schmidt[25] 提出了一种信号源数目假设检验方法。对于有限快拍数的数据,由于门限的设置具有主观性,这种方法性能并不理想。针对主观设置门限所带来的问题,Wax 和 Kailath 提出了一类所谓信息论准则,即赤池信息准则(AIC 准则)[24] 和最小描述长度准则(MDL 准则)[26]。由于信息论准则避免了人为地设置门限的主观性,能够较准确地估计信号源数目。

AIC 和 MDL 准则估计信号源数目的表达式为

$$\mathrm{AIC}(k) = -\ln\left[\frac{\prod_{i=k+1}^{M}\hat{\lambda}_i^{\frac{1}{M-k}}}{\frac{1}{M-k}\sum_{i=k+1}^{M}\hat{\lambda}_i}\right]^{(M-k)K} + k(2M-k) \tag{4-21}$$

$$\mathrm{MDL}(k) = -\ln\left[\frac{\prod_{i=k+1}^{M}\hat{\lambda}_i^{\frac{1}{M-k}}}{\frac{1}{M-k}\sum_{i=k+1}^{M}\hat{\lambda}_i}\right]^{(M-k)K} + \frac{1}{2}k(2M-k)\ln K \tag{4-22}$$

式中:$k=0,1,\cdots,M-1$。

空间信号源数目的估计值 $\hat{P}$ 就是使 AIC(k)或 MDL(k)为最小的 k 值,即

$$\hat{P} = \arg\{\min_k \mathrm{AIC}(k)\} \tag{4-23}$$

正如参考文献[27]所述:AIC 准则不是一致性估计,即在大快拍数的场合,它仍有较大的误差概率,即使在高信噪比的情况下,AIC 准则也有一定的误差概

率;MDL 准则是一致性估计,也就是在高信噪比的情况下该准则有较好的性能,但它是以牺牲小信噪比情况下的性能来换取的,即在小信噪比的场合下,相比 AIC 准则有较大的误差概率。由此可见,MDL 准则相对较好。

为改善 MDL 在低信噪比下的性能,对其进行改进[23]

$$\text{MMDL}(k) = L_1 + L_2 + L_3 + P_a + P_c + \frac{1}{2}k\lg K \tag{4-24}$$

其中

$$L_1 = -K\ln\left[\frac{\prod_{i=k+1}^{M}\hat{\lambda}_i}{\left(\frac{1}{M-k}\sum_{i=k+1}^{M}\hat{\lambda}_i\right)^{(M-k)}}\right] \tag{4-25}$$

$$L_2 = \sum_{\substack{i,j=1\\ i<j}}^{k}\lg(\hat{\lambda}_i - \hat{\lambda}_j)^2 \tag{4-26}$$

$$L_3 = \sum_{i=1}^{k}\lg(\hat{\lambda}_i - \tilde{\sigma}_v^2)^{M-k} \tag{4-27}$$

$$\tilde{\sigma}_v^2 = \frac{1}{M-k}\sum_{i=k+1}^{M}\hat{\lambda}_i \tag{4-28}$$

$$P_a = \frac{1}{2}k(2M-k-1)\ln K \tag{4-29}$$

$$P_c = -\sum_{i=M-k+1}^{M}\ln\Gamma(i) \tag{4-30}$$

对于宽带信号,其各个频率点协方差矩阵的特征值同样满足

$$\hat{\lambda}_{j1} \geqslant \hat{\lambda}_{j2} \geqslant \cdots \geqslant \hat{\lambda}_{jP} \geqslant \hat{\lambda}_{j(P+1)} \geqslant \cdots \geqslant \hat{\lambda}_{jM} \tag{4-31}$$

同样可以把 $\hat{\lambda}_{j1},\hat{\lambda}_{j2},\cdots,\hat{\lambda}_{jM}$ 代入信息论准则来估计宽带信号源数目,但是,由于 $\hat{\lambda}_{j1},\hat{\lambda}_{j2},\cdots,\hat{\lambda}_{jM}$ 只包含 1 个频率点下的采样值,信息量较小,直接采用 $\hat{\lambda}_{j1},\hat{\lambda}_{j2},\cdots,\hat{\lambda}_{jM}$ 来估计信号源的数目,估计效果较差。为了提高算法的估计性能,可以对各个频率点下的 $\hat{\lambda}_{j1},\hat{\lambda}_{j2},\cdots,\hat{\lambda}_{jM}$ 做平均,即令

$$\hat{\lambda}_i = \frac{1}{J}\sum_{j=1}^{J}\hat{\lambda}_{ji} \quad (i = 1,2,\cdots,M) \tag{4-32}$$

可以将 $\hat{\lambda}_i$ 代入信息论准则中来估计信源个数。该方法的缺陷是只能估计宽带非相干信号源的数目,对于宽带相干信号源,下面给出一种基于平滑秩图和 MMDL 准则的估计方法。

2)平滑秩图

平滑秩图(SRP)[28]可以估计窄带相干信号源的数目和信号源的相干结构。对于窄带非相关信号源,其协方差矩阵 $\boldsymbol{R}$ 非奇异。对 $\boldsymbol{R}$ 进行特征分解有

$$\lambda_1 \geqslant \lambda_2 \geqslant \cdots \geqslant \lambda_P > \lambda_{P+1} = \cdots = \lambda_M = \sigma_n^2 \tag{4-33}$$

如果信号源相干,信号协方差矩阵 $\boldsymbol{R}$ 奇异,特征值不再满足式(4-33)。此

时可以用空间平滑技术来解相关。即将阵列接收数据协方差矩阵的交叉重叠子阵进行平均,使平均后的矩阵的秩恢复到信号源的个数。对于前向空间平滑,要求阵列阵元个数大于信号源总数与最大相干度之和。下面先介绍一下信号源相干度和相干结构的基本概念。

信号源相干度是指一组相干源的数目;信号源相干结构是指所有信号源中有几个相干组,每个相干组中有几个相干信号源。如果用$\{g_i, i=1,2,\cdots,L\}$来表示信号源的相干结构(Source Coherency Structure),用Q表示总的相干组数,D表示总的信源数目,则$Q=\sum_{i=1}^{L}g_i$,$D=\sum_{i=1}^{L}ig_i$。例如,8个信号源分为相干度分别为1、2、2、3的4个相干组,其中相干度为1的相干组有1个($g_1=1$),相干度为2的相干组有2个($g_2=2$),相干度为3的相干组有1个($g_3=1$),则总的相干组数$Q=g_1+g_2+g_3=1+2+1=4$,总的信号源数目$D=1\times1+2\times2+3\times1=8$,最大相干度为3。

前向空间平滑技术的原理如图4-1所示,将均匀线阵(M个阵元)分成相互交错的$i+1$个子阵,每个子阵的阵元数为$M-i$。

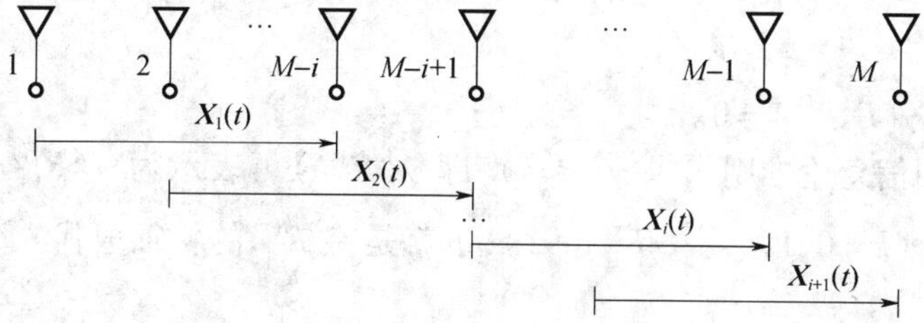

图4-1 前向空间平滑原理图

即将一个具有M个阵元的均匀线阵划分成具有$i+1$个阵元的相互重叠的子阵,阵元$\{1,2,\cdots,M-i\}$构成第1个子阵,阵元$\{2,3,\cdots,M-i+1\}$构成第2个子阵,依次进行构成$i+1$个子阵。以$\boldsymbol{X}_m(t)(m=1,2,\cdots,i+1)$表示第$m$个子阵的输出数据矢量,则

$$\boldsymbol{X}_m(t)=\boldsymbol{A}_{M-i}D^{m-1}\boldsymbol{S}(t)+\boldsymbol{N}_m(t) \tag{4-34}$$

式中:$D=\text{diag}\left\{\exp\left(-\text{j}\frac{2\pi}{\lambda}d\sin\theta_1\right)\quad\cdots\quad\exp\left(-\text{j}\frac{2\pi}{\lambda}d\sin\theta_P\right)\right\}$;$\boldsymbol{A}_{M-i}$是$\boldsymbol{A}$的前$M-i$行构成的矩阵;$\boldsymbol{N}_m(t)$是第$m$个子阵上的噪声矢量。第$m$个子阵的协方差矩阵为

$$\boldsymbol{R}_m=\boldsymbol{A}_{M-i}D^{m-1}\boldsymbol{R}_S(D^{m-1})^{\text{H}}\boldsymbol{A}_{M-i}{}^{\text{H}}+\sigma_n^2\boldsymbol{I} \tag{4-35}$$

$\boldsymbol{R}_m$可以看做是$\boldsymbol{R}$的第m个$M-i$阶顺序子方阵。空间平滑协方差矩阵定义为所有子阵协方差矩阵的算术平均,即$\boldsymbol{R}^{(i)}=\frac{1}{i+1}\sum_{m=1}^{i+1}\boldsymbol{R}_m$,其中$i=0,1,2,\cdots,M-1$,定义$\boldsymbol{R}^{(0)}=\boldsymbol{R}$。实质上,$\boldsymbol{R}^{(i)}$可由下式表示:

$$\boldsymbol{R}^{(i)}=\frac{1}{i+1}\sum_{m=1}^{i+1}\boldsymbol{R}_m=\frac{1}{i+1}\sum_{j=0}^{i}\boldsymbol{I}_{M-i,j}\boldsymbol{R}\boldsymbol{I}_{M-i,j}^{\text{T}}\quad(i=1,2,\cdots,M-1) \tag{4-36}$$

式中:$\boldsymbol{R}_m=\boldsymbol{I}_{M-i,j}\boldsymbol{R}\boldsymbol{I}_{M-i,j}^{\mathrm{T}}$;$\boldsymbol{I}_{M-i,j}$为$(M-i)\times M$维矩阵,它的前$j$列和后$i-j$列为零矢量,第$j+1$列到第$M-i+j$列构成单位矩阵,即$\boldsymbol{I}_{M-i,j}=[0\ \ 0\ \ \cdots\ \ 0\ \ I\ \ 0\ \ 0\ \ \cdots\ \ 0]$。

根据以上空间平滑协方差矩阵的定义,若i依次取$0,1,\cdots,M-1$,即子阵的阵元数依次取$M,M-1,\cdots,1$,则由$\boldsymbol{R}$可得维数递减的矩阵序列$\{\boldsymbol{R}^{(i)};i=0,1,2,\cdots,M-1\}$,$\boldsymbol{R}^{(i)}$就是子阵阵元个数为$M-i$的$i+1$个子阵的协方差矩阵的算术平均,是$(M-i)\times(M-i)$维矩阵。$\{\boldsymbol{R}^{(i)};i=0,1,2,\cdots,M-1\}$的秩构成$\boldsymbol{R}$的平滑秩序列图,即$\mathrm{SRP}(\boldsymbol{R})=\{\gamma(\boldsymbol{R}^{(i)});i=0,1,\cdots,M-1\}$,其中

$$\gamma(\boldsymbol{R}^{(i)})=\begin{cases}\sum\limits_{j=1}^{L}g_j & (i=0)\\ \min\left(M-i,\sum\limits_{j=1}^{i}jg_j+(i+1)\sum\limits_{j=i+1}^{L}g_j\right) & (1\leqslant i\leqslant M-1)\end{cases}\tag{4-37}$$

信号源的相干结构可以由下式得到,即

$$g_i=-\{\gamma(\boldsymbol{R}^{(i-2)})-2\gamma(\boldsymbol{R}^{(i-1)})+\gamma(\boldsymbol{R}^{(i)})\}\quad(i=1,2,\cdots,L)\tag{4-38}$$

其中,定义$\gamma(\boldsymbol{R}^{(-1)})=0$。

可以用信息论准则来求$\gamma(\boldsymbol{R}^{(i)})$,即$\gamma(\boldsymbol{R}^{(i)})$可表示为$\gamma(\boldsymbol{R}^{(i)})=\arg\{\min\limits_{k}\mathrm{MMDL}(k)\}(k=0,1,2,\cdots,M-i-1)$,也就是将$\boldsymbol{R}^{(i)}$的特征值代入MMDL准则来求$\gamma(\boldsymbol{R}^{(i)})$。

3)估计宽带信号源相干结构和数目的方法

综上所述,基于平滑秩图和MMDL的宽带信号源相干结构和数目估计的方法如下:

(1)计算$\boldsymbol{R}_j=\dfrac{1}{K}\sum\limits_{k=1}^{K}\boldsymbol{X}_k(f_j)\boldsymbol{X}_k^{\mathrm{H}}(f_j)$。

(2)对于每个$j(j=1,2,\cdots,J)$,求$\boldsymbol{R}_j$的平滑序列$\{\boldsymbol{R}_j^{(i)};i=0,1,\cdots,M-1\}$及其相应的特征值$\hat{\boldsymbol{\lambda}}_{jm}^{(i)}(m=1,2,\cdots,M-i)$。对于某一$k$值,对$j$求平均,即$\hat{\lambda}_m^{(i)}=\dfrac{1}{J}\sum\limits_{j=1}^{J}\hat{\lambda}_{jm}^{(i)}$。

(3)将$\hat{\lambda}_m^{(i)}(m=1,2,\cdots,M-i)$代入MMDL准则,求出平滑秩图$\gamma(\boldsymbol{R}^{(i)})$。

(4)估计宽带信号源相干结构和数目,$g_i=-\{\gamma(\boldsymbol{R}^{(i-2)})-2\gamma(\boldsymbol{R}^{(i-1)})+\gamma(\boldsymbol{R}^{(i)})\}$,$D=\sum\limits_{i=1}^{L}ig_i$。

在估计平滑秩图时,当$\gamma(\hat{\boldsymbol{R}}^{(i+1)})=\gamma(\hat{\boldsymbol{R}}^{(i)})$或$\hat{\boldsymbol{R}}^{(i)}$等于其维数,说明$\boldsymbol{R}^{(i)}$达到稳定状态,此时,不需再计算$\hat{\boldsymbol{R}}^{(i+1)},\hat{\boldsymbol{R}}^{(i+2)},\cdots,\hat{\boldsymbol{R}}^{(M-1)},\hat{\boldsymbol{R}}^{(M)}$的秩,即不需继续计算后续的平滑秩图,可以取$\gamma(\hat{\boldsymbol{R}}^{(i+q)})=\min\{\gamma(\hat{\boldsymbol{R}}^{(i+q-1)}),\hat{\boldsymbol{R}}^{(i+q)}$的维数$\}(q=$

$1,2,\cdots,M-i$)。

可以证明,在估计宽带非相关信号源数目时,该方法的估计精度优于聚焦类方法。聚焦类方法是先聚焦,再估计信号源个数。令频率 f_j 对应的聚焦矩阵为 $\boldsymbol{T}_j$,则聚焦后的协方差矩阵可表示为 $\boldsymbol{R}=\frac{1}{J}\sum_{j=1}^{J}\boldsymbol{T}_j\boldsymbol{R}_j\boldsymbol{T}_j^{\mathrm{H}}$,令 $\boldsymbol{R}_j'=\boldsymbol{T}_j\boldsymbol{R}_j\boldsymbol{T}_j^{\mathrm{H}}$,如果 $\boldsymbol{T}_j$ 是酉矩阵,根据参考文献[29]有,酉变换不改变矩阵的特征值,即 $\boldsymbol{R}_j'$ 的特征值与 $\boldsymbol{R}_j$ 的特征值相等。从式(4-31)和式(4-32)可得出,各频点下特征值的平均值等于聚焦后对应的特征值,但要求聚焦矩阵为酉矩阵。即本节方法的信号源个数估计性能,与先采用酉聚焦矩阵进行聚焦,再估计信号个数的处理方法性能相当。而酉聚焦矩阵是保证聚焦前后不会造成信噪比损失的必要条件。而有些聚焦类方法构造出的聚焦矩阵并不满足酉矩阵条件,从而说明该方法的估计精度优于聚焦类方法。但是,空间平滑降低了阵列的有效孔径,而聚焦变换不会降低阵列的有效孔径,当阵元数目较小,相干度较大时,由于有效孔径降低,本节提出的方法需要较高的信噪比,其性能可能低于 CSM 类算法,而且空间平滑只能用于均匀直线阵列。

3. 2 种方法解相干的基本原理

1) 聚焦解相干的原理

对于相干的窄带信号,其信号协方差矩阵的秩为 1,对于相干的宽带信号,虽然对带宽内各个频率点而言,仍是 $\mathrm{rank}\{\boldsymbol{R}_S\}=1$。但是,在整个频域内 $\boldsymbol{R}_S$ 的秩却不一定为 1。以 2 个相干信号源为例来说明聚焦可以解相干的原理。

假设有 2 个宽带相干源 $s_1(t)$ 和 $s_2(t)$,并且 $s_2(t)=s_1(t-t_0)$,$t_0\neq 0$,分别来自 2 个不同的方向 θ_1 和 θ_2,则相关函数矩阵为

$$\boldsymbol{R}_S(\tau)=\boldsymbol{E}\{\boldsymbol{S}(t)\boldsymbol{S}^{\mathrm{H}}(t+\tau)\}=\begin{bmatrix} r(\tau) & r(\tau-t_0) \\ r(\tau+t_0) & r(\tau) \end{bmatrix} \tag{4-39}$$

式中:$\boldsymbol{S}(t)=[s_1(t)\quad s_2(t)]^{\mathrm{T}}$,$r(\tau)$ 为 $s_1(t)$ 的自相关函数,对式(4-39)做傅里叶变换,得

$$\boldsymbol{P}_S(f)=\begin{bmatrix} P(f) & P(f)\mathrm{e}^{-\mathrm{j}2\pi t_0} \\ P(f)\mathrm{e}^{\mathrm{j}2\pi t_0} & P(f) \end{bmatrix} \tag{4-40}$$

显然 $\boldsymbol{P}_S(f)$ 是一奇异矩阵,且与 $\boldsymbol{P}_S(f)$ 的形式无关。然而,若将所有的 $\boldsymbol{P}_S(f)$ 对 f 积分,可得

$$\int\boldsymbol{P}_S(f)\,\mathrm{d}f=\boldsymbol{P}_S(0)=\begin{bmatrix} R(0) & R(t_0) \\ R(t_0) & R(0) \end{bmatrix} \tag{4-41}$$

由式(4-41)可得,只要 $t_0\neq 0$,$\boldsymbol{P}_S(0)$ 就是非奇异的。即若将所有频率成分的信号功率谱密度矩阵做平均,就可以消除相干源相关矩阵的奇异性,就可以解相干。

聚焦后的协方差矩阵为

$$\boldsymbol{R} = \frac{1}{J}\sum_{j=1}^{J}\boldsymbol{E}\{[\boldsymbol{T}_j\boldsymbol{X}_j][\boldsymbol{T}_j\boldsymbol{X}_j]^{\mathrm{H}}\} =$$

$$\frac{1}{J}\sum_{j=1}^{J}\boldsymbol{E}\{[\boldsymbol{T}_j(\boldsymbol{A}_j\boldsymbol{S}_j + \boldsymbol{N}_j)][\boldsymbol{T}_j(\boldsymbol{A}_j\boldsymbol{S}_j + \boldsymbol{N}_j)]^{\mathrm{H}}\} =$$

$$\frac{1}{J}\sum_{j=1}^{J}[\boldsymbol{T}_j\boldsymbol{A}_j\boldsymbol{E}(\boldsymbol{S}_j\boldsymbol{S}_j^{\mathrm{H}})(\boldsymbol{T}_j\boldsymbol{A}_j)^{\mathrm{H}} + \sigma_j^2\boldsymbol{I}] \tag{4-42}$$

如果聚焦矩阵满足 $\boldsymbol{T}_j\boldsymbol{A}_j = \boldsymbol{A}_0$(如 RSS 算法正是满足这一条件),则

$$\boldsymbol{R} = \boldsymbol{A}_0\left[\frac{1}{J}\sum_{j=1}^{J}\boldsymbol{R}_S(f_j)\right]\boldsymbol{A}_0^{\mathrm{H}} + \left(\frac{1}{J}\sum_{j=1}^{J}\sigma_j^2\right)\boldsymbol{I} \tag{4-43}$$

由式(4-43)可以看出,聚焦相当于频域平均,即通过对各个频率点的信号协方差矩阵进行平均 $\left(\boldsymbol{R}_S' = \frac{1}{J}\sum_{j=1}^{J}\boldsymbol{R}_S(f_j)\right)$ 来恢复信号协方差矩阵 $\boldsymbol{R}_S'$的秩。这种解相干方法可称为频域平滑,以区别于空间平滑。

综上所述,聚焦实质上就相当于频域平滑,CSM 类算法是通过频域平滑来解相干的。

2) 空间平滑解相干的原理

从式(4-36)和式(4-37)可以得到,空间平滑后的协方差矩阵为

$$\boldsymbol{R}^{(i)} = \frac{1}{i+1}\sum_{m=1}^{i+1}\boldsymbol{R}_m = \frac{1}{i+1}\sum_{m=1}^{i+1}[\boldsymbol{A}_{M-i}\boldsymbol{D}^{m-1}\boldsymbol{R}_S(\boldsymbol{D}^{m-1})^{\mathrm{H}}\boldsymbol{A}_{M-i}^{\mathrm{H}} + \sigma_n^2\boldsymbol{I}] =$$

$$\boldsymbol{A}_{M-i}\left[\frac{1}{i+1}\sum_{m=1}^{i+1}\boldsymbol{D}^{m-1}\boldsymbol{R}_S(\boldsymbol{D}^{m-1})^{\mathrm{H}}\right]\boldsymbol{A}_{M-i}^{\mathrm{H}} + \sigma_n^2\boldsymbol{I} \tag{4-44}$$

将整个数据协方差矩阵 $\boldsymbol{R}$ 分为图 4-2 所示的相互重叠的子矩阵,其维数都是 $(M-i)\times(M-i)$,其中 $\boldsymbol{R}_{rs}$ 相当于 $\boldsymbol{R}$ 中的第 r 行到第 $M-i+r-1$ 行及第 s 列到 $M-i+s-1$ 列的一个子阵,即 $\boldsymbol{R}_{rs} = \boldsymbol{R}(r{:}M-i+r-1, s{:}M-i+s-1)$。

空间平滑的第 m 个子阵的协方差矩阵 $\boldsymbol{R}_m$ 相当于图 4-2 中矩阵 $\boldsymbol{R}$ 的第 m 行 $(r=m)$ 第 m 列 $(s=m)$ 分块矩阵 $\boldsymbol{R}_{mm}$。图 4-2 形象地表达了空间平滑的含义。

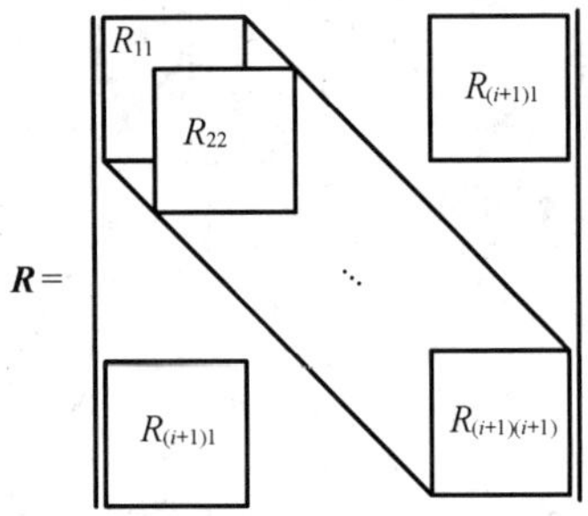

图 4-2 协方差矩阵的分块

下面不加证明地给出一个定理[30]。

定理 4-1 如果子阵阵元数目 $M-i>P$,则当 $i+1>P$ 时空间平滑数据协方差矩阵 $\boldsymbol{R}^{(i)}$ 是满秩的。

由此可以得出,本节的估计宽带相干结构的方法正是利用空间平滑技术来

解相干的。

频域平滑解相干,不会降低阵列的有效孔径,但是,频域平滑大都需要进行角度预估计和聚焦变换,而角度预估计和聚焦会产生误差,使性能有所降低。

空间平滑不需要角度预估计和聚焦变换,避免了它们所带来的误差,而且算法运算量较小,算法简单。但是,空间平滑降低了阵列的有效孔径,在阵元数目较小、信号源相干度较大、信噪比较低时,其性能降低,而且空间平滑只能用于均匀直线阵列。所以,频域平滑和空间平滑各有其优缺点。

4.2.3 性能仿真

分别将基于直线检测的宽带信号源数目估计方法、CSM 算法以及基于平滑秩图和 MMDL 准则的方法简记为 EGM、CSM 和 SS－MMDL。

仿真实验都是针对 16 个阵元的均匀线阵,阵元间距为最高频率所对应波长的一半,宽带信号为远场时域平稳、均值为零的宽带信号,其中心频率为 100Hz,带宽为 40Hz,即相对带宽为 40%。宽带信号源的入射角度分别为 －10°、5°、20°。

1. 宽带信号为非相关信号源时的性能

仿真实验 4－1 与信噪比的关系。

3 个宽带信号为非相关信号。噪声为加性高斯白噪声。信噪比从 －8dB 以步长 1dB 增加到 8dB。采样频率为 400Hz,整个观测时间为 40.96s,将整个观测时间分成 128 段,每段观测时间为 0.32s(128 点),对每段观测数据进行 128 点的 FFT 变换,每个信号在带宽内被分成 14$\left(\frac{40}{400}\times128+1=13.8\right)$个频率点。在每个信噪比下,独立做实验 200 次。仿真结果如图 4－3 所示。

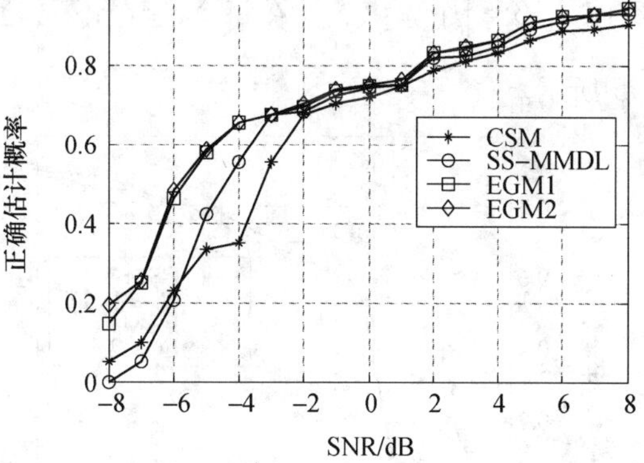

图 4－3　非相关信号时 CSM、SS-MMDL、EGM 的检测概率与 *SNR* 的关系

仿真实验 4－2 与快拍数的关系。

3 个宽带信号为非相关信号。噪声为加性高斯白噪声。信噪比为 5dB。采样频率为400Hz,整个观测时间为 $a\times 2.56$s($a=1,2,\cdots,16$),将整个观测时间分成 $8a$ 段(即快拍数为 $K=8a$),每段观测时间为0.32s(128点),对每段观测数据进行128点的FFT变换,每个信号在带宽内被分成 $14\left(\frac{40}{400}\times 128+1=13.8\right)$ 个频率点。$a=1,2,\cdots,16$,即快拍数 K 从8以步长8增加到128,在每个快拍数 K 下,独立做实验200次。仿真结果如图4-4所示。

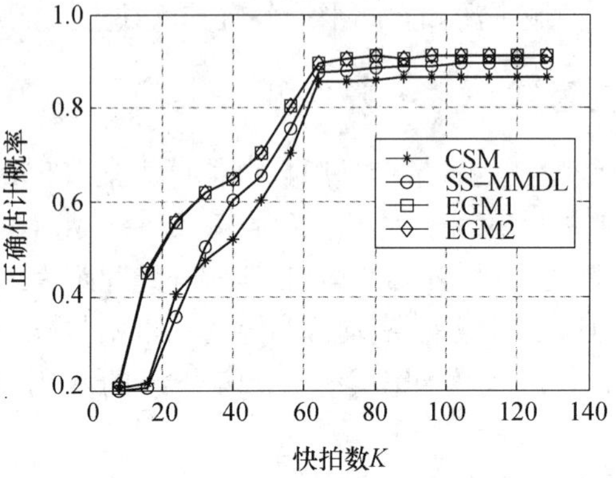

图4-4　非相关信号时CSM、SS-MMDL、EGM的检测概率与快拍数的关系

2. 宽带信号为相干信号时的性能

仿真实验4-3　与信噪比的关系。

宽带信号为3个相干信号。噪声为加性高斯白噪声,各阵元上的噪声不相关。信噪比从-8dB以步长1dB增加到8dB。采样频率为400Hz,整个观测时间为40.96s,将整个观测时间分成128段(即快拍数为128),每段观测时间为0.32s(128点),对每段观测数据进行128点的FFT变换,每个信号在带宽内被分成 $14\left(\frac{40}{400}\times 128+1=13.8\right)$ 个频率点。在每个信噪比下,独立做实验200次。仿真结果如图4-5所示。

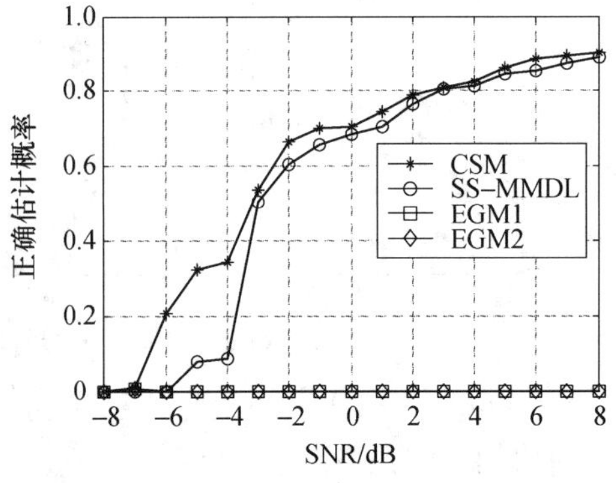

图4-5　相干信号时CSM、SS-MMDL、EGM的检测概率与SNR的关系

仿真实验 4-4 与快拍数的关系。

宽带信号为 3 个相干信号。噪声为加性高斯白噪声,各阵元上的噪声不相关。信噪比为 5dB。采样频率为 400Hz,整个观测时间为 $a \times 2.56$s($a = 1, 2, \cdots, 16$)。将整个观测时间分成 $8a$ 段(即快拍数为 $K = 8a$),每段观测时间为 0.32s(128 点),对每段观测数据进行 128 点的 FFT 变换,每个信号在带宽内被分成 $14\left(\frac{40}{400} \times 128 + 1 = 13.8\right)$ 个频率点。$a = 1, 2, \cdots, 16$,即快拍数 K 从 8 以步长 8 增加到 128,在每个快拍数 K 下,独立做实验 200 次。仿真结果如图 4-6 所示。

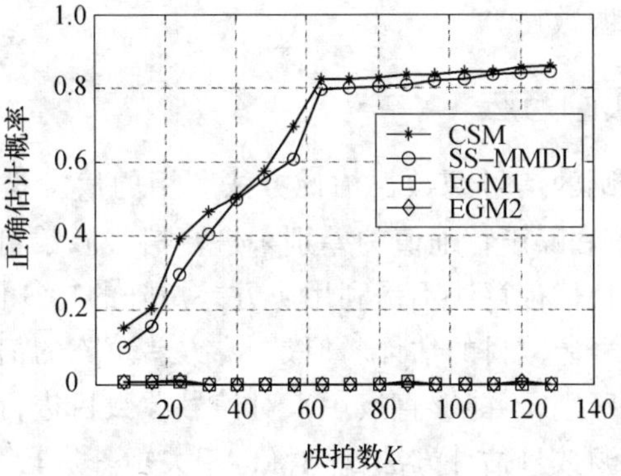

图 4-6 相干信号时 CSM、SS-MMDL、EGM 的检测概率与快拍数的关系

3. 实验结果分析

从图 4-3 可以得出,EGM 和 SS-MMDL 估计非相关信号时的性能要优于 CSM 算法,因为 CSM 算法存在聚焦误差。从图 4-5 和图 4-6 可以得出,当宽带信号为相干信号时,EGM 不能直接估计宽带相干源数目。因为 SS-MMDL 利用空间平滑来解相干,而空间平滑降低了阵列的有效孔径,所以,当阵列阵元数较小、信噪比较低、信号相干度较大时,SS-MMDL 的性能较差,如图 4-3 所示。从图 4-4 和图 4-6 可以得出,EGM、SS-MMDL 和 CSM 方法在小快拍数下,其性能急剧下降;随着快拍数 K 的增加,估计的精度也随着提高,其主要原因是:在计算协方差矩阵时,采用了有限的数据样本(快拍数)来估计协方差矩阵的真实值,用时间平均来代替统计平均,样本数(快拍数)越大,协方差矩阵的估计也越准确,信号源数目的正确估计概率也越高。

当信号源相干时,可以先对数据进行预处理(如空间平滑或频域平滑),然后再利用 EGM 方法来估计宽带相干信号源数目,本节不再具体讨论这一问题。

4.3 基于盖氏圆半径的宽带信号源数目估计

基于特征分解的信号源数目估计方法是利用高斯白噪声假设下的信号模型

推导出来的，因此上述方法仅适用于高斯白噪声，即每个阵元上的噪声功率相等且互不相关。在实际工程中，由于接收阵列所处的环境中可能存在着各种干扰，并且由于工艺水平的制约，接收系统的各个通道不可能做到完全一致，阵列接收数据中的噪声分量不再是空间白噪声，而是各个阵元上相关的、并且功率不等的空间色噪声。当阵列加性噪声为空间相关色噪声时，以上方法的性能急剧下降甚至完全失效，因此研究色噪声环境下的信号源数目估计方法具有重要意义。为此，H. T. Wu 等人提出了盖氏圆方法(Gerschgorin)[31-35]，即基于盖氏圆定理的信号源数目估计方法，该方法没有上述限制，它既可以估计白噪声也可以估计色噪声环境下信号源数目。

4.3.1 盖氏圆方法

基于信息论准则的信号源数目估计方法利用的信息是协方差矩阵的特征值，根据信号特征值和噪声特征值的差别来进行信号源数目的估计。基于盖氏圆定理的信号源数目估计算法不是利用协方差矩阵的特征值，而是利用它的盖氏圆半径来进行信号源数目的估计。但是，协方差矩阵的信号盖氏圆和噪声盖氏圆并没有明显的区别，不能够直接用来对信号源数目进行有效的估计。基于盖氏圆定理的信号源数目估计方法首先将自相关矩阵进行一定的变换，这种变换可以使得变换后的自相关矩阵的噪声盖氏圆的半径等于零，而信号盖氏圆的半径明显大于噪声盖氏圆的半径。所以变换后的阵列协方差矩阵的盖氏圆就分成半径大小不同的2组，半径大的一组对应信号盖氏圆，半径小的一组对应噪声盖氏圆。基于盖氏圆定理的信号源数目估计算法根据变换后的协方差矩阵的盖氏圆半径大小来进行信号源数目估计。

首先介绍盖氏圆盘定理[36]。

定理 4-2 设有一 $M\times M$ 维矩阵 $\boldsymbol{R}$，其第 i 行第 j 列的元素为 r_{ij}，令第 i 行元素(除第 i 列元素)绝对值之和为

$$r_i = \sum_{j=1,i\neq j}^{M} |r_{ij}| \quad (i = 1,2,\cdots,M) \tag{4-45}$$

定义第 i 个圆盘 O_i 上的点在复平面上的集合用下式表示：

$$| Z - r_{ii} | < r_i \tag{4-46}$$

这个圆盘称为盖氏圆盘。则矩阵 $\boldsymbol{R}$ 的特征值包含在圆盘 O_i 的并区间内，圆盘的中心位于 r_{ii}处，半径为 r_i(称为盖氏圆半径)。

假设阵元个数为 M，信号源个数为 P，$P<M$。对数据协方差矩阵 $\boldsymbol{R}=\boldsymbol{E}[\boldsymbol{X}\boldsymbol{X}^{\mathrm{H}}]=\boldsymbol{A}\boldsymbol{R}_S\boldsymbol{A}^{\mathrm{H}}+\sigma_n{}^2\boldsymbol{I}$ 进行酉变换

$$\boldsymbol{D} = \boldsymbol{U}^{\mathrm{H}}\boldsymbol{R}\boldsymbol{U} = \mathrm{diag}\{\lambda_1,\lambda_2,\cdots,\lambda_M\} \tag{4-47}$$

式中：$\boldsymbol{U}=[\boldsymbol{u}_1 \quad \boldsymbol{u}_2 \quad \cdots \quad \boldsymbol{u}_M]$，$\lambda_i$ 和 $\boldsymbol{u}_i$ 分别是 $\boldsymbol{R}$ 的特征值和特征矢量；$\boldsymbol{A}$ 可表示

为 $\boldsymbol{A}=[\boldsymbol{a}(f,\theta_1)\quad \boldsymbol{a}(f,\theta_2)\quad \cdots\quad \boldsymbol{a}(f,\theta_P)]=[\boldsymbol{b}_1\quad \boldsymbol{b}_2\quad \cdots\quad \boldsymbol{b}_M]^{\mathrm{T}}$，$\boldsymbol{a}(f,\theta_m)=\left[1,\exp\left(-\mathrm{j}\dfrac{2\pi d\sin\theta_m}{\lambda}\right),\cdots,\exp\left(-\mathrm{j}(M-1)\dfrac{2\pi d\sin\theta_m}{\lambda}\right)\right]^{\mathrm{T}}$

信息论的方法虽然避免了门限选择的主观性，但信息论方法 AIC 和 MDL 准则是基于零均值加性高斯白噪声的，称之为基于模型和特征值的信号源数目估计方法。对于小样本或实际数据，噪声往往是色噪声，这类方法不能正确地估计出信号源的数目。1994 年，H. T. Wu 提出盖氏圆盘方法，这种方法适用于色噪声下的信号源数目估计。

由上述盖氏圆盘定理知，阵列协方差矩阵 $\boldsymbol{R}$ 的所有特征值应位于以 $r_i=\sum_{j=1,i\neq j}^{M}|r_{ij}|$ 为半径、以 $c_i=r_{ii}$ 为圆心的盖氏圆的并集之中，因为阵列协方差矩阵 $\boldsymbol{R}$ 是厄米特矩阵，所以其对角元素和特征值均为实数。当确定了阵列协方差矩阵 $\boldsymbol{R}$ 的盖氏圆圆心和半径之后，就可以在实轴大致确定其特征值的位置。但是，由于阵列协方差矩阵 $\boldsymbol{R}$ 盖氏圆半径较大，而盖氏圆的圆心又较接近，所以这些盖氏圆盘交织在一起，对信号源数目的估计仍没有什么帮助。例如，远场 2 个等功率独立的非相关窄带信号分别从 $-10°$ 和 $10°$ 的方向辐射到均匀线性阵列上，阵列的阵元数目为 $M=6$，阵元间距 $d=\dfrac{\lambda}{2}$，噪声为加性高斯白噪声，信噪比为 2dB。图 4－7 是数据协方差矩阵的盖氏圆图示，其中 ξ_1 轴和 ξ_2 轴分别代表实轴和虚轴。从图 4－7 可以得出，原始的数据协方差矩阵的盖氏圆交织在一起，不能根据盖氏圆半径来估计信号源数目。

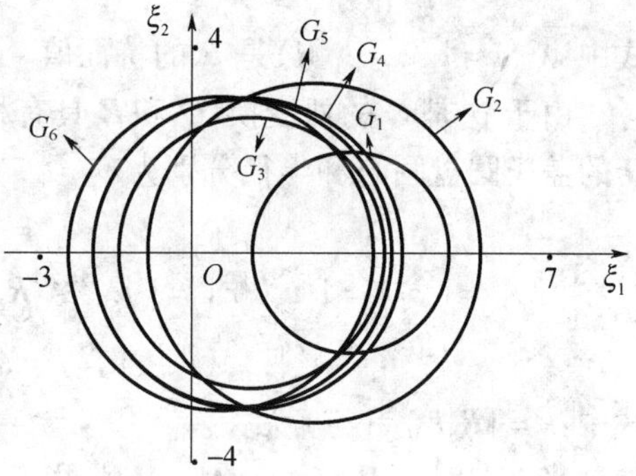

图 4－7　数据协方差矩阵的盖氏圆

为了利用协方差矩阵的盖氏圆进行信号源数目估计，需要将阵列协方差矩阵 $\boldsymbol{R}$ 做一定的变换，使得变换后矩阵的盖氏圆分成半径大小不同的 2 组，半径大的一组盖氏圆包含信号特征值，半径小的一组盖氏圆包含噪声特征值。即必须对阵列协方差矩阵 $\boldsymbol{R}$ 进行某种变换，使得变换后的协方差矩阵的噪声盖氏圆尽可能远离信号盖氏圆，并使噪声盖氏圆的半径尽可能小，这样就可以根据变换后的盖氏圆的大小来估计信号源数目。

在不改变协方差矩阵特征值的前提下，需要对原始的数据协方差矩阵 $\boldsymbol{R}$ 进行归一化变换，使信号与噪声所对应的圆盘尽量分开，从而估计信号源的数目，这就是用盖氏圆盘法来判断信号源个数的基本思想。

对数据协方差矩阵进行分块，即

$$\boldsymbol{R} = \begin{pmatrix} \boldsymbol{R}' & \boldsymbol{r} \\ \boldsymbol{r}^{\mathrm{H}} & r_{MM} \end{pmatrix} \tag{4-48}$$

对 $\boldsymbol{R}'$ 进行酉变换，即

$$\boldsymbol{D}' = \boldsymbol{U}'^{\mathrm{H}}\boldsymbol{R}'\boldsymbol{U}' = \mathrm{diag}\{\lambda_1', \lambda_2', \cdots, \lambda_{M-1}'\} \tag{4-49}$$

式中：$\lambda_i'(i=1,2,\cdots,M-1)$、$\boldsymbol{U}'$ 分别是 $\boldsymbol{R}'$ 的特征值和特征矩阵，$\boldsymbol{U}' = [\boldsymbol{u}_1' \quad \boldsymbol{u}_2' \quad \cdots \quad \boldsymbol{u}_{M-1}']$。构造一个酉变换矩阵

$$\boldsymbol{Y} = \begin{pmatrix} \boldsymbol{U}' & 0 \\ 0^{\mathrm{T}} & 1 \end{pmatrix} \tag{4-50}$$

酉变换之后的数据协方差矩阵为

$$\boldsymbol{Q} = \boldsymbol{Y}^{\mathrm{H}}\boldsymbol{R}\boldsymbol{Y} = \begin{pmatrix} \boldsymbol{D}' & \boldsymbol{\rho} \\ \boldsymbol{\rho}^{\mathrm{H}} & r_{MM} \end{pmatrix} \tag{4-51}$$

式中：$\boldsymbol{\rho} = \boldsymbol{U}'^{\mathrm{H}}\boldsymbol{r} = [\boldsymbol{\rho}_1 \quad \boldsymbol{\rho}_2 \quad \cdots \quad \boldsymbol{\rho}_P \quad \cdots \quad \boldsymbol{\rho}_{M-1}]^{\mathrm{T}}$，$\boldsymbol{\rho}_i = \boldsymbol{u}_i'^{\mathrm{H}}\boldsymbol{r} = \boldsymbol{u}_i'^{\mathrm{H}}\boldsymbol{A}'\boldsymbol{R}_S\boldsymbol{b}_M^*$ $(i=1,2,\cdots,M-1)$，$\boldsymbol{A}' = [\boldsymbol{b}_1 \quad \boldsymbol{b}_2 \quad \cdots \quad \boldsymbol{b}_{M-1}]^{\mathrm{T}}$。

这里不加证明地给出如下结论：

$$\lambda_1 \geqslant \lambda_1' \geqslant \lambda_2 \geqslant \cdots \geqslant \lambda_{M-1} \geqslant \lambda_{M-1}' \geqslant \lambda_M \tag{4-52}$$

式中：$\lambda_i(i=1,2,\cdots,M)$ 是 $\boldsymbol{R}$ 的特征值。

由于 $\boldsymbol{Q}$ 是 $\boldsymbol{R}$ 的酉变换，$\boldsymbol{Q}$ 和 $\boldsymbol{R}$ 具有相同的特征值。当 $i=1,2,\cdots,M-1$ 时，$\boldsymbol{Q}$ 的盖氏圆盘圆心和半径分别为

$$c_i = \lambda_i' \tag{4-53}$$

$$r_i = |\rho_i| = |\boldsymbol{u}_i'^{\mathrm{H}}\boldsymbol{r}| = |\boldsymbol{u}_i'^{\mathrm{H}}\boldsymbol{A}'\boldsymbol{R}_S\boldsymbol{b}_M^*| \leqslant |\boldsymbol{u}_i'^{\mathrm{H}}\boldsymbol{A}'||\boldsymbol{R}_S\boldsymbol{b}_M^*| = k|\boldsymbol{u}_i'^{\mathrm{H}}\boldsymbol{A}'| \quad (i=1,2,\cdots,M-1) \tag{4-54}$$

式中：$k = |\boldsymbol{R}_S\boldsymbol{b}_M^*|$ 与 i 无关。

当 $i=P+1,P+2,\cdots,M-1$ 时，由于噪声所对应的矢量 $\boldsymbol{u}_i'$ 与阵列流形 $\boldsymbol{A}'$ 正交，所以对应的盖氏圆盘半径等于0（看做是噪声所对应的盖氏圆盘半径）。由于信号所对应的矢量 $\boldsymbol{u}_i'$（其中 $i=1,2,\cdots,P$）与阵列流形 $\boldsymbol{A}'$ 不正交，且 $\boldsymbol{R}_S$ 满秩，所以对应的盖氏圆盘半径大于0（看作是信号所对应的盖氏圆盘半径）。例如，对上面仿真实验中的数据协方差矩阵进行式(4-51)所示的变换，变换后的协方差矩阵的盖氏圆如图4-8所示，其中盖氏圆 G_1 和 G_2 对应信号盖氏圆，G_3、G_4 和 G_5 对应噪声盖氏圆。从图4-8可以看出，通过式(4-51)的变换，可以分离噪声和信号所对应的盖氏圆，使噪声所对应的盖氏圆半径几乎为0，而信号所对应的盖氏圆半径大于0，据此，可以估计信号源的数目。

可以得到估计源数目的盖氏圆盘法

$$\mathrm{GDE}(k) = r_k - \frac{D(K)}{M-1}\sum_{i=1}^{M-1} r_i \tag{4-55}$$

式中：k 的取值为 $[1,M-1]$。当 k 从小到大时，假设 GDE(k) 第1次出现负数时

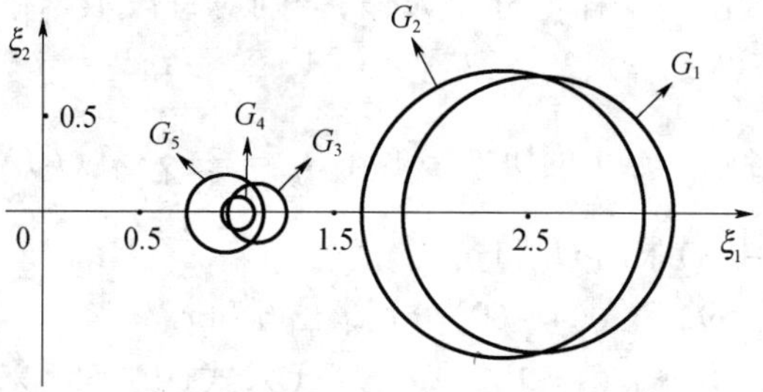

图 4-8　变换后的数据协方差矩阵的盖氏圆

的数为 k_0，则信源个数的估计值为 $\hat{P}=k_0-1$。$D(K)$ 是调整因子，它不仅与快拍数 K 有关，还与信噪比 SNR、阵元个数 M、信号源个数 P 及信号源角度间隔有关。$D(K)$ 是 K 的广义递减函数，在有限的快拍数的情况下，其值在 0 与 1 之间，当 K 趋于无穷时，$D(K)$ 取零值。参考文献[35]分析了 $D(K)$ 的取值范围与各种因素的关系，并从理论上证明了 $D(K)$ 不可能精确地确定。选择 $D(K)$ 的值时，理论分析表明，应当选一个很小的值，比如最好在 $5\times10^{-4}\sim\times10^{-3}$ 的范围之中选取。在实际应用中，可以多选取几个 $D(K)$ 分别用盖氏圆盘法进行估计信号源个数估计，然后求平均。

4.3.2　盖氏圆半径的宽带信号源数目估计方法

各个频率点 f_j 的频域数据和数据协方差矩阵满足窄带信号模型，即

$$\boldsymbol{X}(f_j,\theta)=\boldsymbol{A}_j\boldsymbol{S}_j+\boldsymbol{N}_j \tag{4-56}$$

$$\boldsymbol{R}_j=\boldsymbol{A}_j\boldsymbol{R}_S(f_j)\boldsymbol{A}_j^{\mathrm{H}}+\sigma_j^2\boldsymbol{I} \tag{4-57}$$

所以，对 $\boldsymbol{R}_j$ 进行类似的变换，使得变换后的自相关矩阵的噪声盖氏圆的半径等于零，而信号盖氏圆的半径明显大于噪声盖氏圆的半径。

$$\boldsymbol{Q}_j=\boldsymbol{Y}_j^{\mathrm{H}}\boldsymbol{R}_j\boldsymbol{Y}_j=\begin{pmatrix}\boldsymbol{D}_j' & \boldsymbol{\rho}^{(j)}\\ (\boldsymbol{\rho}^{(j)\mathrm{H}} & \boldsymbol{r}_{MM}^{(j)}\end{pmatrix} \tag{4-58}$$

由于 $\boldsymbol{Q}_j$（或 $\boldsymbol{\rho}^{(j)}$）只包含 1 个频率点下的采样值，信息量较小，直接采用 $\boldsymbol{Q}_j$（或 $\boldsymbol{\rho}^{(j)}$）来估计信号源的数目使得估计效果较差。为了提高算法的估计性能，可以对各个频率点下的 $\boldsymbol{Q}_j$（或 $\boldsymbol{\rho}^{(j)}$）做平均，即令

$$\rho=\sum_{j=1}^{J}|\boldsymbol{\rho}^{(j)}| \tag{4-59}$$

此时

$$r_i=|\rho_i|\quad(i=1,2,\cdots,M) \tag{4-60}$$

将式(4-60)代入式(4-55)就可以估计出宽带信号源数目。

综上所述，基于盖氏圆半径的宽带信号源数目估计方法，可归纳为如下步骤：

(1) 将阵列输出的采样值分为 K 段,分别对每段数据做傅里叶变换得到 $\boldsymbol{X}_k(f_j)(k=1,2,\cdots,K;\ j=1,2,\cdots,J)$。

(2) 分别求各频率点下的协方差矩阵 $\hat{\boldsymbol{R}}_j=\dfrac{1}{K}\sum\limits_{k=1}^{K}\boldsymbol{X}_k(f_j)\boldsymbol{X}_k^{\mathrm{H}}(f_j)$。

(3) 由式(4-58)求出 $\boldsymbol{Q}_j$ 和 $\boldsymbol{\rho}^{(j)}$。

(4) 由式(4-59)和式(4-60)分别求出 ρ 和 r_i。

(5) 将盖氏圆半径 $r_i(i=1,2,\cdots,M)$ 代入式(4-55)来估计宽带信号源数目。

对于宽带相干信号源数目估计问题,同样可以利用频域平滑或者空间平滑来进行处理,然后再利用盖氏圆盘法来估计宽带信号源数目。

4.3.3 性能仿真

1. 仿真实验

仿真实验都是针对16个阵元的均匀线阵,阵元间距为最高频率所对应波长的一半,宽带信号为远场时域平稳、均值为零的宽带非相关信号,其中心频率为100Hz,带宽为40Hz,即相对带宽为40%。3个宽带信号源的入射角度分别为0°、15°、45°。

仿真实验4-5 与信噪比的关系。

噪声为加性高斯白噪声,各阵元上的噪声不相关。信噪比从-8dB以步长1dB增加到8dB。采样频率为400Hz,整个观测时间为40.96s,将整个观测时间分成128段(即快拍数为128),每段观测时间为0.32s(128点),对每段观测数据进行128点的FFT变换,每个信号在带宽内被分成 $14\left(\dfrac{40}{400}\times128+1=13.8\right)$ 个频率点。在每个信噪比下,独立做实验200次。仿真结果如图4-9所示。

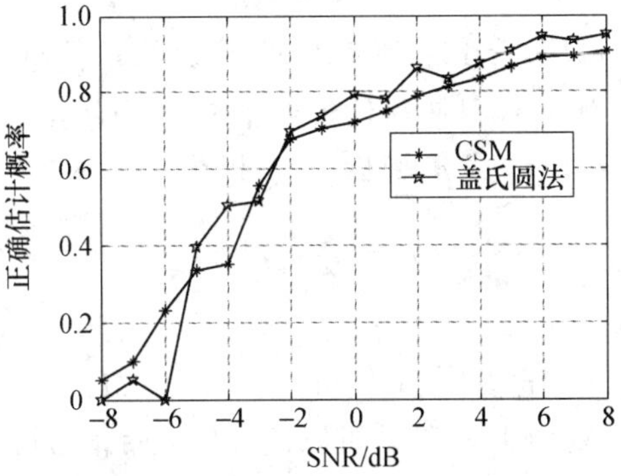

图4-9 CSM和盖氏圆法的检测概率与SNR的关系

仿真实验 4－6 与快拍数的关系。

噪声为加性高斯白噪声，各阵元上的噪声不相关。信噪比为 5dB。采样频率为 400Hz，整个观测时间为 $a\times2.56\text{s}(a=1,2,\cdots,16)$，将整个观测时间分成 $8a$ 段（即快拍数为 $K=8a$），每段观测时间为 0.32s（128 点），对每段观测数据进行 128 点的 FFT 变换，每个信号在带宽内被分成 $14\left(\dfrac{40}{400}\times128+1=13.8\right)$ 个频率点。$a=1,2,\cdots,16$，即快拍数 K 从 8 以步长 8 增加到 128，在每个快拍数 K 下，独立做实验 200 次。仿真结果如图 4－10 所示。

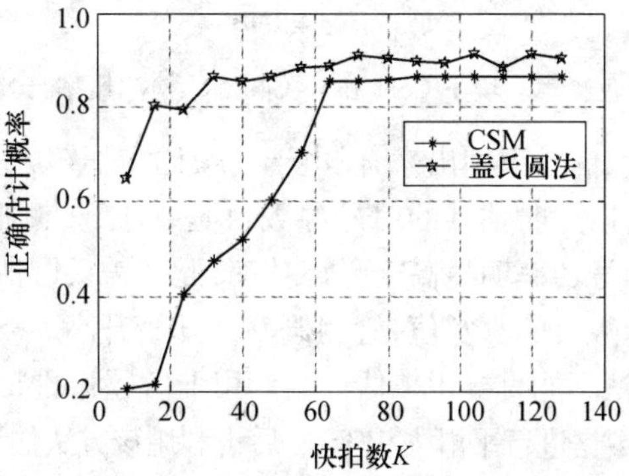

图 4－10 CSM 和盖氏圆法的检测概率与快拍数的关系

仿真实验 4－7 与色噪声的关系。

噪声为加性高斯噪声，各个频率点下的噪声功率均相等，各阵元上的噪声相关，噪声模型采用如下模型：各个频率点下的噪声协方差矩阵的元素由 $\boldsymbol{E}[\boldsymbol{n}_i(t)\boldsymbol{n}_k^{\mathrm{H}}(t)]=\sigma_n^2 0.8^{|i-k|}\exp\left[\mathrm{j}(i-k)\dfrac{\pi}{2}\right]$ 给出。信噪比从 －8dB 以步长 1dB 增加到 8dB。采样频率为 400Hz，整个观测时间为 40.96s，将整个观测时间分成 128 段（即快拍数为 128），每段观测时间为 0.32s（128 点），对每段观测数据进行 128 点的 FFT 变换，每个信号在带宽内被分成 $14\left(\dfrac{40}{400}\times128+1=13.8\right)$ 个频率点。在每个信噪比下，独立做实验 200 次。仿真结果如图 4－11 所示。

2. 仿真结果分析

从图 4－9 和图 4－11 可以得出，盖氏圆方法既可以用于白噪声，也可以用于色噪声背景下信号源数目估计，且其性能略优于 CSM 算法，而 CSM 方法在色噪声背景下的性能很差，几乎不能正确估计信号源数目。从仿真结果图 4－10 可以得出，盖氏圆方法能适用于小快拍数环境下的信号源数目估计，而 CSM 要求大快拍数。从图 4－11 可以看出，盖氏圆方法的检测概率先降后升，这是因为在信噪比很低时，盖氏圆方法将 3 个信号估计成 2 个信号，而将噪声估计成另外一个信号，导致估计的信号源数目等于真实的信号源数目；随信噪比的升高，盖

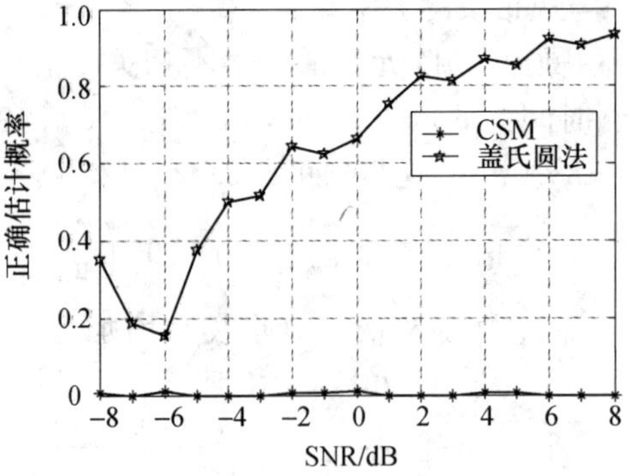

图 4－11　色噪声环境下 CSM 和盖氏圆法的检测概率与 SNR 的关系

氏圆方法能够将 3 个信号识别出来,但由于信噪比又不够大,盖氏圆法仍将噪声估计成一个信号,所以此时估计的信号源数目是 4 个,检测概率反而降低;随信噪比的继续升高,信号功率明显高于噪声功率,此时盖氏圆法估计的信号源数目是 3 个,等于信号源数目的真实值,检测概率又开始升高。

注意,盖氏圆方法不能直接用来估计宽带相干信号源的数目,如果宽带信号源是相干的,可以先对数据进行平滑去相干,然后再利用该方法估计相干信号源数目。

4.4　小　　结

信号源数目估计是阵列信号处理中的一个重要研究内容,但是,关于宽带信号源数目估计方法的研究,公开发表的文献较少。本章对宽带信号源数目估计进行了深入研究,并对各种方法进行了分析和归纳分类,得出了 3 类宽带信号源数目估计方法,即基于特征分解、基于盖氏圆半径的宽带信号源数目估计方法。主要结论如下:

(1) 本章研究了基于特征分解的宽带信号源数目估计方法。首先,研究了噪声特征值的统计特性,得出噪声特征值在平面直角坐标系中几乎处于一条直线上,并根据这一特性,利用直线检测方法来估计直线上点的个数,进而估计宽带信号源数目。其次,研究了 CSM 类算法估计宽带信号源数目的基本原理,得出了 CSM 类算法是利用频域平滑来解相干的这一重要结论。最后,提出了一种估计宽带信号源相干结构的方法,并得出其解相干的实质,即空间平滑解相干,同时还深入分析了空间平滑和频域平滑解相干的异同和优缺点。

(2) 噪声所对应的盖氏圆半径几乎为零,而信号所对应的盖氏圆半径不等于零,根据这一特性,提出了一种估计宽带信号源数目的方法。该方法既能用于白噪声背景下,也能用于色噪声背景下的信号源数目估计,而且,该方法可以用在小快拍数信号环境中。

参 考 文 献

[1] Anderson T W. Asymptotic theory for principal component analysis[J]. Ann Moth Statist, 1963, 34: 122 - 148.

[2] 刘君,廖桂生,王洪洋. 信源数目过估计和欠估计下 MUSIC 算法分析[J]. 现代雷达,2004,26(2):50 - 52.

[3] Cozzens J H, Sousa M J. Source enumeration in a correlatal signed environment[J]. IEEE Trans. on SP, 1994,42(2):304 - 317.

[4] Cozzens J H, Sousa M J. Source enumeration in a correlatal signed environment[J]. IEEE Trans. on SP, 1994,42(2):304 - 317.

[5] Wu H T, Yang J F, Chen F K. Source number estimator using Gerschgorin disks[C]. Proc. ICASSP, Adelaide, Australia, 1994:261 - 264.

[6] Wu H T, Yang J F, Chen F K. Source number estimators using transformed Gerschgorin radii[J]. IEEE Trans. on SP, 1995 43(6):1325 - 1333.

[7] Valaee S, Kabal P. Wideband array processing using a two-sided correlation transformation[J]. IEEE Trans. on SP, 1995, 43(1) :160 - 172.

[8] Wang H, Kaveh M. Coherent signal-subspace processing for detection and estimation of angles of arrival of multiple wideband sources[J]. IEEE Trans. Acoust Speech Signal Processing, 1985, ASSP - 33: 823 - 831.

[9] Valaee S, Kabal P. Wideband array processing using a two-sided correlation transformation[J]. IEEE Trans. on SP, 1995, 43(1) :160 - 172.

[10] Jingqing Luo, Zhiguo Zhang. Using eigenvalue grads method to estimate the number of signal source[C]. IEEE Proceedings of ICSP2000, 2000:223 - 225.

[11] Hung H, Kaveh M. Focusing matrices for coherent signal-subspace processing[J]. IEEE Trans. On ASSP, 1988, 36(8):1272 - 1281.

[12] Doron M A, Weiss A J. On focusing matrices for wide-band array processing[J]. IEEE Trans. On SP, 1992, 40(6):1295 - 1302.

[13] Valaee S, Champagne B. Localization of Wideband Signals Using Least-Squares and Total Least-Squares Approaches[J]. IEEE Trans. On SP, 1999, 47(5):1213 - 1222.

[14] Lee T S. Efficient wideband source localization using beamforming invariance technique[J]. IEEE Trans. On SP, 1994, 42(6):1376 - 1386.

[15] Park H R, Kim Y S. A solution to the narrow-band coherency problem in multiple source location[J]. IEEE Trans. on SP, 1993, 41(1);473 - 476.

[16] Wang H, Kaveh M. Coherent signal-subspace processing for detection and estimation of angles of arrival of multiple wideband sources[J]. IEEE Trans. Acoust. Speech Signal Processing., 1985, ASSP - 33: 823 - 831.

[17] Jingqing Luo, Zhiguo Zhang. Using eigenvalue grads method to estimate the number of signal source[C]. IEEE Proceedings of ICSP2000, 2000:223 - 225.

[18] Hung H, Kaveh M. Focusing matrices for coherent signal-subspace processing[J]. IEEE Trans. On ASSP, 1988, 36(8):1272 - 1281.

[19] Doron M A, Weiss A J. On focusing matrices for wide-band array processing[J]. IEEE Trans. On SP, 1992,40(6):1295 - 1302.

[20] Valaee S, Champagne B. Localization of Wideband Signals Using Least-Squares and Total Least-Squares Approaches[J]. IEEE Trans. On SP, 1999, 47(5):1213 - 1222.

[21] Wang H, Kaveh M. Coherent signal-subspace processing for detection and estimation of angles of arrival of multiple wideband sources [J]. IEEE Trans. Acoust. Speech Signal Processing, 1985, ASSP - 33: 823 - 831.

[22] Wax M, Kailath T. Detection of signals by information theoretic criteria[J]. IEEE Trans. Acoust. Speech Signal Processing, 1985, ASSP - 33:387 - 392.

[23] Wong K M, Zhang Q T, Reilly J P. On information theoretic criteria for determing the number of signals in high resolution array processing[J]. IEEE Trans. ASSP, 1990, 38(11):1959 - 1971.

[24] Wax M, Ziskind I. Detection of the number of coherent signals by the MDL principle[J]. IEEE Trans. on ASSP, 1989, 37(8):1190 - 1196.

[25] Schmidt R O. Multiple emitter location and signal parameter estimation[C]. in Pro. RADC Spectrum Estim. Workshops, 1979, (10):243 - 258.

[26] Wax M, Ziskind I. Detection of the number of coherent signals by the MDL principle[J]. IEEE Trans. on ASSP, 1989, 37(8):1190 - 1196.

[27] 王永良,陈辉,彭应宁,等. 空间谱估计理论与算法[M]. 北京:清华大学出版社,2004:52 - 53.

[28] S Prasad, B Chandna. An augmented smoothed rank profile algorithm for determination of source coherency structure[J]. IEEE Trans. Acoust. Speech Signal Processing, 1989, 37(7):1144 - 1146.

[29] 张贤达. 矩阵分析与应用[M]. 北京:清华大学出版社,2005:466 - 467.

[30] Shan T J, Wax M, Kailath T. On spatial smoothing for estimation of coherent signals[J]. IEEE Trans. on ASSP, 1985, 33(4):806 - 811.

[31] Wu H T, Yang J F, Chen F K. Source number estimator using Gerschgorin disks[C]. Proc. ICASSP, Adelaide, Australia, 1994, 261 - 264.

[32] Wu H T, Yang J F, Chen F K. Source number estimators using transformed Gerschgorin radii[J]. IEEE Trans. on SP, 1995, 43(6):1325 - 1333.

[33] Gaspary O, Nus P, Cecchin T. The source number estimation based on Gerschgorin radii[C]. Proceeding of ICASSP'98, 1998, 4:1993 - 1996.

[34] You Z G, Li X B, Liu D S. Study on the source number estimator using gerschgorin radii[C]. Proceedings of ICSP98, 1998:152 - 155.

[35] Jar-Ferr Yang, Hsien-Tsai Wu. Gerschgorin radii based source number detection for closely spaced signals [J]. IEEE Trans. On ASSP, 1988, 5:3053 - 3056.

[36] 程云鹏,张凯院,徐仲. 矩阵论[M]. 西安:西北工业大学出版社,2006:245 - 246.

第5章　宽带波束域DOA估计

5.1　引　言

宽带波束域高分辨测向算法[1,2]通过恒定束宽波束形成矩阵,将阵元域信号转换为波束域信号进行处理,可以有效降低算法的运算量,提高容差性,降低分辨信噪比门限。当波束区域外存在干扰源时,常规波束形成法无法对其进行有效抑制,需要在干扰源方向形成零陷将其滤除,避免其对波束区域内目标方位估计的影响。

宽带波束域高分辨测向算法的研究工作起步较晚,1988年Buckley等首次提出了源定位的宽带波束域降维思想[3]。之后,Lee基于宽带信号提出了用恒定束宽技术进行目标方位估计的方法[4],Simanapalli等提出用自适应波束形成进行宽带聚焦[5],Ward等人则系统阐述了宽带恒定束宽波束形成的理论及其设计方法[6-8]。在这些工作的基础上,Ding和Kennedy应用恒定束宽技术实现了宽带波束域高分辨方位估计[9],为宽带波束域高分辨估计提供了有效方法。恒定束宽波束形成是宽带波束域高分辨测向算法的关键,目前恒定束宽波束的设计主要基于2种思想:第1类是随频率变换改变阵列的有效孔径,这类方法主要有DFT插值法[10]和空间重采样法[11];第2类是随频率变换改变阵元加权系数,这种方法不改变阵列本身几何形状以及阵元个数,所有阵元都参与工作,仅用数学方法计算不同频率对应的加权系数,以形成恒定束宽波束,如窗函数加权法[12]和傅里叶变换法[13]等。

本章中主要内容有:①研究了窄带波束域算法并分析了其性能;②研究了恒定束宽波束形成算法,重点研究了空间重采样法、DFT加权法和窗函数加权法;③研究了宽带波束域高分辨测向算法,并给出几种新的宽带波束域高分辨测向算法。

本章按如下结构展开:波束域窄带DOA估计、宽带恒定波束域形成方法、宽带恒定波束域DOA估计方法(其中包括均匀线阵宽带波束域高分辨算法、均匀圆阵宽带波束域高分辨算法、非等距线阵宽带波束域算法、波束区域外有干扰时的宽带波束域算法等)。

5.2　波束域窄带DOA估计

5.2.1　窄带波束域算法

波束域处理是指通过变换将空间阵元合成为1个或几个波束,再利用合成的波束数据进行 DOA 估计，其原理如图 5-1 所示。

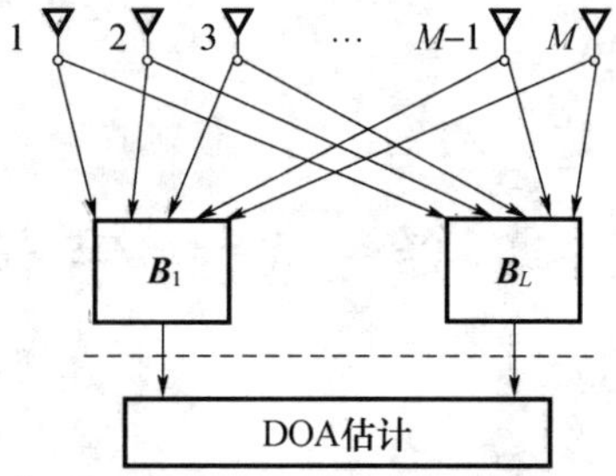

图 5-1　波束域算法原理图

设有波束形成矩阵 $\boldsymbol{B}$($M\times L$ 维)，$\boldsymbol{B}$ 的每一列形成一个波束，且假设有 $\boldsymbol{B}^{\mathrm{H}}\boldsymbol{B}=\boldsymbol{I}$，$\boldsymbol{B}$ 将阵元域信号转换为波束域信号，波束输出矢量为

$$\boldsymbol{Y}(t)=\boldsymbol{B}^{\mathrm{H}}\boldsymbol{X}(t)=\boldsymbol{B}^{\mathrm{H}}\boldsymbol{A}\boldsymbol{S}(t)+\boldsymbol{B}^{\mathrm{H}}\boldsymbol{N}(t) \tag{5-1}$$

式中：$\boldsymbol{B}^{\mathrm{H}}\boldsymbol{A}$ 称为波束域阵列流形，相应的 $\boldsymbol{B}^{\mathrm{H}}\boldsymbol{a}(\theta)$ 称为波束域信号导向矢量；$\boldsymbol{B}^{\mathrm{H}}\boldsymbol{N}(t)$ 为波束域加性噪声，由 $\boldsymbol{B}^{\mathrm{H}}\boldsymbol{B}=\boldsymbol{I}$ 得

$$\boldsymbol{E}(\boldsymbol{B}^{\mathrm{H}}\boldsymbol{N}(t)\boldsymbol{N}^{\mathrm{H}}(t)\boldsymbol{B}(t))=\sigma^2\boldsymbol{I} \tag{5-2}$$

若 $\boldsymbol{B}$ 不满足 $\boldsymbol{B}^{\mathrm{H}}\boldsymbol{B}=\boldsymbol{I}$，则对其做标准正交化处理，即

$$\overline{\boldsymbol{B}}=\boldsymbol{B}(\boldsymbol{B}^{\mathrm{H}}\boldsymbol{B})^{-1/2} \tag{5-3}$$

因此，波束域输出数据协方差矩阵为

$$\begin{aligned}\boldsymbol{R}_Y&=\boldsymbol{E}[\boldsymbol{Y}(t)\boldsymbol{Y}^{\mathrm{H}}(t)]=\\&\boldsymbol{E}[\boldsymbol{B}^{\mathrm{H}}\boldsymbol{A}\boldsymbol{X}(t)\boldsymbol{X}^{\mathrm{H}}(t)\boldsymbol{A}^{\mathrm{H}}+\boldsymbol{B}^{\mathrm{H}}\boldsymbol{N}(t)\boldsymbol{N}^{\mathrm{H}}(t)\boldsymbol{B}]=\\&\boldsymbol{B}^{\mathrm{H}}\boldsymbol{R}_X\boldsymbol{B}+\sigma^2\boldsymbol{I}\end{aligned} \tag{5-4}$$

对 $\boldsymbol{R}_Y$ 做特征值分解得到 $L\times(L-N)$ 维噪声子空间 $\boldsymbol{E}_N$，由波束域信号导向矢量与 $\boldsymbol{E}_N$ 正交，得到窄带波束域算法的空间谱为

$$P_{\text{波束域}}=\frac{\boldsymbol{a}^{\mathrm{H}}(\theta)\boldsymbol{B}\boldsymbol{B}^{\mathrm{H}}\boldsymbol{a}(\theta)}{\boldsymbol{a}^{\mathrm{H}}(\theta)\boldsymbol{B}\boldsymbol{E}_N\boldsymbol{E}_N^{\mathrm{H}}\boldsymbol{B}^{\mathrm{H}}\boldsymbol{a}(\theta)} \tag{5-5}$$

5.2.2　窄带波束域算法的性能分析

下面从克拉美罗界的角度分析波束域算法的性能[4]。

1. 相关定理

定理 5-1　如果 2 个正交波束形成矩阵 $\boldsymbol{T}_1$ 和 $\boldsymbol{T}_2$ 的维数分别为 $M\times L_1$ 和 $M\times L_2$，则当 $L_1\geqslant L_2$ 时，有下式成立：

$$\mathrm{Var}_{\boldsymbol{T}_1}\leqslant\mathrm{Var}_{\boldsymbol{T}_2} \tag{5-6}$$

上式的定理说明就估计的均方误差而言，波束形成器形成的波束数越多，其均方误差越小。

推论 5-1　阵元域算法的均方误差不大于波束域算法的均方误差，即

$$\mathrm{Var}_E(\theta)\leqslant\mathrm{Var}_B(\theta) \tag{5-7}$$

波束域算法能获取比阵元域算法更高的分辨力，是以牺牲估计均方误差为代价的。波束域算法降低了信号和相关矩阵的维数，特征分解结构中只用较少的特征矢量构成噪声子空间估计，不利于描述噪声，因此波束域算法的方位估计

均方误差总是大于等于阵元域方位估计均方误差。

定理 5-2 对于均匀线阵，当目标是 2 个方位上靠近的非相干源时，波束域算法的信噪比门限为

$$\mathrm{SNR}_{\text{threshold}} = \frac{1}{P}\left\{20(L-2)\gamma^{-4}\left[1+\sqrt{1+\frac{N}{5(L-2)}\gamma^{2}}\right]\right\} \tag{5-8}$$

式中：N 为快拍数；L 为波束数目；γ 是与均匀线阵参数、波束数目及 2 个目标夹角有关的参数，其公式为

$$\gamma = \frac{2\pi d(\sin\theta_1 - \sin\theta_2)}{2\sqrt{3}\lambda} \tag{5-9}$$

定理 5-2 表明，当 2 个靠近的目标方位和阵列信号的快拍数确定后，波束域算法的分辨门限随波束数目的减小而提高。因此，在波束域高分辨处理时，选择较少的波束数有利于降低分辨门限，提高算法的分辨力。另外，在进行波束域方位估计时，要求波束数大于等于目标信号个数，通常分辨 P 个目标需要 $L \geqslant P+1$ 个波束，因此理论上，取 $L=P+1$ 可获得最低的分辨门限。但仿真结果表明，$L=P+2$ 能获得最好的估计效果，这是因为用一维噪声子空间来描述噪声子空间，不能获得稳定的空间谱估计。

如无特殊说明，窄带阵列信号的仿真条件如下：阵元数为 16，阵元间距 $d=c/(2f_0)$，c 为光速，入射信号为非相干信号，噪声为与信号不相关的高斯白噪声，快拍数为 500。

2. 仿真实验及结果分析

仿真实验 5-1 MUSIC 算法与波束域算法的性能比较。

2 入射信号的方向分别为 $-1.5°$ 和 $1.5°$，信噪比为 10dB。

如图 5-2(a) 所示，预估计角度为 0°，因此形成图 5-2(b) 所示的指向 $-10°$、$-3.3°$、$3.3°$ 和 $10°$ 的 4 个连续波束。图 5-2(c) 为 MUSIC 算法和波束域算法得到的空间谱，从图中可以看出，波束域算法的谱峰更尖锐，空间谱增益更高，因为波束域算法抑制了波束区域以外的噪声，提高了波束输出信噪比。定义 DOA 估计值落在真实值的 $\pm 0.2°$ 范围内即为分辨成功，从图 5-2(d) 可以看出，在同样的信噪比上，波束域算法的分辨概率高于 MUSIC 算法，即波束域算法降低了分辨信噪比门限。

仿真实验 5-2 波束个数对性能的影响。

分别选择指向 $-9°$、$0°$ 和 $9°$ 的 3 个连续波束，指向 $-10°$、$-3.3°$、$3.3°$ 和 $10°$ 的 4 个连续波束，指向 $-10°$、$-6.7°$、$-3.3°$、$0°$、$3.3°$、$6.7°$ 和 $10°$ 的 7 个连续波束及指向 $-15°$、$-9°$、$-6°$、$-3°$、$0°$、$3°$、$6°$、$9°$ 和 $15°$ 的 9 个连续波束。信噪比从 -15dB 变换到 20dB，步长为 5dB，在每一信噪比上进行 300 次独立实验，每次实验的快拍数为 100。图 5-3(a) 为波束个数为 3 和 4 时得到的空间谱曲线，图 5-3(b) 为不同波束个数时得到的分辨概率随信噪比的变化关系。

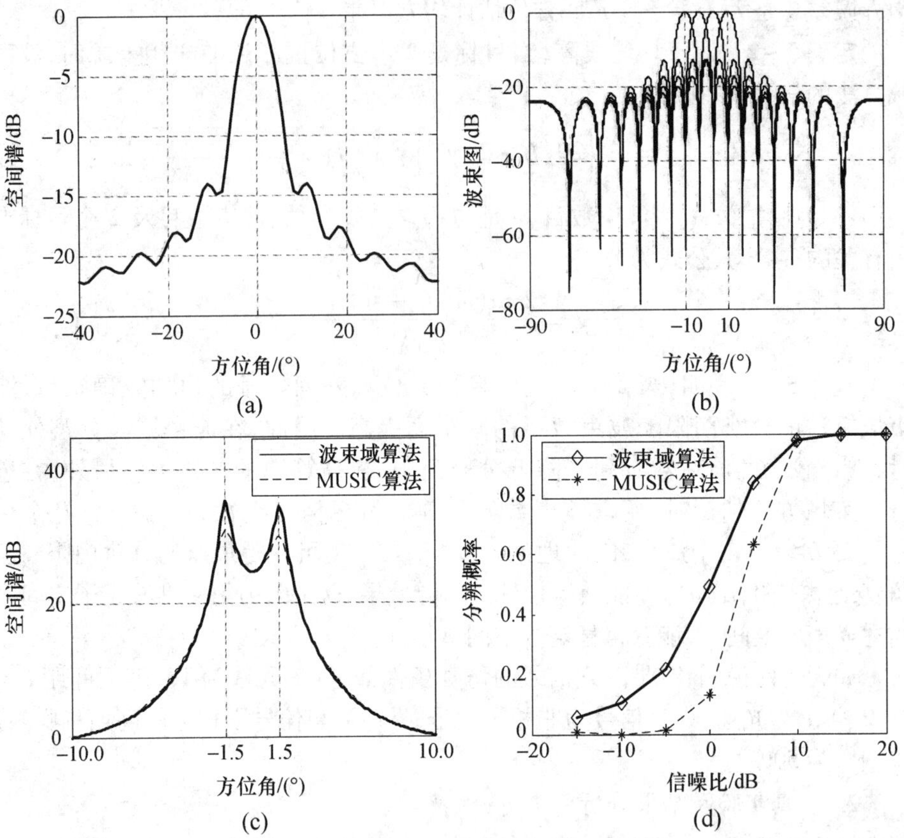

图 5-2　MUSIC 算法与波束域算法的性能比较

(a) CBF 预测得到的空间谱；(b) 波束形成矩阵的波束图；

(c) MUSIC 算法和波束域算法的空间谱；(d) MUSIC 算法和波束域算法的分辨概率。

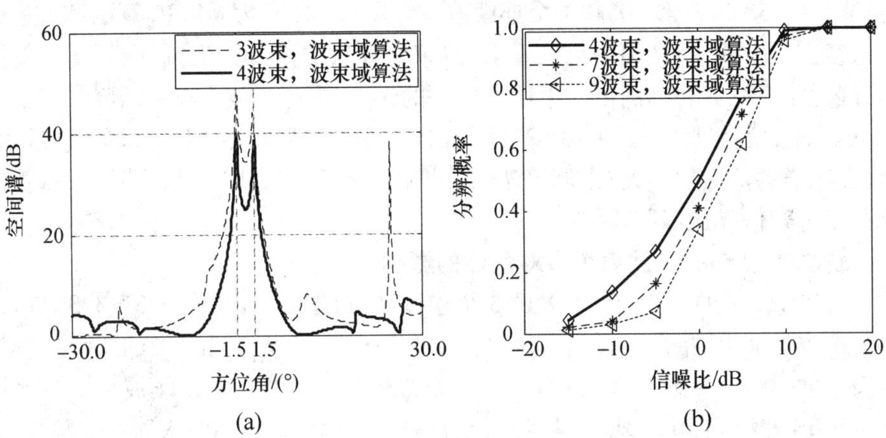

图 5-3　波束个数对性能的影响

(a) 3 波束和 4 波束时的空间谱；(b) 不同波束数时的分辨概率。

从图 5－3(a)可以看出,当波束数为 3 时,尽管分辨能力很强,但空间谱的背景起伏较大,而且会出现较高的假峰,而波束数为 4 时,则具有良好的估计效果。图 5－3(b)则表明,波束数为 4 时,波束域算法的分辨概率最高,随着波束数的增加,分辨概率将降低。

仿真实验 5－3 波束密集程度对算法性能的影响。

2 个信号分别从－11°和 7°入射到阵列上,分别形成指向－11°、－3.67°、3.67°和 11°的 4 个密分布波束和指向－21°、－7°、7°和 21°的 4 个稀疏分布波束。图 5－4(a)和图 5－4(b)分别为 4 个密波束和稀波束及其合成增益图,图5－5(a)为信噪比为 0dB 时经过密波束和稀波束处理得到的空间谱,图 5－5(b)为采用稀波束和密波束处理得到的入射信号 1 的 DOA 估计均方根误差与信噪比的关系。

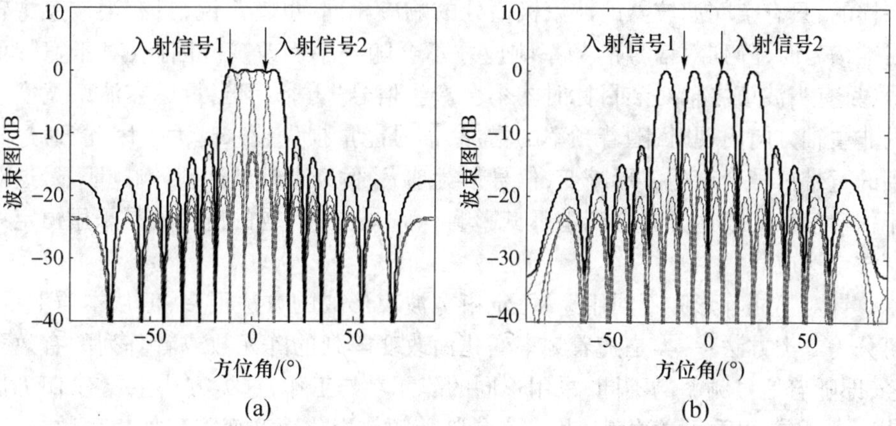

图 5－4 采用密波束和稀波束的波束图及其合成增益图

(a) 4 个密波束的波束图及其合成增益;(b) 4 个稀波束的波束图及其合成增益。

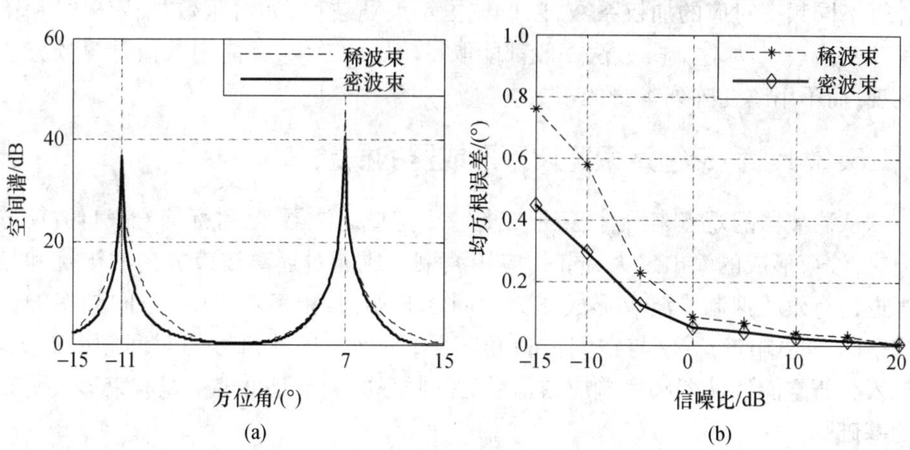

图 5－5 密波束和稀波束下的测向性能

(a) 经稀波束和密波束处理得到的空间谱;(b) 信号 1 DOA 估计的均方根误差。

从图5-4(a)和图5-4(b)可以看出,密波束对2个入射信号的增益是基本相等的,而稀波束对入射信号2的增益为0dB,对入射信号1的增益为-10dB,这样会导致入射信号1的空间谱增益减小,测向精度降低,DOA估计均方根误差变大,图5-5(a)和图5-5(b)验证了这样的结果。

5.3 波束域宽带DOA估计

恒定束宽波束形成是宽带波束形成、宽带波束域高分辨测向算法等必须首先解决的重要问题。一定频率的信号通过阵列时,阵列等效于一空间滤波器,阵列的方向性函数即是空间滤波器的频率响应函数。对于一个已经设计好的阵列,不同频率的信号通过阵列线性系统时,它所形成的滤波器频率响应函数是不一样的,只有空间滤波器的波束极值处的响应相同,也就是说,只有当波束主轴对准信号时,阵列对信号的频率响应才不会随频率而改变。因此,对于宽带信号,只有当波束主轴对准目标时才不会产生信号失真。但当目标在波束宽度内的非主轴方向出现时,随着频率的增加,信号能量损失越来越大。因此,通过阵列的宽带信号会产生波形畸变,信号带宽越大,偏离主轴越远,影响越明显,这对于估计信号的波达方向会产生不良影响。解决这一问题的途径就是采用恒定束宽波束形成。

针对不同阵形和不同用途,恒定束宽波束形成的方法很多,但从本质上说,可分为2类方法:一类是随着频率变化而改变阵列的阵元数或者阵列的有效孔径,即随着信号频率的不同,采用不同的阵元参与工作,这类方法主要有DFT插值法[10]和空间重采样法[11];另一类是随着频率变化而改变阵列加权系数,这种方法不改变阵列本身几何形状及阵元个数,所有阵元都参加工作,仅用数学方法计算不同频率对应的加权系数,以形成恒定束宽波束,如窗函数加权法[12]和傅里叶变换法[13]。这2类方法一般都能取得较好的效果,并能用数值计算的方法实现,而不用改变阵列本身的参数。

5.3.1 宽带恒定束宽波束形成器的概念

从滤波器的观点来看,波束形成是一个空域滤波器,当目标信号来自波束方向时,波束形成的输出最大,同时,应用波束形成能对远离波束方向的干扰和噪声进行有效的抑制。波束形成作为空间滤波器,其频率响应(指空间频率响应或空间方位响应)不仅与空间方位角有关,而且与目标信号的时间频率有关。深入分析空间滤波器频率响应与信号时间频率的关系是恒定束宽波束形成研究的基础。

对于M元阵元间距为d的均匀线阵,以第1个阵元为参考阵元,若信号入射方位角为θ,则阵列响应为

$$H(\theta) = \sum_{i=1}^{M} a(i)\mathrm{e}^{-\mathrm{j}2\pi f(i-1)d\sin\theta/c} \tag{5-10}$$

式中：$a(i)$为第 i 个阵元的权值；f 为信号频率；c 为光速。阵列的波束图定义为

$$D(\theta) = |H(\theta)| = \left|\sum_{l=1}^{M} w_l \mathrm{e}^{-\mathrm{j}2\pi f(l-1)d\sin\theta/c}\right| \tag{5-11}$$

由式(5－11)可见，阵列的波束图是一个多元函数，有以下特点：

(1) 频率 f 和阵元间距的变化都对阵列的波束图有影响。

(2) 阵元权值 w_l 的改变也将影响波束图的某些参数，如主瓣宽度、旁瓣幅度以及波束零点位置等等。

对宽带信号，阵列形成的波束图如图 5－6(a)所示(阵元数为 16，Chebyshev 加权，旁瓣幅度下降 30dB，信号中心 f_0 = 100MHz，带宽 BW = 20MHz)。可见，对于设计好的一个阵列，随着频率的升高，阵列形成的波束主瓣宽度变窄，这样对于不同方向入射的信号来说，除波束的极值点外，波束对其增益是不相同的。如图5－6(b)所示，2 个波束对入射信号 1 的增益都为 0dB，而最低频率点波束对入射信号 2 的增益为－10dB，最高频率点波束对其的增益为－20dB，高频能量受到损失，影响宽带波束域测向算法的性能。

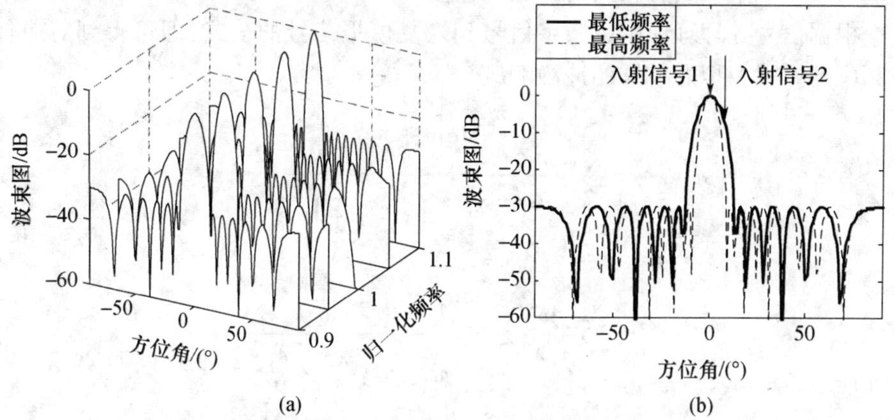

图 5－6　宽带信号的波束图

(a) 均匀线阵的波束图；(b) 最高频率点和最低频率点的波束图。

恒定束宽阵列的设计就是使得宽带信号通过一阵列(确定的几何形状和尺寸的条件下)时，它所形成的波束图的波束宽度保持恒定，以便于在接收宽带信号时，各频率分量有相同的增益，达到无失真、无高频能量损失的效果。

5.3.2　宽带恒定束宽波束形成方法

本章对基于以上设计思想的几种波束形成方法进行研究，并仿真和分析它们的性能。

1. 空间重采样法

空间重采样法[11]是根据频率的变化，通过调整阵列空间采样间隔来进行恒定束宽波束形成的。

令 $\varphi = 2\pi f d\sin\theta/c$，则空间滤波器的频率响应可以简化为

$$H(\varphi) = \sum_{i=1}^{M} w(i)\mathrm{e}^{-\mathrm{j}(i-1)\varphi} \tag{5-12}$$

由式(5-12)可以看出，$H(\varphi)$ 和 $w(i)$ 成傅里叶变换对，由于 $H(\varphi)$ 代表空间滤波器的频率响应，所以 $w(i)$ 代表空间滤波器的脉冲响应。如果 fd = 常数，那么不同频率的信号在同一入射方向有相同的响应。假设存在一个虚拟的连续线阵，将其视为模拟滤波器，冲激响应为 $h_a(x)$。将该连续线阵均匀采样为离散线阵，形成的数字滤波器的脉冲响应 $h_d(i)$ 为

$$h_d(i) = d \cdot h_a[(i-1)d] \quad (i = 1,2,\cdots,M) \tag{5-13}$$

由采样定理和阵元的相关性，一般基准频率 f_0 为宽带信号的最低频率，阵元间距为 $d_0 = \lambda_0/2$，对应阵元权系数为 $w_0(i)$。假设对任意频率 f_j 都存在均匀离散阵，阵元间距 $d_j = \lambda_j/2$，这些离散阵都具有相同的权系数 $w_0(i)$，那么它们所代表的数字滤波器具有相同的脉冲响应。

根据信号处理理论中由数字信号到恢复模拟信号的公式，即可得到对应任意频率的虚拟模拟滤波器的冲激响应

$$h_a(x) = \sum_{i=-\infty}^{+\infty} \frac{w_0(i)}{\lambda_j/2} \frac{\sin\left[\pi\left(x - i\frac{\lambda_j}{2}\right)\Big/\frac{\lambda_j}{2}\right]}{\pi\left(x - i\frac{\lambda_j}{2}\right)\Big/\frac{\lambda_j}{2}} \approx \sum_{i=1}^{M} \frac{w_0(i)}{\lambda_j/2} \frac{\sin\left[\pi\left(x - i\frac{\lambda_j}{2}\right)\Big/\frac{\lambda_j}{2}\right]}{\pi\left(x - i\frac{\lambda_j}{2}\right)\Big/\frac{\lambda_j}{2}} \tag{5-14}$$

对模拟滤波器 $h_a(x)$ 进行重采样，可得到 f_j 所对应的一组权系数，这组权系数就是该频率所对应的阵列加权系数 $w_j(m)$。

$$w_j(m) = \frac{f_j}{f_0}\sum_{i=1}^{M} w_0(i) \frac{\sin\left\{\pi\left[\frac{f_j}{f_0}(m-1) - (i-1)\right]\right\}}{\pi\left[\frac{f_j}{f_0}(m-1) - (i-1)\right]} \quad (m = 1,2,\cdots,M) \tag{5-15}$$

$$\boldsymbol{w}_{j0} = [w_j(1) \quad w_j(2) \quad \cdots \quad w_j(M)]^{\mathrm{T}} \tag{5-16}$$

由式(5-16)可以得到波束对准0°方向的权矢量，若要形成 L 个波束，分别对准 L 个方向 $[\alpha_1 \quad \alpha_2 \quad \cdots \quad \alpha_L]$，则需 L 个权矢量，有

$$w_{jl} = \mathrm{diag}\{1\mathrm{e}^{-\mathrm{j}2\pi f_j d\sin\alpha_l/c}\cdots \quad \mathrm{e}^{-\mathrm{j}2\pi f_j(M-1)d\sin\alpha_l/c}\} \times \boldsymbol{w}_{j0} \quad (k = 1,2,\cdots,L) \tag{5-17}$$

$$\boldsymbol{W}_j = [w_{j1} \quad w_{j2} \quad \cdots \quad w_{jL}] \tag{5-18}$$

由窄带降维处理的原理可知,为不损失信噪比,应该形成正交波束,所以令

$$\boldsymbol{B}_j = \boldsymbol{W}_j(\boldsymbol{W}_j^{\mathrm{H}}\boldsymbol{W}_j)^{-1/2} \tag{5-19}$$

2. DFT 插值法

设有一连续线阵位于 X 轴上,线阵在 x 处对频率为 f 的信号灵敏度为 $\rho(x,f)$,若将 x 处、频率为 f 的信号表示为 $s(x,f)$,则连续线阵的输出为

$$y = \int_{-\infty}^{\infty} s(x,f)\rho(x,f)\,\mathrm{d}x \tag{5-20}$$

若信号是位于 θ 方向的、单位幅值的远场平面波,则 $s(x,f)$ 可以表示为

$$s(x,f) = \mathrm{e}^{-\mathrm{j}2\pi f x\sin\theta/c} \tag{5-21}$$

定义连续线阵的响应函数为此时的输出,即

$$r(\theta,f) = y = \int_{-\infty}^{\infty} s(x,f)\rho(x,f)\,\mathrm{d}x \tag{5-22}$$

式(5-22)表明,在通常情况下,连续线阵的响应函数不仅是方位 θ 的函数,而且还是频率 f 的函数,其波束图是随频率变化的。

当 $\rho(x,f)$ 具有

$$\rho(x,f) = fG(xf) \tag{5-23}$$

形式时式(5-22)可记为

$$\begin{aligned} r(\theta) = r(\theta,f) &= \int_{-\infty}^{\infty} \rho(x,f)\cdot \mathrm{e}^{-\mathrm{j}2\pi f x\sin\theta/c}\mathrm{d}x = \\ &\int_{-\infty}^{\infty} fG(xf)\cdot \mathrm{e}^{-\mathrm{j}2\pi f x\sin\theta/c}\mathrm{d}x = \\ &\int_{-\infty}^{\infty} G(\xi)\mathrm{e}^{-\mathrm{j}2\pi\xi\sin\theta/c}\mathrm{d}\xi \end{aligned} \tag{5-24}$$

式(5-24)表明,只要 $\rho(x,f)$ 满足式(5-23),则连续线阵的输出将与入射平面波的频率无关,即阵列的频率响应函数具有频率不变性,满足恒定束宽的要求。一种典型的具有不依频率变化阵列响应的连续线阵的灵敏度函数为 $\rho(x,f) = \sin(cxf)$。

通常使用的阵列不具有连续分布的灵敏度函数,而是由有限个阵元组成的离散线阵,对于这样的离散线阵,要在一定频率内获得严格相同的波束图是不可能的。但离散阵列可以看作是连续阵列的一种近似表示,如果用 M 个在 X 轴上等间距放置的阵元去近似连续线阵,则式(5-24)可近似地表示为

$$r(\theta,f) = \sum_{i=1}^{M} \rho(x_i,f)\cdot \mathrm{e}^{-\mathrm{j}2\pi f x_i\sin\theta/c} \tag{5-25}$$

若 $\rho(x_i,f)$ 有类似式(5-23)的形式,即

$$\rho(x_i,f) = fG(x_i f) \tag{5-26}$$

则

$$r(\theta) = \sum_{i=1}^{M} fG(x_i f)\cdot \mathrm{e}^{-\mathrm{j}2\pi f x_i \sin\theta/c} = \sum_{i=1}^{M} G(\xi_i)\cdot \mathrm{e}^{-\mathrm{j}2\pi \xi_i \sin\theta/c} \tag{5-27}$$

由式(5-27)可以看出,只要适当选取阵元响应函数 $G(\xi_i)$,便可保证阵列的频率响应函数具有频率不变性,且 $G(\xi_i)$ 可以看做是对以频率 f 和以空间位置坐标 x 为变量的连续函数 $\rho(x,f)$ 的采样。

一般构成阵列的所有阵元具有相同的物理特性,因此,要获得满足式(5-27)的响应函数,必须对各阵元的输出信号进行加权处理,并且只需取权系数 $w_i(f) = G(\xi_i)$。至此,形成恒定束宽的关键问题就归结为如何选取 $\rho(x,f)$,然后怎样进行采样获得系数 $w_i(f)$。

通常设计宽带阵列时要求在某一频率 f_0 处的波束图满足一定的约束条件,在其他频率点的波束图与 f_0 处的波束图近似相同。应用窄带波束形成设计方法得到阵列在 f_0 处的权系数 $w_i(f_0)$,这些权系数可以认为是某一连续线阵在 f_0 处的阵列灵敏度函数的采样,即

$$w_i(f_0) = \rho(x,f_0)\mid_{x=x_i} \tag{5-28}$$

对于其他频率处的加权系数,可以用 f_0 处的权系数 $w_i(f_0)$ 插值得到。考虑具有频率不变波束图的连续线阵的灵敏度函数 $\rho(x,f)=fG(xf)$,若在频率 f_0 处的 M 个值已知,即

$$\rho(x_i,f_0) = f_0 G(x_i f_0) = w_i(f_0) \tag{5-29}$$

则在其他频率 f_j 处,灵敏度函数在 x_i 上的值可以表示为

$$\rho(x_i,f_j) = f_j G(x_i f_j) = \frac{f_j}{f_0} f_0 G\left(\left(\frac{f_j}{f_0}x_i\right)\cdot f_0\right) =$$

$$\alpha\cdot f_0 G((\alpha x_i)\cdot f_0) = \alpha\cdot\rho(\alpha x_i,f_0) \tag{5-30}$$

式中:$\alpha = f_j/f_0$。式(5-30)表明,f_j 处的灵敏度函数在 x_i 上的值等于 f_0 处灵敏度函数在 αx_i 的值的 α 倍,然而 f_0 处的灵敏度函数在 αx_i 的值是未知的,但可以通过插值的方法得到。

由式(5-30)可以看出,$G(\xi)$ 和阵列的响应函数 $r(\theta,f)$ 是一对傅里叶变换,而使用 DFT 插值的方法可以保证插值前、后的 2 个序列具有相同的频谱形状。设有一函数 $y=f(x)$,若函数在 M 个等间距点上的值已知,即 $y_i=f(x_i)$ $(i=1,2,\cdots,M)$,为了求得函数在任意一点 x 上的函数值,使用 DFT 插值的方法如下:

(1) 根据插值精度的要求,确定插值后的序列点数 $K(K>M)$,通常取 K 为 2 的整数次幂;

(2) 对序列 $\{y_i\}$ $(i=1,2,\cdots,M)$ 做点数为 M 的 DFT,得到序列 $\{Y_i\}$ $(i=1,2,\cdots,M)$;

(3) 对 $\{Y_i\}$ 进行补零处理,得到 $\{Z_i\}$ $(i=1,2,\cdots,K)$;

(4) 对$\{Z_i\}$ $(i=1,2,\cdots,K)$做点数为N的IDFT,得到$\{z_i\}$ $(i=1,2,\cdots,K)$;

(5) 取序列$\{z_i\}$中与x对应的值作为函数$y=f(x)$的近似值,即$y=f(x)=z_k$,其中$k=\text{round}[(Kx)/Md]$,round[·]表示取最近的整数。

3. 窗函数法

一些常用的窗函数的方程定义为:

汉宁窗

$$w(t)=\begin{cases}0.5[1-\cos(2\pi t/T)] & (0\leqslant t\leqslant T)\\ 0 & (\text{其他})\end{cases} \tag{5-31}$$

海明窗

$$w(t)=\begin{cases}0.5-0.46\cos(2\pi t/T) & (0\leqslant t\leqslant T)\\ 0 & (\text{其他})\end{cases} \tag{5-32}$$

布莱克曼窗

$$w(t)=\begin{cases}0.42-0.5\cos(2\pi t/T)+0.08\cos(4\pi t/T) & (0\leqslant t\leqslant T)\\ 0 & (\text{其他})\end{cases} \tag{5-33}$$

凯塞-贝塞尔窗

$$w(t)=\begin{cases}\dfrac{I_0(\zeta\sqrt{1-[1-2t/T]^2})}{I_0(\zeta)} & (0\leqslant t\leqslant T)\\ 0 & (\text{其他})\end{cases} \tag{5-34}$$

式中:$I_0(\zeta)$是第一类零阶 Bessel 函数,ζ是窗函数的形状参数,其计算表达式如下

$$\zeta=\begin{cases}0.1102(\xi-8.7) & (\xi>50)\\ 0.5482(\xi-21)^{0.4}+0.07886(\xi-21) & (21\leqslant\xi\leqslant 51)\\ 0 & (\xi<21)\end{cases} \tag{5-35}$$

式中:ξ为主瓣与旁瓣之间的差值(dB)。

对信号进行傅里叶变换时,经常会对离散序列运用不同的窗函数,以求在频域折衷选择小的泄漏和高的分辨力。由于空间等间距采样序列到方位域的映射和时间等间距采样序列到频率域的映射能统一用离散傅里叶变换来描述,与时域加窗类似,空间加窗也可以用来折衷控制等间距线阵波束输出的主瓣宽度和旁瓣级。因此令$\rho(x,f)$具有窗函数形式,并假设信号带宽$B\in[f_l,f_h]$,其中f_l和f_h分别表示信号的下限频率和上限频率。通过对上述窗函数$w(t)$在$(0\sim T)$内进行等间距采样,可以首先获得阵列在频率f_h处的权系数$w_i(f_h)$。而对于其他频率处的权系数$w_i(f_j)$ $(j=1,2,\cdots,J)$,利用式(5-35)经如下变换得到

$$w_i(f_j)=\rho(x_i,f_j)=f_jG(x_if_j)=\alpha\cdot\rho(\alpha x_i,f_h) \tag{5-36}$$

式中:$\alpha=f_j/f_0$。

5.3.3 宽带恒定束宽波束形成方法的性能比较

将宽带信号分成 $J=33$ 个频率点，在每个频率点上利用上述恒定束宽波束形成法得到加权系数，形成的恒定束宽波束图如图 5－7～图 5－12 所示。

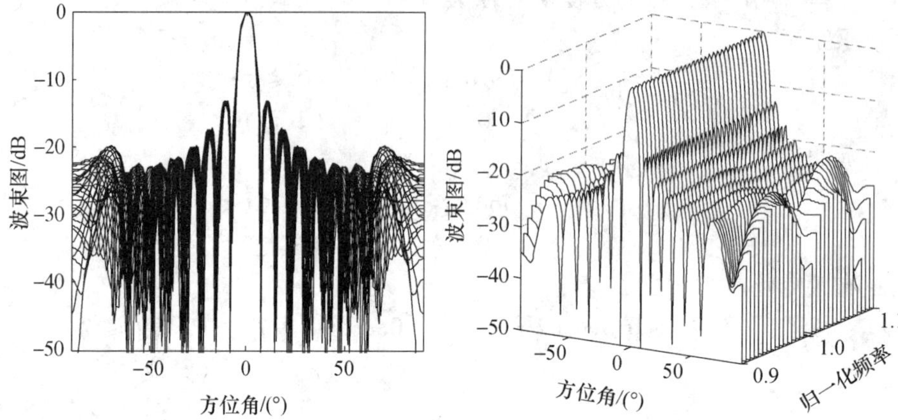

(a)　　(b)

图 5－7　空间重采样法波束图

（a）空间重采样法波束图(2 维图)；（b）空间重采样法波束图(3 维图)。

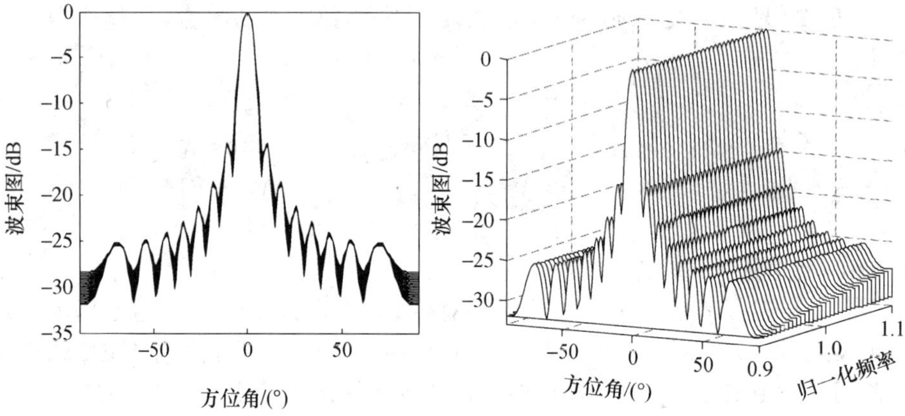

(a)　　(b)

图 5－8　DFT 插值法波束图

（a）DFT 插值法波束图(2 维图)；（b）DFT 插值法波束图(3 维图)。

从图中可以看出，各恒定束宽波束形成方法的波束主瓣具有良好的一致性。比较各种方法，可以看出得到的恒定束宽波束精度不尽相同。空间重采样法、DFT 插值法、汉宁窗加权法和布莱克曼窗加权法得到的波束，－3dB 主瓣宽度基

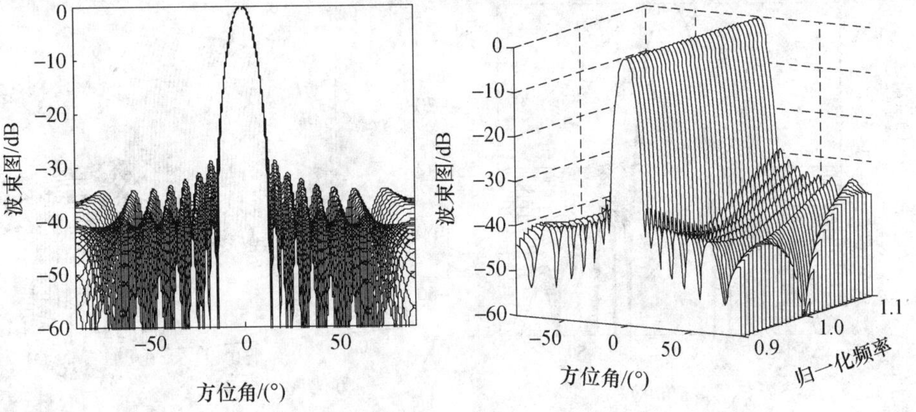

(a)　　　　　　　　　　　　(b)

图 5－9　海明窗加权法波束图

（a）海明窗加权法波束图(2 维图)；（b）海明窗加权法波束图(3 维图)。

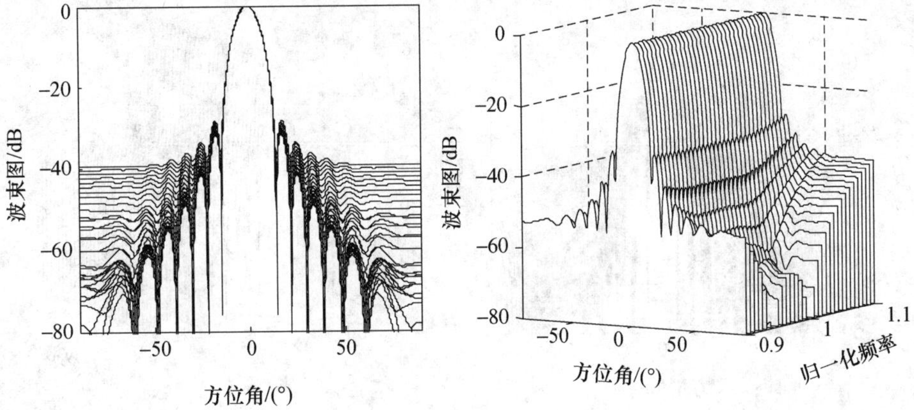

(a)　　　　　　　　　　　　(b)

图 5－10　汉宁窗加权法波束图

（a）汉宁窗加权法波束图(2 维图)；（b）汉宁窗加权法波束图(3 维图)。

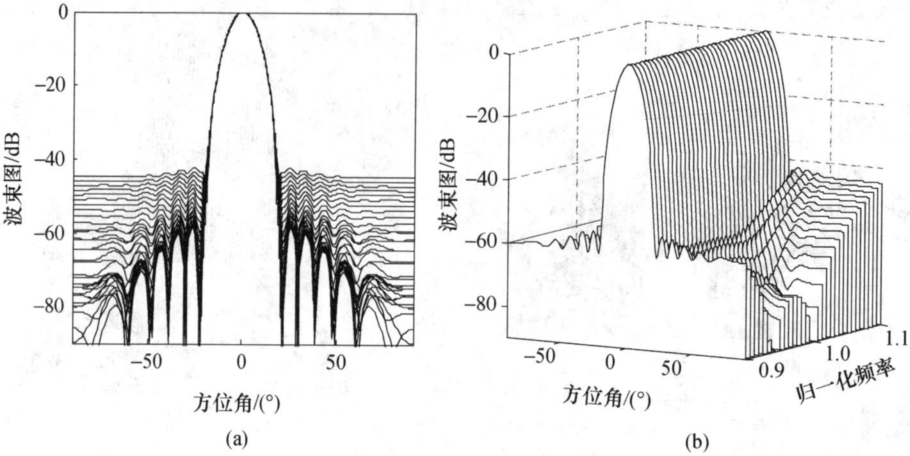

图 5－11　布莱克曼窗加权法波束图

（a）布莱克曼窗加权法波束图(2 维图)；（b）布莱克曼窗加权法波束图(3 维图)。

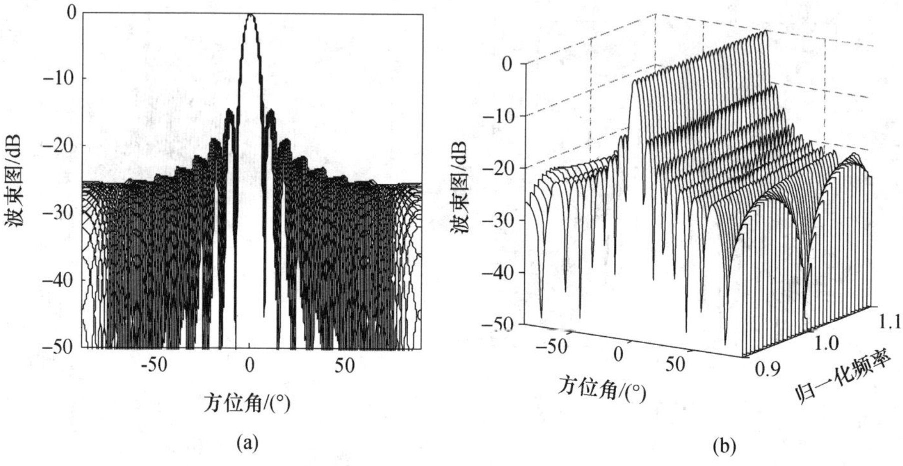

图 5－12　凯塞－贝塞尔窗加权法波束图($\xi=15$)

（a）凯塞－贝塞尔窗加权法波束图(2 维图)；（b）凯塞－贝塞尔窗加权法波束图(3 维图)。

本保持恒定,主瓣宽度在 -3dB 范围内具有良好的一致性。除布莱克曼窗加权法外,其他方法形成的第一零点束宽基本保持恒定。

表 5-1 给出了评价波束形成方法的几个指标,主要包括 -3dB 束宽的均值、-3dB 束宽均方根误差、第一零点束宽的均值和第一零点束宽均方根误差。从表 5-1 中可以看出,这几种恒定束宽波束形成法得到的 -3dB 束宽均方根误差均小于 0.2°,除布莱克曼窗加权法外,第一零点束宽均方根误差均小于 1°,波束主瓣具有很好的一致性。其中,DFT 插值法和汉宁窗加权法性能较好,-3dB 束宽均方根误差和第一零点束宽均方根误差都较小。

表 5-1 各波束形成方法的性能比较

		-3dB 束宽(均值)	-3dB 束宽均方根误差	第一零点束宽(均值)	第一零点束宽均方根误差
空间重采样法		2.743°	0.099°	14.764°	0.535°
DFT 插值法		2.904°	0.051°	16.279°	0.467°
窗函数法	海明窗加权法	3.819°	0.131°	28.552°	0.794°
	汉宁窗加权法	4.229°	0.069°	29.038°	0.143°
	布莱克曼窗加权法	4.814°	0.051°	42.618°	2.059°
	凯塞-贝塞尔窗加权法	2.528°	0.163°	13.212°	0.897°

5.3.4 宽带恒定束宽波束 DOA 估计方法

宽带波束域处理具有很多优点:可以获取目标信号丰富的信息;可以灵活设计波束,提高阵列的抗干扰能力和阵列信号的信噪比;降低宽带波束域算法的分辨门限;降低阵列信号和相关矩阵的维数,大大减轻运算负担;对阵列误差有较大的宽容性;不需要角度预估计,只需已知目标所在的大致区域即可。

1. 均匀线阵宽带波束域高分辨算法

1) 算法理论

由前面章节讨论可知,频域宽带信号模型如下[15,16]

$$\boldsymbol{X}(f_j) = \boldsymbol{A}(f_j)\boldsymbol{S}(f_j) + \boldsymbol{N}(f_j) \quad (j = 1,2,\cdots,J) \tag{5-37}$$

经过恒定束宽波束形成矩阵 $\boldsymbol{B}(f_j)$,得到波束域输出为

$$\boldsymbol{Y}(f_j) = \boldsymbol{B}^{\mathrm{H}}(f_j)\boldsymbol{X}(f_j) = \boldsymbol{B}^{\mathrm{H}}(f_j)\boldsymbol{A}(f_j)\boldsymbol{S}(f_j) + \boldsymbol{B}^{\mathrm{H}}(f_j)\boldsymbol{N}(f_j) \tag{5-38}$$

波束域的数据协方差矩阵为

$$\boldsymbol{R}_Y(f_j) = \boldsymbol{E}[\boldsymbol{Y}(f_j)\boldsymbol{Y}^{\mathrm{H}}(f_j)] = \boldsymbol{B}^{\mathrm{H}}(f_j)\boldsymbol{A}(f_j)\boldsymbol{R}_S(f_j)\boldsymbol{A}^{\mathrm{H}}(f_j)\boldsymbol{B}(f_j) + \sigma^2\boldsymbol{I} \tag{5-39}$$

根据恒定束宽的概念可知

$$\boldsymbol{B}^{\mathrm{H}}(f_j)\boldsymbol{A}(f_j) = \boldsymbol{B}^{\mathrm{H}}(f_0)\boldsymbol{A}(f_0) \tag{5-40}$$

则频率点 f_j 处的接收数据协方差矩阵为

$$\boldsymbol{R}_Y(f_j) = \boldsymbol{B}^{\mathrm{H}}(f_0)\boldsymbol{A}(f_0)\boldsymbol{R}_S(f_j)\boldsymbol{A}^{\mathrm{H}}(f_0)\boldsymbol{B}(f_0) + \sigma^2\boldsymbol{I} \tag{5-41}$$

对比宽带波束域与宽带阵元域阵列信号模型可以看出,二者有完全相似的形式。宽带波束域阵列流形 $\boldsymbol{B}^{\mathrm{H}}(f_j)\boldsymbol{A}(f_j)$ 与宽带阵元域阵列流形 $\boldsymbol{A}(f_j)$ 相对应,波束域噪声的二阶统计特性与阵元域噪声的二阶统计特性相同,因此可以用阵元域宽带高分辨测向的理论和方法来处理宽带波束域阵列信号。

另一方面,宽带波束域阵列流形不再随信号频率发生变化,因此宽带波束域算法不需要对阵列流形、信号进行聚焦变换,避免了宽带聚焦类算法的角度预估计问题,只需已知目标信号源所在的大致区域即可。

对各个频率点波束输出的数据协方差矩阵进行频率平均,可得

$$\boldsymbol{R} = \frac{1}{J}\sum_{j=1}^{J}\boldsymbol{R}_Y(f_j) = \boldsymbol{B}^{\mathrm{H}}(f_0)\boldsymbol{A}(f_0)\frac{1}{J}\sum_{j=1}^{J}\boldsymbol{R}_S(f_j)\boldsymbol{A}^{\mathrm{H}}(f_0)\boldsymbol{B}(f_0) + \sigma^2\boldsymbol{I} \tag{5-42}$$

式中:f_0 是恒定束宽形成的基准频率;$\boldsymbol{B}^{\mathrm{H}}(f_0)\boldsymbol{A}(f_0)$ 是宽带波束域信号的阵列流形,$\boldsymbol{B}^{\mathrm{H}}(f_0)\boldsymbol{a}(f_0)$ 为信号方向矢量。对比宽带波束域与宽带阵元域相关矩阵表达式可以看到,二者具有完全相似的形式,进一步表明完全可以用阵元域宽带测向算法来处理宽带波束域信号。相关矩阵 $\boldsymbol{R}$ 是 $L\times L$ 维矩阵,通常波束数远远小于阵元数,即 $L\ll M$,可见,应用恒定束宽波束形成将阵元域信号转换为波束域信号,大大减少了矩阵的维数,将特征分解的计算量由 $o(M^3)$ 降为 $o(L^3)$。对 $\boldsymbol{R}$ 进行特征分解,得到 $L\times(L-N)$ 维的噪声子空间 $\boldsymbol{E}_N$,由信号子空间与噪声子空间正交有

$$[\boldsymbol{B}^{\mathrm{H}}(f_0)\boldsymbol{a}(f_0)]^{\mathrm{H}}\boldsymbol{E}_N = 0 \tag{5-43}$$

则波束域高分辨算法的空间谱为

$$P_{\text{波束域}} = \frac{\boldsymbol{a}^{\mathrm{H}}(f_0)\boldsymbol{B}(f_0)\boldsymbol{B}^{\mathrm{H}}(f_0)\boldsymbol{a}(f_0)}{\boldsymbol{a}^{\mathrm{H}}(f_0)\boldsymbol{B}(f_0)\boldsymbol{E}_N\boldsymbol{\Psi}\boldsymbol{E}_N^{\mathrm{H}}\boldsymbol{B}^{\mathrm{H}}(f_0)\boldsymbol{a}(f_0)} \tag{5-44}$$

式中:$\boldsymbol{\Psi}=\boldsymbol{\Lambda}/\sqrt{\left(\frac{1}{\lambda_{N+1}}\right)^2+\left(\frac{1}{\lambda_{N+2}}\right)^2+\cdots+\left(\frac{1}{\lambda_L}\right)^2}$,$\boldsymbol{\Lambda}=\mathrm{diag}\left\{\frac{1}{\lambda_{N+1}},\frac{1}{\lambda_{N+2}},\cdots,\frac{1}{\lambda_L}\right\}$。

2)仿真实验及结果分析

两宽带相干信号分别从 $-2°$ 和 $2°$ 入射到阵列上,在每个频率点形成分别指向 $-15°$、$-7.5°$、$0°$、$7.5°$ 和 $15°$ 的 5 个波束,图 5-13(a)为中心频率点处指向 5 个方向的恒定束宽波束图,其中加了旁瓣电平为 -30dB 的 Chebyshev 权;图 5-13(b)为中心频率点处指向 5 个方向波束的合成增益图。图 5-14(a)是信噪比为 10dB 时宽带波束域算法和 CSM 算法得到的空间谱;图 5-14(b)为两种算法的分辨概率随信噪比变化的关系曲线。

从图 5-13 可以看出,恒定束宽波束形成效果良好,各频率点指向 5 个方向波束的合成增益在波束区域内基本保持恒定;图 5-14 表明,宽带波束域算法与传统的 CSM 算法相比,具有较高的分辨力和较低的分辨门限。

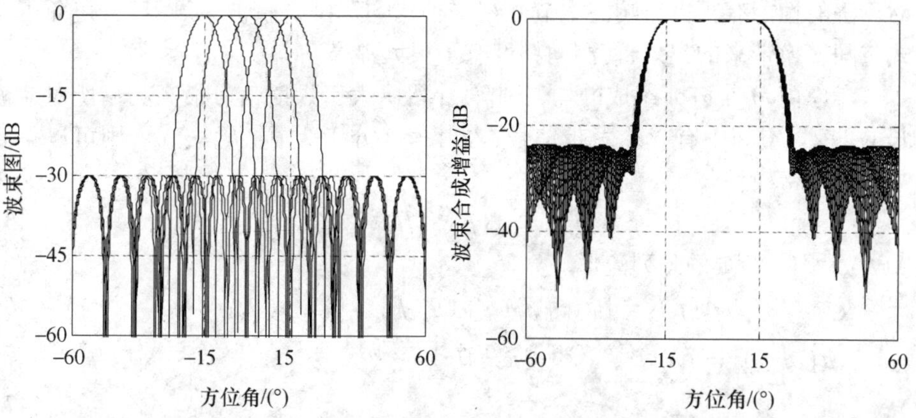

(a)　　(b)

图 5-13　中心频率点处指向 5 个方向的恒定束宽波束图及其合成增益图

(a) 恒定束宽波束图；(b) 波束合成增益图。

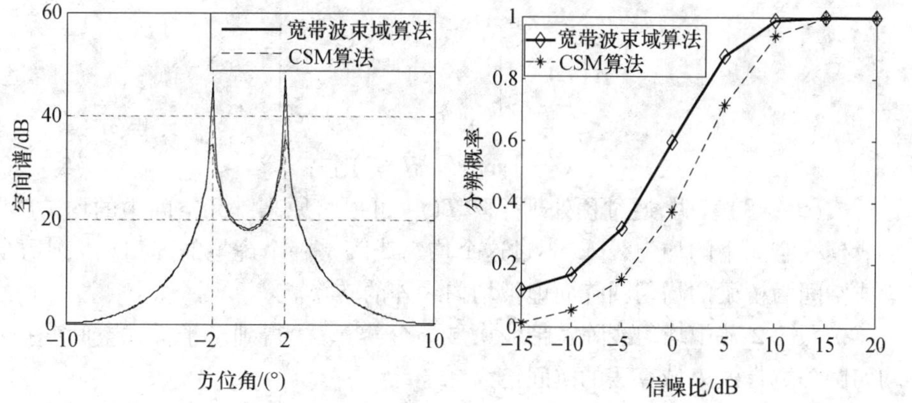

(a)　　(b)

图 5-14　宽带波束域算法与 CSM 算法的性能比较

(a) 波束域算法和 CSM 算法的空间谱；(b) 分辨概率随信噪比变化的关系曲线。

2. 均匀圆阵宽带波束域高分辨算法

1) 算法理论

前面的讨论都是以线阵为研究对象，而实际应用中经常采用圆阵作为接收阵列，主要原因是均匀圆阵能提供 360°的无模糊方位角，并且在各个方向上有相同的方向特性。由于圆阵的阵列流形不具有 Vandermonde 结构，使得均匀线阵的宽带波束域算法无法直接应用。现有算法[17,18]基本上是通过模式空间转换将其变为虚拟均匀线阵，再应用线阵的宽带波束域算法，但测向精度不高，主要是因为模式空间转换中忽略了离散均匀圆阵由于采样带来的周期延拓效应，对算法的性能有很大影响。本节介绍一种均匀圆阵宽带波束域算法,避免了模式空间转换带来的误差,使测向精度有了很大提高。

考虑由 M 个阵元组成的均匀圆阵,半径 r 大于入射信号最高频率所对应波长的1/2。空间中有 N 个宽带信号,入射角度分别为 $\theta_1,\theta_2,\cdots,\theta_N$,则可以得到如下的宽带模型

$$\boldsymbol{X}(f_j)=\boldsymbol{A}(f_j)\boldsymbol{S}(f_j)+\boldsymbol{N}(f_j) \tag{5-45}$$

$\boldsymbol{A}(f_j)$为 $M\times N$ 维的阵列流形

$$\boldsymbol{A}(f_j)=[\boldsymbol{a}(\theta_1,f_j)\quad \boldsymbol{a}(\theta_2,f_j)\quad\cdots\quad \boldsymbol{a}(\theta_N,f_j)] \tag{5-46}$$

$$\boldsymbol{a}(\theta_i,f_j)=[\mathrm{e}^{-\mathrm{j}2\pi f_j\frac{r}{c}\cos(0-\theta_i)}\quad \mathrm{e}^{-\mathrm{j}2\pi f_j\frac{r}{c}\cos\left(\frac{2\pi}{M}-\theta_i\right)}\quad\cdots\quad \mathrm{e}^{-\mathrm{j}2\pi f_j\frac{r}{c}\cos\left(\frac{2\pi(M-1)}{M}-\theta_i\right)}] \tag{5-47}$$

参考文献[17,18]给出了圆阵的模式空间变换算法,在不考虑噪声影响时,通过一个预处理矩阵 $\boldsymbol{T}(f_j)$,将圆阵接收数据 $\boldsymbol{X}(f_j)$作如下转换

$$\boldsymbol{Z}(f_j)=\boldsymbol{T}(f_j)\boldsymbol{X}(f_j)=\tilde{\boldsymbol{A}}(f_j)\boldsymbol{S}(f_j) \tag{5-48}$$

其中

$$\tilde{\boldsymbol{A}}(f_j)=\begin{bmatrix}\mathrm{e}^{-\mathrm{j}G\theta_1} & \cdots & \mathrm{e}^{-\mathrm{j}G\theta_N}\\ \vdots & & \vdots\\ \mathrm{e}^{\mathrm{j}G\theta_1} & \cdots & \mathrm{e}^{\mathrm{j}G\theta_N}\end{bmatrix} \tag{5-49}$$

$$\boldsymbol{G}=\lfloor\max(4\pi f_j/f_0)\rfloor^{①} \tag{5-50}$$

式(5-48)表明,通过预处理矩阵 $\boldsymbol{T}(f_j)$可以将原来阵元空间中的均匀圆阵换成模式空间中的均匀线阵(不过这个均匀线阵是一个虚拟的阵列),完成了以模式空间为桥梁的均匀圆阵向虚拟均匀线阵的转换。

仿照5.2节中均匀线阵宽带波束域高分辨算法,得到基于模式空间变换的均匀圆阵宽带波束域算法的空间谱为

$$P_{波束域}=\frac{\tilde{\boldsymbol{a}}^{\mathrm{H}}(f_0)\boldsymbol{B}(f_0)\boldsymbol{B}^{\mathrm{H}}(f_0)\tilde{\boldsymbol{a}}(f_0)}{\tilde{\boldsymbol{a}}^{\mathrm{H}}(f_0)\boldsymbol{B}(f_0)\boldsymbol{E}_N\boldsymbol{\Psi}\boldsymbol{E}_N^{\mathrm{H}}\boldsymbol{B}^{\mathrm{H}}(f_0)\tilde{\boldsymbol{a}}(f_0)} \tag{5-51}$$

式中:$\tilde{\boldsymbol{a}}(f_0)$和 $\boldsymbol{B}(f_0)$分别为虚拟线阵恒定束宽波束形成的基准频率处的导向矢量和波束形成矩阵,$\boldsymbol{\Psi}=\boldsymbol{\Lambda}/\sqrt{\left(\frac{1}{\lambda_{N+1}}\right)^2+\left(\frac{1}{\lambda_{N+2}}\right)^2+\cdots+\left(\frac{1}{\lambda_L}\right)^2}$,$\boldsymbol{\Lambda}=\mathrm{diag}\left\{\frac{1}{\lambda_{N+1}},\frac{1}{\lambda_{N+2}},\cdots,\frac{1}{\lambda_L}\right\}$。

模式空间变换方法假定一个圆阵激发的相位模式有 $-G,-G+1,\cdots,G$ 共 $2G+1$ 个,即当 $g>G$ 时,$J_g(G)\approx 0$,其中 $\boldsymbol{G}=\lfloor\max(4\pi f_j/f_0)\rfloor$。受带宽限制,$G$ 的取值不可能很大,因此第一类 Bessel 函数曲线(图5-15)的截断误差比较大,

① ⌊ ⌋为向下取整符号。

导致基于模式空间变换的波束域算法测向精度较低。

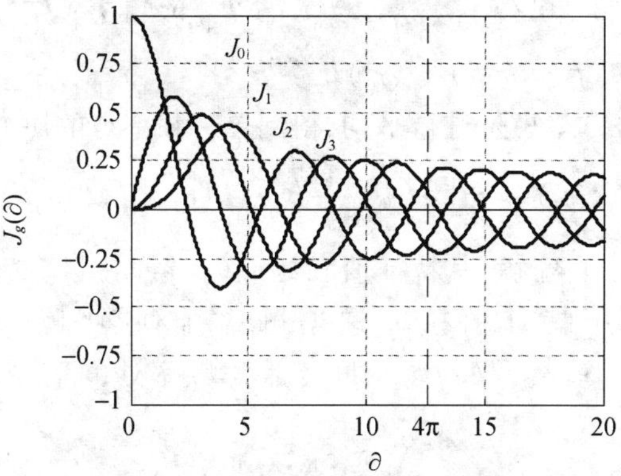

图 5-15 第一类 Bessel 函数曲线图

由前面分析可知，基于模式空间变换的宽带波束域算法测向精度较低，下面给出一种新的均匀圆阵波束域测向算法。

频率 f_j 处的数据协方差矩阵为

$$\boldsymbol{R}_X(f_j) = \boldsymbol{A}(f_j)\boldsymbol{R}_S(f_j)\boldsymbol{A}^{\mathrm{H}}(f_j) + \sigma_n{}^2\boldsymbol{I} \tag{5-52}$$

各频率点的信号均为窄带信号，因此可以利用窄带波束域算法将阵元域信号转换成波束域信号。设波束转换矩阵为 $\boldsymbol{B}_j$（$M \times L$ 维，L 为形成的密集波束个数），则波束域数据协方差矩阵为

$$\boldsymbol{R}_Y(f_j) = \boldsymbol{B}_j^{\mathrm{H}}\boldsymbol{R}_X(f_j)\boldsymbol{B}_j = \boldsymbol{B}_j^{\mathrm{H}}\boldsymbol{A}(f_j)\boldsymbol{R}_S(f_j)\boldsymbol{A}^{\mathrm{H}}(f_j)\boldsymbol{B}_j + \sigma_n{}^2\boldsymbol{I}\boldsymbol{B}_j^{\mathrm{H}}\boldsymbol{B}_j \tag{5-53}$$

为了不损失信噪比，要求形成正交波束，所以令 $\overline{\boldsymbol{B}}_j^{\mathrm{H}} = (\boldsymbol{B}_j^{\mathrm{H}}B)^{-1/2}\boldsymbol{B}_j^{\mathrm{H}}$，数据协方差矩阵变为

$$\overline{\boldsymbol{R}}_Y(f_j) = \overline{\boldsymbol{B}}_j^{\mathrm{H}}\boldsymbol{R}_X(f_j)\overline{\boldsymbol{B}}_j = \overline{\boldsymbol{B}}_j^{\mathrm{H}}\boldsymbol{A}(f_j)\boldsymbol{R}_S(f_j)\boldsymbol{A}^{\mathrm{H}}(f_j)\overline{\boldsymbol{B}}_j + \sigma_n{}^2\boldsymbol{I} \tag{5-54}$$

其中，波束域阵列流型为 $\overline{\boldsymbol{B}}_j^{\mathrm{H}}\boldsymbol{A}(f_j)$。

宽带聚焦的思想，就是要将不同频率点的信号子空间聚焦到同一个参考频率点上。由于信号子空间与阵列流形张成的空间是等价的，假设频率点 f_j 处的聚焦矩阵为 $\boldsymbol{T}(f_j)$，那么聚焦矩阵的选择就是使得聚焦后的阵列流形与参考频率点的阵列流形间误差最小，即

$$\min_{\boldsymbol{T}(f_j)} \| \overline{\boldsymbol{B}}_j^{\mathrm{H}}\boldsymbol{A}(f_0) - \boldsymbol{T}(f_j)\overline{\boldsymbol{B}}_j^{\mathrm{H}}\boldsymbol{A}(f_j) \|_F \tag{5-55}$$

约束条件为

$$\boldsymbol{T}^{\mathrm{H}}(f_j)\boldsymbol{T}(f_j) = \boldsymbol{I} \tag{5-56}$$

式中：f_0 为参考频率；$\| \cdot \|_F$ 为 Frobenius 模。

式(5-55)在式(5-56)约束下的一个解为

$$\boldsymbol{T}(f_j) = \boldsymbol{V}(f_j)\boldsymbol{U}^{\mathrm{H}}(f_j) \tag{5-57}$$

式中：$\boldsymbol{U}(f_j)$ 和 $\boldsymbol{V}(f_j)$ 分别为 $\overline{\boldsymbol{B}}_j^{\mathrm{H}}\boldsymbol{A}(f_j)\boldsymbol{A}(f_0)\overline{\boldsymbol{B}}_j$ 的左、右奇异矢量。

可得到聚焦后的数据协方差矩阵为

$$\begin{aligned}\boldsymbol{R}(f_j) &= \boldsymbol{T}(f_j)\overline{\boldsymbol{B}}_j^{\mathrm{H}}\boldsymbol{A}(f_j)\boldsymbol{R}_S(f_j)\boldsymbol{A}^{\mathrm{H}}(f_j)\overline{\boldsymbol{B}}_j T(f_j)^{\mathrm{H}} + \sigma_n{}^2\boldsymbol{I}\boldsymbol{T}(f_j)\boldsymbol{T}^{\mathrm{H}}(f_j) = \\ &\overline{\boldsymbol{B}}_j^{\mathrm{H}}\boldsymbol{A}(f_0)\boldsymbol{R}_S(f_j)\boldsymbol{A}^{\mathrm{H}}(f_0)\overline{\boldsymbol{B}}_j + \sigma_n{}^2\boldsymbol{I}\end{aligned} \tag{5-58}$$

对各频率的协方差矩阵进行平均,得到单一频率点的协方差矩阵为

$$\boldsymbol{R} = \frac{1}{J}\sum_{j=1}^{J}\boldsymbol{R}(f_j) = \overline{\boldsymbol{B}}_j^{\mathrm{H}}\boldsymbol{A}(f_0)\frac{1}{J}\left(\sum_{j=1}^{J}\boldsymbol{R}_S(f_j)\right)\boldsymbol{A}^{\mathrm{H}}(f_0)\overline{\boldsymbol{B}}_j + \sigma_n{}^2\boldsymbol{I} \tag{5-59}$$

对 $\boldsymbol{R}$ 进行特征值分解,其特征值和相应的特征矢量分别记为 λ_m、$\boldsymbol{e}_m$($m = 1,2,\cdots,L$),设噪声特征值按非递增顺序排列,则噪声子空间为 $\boldsymbol{E}_N = [\boldsymbol{e}_{N+1}\quad \boldsymbol{e}_{N+2}\quad \cdots\quad \boldsymbol{e}_L]$。噪声子空间与聚焦频率处的信号子空间是正交的,可以构成空间谱

$$P = \frac{\boldsymbol{a}^{\mathrm{H}}(f_0)\overline{\boldsymbol{B}}_j\overline{\boldsymbol{B}}_j^{\mathrm{H}}\boldsymbol{a}(f_0)}{\boldsymbol{a}^{\mathrm{H}}(f_0)\overline{\boldsymbol{B}}_j\boldsymbol{E}_N\boldsymbol{\Psi}\boldsymbol{E}_N{}^{\mathrm{H}}\overline{\boldsymbol{B}}_j^{\mathrm{H}}\boldsymbol{a}(f_0)} \tag{5-60}$$

式中:$\boldsymbol{\Psi} = \boldsymbol{\Lambda}\Big/\sqrt{\left(\frac{1}{\lambda_{N+1}}\right)^2 + \left(\frac{1}{\lambda_{N+2}}\right)^2 + \cdots + \left(\frac{1}{\lambda_L}\right)^2}$,$\boldsymbol{\Lambda} = \mathrm{diag}\left\{\frac{1}{\lambda_{N+1}},\frac{1}{\lambda_{N+2}},\cdots,\frac{1}{\lambda_L}\right\}$。

综上所述,本节给出的新算法可归结为如下步骤:

(1) 对阵列接收数据分段作 FFT 变换得到 $\boldsymbol{X}_k(f_j)$。

(2) 计算各频率点下的协方差矩阵 $\boldsymbol{R}_X(f_j)$ ($j = 1,2,\cdots,J$)。

(3) 利用波束形成矩阵 $\overline{\boldsymbol{B}}_j$ 将阵元域信号转换成波束域信号,得到转换后的协方差矩阵 $\overline{\boldsymbol{R}}_Y(f_j)$。

(4) 由式(5-57)构造各频率点的聚焦矩阵 $\boldsymbol{T}(f_j)$。

(5) 由聚焦变换得到单一频率点的协方差矩阵 $\boldsymbol{R}$。

(6) 应用常规的窄带空间谱估计方法估计来波方向。

2) 仿真实验及结果分析

采用 $M = 16$ 个全向阵元组成的均匀圆阵天线阵列,圆阵半径 $r = 2\lambda_{\max}$,$\lambda_{\max}$ 为最低频率点对应的波长。

仿真实验 5-4 新算法与基于模式空间变换的宽带圆阵波束域算法的比较。

两宽带相干信号的入射方向为 $-5°$ 和 $5°$,在新算法中形成指向 $-20°$、$-10°$、$0°$、$10°$ 和 $20°$ 的 5 个密集波束,$\boldsymbol{B}_j = \frac{1}{\sqrt{M}}[\boldsymbol{a}(\theta_1,f_j),\boldsymbol{a}(\theta_2,f_j),\boldsymbol{a}(\theta_3,f_j),\boldsymbol{a}(\theta_4,f_j),\boldsymbol{a}(\theta_5,f_j)]$ 为频率点 f_j 处的波束形成矩阵。此圆阵可激发的最大相位模式空间为 $G = \lfloor 2\pi r/\lambda \rfloor = \lfloor 4.89\pi \rfloor = 15$,所以在基于模式空间变换的宽带圆阵波束域算法中,取虚拟均匀线阵的个数为 $2G+1 = 31$ 个。图 5-16 给出了 5 个密集波束在最低频率处和最高频率处的合成增益,图 5-17(a)为新算法与基于模式空间变换的宽带圆阵波束域算法空间谱,图 5-17(b)为两算法的均方根误差随信噪比的变化曲线。

图 5-16 (a)和图 5-16 (b)表明,对于不同频率的信号来说,形成的 5 个

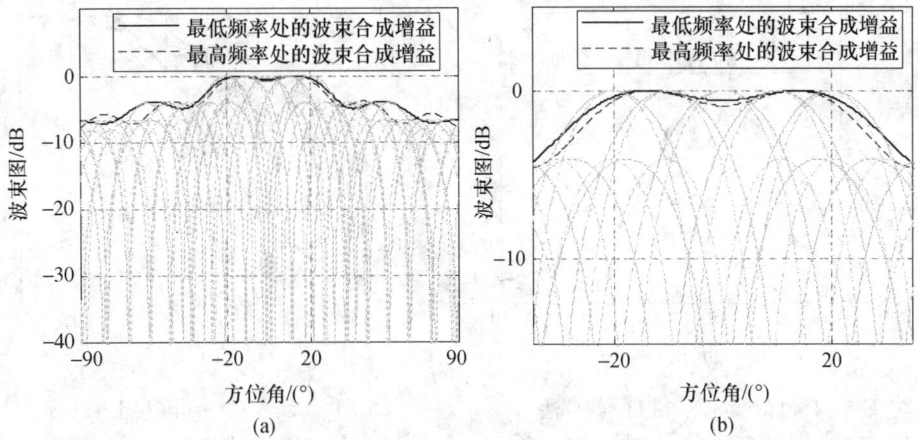

图 5-16　5 个密集波束在最低频率处和最高频率处的合成增益图

（a）最低频率和最高频率处的波束增益；（b）波束增益局部放大图。

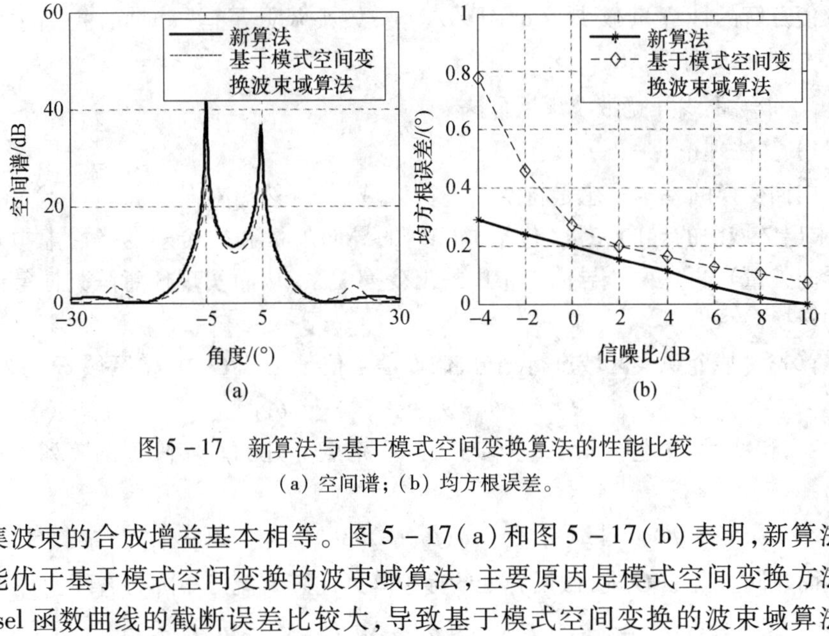

图 5-17　新算法与基于模式空间变换算法的性能比较

（a）空间谱；（b）均方根误差。

密集波束的合成增益基本相等。图 5-17(a)和图 5-17(b)表明，新算法的性能优于基于模式空间变换的波束域算法，主要原因是模式空间变换方法中 Bessel 函数曲线的截断误差比较大，导致基于模式空间变换的波束域算法测向性能较低。

仿真实验 5-5　新算法和圆阵相干信号子空间算法的比较。

两宽带相干入射信号的方向为 -3°和 0°，快拍数为 500。取相干信号子空间算法中的经典算法——RSS 算法，用常规数字波束形成(CBF)得到预估计角度为 -1.5°，因此取 RSS 算法的聚焦角度[10]为 -4°、-1.5°和 1°。图 5-18 为新算法和圆阵相干信号子空间算法在信噪比为 5dB 时得到的空间谱，图 5-19 为两算法的分辨概率随信噪比的变化曲线。

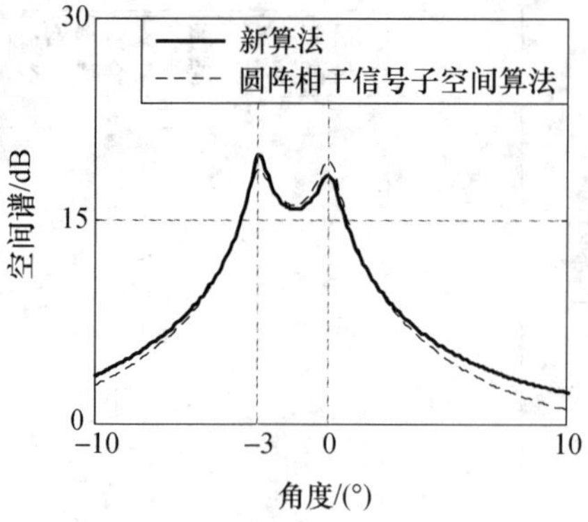

图 5 – 18　信噪比为 5dB 时新算法与圆阵相干信号子空间算法的空间谱

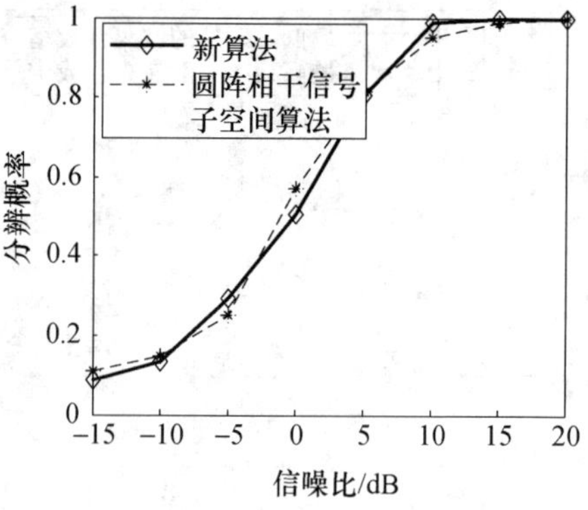

图 5 – 19　新算法与圆阵相干信号子空间算法分辨概率

从图 5 – 18 和图 5 – 19 可以看出，新算法和圆阵相干信号子空间算法的测向性能相当，但新算法将 $M\times 1$ 维的阵元域信号转换成 $L\times 1$ 维的波束域信号，特征值分解的计算量减少了 $o(M^3/L^3)$ 倍，大幅降低了运算时间，提高了宽带 DOA 估计的实时性。

3. 非等距线阵宽带波束域算法

1) 算法理论

内插变换的基本思想是将空间进行区域划分，然后对某个特定区域进行细分，求出区域内的导向矢量（包括原阵列的导向矢量和按希望变换后虚拟阵列的导向矢量），再从两个导向矢量中找出变换关系，从而实现任意阵列向等距线阵的转换。

首先对某个观察区域进行划分，假设信号位于区域 $\boldsymbol{\Theta}$ 内，将区域 $\boldsymbol{\Theta}$ 均分为

$$\boldsymbol{\Theta}=[\theta_l \quad \theta_l+\Delta\theta \quad \cdots \quad \theta_r] \tag{5-61}$$

式中：θ_l 和 θ_r 为 Θ 左右界；$\Delta\theta$ 为步长，则频率点 f_j 处的真实阵列的阵列流形矩阵为

$$\boldsymbol{A}(f_j)=[\boldsymbol{a}(\theta_l,f_j) \quad \boldsymbol{a}(\theta_l+\Delta\theta,f_j) \quad \cdots \quad \boldsymbol{a}(\theta_r,f_j)] \tag{5-62}$$

而在同一区域 $\boldsymbol{\Theta}$ 内，假设 f_j 处的虚拟阵列的阵列流形矩阵为 $\overline{\boldsymbol{A}}(f_j)$，则有

$$\overline{\boldsymbol{A}}(f_j)=[\overline{\boldsymbol{a}}(\theta_l,f_j) \quad \overline{\boldsymbol{a}}(\theta_l+\Delta\theta,f_j) \quad \cdots \quad \overline{\boldsymbol{a}}(\theta_r,f_j)] \tag{5-63}$$

由此可见，真实阵列的阵列流形矩阵 $\boldsymbol{A}(f_j)$ 和虚拟的阵列流形矩阵 $\overline{\boldsymbol{A}}(f_j)$ 间存在一个固定的变换关系 $\boldsymbol{B}(f_j)$，且满足

$$\boldsymbol{B}^{\mathrm{H}}(f_j)\boldsymbol{A}(f_j)=\overline{\boldsymbol{A}}(f_j) \tag{5-64}$$

由式(5 – 64)可以得到以下的变换关系

$$\boldsymbol{B}(f_j)=[\boldsymbol{A}(f_j)\boldsymbol{A}^{\mathrm{H}}(f_j)]^{-1}\boldsymbol{A}(f_j)\overline{\boldsymbol{A}}^{\mathrm{H}}(f_j) \tag{5-65}$$

定义频率点 f_j 处变换误差为

$$e(f_j) = \frac{\| \boldsymbol{B}^{\mathrm{H}}(f_j)\boldsymbol{A}(f_j) - \overline{\boldsymbol{A}}(f_j) \|_F}{\| \overline{\boldsymbol{A}}(f_j) \|_F} \tag{5-66}$$

假设 f_j 处的真实阵列的数据协方差矩阵为 $\boldsymbol{R}(f_j)$，噪声为高斯白噪声，功率为 σ^2，则有

$$\boldsymbol{R}(f_j) = \boldsymbol{A}(f_j)\boldsymbol{R}_S(f_j)\boldsymbol{A}^{\mathrm{H}}(f_j) + \sigma^2\boldsymbol{I} \tag{5-67}$$

虚拟阵列的数据协方差矩阵为

$$\begin{aligned}\overline{\boldsymbol{R}}(f_j) = &\boldsymbol{B}^{\mathrm{H}}(f_j)\boldsymbol{R}(f_j)\boldsymbol{B}(f_j) = \\ &\boldsymbol{B}^{\mathrm{H}}(f_j)[\boldsymbol{A}(f_j)\boldsymbol{R}_S(f_j)\boldsymbol{A}^{\mathrm{H}}(f_j) + \sigma^2\boldsymbol{I}]\boldsymbol{B}(f_j) = \\ &\boldsymbol{B}^{\mathrm{H}}(f_j)\boldsymbol{A}(f_j)\boldsymbol{R}_S(f_j)\boldsymbol{A}^{\mathrm{H}}(f_j)\boldsymbol{B}(f_j) + \sigma^2\boldsymbol{B}^{\mathrm{H}}(f_j)\boldsymbol{B}(f_j) = \\ &\overline{\boldsymbol{A}}(f_j)\boldsymbol{R}_S(f_j)\overline{\boldsymbol{A}}^{\mathrm{H}}(f_j) + \sigma^2\boldsymbol{B}^{\mathrm{H}}(f_j)\boldsymbol{B}(f_j)\end{aligned} \tag{5-68}$$

由于 $\overline{\boldsymbol{A}}(f_j)$ 具有 Vandermonde 结构，所以就可以将均匀线阵上的宽带波束域测向算法应用于非均匀线阵。

综上所述，非等距线阵宽带波束域算法可以归纳为以下几个步骤：

（1）由非等距线阵得到阵列接收数据协方差矩阵 $\boldsymbol{R}(f_j)$。

（2）构造虚拟阵列流形矩阵 $\overline{\boldsymbol{A}}(f_j)$ 和变换矩阵 $\boldsymbol{B}(f_j)$。

（3）由式(5-68)构造虚拟阵列的数据协方差矩阵 $\overline{\boldsymbol{R}}(f_j)$。

（4）利用均匀线阵宽带波束域测向算法估计出入射信号方向。

2）仿真实验及结果分析

实验采用三个阵列：阵列位置为[0,1,2,6,10,13]d 的 6 元非等距线阵，$d = c/(2f_{\max})$；间距为 d 的 14 元虚拟等距均匀线阵；变换区域为 $-20° \sim 20°$、变换角度步长为 0.01°和间距为 d 的 14 元真实等距均匀线阵。两宽带相干信号从 $-3°$ 和 3°入射，在每个频率点形成分别指向 $-20°$、$-10°$、0°、10°和 20°的 5 个恒定束宽波束。图 5-20 为中心频率点处变换误差与角度的关系，图 5-21 为信噪比

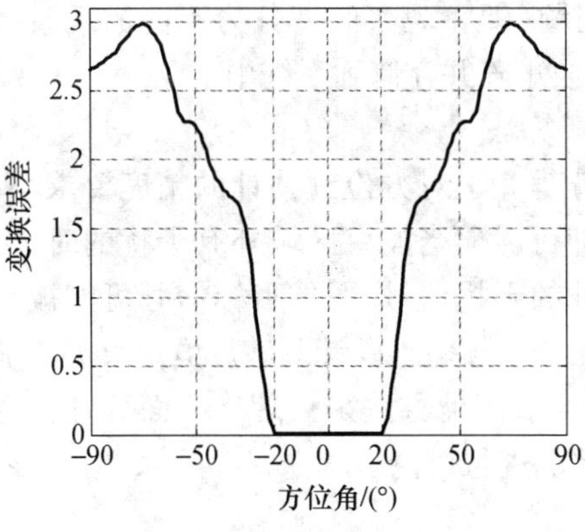

图 5-20　变换误差与角度的关系

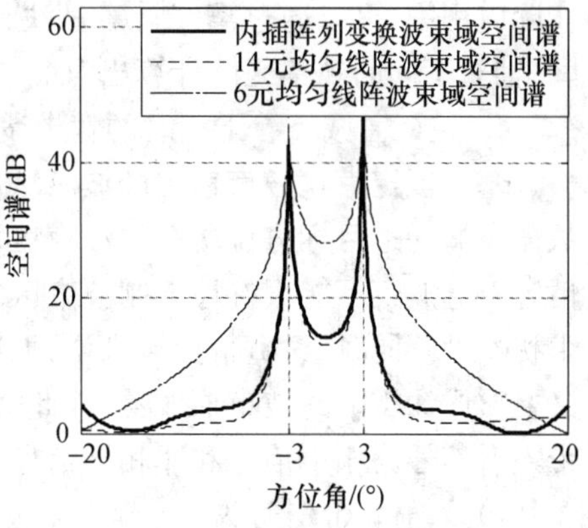

图 5-21　信噪比为 10dB 时三个阵列的波束域空间谱

为 10dB 时三个阵列的波束域空间谱曲线,图 5－22 和图 5－23 分别为三个阵列的 DOA 估计偏差和均方根误差随信噪比的变化曲线。

从图 5－20 可以看出,在变换区域 －20°～20°内,变换误差为 0,性能较好,变换区域之外变换误差较大,可以按需要调整变换区域以得到较好的变换性能。

图 5－21 为三个阵列得到的波束域空间谱,三个阵列在信噪比为 10dB 时都能正确估计信号来向,但 6 元 NLA 阵内插为 14 元虚拟线阵得到的波束域空间谱和 14 元等距线阵的波束域空间谱比 6 元等距线阵要尖锐。图 5－22 和图 5－23 为三个阵列的均方根误差和偏差与信噪比的关系曲线,可以看出,6 元 NLA 阵内插为 14 元虚拟线阵的波束域测向性能比 6 元等距线阵要高得多,稍差于 14 元等距线阵,主要原因是矩阵 $\boldsymbol{B}(f_j)$ 为非酉矩阵,使得高斯白噪声变成了色噪声。

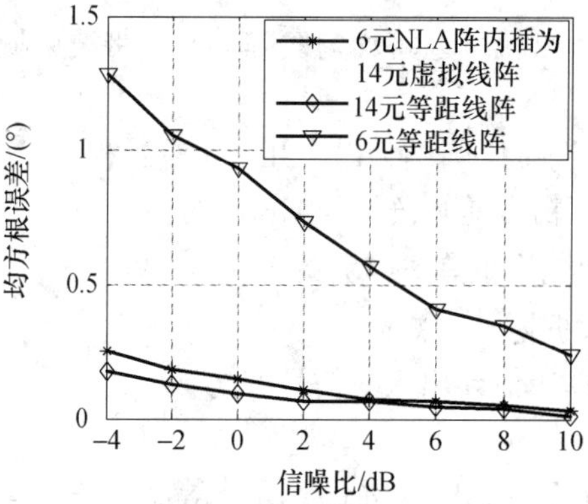

图 5－22　三个阵列均方根误差与信噪比的关系

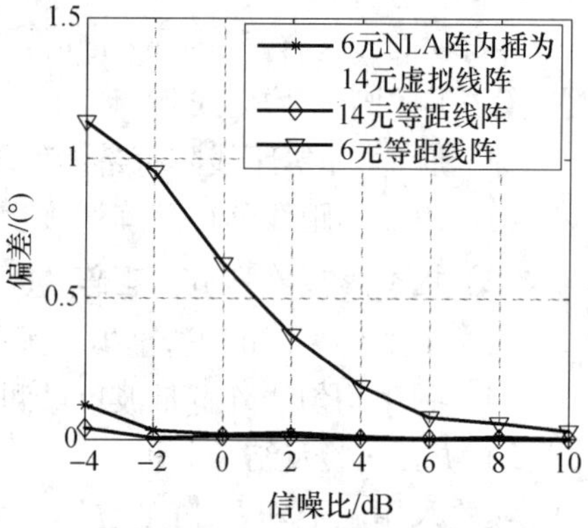

图 5－23　三个阵列估计偏差与信噪比的关系

非等距线阵经过内插处理后可以得到较好的性能,且阵元个数较少,系统成本较低。不足之处是:为了得到精度较高的变换矩阵所需的运算量较大。但在实际应用中,可以通过离线计算解决此问题(即将观察区域分为不同的观察区间,针对不同的观察区间计算出对应的变换矩阵并存储到系统中)。

4. 波束区域外有干扰时的宽带波束域算法

基于恒定束宽波束输出的波束域高分辨算法对方位预估计的精度要求小,只需大概知道目标方位所在的波束区域即可。但当波束区域外有干扰的时候,恒定束宽波束不能很好地抑制波束区域外的干扰信号,弱的目标信号可能被强干扰淹没。同时,对宽带信号来说,无法在各个频率点设计既满足恒定束宽要求又要形成深零陷的波束形成器,因此需要采取其他方法来处理。下面分别对宽带入射信号为相干信号和非相干信号的情况进行讨论。

1) 入射宽带信号为相干信号

入射信号为相干信号,可以在每个频率点形成宽零陷来滤除干扰,得到波束域输出,然后通过聚焦矩阵将不同频率点的波束域信号聚焦到同一个频率点,再应用常规的空间谱估计信号波达方向。

频率点 f_j 处指向 θ_i 方向的宽零陷波束形成矢量为

$$\boldsymbol{w}(\theta_i,f_j)=\frac{\boldsymbol{R}_X^{-1}(f_j)\boldsymbol{a}(\theta_i,f_j)}{\boldsymbol{a}^{\mathrm{H}}(\theta_i,f_j)\boldsymbol{R}_X^{-1}(f_j)\boldsymbol{a}(\theta_i,f_j)} \tag{5-69}$$

则频率点 f_j 处的波束形成矩阵为

$$\boldsymbol{B}_j=[\boldsymbol{w}(\theta_1,f_j)\quad \boldsymbol{w}(\theta_2,f_j)\quad \cdots\quad \boldsymbol{w}(\theta_L,f_j)] \tag{5-70}$$

为不损失波束转换后的信噪比，对 $\boldsymbol{B}_j$ 作正交化处理，令

$$\overline{\boldsymbol{B}}_j^{\mathrm{H}}=(\boldsymbol{B}_j^{\mathrm{H}}\boldsymbol{B})^{-1/2}\boldsymbol{B}_j^{\mathrm{H}} \tag{5-71}$$

频率点 f_j 处的数据协方差矩阵为

$$\boldsymbol{R}_X(f_j)=\boldsymbol{A}(f_j)\boldsymbol{R}_S(f_j)\boldsymbol{A}^{\mathrm{H}}(f_j)+\sigma_n{}^2\boldsymbol{I} \tag{5-72}$$

由于每个频率点的信号为窄带信号，可以利用窄带波束域算法将阵元域信号转换成波束域信号。经过波束转换后得到 $L\times L$ 维的波束域接收数据协方差矩阵

$$\boldsymbol{R}_Y(f_j)=\overline{\boldsymbol{B}}_j^{\mathrm{H}}\boldsymbol{R}_X(f_j)\overline{\boldsymbol{B}}_j=\overline{\boldsymbol{B}}_j^{\mathrm{H}}\boldsymbol{A}(f_j)\boldsymbol{R}_S(f_j)\boldsymbol{A}^{\mathrm{H}}(f_j)\overline{\boldsymbol{B}}_j+\sigma_n{}^2\boldsymbol{I} \tag{5-73}$$

求聚焦矩阵的方法得频率点 f_j 处的聚焦矩阵为

$$\boldsymbol{T}(f_j)=\boldsymbol{V}(f_j)\boldsymbol{U}^{\mathrm{H}}(f_j) \tag{5-74}$$

式中：$\boldsymbol{U}(f_j)$ 和 $\boldsymbol{V}(f_j)$ 分别为 $\overline{\boldsymbol{B}}_j^{\mathrm{H}}\boldsymbol{A}(f_j)\boldsymbol{A}(f_0)\overline{\boldsymbol{B}}_j$ 的左、右奇异矢量。

聚焦后的数据协方差矩阵为

$$\begin{aligned}\boldsymbol{R}(f_j)=&\boldsymbol{T}(f_j)\overline{\boldsymbol{B}}_j^{\mathrm{H}}\boldsymbol{A}(f_j)\boldsymbol{R}_S(f_j)\boldsymbol{A}^{\mathrm{H}}(f_j)\overline{\boldsymbol{B}}_j\boldsymbol{T}(f_j)^{\mathrm{H}}+\sigma_n{}^2\boldsymbol{I}\boldsymbol{T}(f_j)\boldsymbol{T}^{\mathrm{H}}(f_j)=\\&\overline{\boldsymbol{B}}_j^{\mathrm{H}}\boldsymbol{A}(f_0)\boldsymbol{R}_S(f_j)\boldsymbol{A}^{\mathrm{H}}(f_0)\overline{\boldsymbol{B}}_j+\sigma_n{}^2\boldsymbol{I}\end{aligned} \tag{5-75}$$

对各频率的协方差矩阵进行平均，得到单一频率点的协方差矩阵为

$$\boldsymbol{R}=\frac{1}{J}\sum_{j=1}^{J}\boldsymbol{R}(f_j)=\overline{\boldsymbol{B}}_j^{\mathrm{H}}\boldsymbol{A}(f_0)\frac{1}{J}\Big(\sum_{j=1}^{J}\boldsymbol{R}_S(f_j)\Big)\boldsymbol{A}^{\mathrm{H}}(f_0)\overline{\boldsymbol{B}}_j+\sigma_n{}^2\boldsymbol{I} \tag{5-76}$$

对 $\boldsymbol{R}$ 作特征值分解，其特征值和相应的特征矢量分别记为 λ_m、$\boldsymbol{e}_m$（$m=1,2,\cdots,L$），设噪声特征值按非递增顺序排列，则噪声子空间为 $\boldsymbol{E}_N=[\boldsymbol{e}_{N+1}\quad \boldsymbol{e}_{N+2}\quad \cdots\quad \boldsymbol{e}_L]$。噪声子空间与聚焦频率处的信号子空间是正交的，应用正交化原理可以构成空间谱为

$$P=\frac{\boldsymbol{a}_\theta^{\mathrm{H}}(f_0)\overline{\boldsymbol{B}}_j\overline{\boldsymbol{B}}_j^{\mathrm{H}}\boldsymbol{a}_\theta(f_0)}{\boldsymbol{a}_\theta^{\mathrm{H}}(f_0)\overline{\boldsymbol{B}}_j\boldsymbol{E}_N\boldsymbol{\varPsi}\boldsymbol{E}_N{}^{\mathrm{H}}\overline{\boldsymbol{B}}_j^{\mathrm{H}}\boldsymbol{a}_\theta(f_0)} \tag{5-77}$$

式中：$\boldsymbol{\varPsi}=\boldsymbol{\varLambda}/\sqrt{\left(\frac{1}{\lambda_{N+1}}\right)^2+\left(\frac{1}{\lambda_{N+2}}\right)^2+\cdots+\left(\frac{1}{\lambda_L}\right)^2}$，$\boldsymbol{\varLambda}=\mathrm{diag}\left\{\frac{1}{\lambda_{N+1}},\frac{1}{\lambda_{N+2}},\cdots,\frac{1}{\lambda_L}\right\}$。

仿真实验及结果分析如下。

两宽带相干信号分别从 0°和 2°入射到阵列上，信噪比为 10dB，在每个频率点形成指向 −15°、−7.5°、0°、7.5°和 15°的 5 个波束，干扰从 −45°方向入射，干扰信噪比为 50dB。

从图 5−24(a)和图 5−24(b)可以看出，虽然在各个方向上最高频率点和最低频率点处的波束宽度相差较大，但这 5 个密集波束的合成增益在波束区域内基

本相等,在其他频率点波束合成增益在波束区域内也基本保持不变,这样就可以用密集波束代替恒定束宽波束进行高分辨测向。图 5 - 25(a)和图 5 - 25(b)表明,在波束区域外无强相干源的情况下,采用密集宽零陷波束进行 DOA 估计的性能略低于采用恒定束宽波束时的性能,主要原因在于密集波束在各个频率点的波束合成增益不是恒定的。图 5 - 26(a)和图 5 - 26(b)表明,在波束区域外有干扰的情况下,采用密集宽零陷波束进行 DOA 估计的性能要明显高于采用恒定束宽波束。因为经过零陷处理可以滤除干扰,而形成的恒定束宽波束由于旁瓣相对较高,无法有效抑制干扰信号,这样在形成信号空间谱时,干扰子空间向信号子空间渗透,严重影响了信号子空间,使得信号子空间和噪声子空间不再保持正交关系,降低了 DOA 估计的性能。

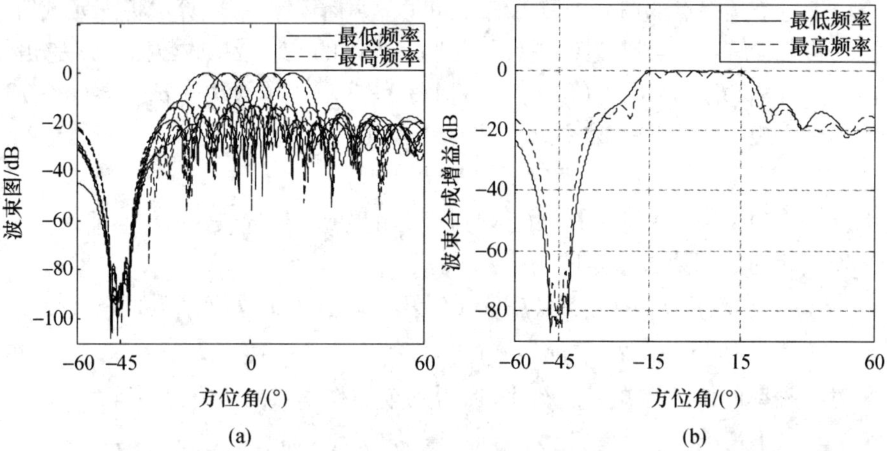

图 5 - 24　最高频率点和最低频率点指向 5 个方向的宽零陷波束及其合成增益

(a) 宽零陷波束图; (b) 合成增益。

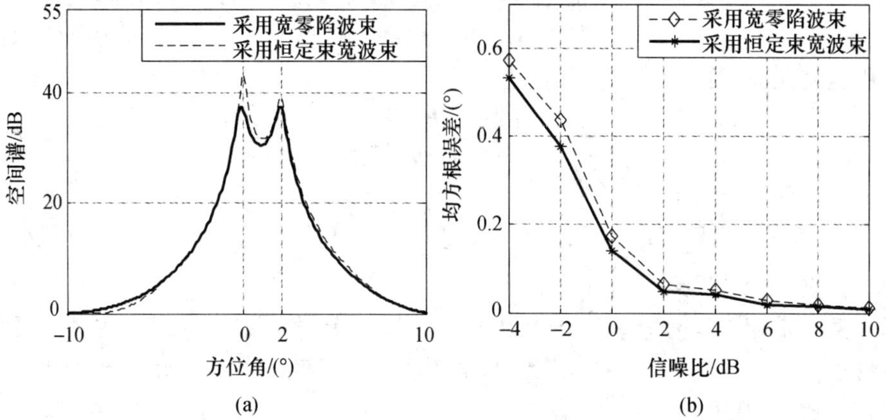

图 5 - 25　无干扰时采用两种波束的性能比较

(a) 空间谱; (b) DOA 估计均方根误差随信噪比的变化关系。

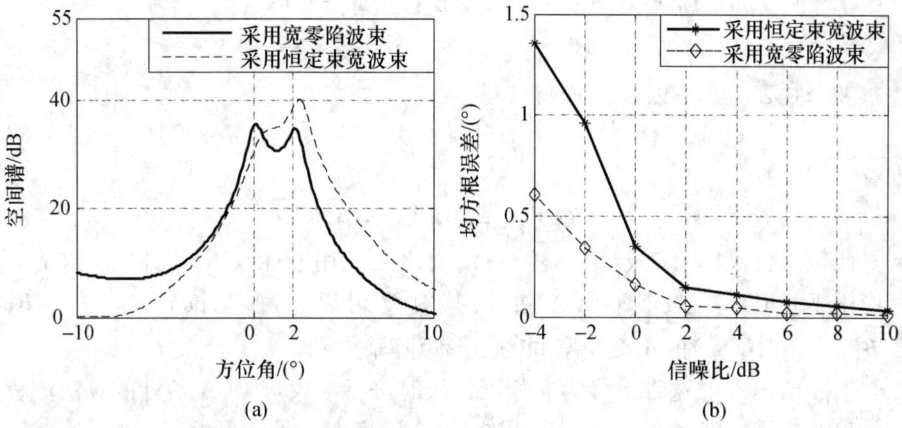

图 5 - 26　有干扰时采用两种波束的性能比较
(a) 空间谱；(b) DOA 估计均方根误差随信噪比的变化关系。

2）入射宽带信号为非相干信号

当入射宽带信号为非相干信号时，不需要解相干，则可以先对每个子带波束域输出进行高分辨处理，然后在宽带内通过数学或几何平均得到最终的方位估计值。本章采用宽零陷方法抑制波束区域外干扰，再应用波束域 ESPRIT 算法[19]进行 DOA 估计。

在高分辨目标方位估计算法中，ESPRIT 算法[20,21]以其较少的运算量和可实现性获得了广泛应用。ESPRIT 算法运用所谓的阵列平移不变结构，也就是两个距离为 Δ 的相同子阵来进行 DOA 估计，这种平移关系可表示为

$$\boldsymbol{J}_1\boldsymbol{A} = \boldsymbol{J}_2\boldsymbol{A}\boldsymbol{\Phi}^{\mathrm{H}} \tag{5-78}$$

式中：$\boldsymbol{\Phi} = \mathrm{diag}\{\mathrm{e}^{\mathrm{j}2\pi f\Delta\sin\theta_1/c}, \cdots, \mathrm{e}^{\mathrm{j}2\pi f\Delta\sin\theta_N/c}\}$。

均匀线阵的前 Γ 个阵元和后 Γ 个阵元可看作两个间距为 $\Delta = (M-\Gamma)d$ 的完全相同的子阵，其中 $1 < \Gamma < M-1$，此时阵列流形 $\boldsymbol{A}$ 为一个 Vandermonde 矩阵，且有

$$\boldsymbol{J}_1 = [\overset{\Gamma}{\boldsymbol{I}} \quad \overset{M-\Gamma}{0}] \tag{5-79}$$

$$\boldsymbol{J}_2 = [\overset{M-\Gamma}{0} \quad \overset{\Gamma}{\boldsymbol{I}}] \tag{5-80}$$

在波束域中，阵列流形中的平移不变性被变换 $\boldsymbol{B}^{\mathrm{H}}\boldsymbol{A}$ 改变，此时 $\boldsymbol{J}_1\boldsymbol{B}^{\mathrm{H}}\boldsymbol{A} \neq \boldsymbol{J}_2\boldsymbol{B}^{\mathrm{H}}\boldsymbol{A}\boldsymbol{\Phi}^{\mathrm{H}}$，所以在波束域中 ESPRIT 无法直接应用。然而，如果波束形成矩阵有类似的平移不变性，则波束域阵列流形所丧失的不变性是可以恢复的。

定理 5-3　令 $\boldsymbol{B}$ 为 $M \times L$ 矩阵，假定其前 Γ 行和后 Γ 行具有相同的列空间，也就是

$$\boldsymbol{J}_1\boldsymbol{B} = \boldsymbol{J}_2\boldsymbol{B}\boldsymbol{F} \tag{5-81}$$

其中 $\boldsymbol{J}_1$ 和 $\boldsymbol{J}_2$ 如前所定义，$\boldsymbol{F}$ 是一个 $L \times L$ 的非奇异矩阵，令

$$\boldsymbol{B}^{\mathrm{H}} = [b_1 \quad b_2 \quad \cdots \quad b_N] \tag{5-82}$$

如果存在 $L \times L$ 矩阵 $\boldsymbol{Q}$，使得

$$\boldsymbol{Q}b_k = \boldsymbol{Q}\boldsymbol{F}^{\mathrm{H}}b_j \quad (\Gamma + 1 \leqslant k \leqslant M, 1 \leqslant j \leqslant M - \Gamma) \tag{5-83}$$

则有

$$\boldsymbol{Q}\boldsymbol{B}^{\mathrm{H}}\boldsymbol{A} = \boldsymbol{Q}\boldsymbol{F}^{\mathrm{H}}\boldsymbol{B}^{\mathrm{H}}\boldsymbol{A}\boldsymbol{\Phi}^{\mathrm{H}} \tag{5-84}$$

比较式(5－84)和式(5－83)，可以看出分别用 $\boldsymbol{Q}$ 和 $\boldsymbol{Q}\boldsymbol{F}^{\mathrm{H}}$ 代替 $\boldsymbol{J}_1$ 和 $\boldsymbol{J}_2$，就可应用 ESPRIT 算法进行 DOA 估计，其中 $\boldsymbol{Q}$ 可以通过求 $\mathrm{span}(\boldsymbol{B}_{\Gamma+1},\cdots,\boldsymbol{B}_M,\boldsymbol{F}^{\mathrm{H}}\boldsymbol{B}_1,\cdots,\boldsymbol{F}^{\mathrm{H}}\boldsymbol{B}_{M-\Gamma})$ 的正交子空间的投影矩阵来得到。

下面给出入射宽带信号为非相干信号时进行波束域 DOA 估计的算法流程：

(1) 应用式(5－84)的波束形成矩阵，在频率点 f_j 处的形成宽零陷波束，滤除波束区域外的干扰，得到波束域输出数据协方差矩阵 $\boldsymbol{R}_Y(f_j) = \overline{\boldsymbol{B}}^{\mathrm{H}}(f_j)\boldsymbol{R}_X(f_j)\overline{\boldsymbol{B}}(f_j)$。

(2) 按定理 5－3，得到频率 f_j 处的矩阵 $\boldsymbol{Q}(f_j)$，并由式(5－84)得到 $\boldsymbol{F}(f_j)$。

(3) 用 $\boldsymbol{Q}(f_j)$ 和 $\boldsymbol{Q}(f_j)\boldsymbol{F}^{\mathrm{H}}(f_j)$ 代替 ESPRIT 算法中的 $\boldsymbol{J}_1$ 和 $\boldsymbol{J}_2$，进行 DOA 估计得到频率点 f_j 的 $\boldsymbol{\theta}_i(f_j)$，$i=1,2,\cdots,N,\ j=1,2,\cdots,J$。

(4) 对 $\boldsymbol{\theta}_i(f_j)$ 作平均得到最终的 DOA 估计。

仿真实验及结果分析如下。

两宽带非相干信号分别从 －2°和 2°入射到阵列上，在每个频率点形成分别指向 －10°、－5°、0°、5°和 10°方向的五个波束，信噪比从 －4dB 变化到 10dB，每个信噪比下独立进行 100 次实验。

常规波束域算法在得到波束域协方差矩阵后应用 MUSIC 算法进行 DOA 估计，定义系数 $\boldsymbol{\eta}$ = 搜索区间/搜索步长，MUSIC 算法的计算量主要在谱峰搜索上，频率点 f_j 处 DOA 估计谱峰搜索的计算量为 $o(\eta L^3)$，其中 L 为波束个数；波束域 ESPRIT 算法对 $2L \times 2L$ 的波束域数据协方差矩阵进行特征值分解的计算量为 $o(8L^3)$。通常 $\boldsymbol{\eta}$ 是个很大的值，所以波束域 ESPRIT 算法能有效降低计算量，提高算法的实时性。

从表 5－2 中可以看出，波束域 ESPRIT 算法可以有效估计信号的入射方向。图 5－27 表明，波束域 ESPRIT 算法的性能略低于常规波束域算法，因此在实时性要求较高的时候，可以用波束域 ESPRIT 算法代替常规波束域算法进行 DOA 估计。

表 5－2　不同信噪比下的信号入射角估计值和偏差

	10dB	8dB	6dB	4dB	2dB	0dB	－2dB	－4dB
角度 1/偏差	－1.99/0.006	－1.98/0.012	－1.96/0.037	－1.94/0.060	－1.89/0.105	－1.82/0.178	－1.71/0.286	－1.50/0.499
角度 2/偏差	1.99/0.004	1.98/0.019	1.96/0.047	1.92/0.073	1.89/0.101	1.83/0.166	1.72/0.279	1.51/0.481

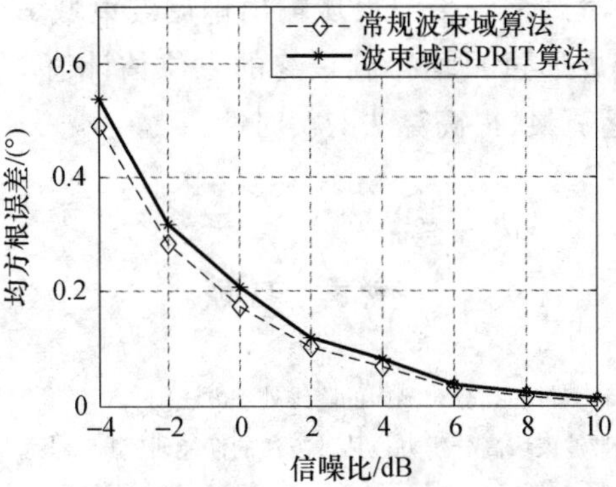

图 5-27　波束域 ESPRIT 算法与常规波束域算法均方根误差随信噪比的变化曲线

5.4 小　结

本章主要讨论了窄带波束域 DOA 估计、宽带恒定波束形成方法、宽带波束域 DOA 估计等算法,并研究了这些算法在非等距线阵上的应用。通过本章对波束域高分辨算法及其性能的分析,可以得出如下结论:

(1) 波束域高分辨算法的性能与波束个数、波束间的密集程度有关。采用较少的波束数可以降低分辨门限,提高分辨力。另一方面,波束数越多,DOA 估计的均方根误差越小。

(2) 本章中几种恒定束宽波束形成法得到的 -3dB 束宽均方根误差均小于 0.2°,除布莱克曼窗加权法外,第一零点束宽均方根误差均小于 1°,波束主瓣具有很好的一致性。其中 DFT 插值法和汉宁窗加权法性能较好, -3dB 束宽均方根误差和第一零点束宽均方根误差都较小。

(3) 宽带波束域算法具有与窄带波束域算法类似的优点,恒定束宽波束形成提高了信噪比,改善了宽带波束域算法的性能,减少了运算量,对阵列误差有较大的宽容性。而且宽带波束域算法与 CSM 算法相比,不需要进行角度预估计,只需要知道其所在的大致区域即可。

(4) 通过内插变换,将非等距线阵变换成虚拟等距线阵,应用均匀线阵的宽带波束域算法进行测向。内插变换不但可以扩展阵列孔径,提高 DOA 估计的性能,而且可以根据信号源的数目选择虚拟阵元数,具有灵活性。

(5) 在波束区域外有干扰的情况下,根据入射有用宽带信号是相干还是非相干的,采用不同的处理方法。当入射信号为宽带相干信号时,在每个频率点形成宽零陷来滤除干扰,得到波束域输出,然后通过聚焦矩阵将不同频率点的波束域信号聚焦到同一个频率点,再应用常规的空间谱估计信号波达方向;当入射信号为非相干信号时,对每个子带波束域输出运用波束域 ESPRIT 算法估计出信号来向,然后在宽带内通过平均得到最终的方位估计值。应用波束域 ESPRIT 算法可以有效降低运算量,提高算法的实时性。

参 考 文 献

[1] 智婉君,李志舜. 一种宽带源高分辨测向的降维处理方法[J]. 声学学报,1999,24(3):288 - 294.

[2] 严胜刚,冯西安. 宽带波束域高分辨方位估计方法的性能研究[J]. 探测与控制学报,2005,27(5):37 - 41.

[3] Bukley M,Xu X L. Reduced-dimension beamspace broadband sources localization:Preprocessor design[J]. IEEE Trans. on SP,1988. 48(9):128 - 135.

[4] Lee H, Wengrovitz M. Resolution threshold of beamspace MUSIC for two closely spaced emitters[J]. Trans. on ICASSP,1989,2124 - 2127.

[5] Simanapalli S,Kaveh M. Broadband focusing for partially adaptive beamforming[J]. IEEE Trans. on AES, 1994,30(1):68 - 80.

[6] Ward D, Kennedy R, Williamson R. FIR filter design for frequance invariant beamformer[J]. IEEE Trans. on SP,1996,3(3):69 - 71.

[7] Ward D,Kennedy R,Williamson R. Broadband DOA estimation using frequance invariance beamspace processing[J]. IEEE Trans. on ICASSP,1996,5:2892 - 2895.

[8] Ward D,Kennedy R,Williamson R. Theory and design of broadband sensor arrarys with frequance invariant far-field beam patterns[J]. Trans. on JASA,1995,97(2):1023 - 1034.

[9] Ward D, Kennedy R, Williamson R. Broadband DOA estimation using frequance invariance beamforming [J]. IEEE Trans. on SP,1998,46(5):1463 - 1469.

[10] 朱维杰,孙进才. 基于 DFT 插值的宽带波束形成器设计[J]. 通信学报, 2002,23 (8):59 - 66.

[11] 智婉君,李志舜. 空间重采样法恒定束宽波束形成器设计[J]. 信号处理,1998, 14(增刊):1 - 5.

[12] 王大成,郭丽华,丁士圻. 基于窗函数法的恒定束宽波束形成器设计[J]. 海洋技术,2005,24(1):113 - 117.

[13] Godara L C. Application of the faster fourier transform to broadband beamforming[J]. IEEE Trans. on JASA,1995,98(1):230 - 240.

[14] 王永良,陈辉,彭应宁. 空间谱估计理论与算法[M]. 北京:清华大学出版社, 2004: 416 - 420.

[15] Doron M A, Doron E, Weiss A J. Coherent finding for wideband direction finding. IEEE Trans. on SP, 1993,41(1):414 - 417.

[16] Wang H,Kaveh M. Coherent signal-subspace processing for the detection and estimation of angles of arrival of multiple wideband sources[J]. IEEE Trans. on ASSP,1985,33(4):823 - 831.

[17] Eiges R,Griffiyhs H D. Sectoral phased-mode beams from circular arrays[C]. Antennas and Propagation Eighth International Conference. Edinburgh UK,1993,2:698 - 705.

[18] Griffiyhs H D,Griffiyhs J W,Cowan C F,et al. Processing techniques for circular sonar arrays[C]. Sixth International Conference on Electroinc Engineering in Oceanography. Cambridge,UK,1994,7:67 - 72.

[19] Guanghan Xu, Silverstein S, Roy R, et al. Beamspace ESPRIT[J]. IEEE Trans. on SP, 1994, 42(2):

349 – 356.

[20] Roy R, Kailath T. ESPRIT-a subspace rotation approach to estimation of parameters of cissoids in noise [J]. IEEE Trans. on ASSP, 1986, 34(10): 1340 – 1342.

[21] Roy R, Kailath T. ESPRIT-estimation of signal parameters via rotation invariance techniques [J]. IEEE Trans. on ASSP, 1989, 37(7): 984 – 995.

第6章 宽带循环平稳信号DOA估计

6.1 引 言

循环平稳理论是研究一类特殊的非平稳过程——循环平稳过程的理论，它是近年来信号处理领域兴起的热门研究内容之一，它的起源可以追溯到20世纪50年代，近年来该理论及其在信号检测与估计方面的应用日益受到人们的关注。由于循环统计量具有对平稳噪声不敏感的性质，已在雷达、声纳、通信及电子侦察等领域引起人们的广泛重视，而且其必将在现代信号处理领域中占有重要地位。

充分利用信号的循环平稳等时间特性对信号进行处理可以有效地滤出干扰和背景噪声的影响，以此达到常规处理方法不能达到的效果。最早的算法是Gardner在1988年提出的循环MUSIC(Cyclic MUSIC)法和循环ESPRIT(Cyclic ESPRIT)法[1]，但它们要求信号必须是窄带的，不能估计宽带信号的DOA。为此，G. H. Xu和Kailath等人提出了基于信号谱相关特性的信号子空间拟合DOA估计方法，即谱相关信号子空间拟合(SC - SSF)法[2,3]，该方法一个显著的特点就是不仅适用于窄带信号，对宽带信号同样成立。而后，金梁等人提出了广义谱相关信号子空间(GSC - SSF)算法[4-6]，它可以看成是一个循环平稳类算法的总体框架，即SC - SSF及Cyclic算法均是它的简化形式。最近，在充分利用信号循环平稳特性的基础上，黄知涛等人又提出了基于信号一阶循环平稳性的DOA估计方法[7]、基于循环互相关的DOA估计方法[8]、基于加权循环谱的DOA估计方法[9]以及利用信号多循环频率信息的DOA估计方法[10]等。以上方法都是基于循环相关函数，即二阶循环统计量(Second Order Cyclic Statistic SOCS)。基于循环统计量的算法能够抑制任意分布的平稳噪声和循环平稳干扰。

本章的主要内容如下：首先简要介绍了几种常用信号的循环平稳特性和循环平稳理论的基础知识，给出了循环相关函数和循环谱的定义及实际计算公式，并通过计算机仿真分析了几种常见信号的循环相关函数和循环谱的特点，得出了各自循环频率的规律；然后研究了基于谱相关传播算子和谱相关求根多级维纳滤波器的宽带循环平稳信号的DOA估计问题；最后在将DOA估计问题转化为非线性映射问题的情况下，结合SC - SSF法的信号模型给出了谱相关径向基函数神经网络DOA估计方法。

下面从常用信号的循环平稳特性的分析入手，分别讨论各类宽带循环平稳信号和相干宽带循环平稳信号的 DOA 估计方法，最后通过计算仿真实验证明其有效性。

6.2 常用信号的循环平稳特性

6.2.1 循环平稳信号的特性

通常将统计特性呈周期或多周期(各个周期不能通约)平稳变化的信号统称为循环平稳信号或周期平稳信号。这类信号广泛存在于雷达、通信等多种系统中。循环平稳信号主要利用循环统计量进行分析，主要是因为信号统计量变化的周期性是可以充分利用的重要信息，它不仅可以用来判断信号是否循环平稳，而且还可以从干扰中将特定的循环平稳信号提取出来[1]。循环平稳信号可以分为一阶(均值)、二阶(相关函数)和高阶循环平稳信号，由于给出的方法和性能的分析均是围绕信号二阶统计特性展开的，所以下面重点讨论信号的二阶统计特性。

6.2.2 循环平稳信号的定义

一个随机信号 $x(t)$ 的自相关函数定义为

$$R_x(t+\tau/2, t-\tau/2) = E[x(t+\tau/2)x^*(t-\tau/2)] \tag{6-1}$$

若该随机信号为一个时间连续的平稳信号，其自相关函数不随观察时刻而变化，而只与观察时间间隔有关

$$R_x(\tau) = E[x(t+\tau/2)x^*(t-\tau/2)] \tag{6-2}$$

若该随机信号为一个非平稳信号，其自相关函数均随观察时刻而变化

$$R_x(t,\tau) = E[x(t+\tau/2)x^*(t-\tau/2)] \tag{6-3}$$

所谓循环平稳信号是一类特殊的非平稳信号，其二阶统计特性随观察时刻周期变化，即对于时间连续的随机信号 $x(t)$，若其时变自相关函数 $R_x(t,\tau)$ 具有以下周期性[11]：

$$\begin{aligned} R_x(t,\tau) &= E[x(t+\tau/2)x^*(t-\tau/2)] = \\ &E[x(t+kT+\tau/2)x^*(t+kT-\tau/2)] = R_x(t+kT,\tau), k\in Z \end{aligned} \tag{6-4}$$

$$\begin{aligned} R_x(t,\tau) &= E[x(t)x^*(t+\tau)] = \\ &E[x(t+kT)x^*(t+kT+\tau)] = R_x(t+kT,\tau), k\in Z \end{aligned} \tag{6-5}$$

则称 $x(t)$ 为循环平稳信号。其中，式(6-4)为对称形式，式(6-5)为非对称形式，T 为信号的循环周期，k 为整数集，$*$ 表示复共轭。

对于离散的循环平稳信号，由于在给定的两个采样值之间可能没有中间的

那个采样值，因此需要使用非对称的形式定义自相关函数，离散循环平稳信号的自相关函数为

$$R_x(n+kP,\tau) = R_x(n,\tau) = E[x(n)x^*(n+\tau)] \tag{6-6}$$

式中：P 为信号的循环周期；k 为整数集；$*$ 表示复共轭。

由上述可以看出，循环平稳信号的自相关函数是关于时间 t 或 n 和相关延迟 τ 的二维函数，并且是关于时间 t 或 n 的周期函数。

6.2.3 循环相关函数

1. 循环相关函数的表达

对于式(6-5)、式(6-6)，由于循环平稳信号 $x(t)$ 的非对称式自相关函数 $R_x(t,\tau)$ 是关于时间 t 以 T 为周期的周期函数，所以其傅里叶级数可表示为

$$R_x(t,\tau) = \sum_k R_x^{k/T}(\tau)\mathrm{e}^{\mathrm{j}2\pi(k/T)t} = \sum_\alpha R_x^\alpha(\tau)\mathrm{e}^{\mathrm{j}2\pi\alpha t} \quad (k=0,\pm1,\pm2,\cdots) \tag{6-7}$$

式中：$\alpha = k/T$，其傅里叶级数的系数 $R_x^\alpha(\tau)$ 可表示为

$$R_x^\alpha(\tau) = \frac{1}{T}\int_{-T/2}^{T/2} R_x(t,\tau)\mathrm{e}^{-\mathrm{j}2\pi\alpha t}\mathrm{d}t \tag{6-8}$$

式中：傅里叶级数展开系数 $R_x^\alpha(\tau)$ 表示频率为 α 的循环自相关强度，它是 α 和 τ 的函数，被称为循环平稳信号 $x(t)$ 的循环频率为 α 的循环(自)相关函数(Cyclic Autocorrelation Function)，本章统一称为循环相关函数，α 称为循环频率(Cyclic Frequency)。

在实际应用中，无法直接使用统计平均，所以经常通过各态历经的假设，用时间平均(实际计算时用样本平均)代替统计平均来估计自相关函数值[12,13]，若采用非对称形式表示，有

$$R_x(t,\tau) = \lim_{N\to\infty}\frac{1}{2N+1}\sum_{k=-N}^{N} x(t+kT)x^*(t+kT+\tau) \tag{6-9}$$

将式(6-7)代入式(6-8)，可得

$$\begin{aligned}
R_x^\alpha(\tau) &= \lim_{N\to\infty}\frac{1}{(2N+1)T}\sum_{k=-N}^{N}\int_{-T/2}^{T/2} x(t+kT)x^*(t+kT+\tau)\mathrm{e}^{-\mathrm{j}2\pi\alpha t}\mathrm{d}t = \\
&\lim_{Z\to\infty}\frac{1}{Z}\int_{-Z/2}^{Z/2} x(t)x^*(t+\tau)\mathrm{e}^{-\mathrm{j}2\pi\alpha t}\mathrm{d}t = \\
&\langle x(t)x^*(t+\tau)\mathrm{e}^{-\mathrm{j}2\pi\alpha t}\rangle_t = \\
&\lim_{Z\to\infty}\frac{1}{Z}\int_{-Z/2}^{Z/2} R_x(t,\tau)\mathrm{e}^{-\mathrm{j}2\pi\alpha t}\mathrm{d}t
\end{aligned} \tag{6-10}$$

式中：$\langle\cdot\rangle_t$ 表示数学期望或对全部时间进行平均。

式(6-10)提供了循环相关函数的最原始的解释：它表示延迟乘积信号 $x(t)x^*(t+\tau)$ 在频率 α 处的傅里叶系数。通常将 $R_x^\alpha(\tau)\neq0$ 的频率 α 称为信号

$x(t)$的循环频率。值得注意的是,一个循环平稳信号的循环频率 α 可能有多个(包括零循环频率和非零循环频率),其中,零循环频率对应信号的平稳部分,只有非零的循环频率才能刻画信号的循环平稳特性。

对于平稳信号

$$R_x^\alpha(\tau) = \lim_{T\to\infty}\frac{1}{T}\int_{-\frac{T}{2}}^{\frac{T}{2}} x\left(t+\frac{\tau}{2}\right)x^*\left(t-\frac{\tau}{2}\right)e^{-j2\pi\alpha t}dt =$$
$$R_x^\alpha(\tau)\cdot\delta(\alpha) = \begin{cases} R_x(\tau) & (\alpha=0) \\ 0 & (\alpha\neq 0)\end{cases} \tag{6-11}$$

由式(6-11)可知,当 $\alpha=0$ 时,$R_x^\alpha(\tau)$是通常的自相关函数。

对于式(6-6),循环平稳序列 $x(n)$的自相关函数 $R_x(n,\tau)$是关于时间 n 以 P 为周期的周期函数,所以其傅里叶级数可表示为

$$R_x(n,\tau) = \sum_\alpha R_x^k(\tau)e^{j2\pi kn/P} \tag{6-12}$$

其中,傅里叶级数的系数 $R_x^k(\tau)$可表达为

$$R_x^k(\tau) = \frac{1}{P}\sum_{k=0}^{P-1} R_x(n,\tau)e^{-j2\pi kn/P} \tag{6-13}$$

其中,傅里叶级数展开系数 $R_x^k(\tau)$是 k 和 τ 的函数,被称为循环平稳序列 $x(n)$的循环相关函数,$k=0,1,\cdots,P-1$ 称为循环频率。

下面给出互相关函数、循环互相关函数等的定义或表达式。

具有周期各态历经性的两个随机信号 $x(t)$和 $y(t)$的互相关函数定义为

$$R_{xy}(t,\tau) = E[x(t+\tau/2)y^*(t-\tau/2)] \tag{6-14}$$

其非对称形式为

$$R_{xy}(t,\tau) = E[x(t)y^*(t+\tau)] \tag{6-15}$$

对称形式和非对称形式的循环互相关函数定义分别为

$$R_{xy}^\alpha(\tau) = \langle x(t+\tau/2)y^*(t-\tau/2)e^{-j2\pi\alpha t}\rangle_t \tag{6-16}$$

$$R_{xy}^\alpha(\tau) = \langle x(t)y^*(t+\tau)e^{-j2\pi\alpha t}\rangle_t \tag{6-17}$$

在本章讨论的问题中,假定阵列输出信号 $x(t)$或信源 $s(t)$具有周期各态历经性。

多周期的循环平稳过程被定义为:时变自相关函数含有多个不可通约周期 $T_1,T_2,\cdots,T_i$ 的谐波分量,即

$$R_{xx}(t,\tau) = \sum_\alpha R_{xx}^\alpha(\tau)e^{j2\pi\alpha t} \tag{6-18}$$

其中,α 取遍各个周期的所有谐波频率,多个不可通约的周期 $T_1,T_2,\cdots,T_i$ 是指没有一个基本的周期 T_0 使得

$$k_1T_1 = T_0,k_2T_2 = T_0,\cdots,k_iT_i = T_0 \qquad (k_1,k_2,\cdots,k_i \in \{1,2,\cdots\}) \tag{6-19}$$

2. 循环相关函数的计算

实际中,有限采样点数的离散循环相关函数的计算公式为

$$R_x^\alpha(l) = \frac{1}{N-l}\sum_{h=1}^{N-l} x(h)x^*(h+l)\mathrm{e}^{-\mathrm{j}2\pi\alpha h} \tag{6-20}$$

式中:l 为循环相关延迟;N 为采样点数。

6.2.4 循环谱

1. 循环谱(谱相关函数)的表达

类似于平稳过程,这样一种周期非平稳信号也存在频域表达式。往往对信号 $x(t)$ 的循环相关函数 $R_x^\alpha(\tau)$ 作关于相关延迟 τ 的傅里叶变换得 $S_x^\alpha(f)$,称 $S_x^\alpha(f)$ 为循环谱密度函数(Spectral Correlation Density,SCD),也称循环谱相关函数,简称为循环谱,即

$$S_x^\alpha(f) = \Im[R_x^\alpha(\tau)] = \int_{-\infty}^{+\infty} R_x^\alpha(\tau)\mathrm{e}^{-\mathrm{j}2\pi f\tau}\mathrm{d}\tau \tag{6-21}$$

其中,$\Im[\,]$表示傅里叶变换。它反映了循环相关函数 $R_x^\alpha(\tau)$ 相对于循环频率 α 的频谱特性和密度分布。

由式(6-6)可以看出,$R_x^\alpha(\tau)$ 可看成是 $x(t)$ 的两个复数频移函数 $u(t)$ 和 $v(t)$ 的互相关。

$$\begin{aligned} u(t) &= x(t)\mathrm{e}^{-\mathrm{j}\pi\alpha t} \\ v(t) &= x(t)\mathrm{e}^{\mathrm{j}\pi\alpha t} \end{aligned} \tag{6-22}$$

可见,$S_f^\alpha(f)$ 是 $u(t)$、$v(t)$ 的互谱密度,即

$$\begin{aligned} S_x^\alpha(f) = \lim_{T\to\infty}\lim_{\Delta t\to\infty}\frac{1}{\Delta t}\int_{-\frac{\Delta t}{2}}^{\frac{\Delta t}{2}}\frac{1}{T}U_T(t,f)V_T^*(t,f)\mathrm{d}t = \\ \lim_{T\to\infty}\lim_{\Delta t\to\infty}\frac{1}{\Delta t}\int_{-\frac{\Delta t}{2}}^{\frac{\Delta t}{2}}\frac{1}{T}X_T\left(t,f+\frac{\alpha}{2}\right)X_T^*\left(t,f-\frac{\alpha}{2}\right)\mathrm{d}t \end{aligned} \tag{6-23}$$

其中

$$X_T(t,f) = \int_{t-\frac{T}{2}}^{t+\frac{T}{2}} x(u)\mathrm{e}^{-\mathrm{j}2\pi fu}\mathrm{d}u \tag{6-24}$$

由式(6-23)可见,循环谱密度函数 $S_x^\alpha(f)$ 表示 $x(t)$ 在频率$(f+\alpha/2)$与$(f-\alpha/2)$处的两个谱分量之间的相关程度,因此 $S_x^\alpha(f)$ 又称为循环平稳信号的谱相关函数。显然,循环平稳信号的谱也是时间 t 的周期函数。

由此可见,如果一个过程 $x(t)$ 的循环自相关函数 $R_x^\alpha(\tau)$ 对某些循环频率 α 及延迟参数不恒等于零,则此过程在时间域具有循环频率为 α 的循环平稳性,而在频率域呈现出在频率偏移 α 处的谱相关。

平稳过程(如平稳噪声)不具有循环平稳性,其 $R_x^\alpha(\tau)$ 对所有非零 α 值恒等于零,即当 $\alpha\neq0$ 时,谱相关函数 $S_x^\alpha(f)$ 等于零。

对于复信号而言，循环平稳信号可以划分成两类，其中一种是由式(6-4)所定义的，另外一种被称为共轭循环平稳信号，其定义为

$$R_{xx^*}(t,\tau) = E[x(t+\tau/2)x(t-\tau/2)] = R_{xx^*}(t+T,\tau) \quad (6-25)$$

相对应有循环共轭自相关函数

$$R_{xx^*}^{\alpha}(\tau) = \langle x(t+\tau/2)x(t-\tau/2)\mathrm{e}^{-\mathrm{j}2\pi\alpha t}\rangle_t \quad (6-26)$$

最常用的共轭循环平稳信号为具有载频偏的 AM 信号，即

$$x(t) = a(t)\mathrm{e}^{\mathrm{j}2\pi f_0 t} \quad (6-27)$$

其中，假设 $a(t)$ 是一个不含线谱的零均值平稳复随机过程，f_0 是载频偏，此信号本身不含周期分量，但其共轭相关函数却具有周期性，即

$$R_{xx^*}(t,\tau) = E[a(t+\tau/2)a(t-\tau/2)]\mathrm{e}^{\mathrm{j}2\pi(2f_0)t} = R_{aa^*}(\tau)\mathrm{e}^{\mathrm{j}2\pi(2f_0)t} \quad (6-28)$$

显然，对于时间 t 而言，该时变函数具有频率为 $2f_0$ 的周期分量。

2. 循环谱的计算

实际中，只能根据有限观测数据来近似估计循环谱，同时需要考虑计算效率和计算精度的问题，本章主要研究循环周期图法估计循环谱。由参考文献[12,14]可得

$$S_x^{\alpha}(f) = \lim_{Z\to\infty}\lim_{\Delta t\to\infty}\frac{1}{\Delta t}\int_{-\Delta t/2}^{\Delta t/2} S_{x_Z}^{\alpha}(t,f)\,\mathrm{d}t \quad (6-29)$$

式中：Z 表示对 $x(t)$ 作有限长度傅里叶变换的窗宽；Δt 表示对时变函数取时间平均的时窗宽度；$U_z(t,f)$、$V_z(t,f)$ 分别为 $u(t)$、$v(t)$ 的时间长度为 Z 的傅里叶变换。

$$S_{x_Z}^{\alpha}(t,f) = \frac{1}{Z}\cdot X_Z\left(t,f+\frac{\alpha}{2}\right)\cdot X_Z^*\left(t,f-\frac{\alpha}{2}\right) \quad (6-30)$$

$$X_Z(t,f) = \int_{t-Z/2}^{t+Z/2} x(u)\mathrm{e}^{-\mathrm{j}2\pi f u}\,\mathrm{d}u \quad (6-31)$$

循环周期图不能直接作为循环谱的估计值，它的方差很大，也不是无偏估计[15]。因此，为了得到较好的估计值需要进行时域平滑或频域平滑处理。下面将介绍频域平滑法，将式(6-30)、式(6-31)离散化，可得到以下频域平滑表达式[16,17]

$$X_{\Delta t}(n,k) = \sum_{r=0}^{N-1} w_{\Delta t}(r)x(n-r)\mathrm{e}^{-\mathrm{j}2\pi(n-r)k/N} \quad (k\in[0,N-1]) \quad (6-32)$$

$$S_{X_{\Delta t}}^{\alpha}(f)_{\Delta f} = \frac{1}{I}\sum_{i=-(I-1)/2}^{(I-1)/2}\frac{1}{N}X_{\Delta t}(t,f_p+\alpha_q/2+f_i)X_{\Delta t}^*(t,f_p-\alpha_q/2+f_i) \quad (6-33)$$

式中：$w_{\Delta t}(r)$ 为数据窗函数；$\Delta f = If_s/M$ 为频率平滑宽度；$N = \Delta t/T_s$ 为样本长度；f_s 为采样频率；$f_p = pf_s/M$ 为频率的量化值，即将 f_s 分成 M 等份，并要求 $M\geqslant$

N[18]。将上式完全离散化，可得

$$S_{X_{\Delta t}}^{\alpha}(n,p)_{\Delta f}=\frac{1}{I}\sum_{i=-(I-1)/2}^{(I-1)/2}\frac{1}{N}X_{\Delta t}(n,p_f+q_\alpha/2+i)X_{\Delta t}^{*}(n,p_f-q_\alpha/2+i) \quad (6-34)$$

式中：p_f 为频率量化点数；q_α 为循环频率的量化点数。加上频率平滑窗后，循环谱的估计值为

$$S_{X_{\Delta t}}^{\alpha}(n,p)_{\Delta f}=\frac{1}{I}\sum_{i=-(I-1)/2}^{(I-1)/2}\frac{1}{N}X_{\Delta t}(n,p_f+q_\alpha/2+i)X_{\Delta t}^{*}(n,p_f-q_\alpha/2+i)g(i) \quad (6-35)$$

式中：$g(i)$ 是窗宽为 If_s/M 的频率平滑窗。

6.2.5 循环平稳性的定义

信号在循环频率 α 处具有二阶循环平稳性是指：该信号的循环相关函数 $R_x^\alpha(\tau)$，在循环频率等于 α 时，总存在一些 τ 值使其不等于零。

此循环平稳性意味着该信号的时变相关函数含有谐波频率为 α 的正弦分量。由于谱相关函数就是循环相关函数的傅里叶变换，所以一个信号具有循环平稳性也同样等价地可以用谱相关函数来定义。

一个循环平稳信号往往本身不具有周期性，但是其相关函数却体现出周期性，因此有时人们也把循环平稳性称为隐周期性。时变相关函数不是研究信号本身，而是研究信号本身与该信号经时移后的信号相乘。因此也可以说，对该信号实施了一个非线性变换，从而凸现了信号的周期性。所以如果信号经某种二阶非线性变换后含有频率为 α 的谐波分量，就称该信号在循环频率 α 处具有循环平稳性。

6.2.6 循环平稳理论的优点

根据上述介绍可以发现，利用循环平稳理论能够对在严重干扰和噪声背景下的信号进行 DOA 参数估计等，其估计性能要比常规的 DOA 估计方法明显优越[19]。具体表现在：平稳噪声或干扰在非零循环频率（$\alpha\neq0$）处不呈现谱相关，因此，在 $\alpha\neq0$ 处进行 DOA 估计时，可以完全摆脱背景噪声影响，从而提高抗干扰能力；不论功率谱是否连续，信号特征在循环谱上是以循环频率 α 离散分布的，这样在功率谱上有重叠特征的信号，可能在循环谱上没有重叠的特征，而且调制信号的循环频率 α 一般为载频、码元速率、脉冲率等的整数及其和差值（$m\alpha_1+n\alpha_2$），因此在多信号同时存在时，可利用信号的不同循环频率将它们予以分离与鉴别，从而提高了信号的选择性和分辨能力[20]；由参考文献[15]可知，若信号为一般的平稳信号，则谱相关系数 $\alpha\neq0$ 处恒等于零，若信号虽然是循环平稳的，但在 α 不等于循环频率处，谱相关系数也恒等于零，循环平稳信号

特有的谱冗余特性是很有用的，可以用来判断信号是否循环平稳，也可以从平稳的干扰中将特定的循环平稳信号提取出来[1]。

6.2.7 计算机仿真及结果分析

本章主要从循环相关函数和循环谱两个方面，研究调幅信号、相位编码信号、线性调频信号和平稳噪声的循环平稳特性，得出这几种信号的循环频率及相关特点。

循环相关函数可以用来判断信号是否为循环平稳信号，以及循环频率是否为某个特定值。

仿真实验 6-1 调幅(AM)信号的循环平稳特性。

设 AM 信号由一实低通平稳随机过程对正弦载波的幅度进行调制得到，载波频率为 $f_c=100\text{Hz}$，调制信号由计算机产生的白噪声序列通过低通滤波器得到，调制系数为 $m=0.6$，采样频率为 $f_s=1000\text{Hz}$，采样点数为 500 点。其循环相关函数与循环频率和相关延迟的关系以及循环谱与循环频率和频率的关系如图 6-1 所示。

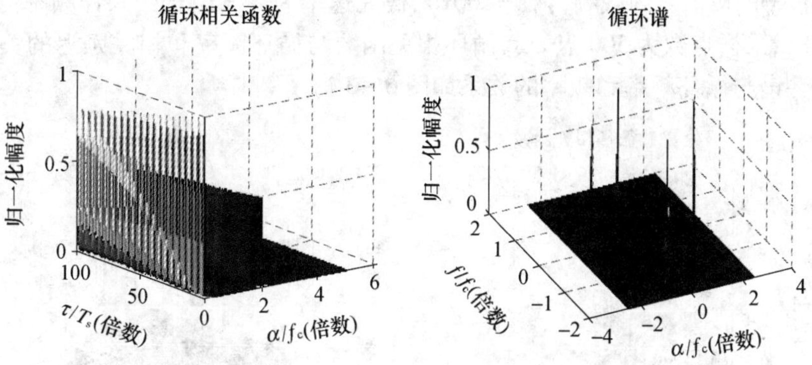

图 6-1 AM 信号的循环平稳特性

如图 6-1 所示，AM 信号的循环相关函数在循环频率-相关延迟域有三组谱峰群，其中两组是以 $\pm 2f_c$ 为中心，另一组是以零频率为中心。易知该 AM 信号具有循环平稳特性，且循环频率为 $\pm 2f_c$。

仿真实验 6-2 二相编码(BPSK)信号的循环平稳特性。

设 BPSK 信号的载频为 $f_c=100\text{Hz}$，码元速率为 $f_b=20\text{Hz}$，采样频率为 $f_c=1000\text{Hz}$，采样点数为 500 点。其循环相关函数与循环频率和相关延迟的关系以及循环谱与循环频率和频率的关系如图 6-2 所示。

如图 6-2 所示，无论采用基带调制方式还是通带调制方式，BPSK 信号的循环相关函数在循环频率为 kf_b 和 $\pm 2f_c+kf_b(k=0,\pm 1,\pm 2,\cdots)$ 处出现多组谱峰，而且信号在循环频率为 f_b、$2f_c$ 和 $2f_c\pm f_b$ 处的能量明显大于其他循环频率处的能量。因此，估计 BPSK 信号的 DOA 时，常选取 f_b、$2f_c$ 和 $2f_c\pm f_b$ 作为循环频率

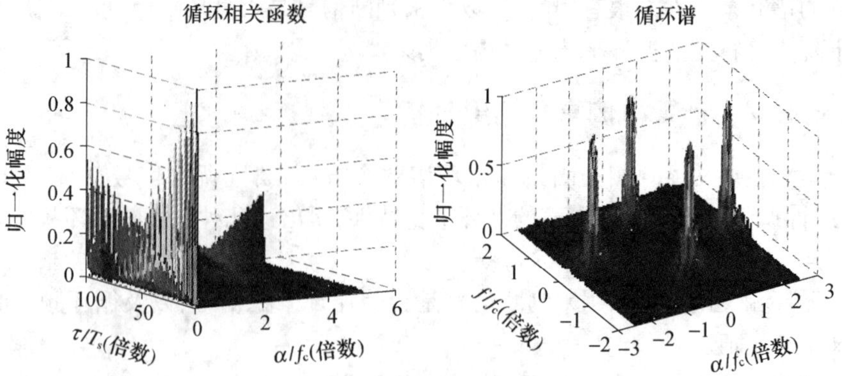

图 6-2　BPSK 信号的循环平稳特性

α,在抑制噪声和干扰的同时,尽可能提高信噪比。所以 BPSK 信号具有循环平稳特性,且循环频率为 kf_b 和 $\pm 2f_c + kf_b(k=0, \pm 1, \pm 2\cdots)$。

仿真实验 6-3　四相编码(QPSK)信号的循环平稳特性。

设 QPSK 信号的载频为 $f_c = 100\text{Hz}$,码元速率为 $f_b = 100\text{Hz}$,采样频率为 $f_s = 1000\text{Hz}$,采样点数为 500 点。其循环相关函数与循环频率和相关延迟的关系以及循环谱与循环频率和频率的关系如图 6-3 所示。

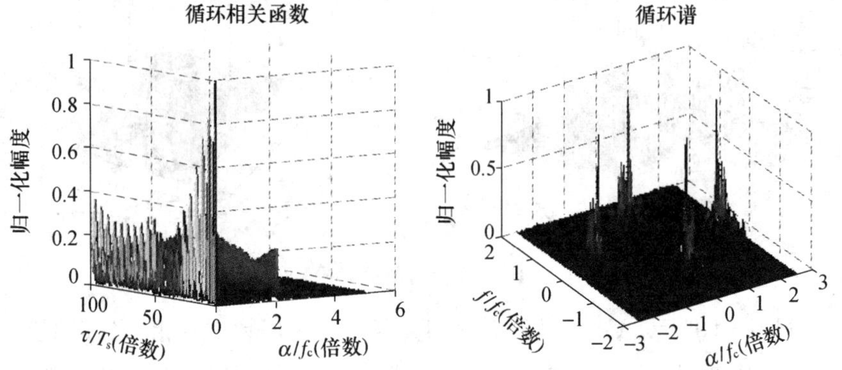

图 6-3　QPSK 信号的循环平稳特性

如图 6-3 所示,QPSK 信号的循环相关函数在循环频率为 $kf_b(k=0, \pm 1, \pm 2,\cdots)$ 处出现多组谱峰,而且信号在循环频率为 f_b 和 f_c 附近的 kf_b 处的能量明显大于其他循环频率处的能量。因此,估计 QPSK 信号的 DOA 时,常选取 f_b 和 f_c 附近的 kf_b 作为循环频率 α,在抑制噪声和干扰的同时,尽可能提高信噪比。所以 QPSK 信号具有循环平稳特性,且循环频率为 $kf_b(k=0, \pm 1, \pm 2,\cdots)$。

仿真实验 6-4　线性调频(LFM)信号的循环平稳特性。

设 LFM 信号的载波频率为 $f_c = 100\text{Hz}$,带宽为 $\text{BW} = 20\text{Hz}$,采样频率为 $f_s = 1000\text{Hz}$,采样点数为 500 点,其循环相关函数与循环频率和相关延迟的关系以及循环谱与循环频率和频率的关系如图 6 -4 所示。

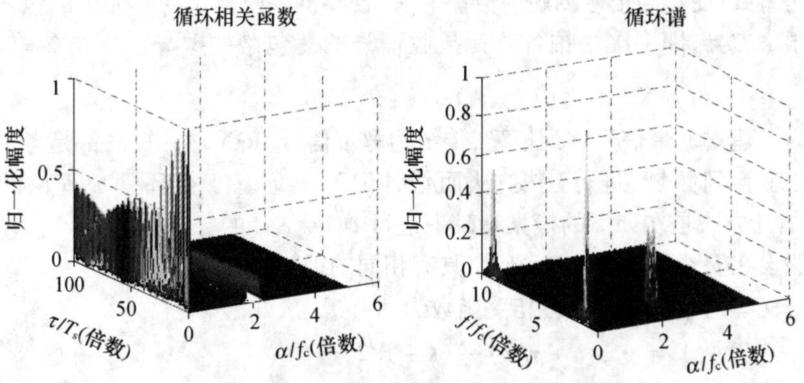

图 6 -4　LFM 信号的循环平稳特性

如图 6 -4 所示,LFM 信号的循环谱在循环频率 $\alpha = 2f_{\min} \sim 2f_{\max}$ 处存在谱峰,并连成一片,表现出谱相关特性,并且其谱宽为功率谱宽度的 2 倍。

仿真实验 6 -5　平稳噪声的循环平稳特性。

设平稳噪声由计算机产生的高斯白噪声(WGN)得到,其循环相关函数与循环频率和相关延迟的关系以及循环谱与循环频率和频率的关系如图 6 -5 所示。

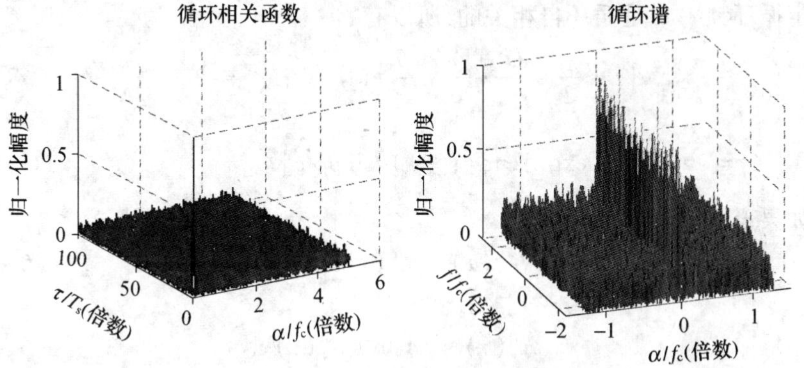

图 6 -5　WGN 信号的循环平稳特性

如图 6 -5 所示,WGN 信号的循环相关函数仅在循环频率 $\alpha = 0$ 处有谱峰存在,而其他处都接近于零,它的循环谱也只是在 $\alpha = 0$ 处存在谱峰,而在其他循环频率处的值均较小或者为零,所以平稳噪声在非零循环频率上不表现出循环平稳特性。

6.3　宽带循环平稳信号的 DOA 估计

6.3.1　宽带信号模型

窄带信号的阵列输出可表示为方向矩阵和信号包络两部分的乘积,子空间类的窄带高分辨算法都是基于此阵列模型。但是,对于宽带信号而言,由于信号的包络 $s_k(t)$ 变化与信号的瞬时频率有关,使得同一时刻不同阵元上的信号包络存在很大差异,即一次快拍各阵元接收信号的复包络的差异已不能忽略不计,$s_k(t+\tau)\approx\tilde{s}_k(t)\mathrm{e}^{\mathrm{j}2\pi f_0\tau}$ 不再成立。

为了建立宽带信号阵列模型,传统的宽带信号 DOA 估计算法都是考虑将阵列输出变换到频域,进行建模,从而估计 DOA。但基于循环平稳理论的宽带 DOA 估计方法是在如下的模型基础上进行 DOA 估计的。

假设在 P 个源信号中有 P_α 个具有相同的循环频率 α。

定义阵列输出的循环自相关函数为[2]

$$\begin{aligned} R_{x_i}^{\alpha}(\tau) &= \langle x_i(t+\tau/2)x_i^*(t-\tau/2)\mathrm{e}^{-\mathrm{j}2\pi\alpha t}\rangle_t \\ &= \langle\Big[\Big(\sum_{p=1}^{P}s_p\Big[t+\frac{\tau}{2}+\frac{(i-1)d\sin\theta_p}{c}\Big]\Big)+n_i\Big(t+\frac{\tau}{2}\Big)\Big] \\ &\cdot\Big[\Big(\sum_{l=1}^{P}s_l^*\Big[t-\frac{\tau}{2}+\frac{(i-1)d\sin\theta_l}{c}\Big]\Big)+n_i^*\Big(t-\frac{\tau}{2}\Big)\Big]\cdot\mathrm{e}^{-\mathrm{j}2\pi\alpha t}\rangle_t \end{aligned} \tag{6-36}$$

其中,$x_i(t)$ 为第 $i(i=1,2,\cdots,M)$ 个阵元上的输出,因为信号与信号之间、噪声与噪声之间、信号与噪声之间均是互不循环相关的,并且考虑到只有 P_α 个源信号在特定循环频率 α 是循环自相关的,所以有

$$\begin{aligned} R_{x_i}^{\alpha}(\tau) &= \sum_{p=1}^{P}\langle s_p\Big(t+\frac{\tau}{2}+\frac{(i-1)d\sin\theta_p}{c}\Big)\cdot s_p^*\Big(t-\frac{\tau}{2}+\frac{(i-1)d\sin\theta_p}{c}\Big)\cdot\mathrm{e}^{-\mathrm{j}2\pi\alpha t}\rangle_t \\ &= \sum_{p=1}^{P_\alpha}R_{s_p}^{\alpha}(\tau)\exp[\mathrm{j}2\pi\alpha(i-1)d\sin\theta_p/c] \end{aligned} \tag{6-37}$$

如果形成如下矢量[2]

$$\boldsymbol{R}_x^{\alpha}(\tau) = [R_{x_1}^{\alpha}(\tau)\quad R_{x_2}^{\alpha}(\tau)\quad\cdots\quad R_{x_M}^{\alpha}(\tau)]^{\mathrm{T}} \tag{6-38}$$

得到

$$\boldsymbol{R}_x^{\alpha}(\tau) = \boldsymbol{A}(\alpha)\boldsymbol{R}_s^{\alpha}(\tau) \tag{6-39}$$

其中

$$\boldsymbol{A}(\alpha) = [\boldsymbol{a}_1(\alpha)\quad\boldsymbol{a}_2(\alpha)\quad\cdots\quad\boldsymbol{a}_{P_\alpha}(\alpha)] \tag{6-40}$$

$$\boldsymbol{a}_p(\alpha) = [1\quad\exp(\mathrm{j}2\pi\alpha d\sin\theta_p/c)\quad\cdots\quad\exp(\mathrm{j}2\pi\alpha(M-1)d\sin\theta_p/c)]^{\mathrm{T}}(p=1,2,\cdots,P_\alpha) \tag{6-41}$$

$$\boldsymbol{R}_s^{\alpha}(\tau) = [R_{s_1}^{\alpha}(\tau)\quad R_{s_2}^{\alpha}(\tau)\quad\cdots\quad R_{s_{P_\alpha}}^{\alpha}(\tau)]^{\mathrm{T}} \tag{6-42}$$

式(6-39)就是参考文献[2]中给出的阵列处理模型,其中 $\boldsymbol{A}(\alpha)$ 就是待估计的源信号方向矩阵。

基于式(6-39),将不同的 τ 组成如下的矩阵

$$\begin{aligned} \boldsymbol{X}(\alpha) &= [\boldsymbol{R}_x^{\alpha}(0)\quad\boldsymbol{R}_x^{\alpha}(T_s)\quad\cdots\quad\boldsymbol{R}_x^{\alpha}((N_s-1)T_s)] \\ &= \boldsymbol{A}(\alpha)[\boldsymbol{R}_s^{\alpha}(0)\quad\boldsymbol{R}_s^{\alpha}(T_s)\quad\cdots\quad\boldsymbol{R}_s^{\alpha}((N_s-1)T_s)] \end{aligned} \tag{6-43}$$

式中：T_s 为对 τ 的采样周期，称为伪采样周期；N_s 为伪快拍数。它的选择应满足如下条件：当 $\tau \leqslant N_s T_s$ 时，$R_{x_i}^{\alpha}(\tau)$ 非零且变化明显。

可以看出，式(6-43)有着与窄带信号对应的阵列输出的数学模型相似的形式，所以定义 $\boldsymbol{X}(\alpha)$ 为 $M \times N_s$ 维的伪快拍数据矩阵，$[\boldsymbol{R}_s^{\alpha}(0) \quad \boldsymbol{R}_s^{\alpha}(T_s) \quad \cdots \quad \boldsymbol{R}_s^{\alpha}((N_s-1)T_s)]$ 为 $P_\alpha \times N_s$ 维的伪信号数据矩阵，$\boldsymbol{A}(\alpha)$ 为 $M \times P_\alpha$ 维的等效阵列流形矩阵，其中，M 为阵元个数，N_s 为伪快拍数，P_α 为有用信号(SOI)的个数。

因此，对于 $\boldsymbol{X}(\alpha)$，可以通过成熟的空间谱估计算法，如 MUSIC 或 ESPRIT 等基于特征子空间的算法对 $\boldsymbol{X}(\alpha)$ 或 $\boldsymbol{X}(\alpha)\boldsymbol{X}^{\mathrm{H}}(\alpha)$ 采用奇异值分解或特征分解得到信号或噪声子空间，然后通过搜索或求根的方法得到各有用信号的波达方向。$(\cdot)^{\mathrm{H}}$ 为共轭转置运算符。此算法即为谱相关信号子空间拟合(SC-SSF)法[2]。

6.3.2 谱相关传播算子法

1. 谱相关传播算子法的步骤

本节针对 SC-MUSIC 法由于需要特征值分解而使运算量剧增的问题，特引入传播算子思想，给出了谱相关传播算子方法(Spectral Correlation Propagator Method，SC-PM)。

算法步骤归纳如下：

(1) 对确定的循环频率 α(估计的或是已知的)，利用式(6-36)计算每个阵列输出数据的循环自相关函数 $R_{x_i}^{\alpha}(\tau)(i=1,2,\cdots,M)$，并依据式(6-38)形成矢量 $\boldsymbol{R}_x^{\alpha}(\tau)$。

(2) 对该循环频率 α，按照式(6-43)构造伪数据矩阵 $\boldsymbol{X}(\alpha)$。

(3) 计算伪数据矩阵的协方差矩阵 $\boldsymbol{R}_{sc}=\boldsymbol{X}(\alpha)\boldsymbol{X}^{\mathrm{H}}(\alpha)$，并通过传播算子法得到 $\boldsymbol{R}_{sc}$ 的零空间，即噪声子空间 $\boldsymbol{E}_{sc}$。

对 $\boldsymbol{R}_{sc}$ 做矩阵分解(按列分块)

$$\boldsymbol{R}_{sc} = [\boldsymbol{G}_{sc} \quad \boldsymbol{H}_{sc}] \tag{6-44}$$

$$\boldsymbol{G}_{sc} = \boldsymbol{R}_{sc}(:,1:P_\alpha) \tag{6-45}$$

$$\boldsymbol{H}_{sc} = \boldsymbol{R}_{sc}(:,P_\alpha+1:M) \tag{6-46}$$

依据式(6-44)对 $\boldsymbol{R}_{sc}$ 进行分解，则必定存在一个线性因子 $\boldsymbol{P}_{sc}$(即传播算子)满足

$$\boldsymbol{G}_{sc}\boldsymbol{P}_{sc} = \boldsymbol{H}_{sc} \tag{6-47}$$

式(6-47)的最小二乘解为

$$\boldsymbol{P}_{sc} = \boldsymbol{G}_{sc}^{\#}\boldsymbol{H}_{sc} \tag{6-48}$$

式中：$\boldsymbol{G}_{sc}^{\#}=(\boldsymbol{G}_{sc}^{\mathrm{H}}\boldsymbol{G}_{sc})^{-1}\boldsymbol{G}_{sc}^{\mathrm{H}}$ 是 $\boldsymbol{G}_{sc}$ 的 Moore-Penrose 伪逆。

并构造一个新 $M \times (M-P_\alpha)$ 维的矩阵 $\boldsymbol{E}_{sc}$ 为

$$
\boldsymbol{E}_{sc} = \begin{bmatrix} \boldsymbol{P}_{sc} \\ -\boldsymbol{I}_{(M-P_\alpha)} \end{bmatrix} \tag{6-49}
$$

式中:$\boldsymbol{I}_{(M-P_\alpha)}$为$(M-P_\alpha)$维单位阵。

结合式(6-47)和式(6-49),有

$$
\boldsymbol{R}_{sc}\boldsymbol{E}_{sc} = \boldsymbol{0} \tag{6-50}
$$

$$
\boldsymbol{E}_{sc}{}^{\mathrm{H}}\boldsymbol{A} = \boldsymbol{0} \tag{6-51}
$$

定义方向矩阵$\boldsymbol{A}(\boldsymbol{\theta})$各列张成的子空间为$\mathrm{span}(\boldsymbol{A})$,即信号子空间。

从式(6-49)和式(6-51)可得,由$\boldsymbol{E}_{\mathrm{sc}}$的各列张成的噪声子空间满足

$$
\mathrm{span}(\boldsymbol{A})^{\perp} = \mathrm{span}(\boldsymbol{E}_{sc}) \tag{6-52}
$$

即由$\boldsymbol{E}_{\mathrm{sc}}$各列张成的噪声子空间正交于由方向矩阵$\boldsymbol{A}(\boldsymbol{\theta})$各列张成的信号子空间。

(4) 搜索$\boldsymbol{F}_{\mathrm{SCPM}}(\theta)$的$P_\alpha$个最大值,其对应的$\theta$即为波达方向的估计值。

为了确定波达方向,进行如下定义的功率谱的最大谱峰搜索

$$
\boldsymbol{F}_{\mathrm{SCPM}}(\theta) = \frac{1}{\| \boldsymbol{E}_{sc}{}^{\mathrm{H}}\boldsymbol{a}(\theta) \|} = \frac{1}{\boldsymbol{a}(\theta)^{\mathrm{H}}\boldsymbol{E}_{sc}\boldsymbol{E}_{sc}{}^{\mathrm{H}}\boldsymbol{a}(\theta)} \tag{6-53}
$$

式中:$\theta \in (-\pi/2, \pi/2)$,谱峰的位置就是人们所感兴趣的信号即有用信号的波达方向。

(5) 改变α值,重复步骤(1)到步骤(4),直到得到所有有用信号的DOA估计值。

2. 谱相关传播算子法的特点

从本节SC-PM法的过程看,其应该具有如下特点:

(1) 所建模型对窄带信号和宽带信号均严格成立。

(2) 具有循环平稳类算法的所有优点:信号选择性、高分辨率、与噪声统计特性无关、过载DOA估计能力等。如信号选择能力,即具有可以分辨在空间上离得很近但循环频率不同的信号的能力、过载DOA估计的能力等,这些是CSM等传统的宽带DOA估计算法所不具备的。

(3) 由于引入“传播算子”,所以本节方法不需要对伪数据矩阵或其相关矩阵作特征值分解,更不需要“聚焦变换”,而只需要进行线性运算,运算量减小,特别是SOI数远小于阵元个数时。

3. 计算机仿真及结果分析

为了比较本节给出的SC-PM法在DOA估计方面和以往的宽带信号超分辨算法的性能,进行了如下的计算机仿真实验。

本节所有实验的仿真对象均为独立的等功率的窄带或宽带的AM信号或BPSK信号。

仿真中,阵列是由理想的各向同性阵元组成的均匀线阵,AM信号或BPSK信号的载频均为$f_{\mathrm{c}}=100\mathrm{Hz}$,采样频率为$f_{\mathrm{s}}=500\mathrm{Hz}$,采样点数为$N=5000$点,独

立的 Monte Carlo 仿真模拟次数为 100 次。如无特别声明，阵元数为 $M=10$，信噪比均为 10dB。

仿真实验 6－6 与带宽无关。

假设有两个 AM 信号分别从30°和45°入射，选取 $\alpha=2\times f_c$ 作为 SOI（有用信号）的循环频率，构造伪数据矩阵时的伪快拍数选为 $N_s=20$。图 6－6（a）中，选取的两个信号的相对带宽分别为 1% 和 2%，均为典型的窄带信号；图 6－6（b）中，选取的两个信号的相对带宽分别为 30% 和 40%，均为典型的宽带信号。

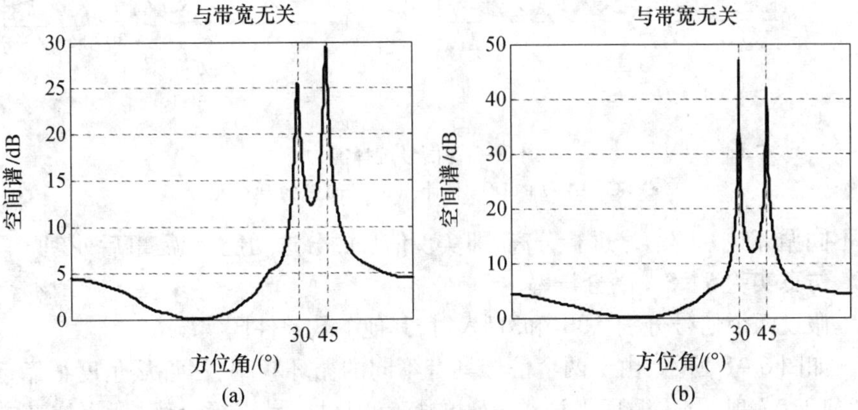

图 6－6 与带宽无关的 DOA 估计能力

（a）窄带信号的 DOA 估计；（b）宽带信号的 DOA 估计。

如图 6－6 所示，在窄带信号与宽带信号入射的两种情况下，SC－PM 法均准确地估计出了有用信号的 DOA 值。这表明 SC－PM 法无论对窄带信号还是对宽带信号，均能正确估计信号的波达方向。

仿真实验 6－7 信号选择能力。

假设有两个宽带 BPSK 信号分别从30°和45°入射，阵元间距为 $c/[2\max(\alpha_1,\alpha_2)]$。第一个信号的码元速率为 $f_{b1}=15\text{Hz}$，其相对带宽近似为 15%，第二个信号的码元速率为 $f_{b2}=20\text{Hz}$，其相对带宽近似为 20%。两个信号均为典型的宽带信号。根据 BPSK 信号的循环谱特征分析，分别选择 $\alpha_1=2f_c+f_{b1}$ 和 $\alpha_2=2f_c+f_{b2}$ 作为两个信号的循环频率。

图 6－7（a）中，实线为选择第一个信号作为有用信号时的空间谱，而虚线为选择第二个信号作为有用信号时的空间谱。

如图 6－7（a）所示，当选择第一个信号作为有用信号而第二个信号为干扰时，也就是选 $\alpha=\alpha_1$ 时，得到的谱峰出现在30°处，而当选 $\alpha=\alpha_2$ 时，得到的谱峰则出现在45°处。在图 6－7（b）中，在30°和45°两处均出现谱峰。这就充分说明，传统的 CSM 法无法滤除干扰，为了判别哪个是有用信号，常规 CSM 法还需要作事后处理。然而由于本节方法是基于信号循环平稳特性的算法，所以可以

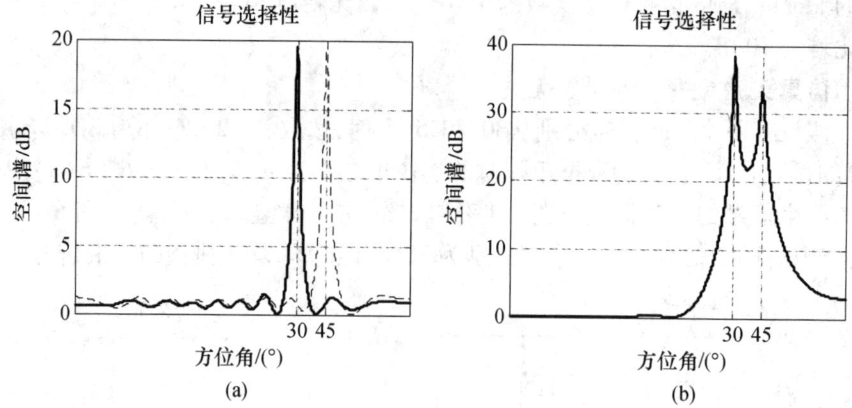

图 6－7　信号选择能力

（a）SC－PM 法的 DOA 估计；（b）CSM 法的 DOA 估计。

对不同循环频率的信号进行分离，即实现信号的分选功能，无需事后处理。

仿真实验 6－8　高分辨率。

假设两个信号分别从30°和31°入射，其他参数条件同实验 6－7。

如图 6－8 所示，由于两个信号具有不同的循环频率，尽管从角度很靠近的30°和 31°入射，利用循环平稳类算法的特点则很容易进行分辨，所以本节方法仍然能够正确估计两个信号的 DOA。而如 CSM 法等传统的宽带超分辨 DOA 估计算法则不可能进行分辨，它的角度分辨率为 3°。

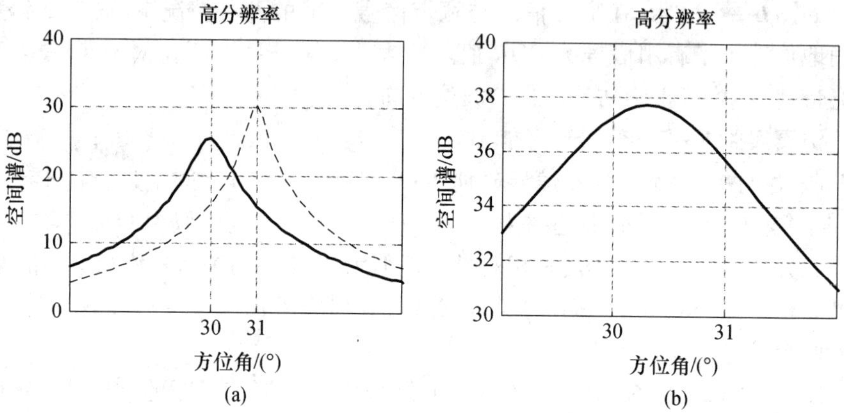

图 6－8　高分辨率

（a）SC－PM 法的 DOA 估计；（b）CSM 法的 DOA 估计。

仿真实验 6－9　与噪声统计特性无关。

假设阵元噪声服从瑞利分布，且阵元之间噪声完全相干，两个信号的信噪比均为 0dB。其他实验条件同实验 6－7。

如图 6-9 所示,虽然阵元噪声为瑞利分布且完全相干,但是两种算法仍然十分有效,可以正确估计信号 DOA,均有较好的噪声抑制能力。

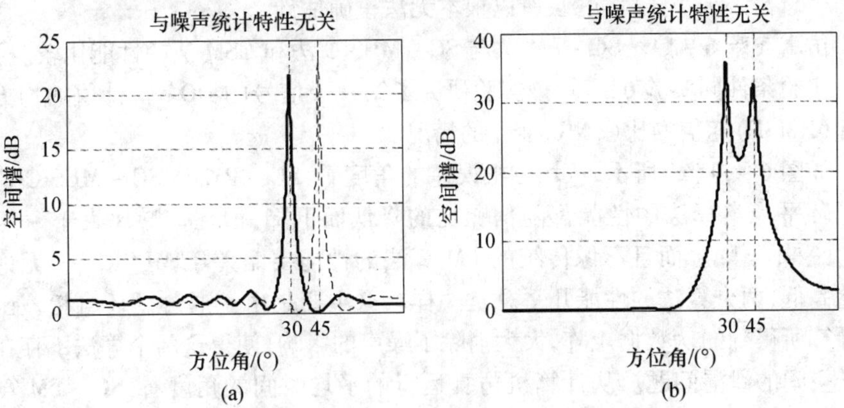

图 6-9　与噪声统计特性无关

(a) SC-PM 法的 DOA 估计;(b) CSM 法的 DOA 估计。

仿真实验 6-10　过载 DOA 估计能力。

假设阵元数为 4,而有 3 个 BPSK 信号和 2 个 AM 信号共 5 个宽带信号分别从 -30°、-10°、15°、30°和 50°入射。选取第一个从 -30°入射的 BPSK 信号为有用信号。在用 CSM 算法估计时假设有 3 个信号入射。其他实验条件同实验6-7。

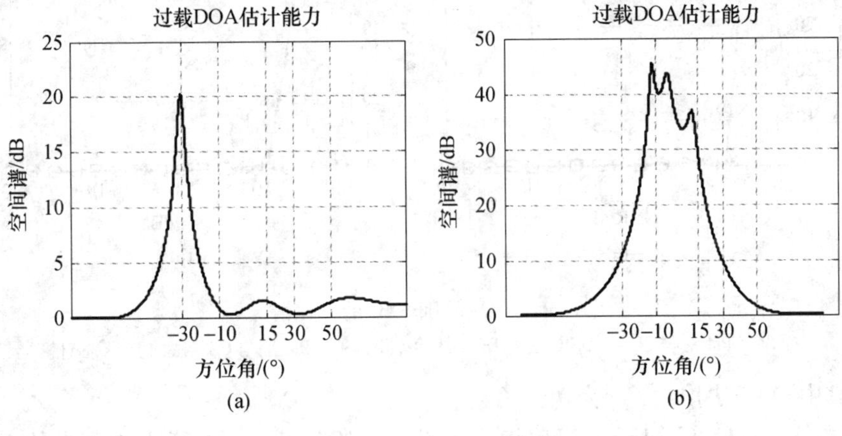

图 6-10　过载 DOA 估计能力

(a) SC-PM 法的 DOA 估计;(b) CSM 法的 DOA 估计。

如图 6-10(a)所示,空间谱只在有用信号入射的 -30°处出现一个谱峰,而从图 6-10(b)看出,CSM 算法不能对 DOA 进行正确估计。其实从 CSM 算法原理上就可得知,在此种情况下,CSM 算法根本无法正常工作。这充分说明,当源信号总数大于阵元数,而有用信号数小于阵元数时,本节给出的 SC - PM 法仍然可以正确估计有用信号的 DOA。而像 CSM 等常规的宽带 DOA 估计算法则要求源信号总数必须小于阵元数,所以根本无法正确估计。

仿真实验 6 - 11 SC - PM 法与 SC - MUSIC 法和 CSM 法的性能比较。

实验条件同实验 6 - 7。该实验研究了第一个信号的 DOA 估计值的均方根误差(RMSE)随信噪比(SNR)变化的情况。

如图 6 - 11(a)所示,从均方根误差的角度看,SC - PM 和 SC - MUSIC 这两个循环平稳类算法的性能都随信噪比的降低而下降,但在信噪比大于 - 10dB 时,几乎不下降。而且不像传统的 PM 算法的性能要略差于 MUSIC 法,无论信噪比高低,两个算法的性能几乎总是一样。这主要是由于通过循环自相关函数的计算所得到的伪数据矩阵,大大消除了噪声的影响,使得这两个算法不存在信号子空间的泄漏问题。从计算机仿真运行的平均时间的角度看,SC - PM 算法为 0.336s,而 SC - MUSIC 算法为 0.344s,本节算法略快于 SC - MUSIC 算法,而且随着阵元数的增加,本节算法的快速优势还将进一步凸现出来。这是因为 SC - PM算法的运算量约为 $O(MN + M^2N_s + M^2K_\alpha)$,而 SC - MUSIC 算法却约为 $O(MN + M^2N_s + M^3)$,实际中 $K_\alpha \gg M$,所以本节算法的运算量复杂度将大为降低,其中,N 为快拍数,N_s 为伪快拍数。

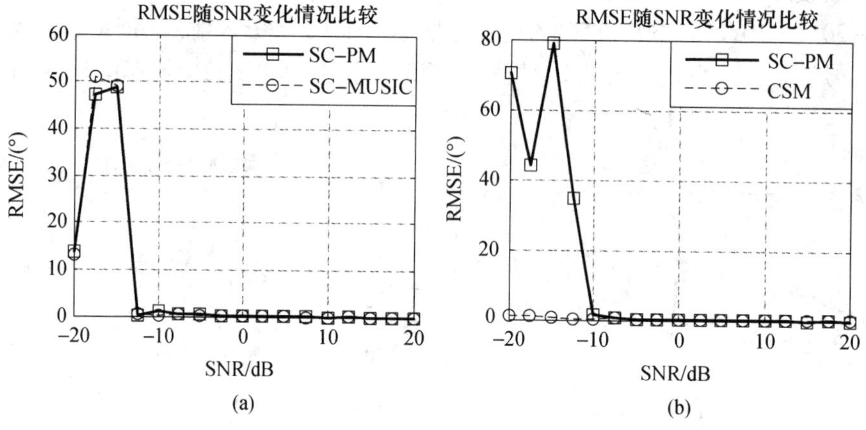

图 6 - 11 RMSE 随 SNR 的变化情况

(a) SC - PM 法与 SC - MUSIC 法的 DOA 估计; (b) SC - PM 法与 CSM 法的 DOA 估计。

如图 6 - 11 (b)所示,当信噪比 SNR > - 10dB 时,两种算法的性能是一致的,只有在 SNR < - 10dB 时,传统的 CSM 算法的性能才优于本节给出的 SC - PM 算法。但是 SC - PM 算法的平均运行时间为 0.344s,而 CSM 算法的平均运行时间为 0.422s。这是因为 SC - PM 算法的运算量仅为 $O(MN + M^2N_s + M^2K_\alpha)$,而 CSM 算法的运算量约为 $O(MN_f \log_2 N_f + J(M^2N_f + M^3))$,前者要远小于后者,其中,$N_f$ 为傅里叶变换的点数,一般与 N 数量级相当,J 为窄频段数。

6.3.3 谱相关求根多级维纳滤波算法

1. Root－MUSIC 算法

求根 MUSIC 算法(Root－MUSIC)[30]是 MUSIC 算法的多项式求根形式,就是用求多项式根的方法来代替 MUSIC 算法中的谱峰搜索。

当阵列为均匀线阵时,在传统的 MUSIC 类算法中,最后都需要对类似下式的谱进行谱峰搜索来得到 DOA 估计值

$$\boldsymbol{F}_{\mathrm{MUSIC}}(\theta)=\frac{1}{\boldsymbol{a}(\theta)^{\mathrm{H}}\boldsymbol{E}_N\boldsymbol{E}_N{}^{\mathrm{H}}\boldsymbol{a}(\theta)} \tag{6-54}$$

导向矢量为 $\boldsymbol{a}(\theta)=[1 \quad \exp(-\mathrm{j}2\pi f_0 D\sin\theta/c) \quad \cdots \quad \exp(-\mathrm{j}2\pi f_0(M-1)D\sin\theta/c)]^{\mathrm{T}}$,噪声子空间为$\boldsymbol{E}_N=[\boldsymbol{e}_{P+1} \quad \boldsymbol{e}_{P+2} \quad \cdots \quad \boldsymbol{e}_M]$。

令 $z=\exp(-\mathrm{j}2\pi f_0 d\sin\theta/c)$,则

$$\boldsymbol{a}(\theta)=\boldsymbol{p}(z)=[1 \quad z \quad \cdots \quad z^{M-1}]^{\mathrm{T}} \tag{6-55}$$

则有如下多项式

$$f(z)=\boldsymbol{e}_i^{\mathrm{H}}\boldsymbol{p}(z) \qquad (i=P+1,P+2,\cdots,M) \tag{6-56}$$

式中:$\boldsymbol{e}_i$ 是数据协方差矩阵中小特征值对应的 $M-P$ 个特征矢量。

由以上的定义可知,当 $z=\exp(\mathrm{j}\omega)$ 时,也就是说多项式的根正好位于单位圆上时,$\boldsymbol{p}(\exp(\mathrm{j}\omega))$是一个空间频率 ω 的导向矢量。由特征结构类算法可知,$\boldsymbol{p}(\exp(\mathrm{j}\omega_m))=\boldsymbol{p}_m$ 就是信号的导向矢量,所以它与噪声子空间是正交的。因此,式(6－54)中的分母将变为如下多项式的形式

$$f(z)=\boldsymbol{p}^{\mathrm{H}}(z)\boldsymbol{E}_N\boldsymbol{E}_N^{\mathrm{H}}\boldsymbol{p}(z) \tag{6-57}$$

那么对$\boldsymbol{F}_{\mathrm{MUSIC}}(\theta)$的估测就转化成为对多项式 $f(z)$ 在单位圆上求解,$f(z)$ 在单位圆上的根所对应的 z 的值也对应着$\boldsymbol{F}_{\mathrm{MUSIC}}(\theta)$的最大值,也就是说只要求得式(6－57)的根即可获得有关信号的来波方向。

同时人们发现多项式存在 z^* 项,这就使得求零过程变得复杂,因此可对式(6－57)作如下的修正

$$f(z)=z^{M-1}\boldsymbol{p}^{\mathrm{T}}(z^{-1})\boldsymbol{E}_N\boldsymbol{E}_N^{\mathrm{H}}\boldsymbol{p}(z) \tag{6-58}$$

多项式 $f(z)$ 的阶数为 $2(M-1)$,也就是说其有 $(M-1)$ 对根,且每对根是相互共轭的关系,在这 $(M-1)$ 对根中有 K 个根 $z_1,z_2,\cdots,z_P$ 也正好分布在单位圆上,且

$$z_i=\exp(\mathrm{j}\omega_i) \tag{6-59}$$

上式考虑的是数据协方差精确可知时的情况。在实际应用中,即数据矩阵存在误差时,只需求式(6－58)的 P 个接近于单位圆上的根即可。即对于等距均匀线阵,有

$$\theta_i=\arcsin\left(\frac{c}{2\pi f_0 d}\arg\{\hat{z}_i\}\right) \qquad (i=1,2,\cdots,P) \tag{6-60}$$

对求根 MUSIC 算法，再作如下说明[21]。

（1）求根 MUSIC 算法与谱搜索方式的 MUSIC 算法原理是一样的，只不过是用式(6－55)这样一个关于 z 的矢量来代替导向矢量，从而用求根过程代替搜索过程。

（2）由于噪声的存在，求出的根可能不是精确地位于单位圆上，可选择接近单位圆上的根为真实信号的根，这就存在一定的误差。

（3）求根 MUSIC 法与谱搜索的 MUSIC 法相似，同样存在两种表达方式，一种是利用噪声子空间，另一种是利用信号子空间。

（4）当阵列为均匀线阵时，在基于子空间的 DOA 估计算法中，得到噪声子空间估计值$\boldsymbol{E}_N$后，都可以应用上面的求根 MUSIC 法通过解方程的方式得到波达方向估计值，而不需要耗时地如式(6－54)进行一维搜索。

与 MUSIC 法相比，求根 MUSIC 法只是同一形式的另一种表达方式。也就是说，对于 ω 来说，求根 MUSIC 的性能与常规 MUSIC 谱的性能肯定是相同的。当 MUSIC 法的角度估计均方误差与求根 MUSIC 法的求根估计均方误差相等时，求根算法的角度估计均方误差比 MUSIC 法的要小得多，即精度要高得多，这就是求根算法比 MUSIC 性能好的原因。

参考文献[22]研究表明：

（1）与 MUSIC 算法相比求根 MUSIC 算法具有更低的分辨力门限、估计偏差及估计方差，即求根 MUSIC 算法优于谱峰搜索的 MUSIC 算法。

（2）就性能而言，在高信噪比情况下求根类算法与谱峰搜索类算法性能接近，但在低信噪比情况下求根类算法的性能优于谱峰搜索类算法。

2. 谱相关求根多级维纳滤波(SC－Root－MSWF)法

由谱相关信号子空间拟合(SC－SSF)法和多级维纳滤波算法的原理可知，采用参考文献[2]提出的阵列输出模型，把伪数据矩阵作为多级维纳滤波器的输入，同时选取伪数据矩阵的任意一行(即任意一个阵元输出数据所对应的循环自相关函数序列)作为参考信号[23]，只进行维纳滤波算法中的前向递推过程求解出信号子空间，然后通过搜索或求根的方法来得到有用信号的波达方向估计。

由于本章对噪声和信号的统计特性的假设，使得本节选取的参考信号并不会像文献[23]那样引入噪声，也就是说不存在信号特征矢量泄漏到噪声子空间的问题，因此在波达方向的估计中将不会出现伪峰的问题。

所以，本节的快速算法步骤归纳如下：

（1）对确定的循环频率 α(估计的或是已知的)，利用式(6－1)计算每个阵列输出数据的循环自相关函数 $R_{x_i}^{\alpha}(\tau)$ $(i=1,2,\cdots,M)$，并依据式(6－38)形成矢量$\boldsymbol{R}_x^{\alpha}(\tau)$。

（2）对该循环频率 α，按照式(6－43)构造伪数据矩阵 $\boldsymbol{X}(\alpha)$。

（3）初始化

$$d_0(\tau) = R_{x_1}^{\alpha}(\tau) \qquad (6-61)$$

式中：$\tau=0,T_s,\cdots,(N-1)T_s$，选取伪数据矩阵的第几行作为参考矢量对正确估计 DOA 不会产生影响。

$$\boldsymbol{X}_0(\tau)=\boldsymbol{R}_x^{\alpha}(\tau) \tag{6-62}$$

（4）执行如下的递推算法

for $i=1,2,\cdots,P_\alpha$

$$\boldsymbol{h}_i=E[d_{i-1}^*(\tau)\boldsymbol{X}_{i-1}(\tau)]/\|E[d_{i-1}^*(\tau)\boldsymbol{X}_{i-1}(\tau)]\|_2 \tag{6-63}$$

$$d_i(\tau)=\boldsymbol{h}_i^{\mathrm{H}}\boldsymbol{X}_{i-1}(\tau) \tag{6-64}$$

$$\boldsymbol{X}_i(\tau)=\boldsymbol{X}_{i-1}(\tau)-\boldsymbol{h}_i d_i(\tau) \tag{6-65}$$

得到信号子空间

$$\boldsymbol{\Psi}_s^{K_\alpha}=\mathrm{span}\{\boldsymbol{h}_1,\boldsymbol{h}_2,\cdots,\boldsymbol{h}_{P_\alpha}\} \tag{6-66}$$

（5）应用求根法得到信号的 DOA 估计值。

由于本算法中等价阵列流形为

$$\boldsymbol{A}(\alpha)=[\boldsymbol{a}_1(\alpha)\quad \boldsymbol{a}_2(\alpha)\quad\cdots\quad \boldsymbol{a}_{P_\alpha}(\alpha)] \tag{6-67}$$

其中

$$\boldsymbol{a}_i(\alpha)=[1\quad \exp(\mathrm{j}2\pi\alpha d\sin\theta_i/c)\quad\cdots\quad \exp(\mathrm{j}2\pi\alpha(M-1)d\sin\theta_i/c)]^{\mathrm{T}}\quad (i=1,2,\cdots,P_\alpha) \tag{6-68}$$

所以，令 $z=\exp(\mathrm{j}2\pi\alpha d\sin\theta/c)$，则

$$\boldsymbol{a}(\alpha)=\boldsymbol{p}(z)=[1\quad z\quad\cdots\quad z^{M-1}]^{\mathrm{T}} \tag{6-69}$$

然后构造多项式如下

$$f(z)=\boldsymbol{p}^{\mathrm{H}}(z)(\boldsymbol{I}_M-\boldsymbol{\Psi}_s^{P_\alpha}(\boldsymbol{\Psi}_s^{P_\alpha})^{\mathrm{H}})\boldsymbol{p}(z) \tag{6-70}$$

或

$$f(z)=z^{M-1}\boldsymbol{p}^{\mathrm{T}}(z^{-1})(\boldsymbol{I}_M-\boldsymbol{\Psi}_s^{P_\alpha}(\boldsymbol{\Psi}_s^{P_\alpha})^{\mathrm{H}})\boldsymbol{p}(z) \tag{6-71}$$

求式(6-70)的 P_α 个接近于单位圆上的根 $\hat{z}_i$ $(i=1,2,\cdots,P_\alpha)$，于是得有用信号的 DOA 估计值如下

$$\theta_i=\arcsin\left(\frac{c}{2\pi\alpha d}\arg\{\hat{z}_i\}\right)\quad(i=1,2,\cdots,P_\alpha) \tag{6-72}$$

（6）改变 α 值，重复步骤(1)到步骤(5)，直到得到所有有用信号的 DOA 估计值。

3. 谱相关求根多级维纳滤波法的特点

从本节 SC-Root-MSWF 法的过程看，其应该具有如下特点：

（1）具有谱相关信号子空间拟合（SC-SSF）类算法共有的优点：与带宽和噪声统计特性无关，信号选择性好，分辨率高及具有过载 DOA 估计能力等。

（2）属于信号子空间类算法，在估计基矢量时只使用了 MSWF 的前向递推，只需要做有用信号个数 P_α 级的分解，不需要训练信号，而是采用伪数据矩阵的任意一行作为参考信号，从而扩大了算法的应用范围。

(3) 由于伪数据矩阵的构造是基于信号的循环平稳特性,由相关理论得知,理想情况下该算法不存在信号特征矢量泄漏到噪声子空间的问题。

(4) 由于引入 MSWF 思想,所以不需要对伪数据矩阵或其协方差矩阵作特征值分解,而且所有运算均是复矢量相乘运算,运算量减小,特别是有用信号数远小于阵元个数时。

(5) 由于应用求根法,避免了谱峰搜索,进一步降低了运算量。

4. 计算机仿真及结果分析

为了比较本节给出的 SC－Root－MSWF 法在 DOA 估计方面和以往的宽带信号超分辨算法的性能,进行了如下的计算机仿真实验。

本节所有实验的仿真对象均为独立的等功率的窄带 AM 信号或宽带 BPSK 信号,仿真环境均为 MATLAB7.0。

仿真中,阵列是理想的各向同性的均匀线阵,AM 信号或 BPSK 信号的载频均为 $f_c=100\text{Hz}$,采样频率为 $f_s=500\text{Hz}$,采样点数为 $N=5000$ 点,独立的 Monte Carlo 仿真模拟次数为 50 次。如无特别声明,阵元数为 $M=8$,信噪比均为 10dB。

仿真实验 6－12　与带宽无关。

假设有两个宽带 BPSK 信号分别从 $-10°$ 和 $5°$ 入射,载频分别为 $f_{c1}=100\text{Hz}$ 和 $f_{c2}=110\text{Hz}$。第一个子实验中,码元速率均为 $f_{b1}=f_{b2}=1\text{Hz}$,则两个信号的相对带宽,均为典型的窄带信号;第二个子实验中,$f_{b1}=f_{b2}=20\text{Hz}$,则两个信号的相对带宽分别近似为 20% 和 18%,均为典型的宽带信号。选取 $\alpha=f_{b1}=f_{b2}$ 作为有用信号的循环频率,构造伪数据矩阵时的伪快拍数选为 $N_s=20$。

如图 6－12 所示,无论在窄带信号入射还是宽带信号入射的情况下,50 次

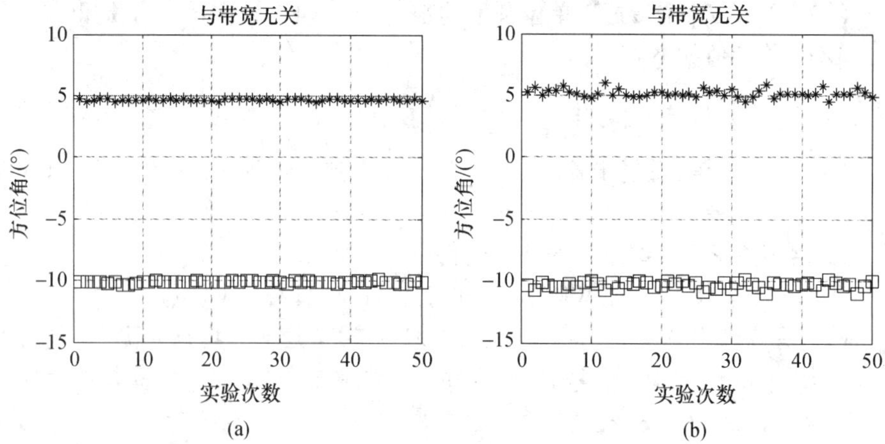

图 6－12　与带宽无关的 DOA 估计能力(信噪比为 10dB)

(a) 窄带信号的 DOA 估计;(b) 宽带信号的 DOA 估计。

实验的 DOA 估计值均出现在两个有用信号的入射方位角附近。并且窄带信号入射时的 DOA 估计均值分别为 -10.1021°和 4.6570°,而宽带信号入射时的 DOA 估计均值分别为 -10.3095°和5.1550°。这充分表明本节的 SC - Root - MSWF 法无论对窄带信号还是对宽带信号,均能正确估计信号的波达方向。

仿真实验 6-13 信号选择能力。

假设有两个宽带 BPSK 信号分别从 -10°和 5°入射,阵元间距为 $c/[2\max(\alpha_1,\alpha_2)]$。第一个信号的码元速率为 $f_{b1}=20$Hz,其相对带宽近似为 20%,第二个信号的码元速率为 $f_{b2}=25$Hz,其相对带宽近似为 25%。两个信号均为典型的宽带信号。根据 BPSK 信号的循环谱特征分析,分别选择 $\alpha_1=2f_c+f_{b1}$ 和 $\alpha_2=2f_c+f_{b2}$作为两个信号的循环频率。图 6-13(a)中,上图对应选择第一个信号作为有用信号时的 DOA 估计值,而下图对应选择第二个信号作为有用信号时的 DOA 估计值。

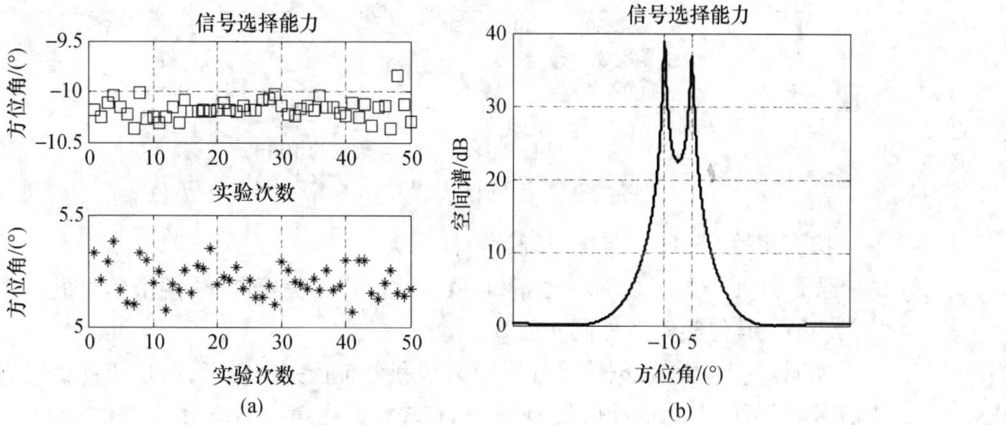

图 6-13 信号选择能力(信噪比为 10dB)

(a) SC - Root - MSWF 算法的 DOA 估计; (b) CSM 算法的 DOA 估计。

如图 6-13(a)所示,当选择第一个信号作为有用信号而第二个信号为干扰时,也就是选择 $\alpha=\alpha_1$ 时,50 次实验的 DOA 估计值均出现在 -10°附近,且估计均值为 -10.1770°,而当选 $\alpha=\alpha_2$ 时,50 次试验的 DOA 估计值均出现在 5°附近,且估计均值为 5.2071°。在图 6-13 (b)中,在 -10°和 5°两处均出现谱峰。这就充分说明,传统的 CSM 法无法滤除干扰,为了判别哪个是有用信号,常规 CSM 法还需要作事后处理,然而由于本节算法是基于信号循环平稳特性的算法,所以可以对不同循环频率的信号进行分离,即实现信号的分选功能,无需事后处理。

仿真实验 6-14 超分辨力。

假设两个信号分别从 5°和 6°入射,其他参数条件同实验 6-13。

如图 6-14 所示,本节算法的两个 DOA 估计均值分别为5.0168°和

6.0096°,这是由于两个信号具有不同的循环频率,尽管从角度很靠近的5°和6°入射,但利用循环平稳类算法的特点则很容易进行分辨,所以本节算法仍然能够正确估计两个信号的DOA。而如CSM法等传统的宽带超分辨DOA估计算法则不可能进行分辨,它的角度分辨率为3°。

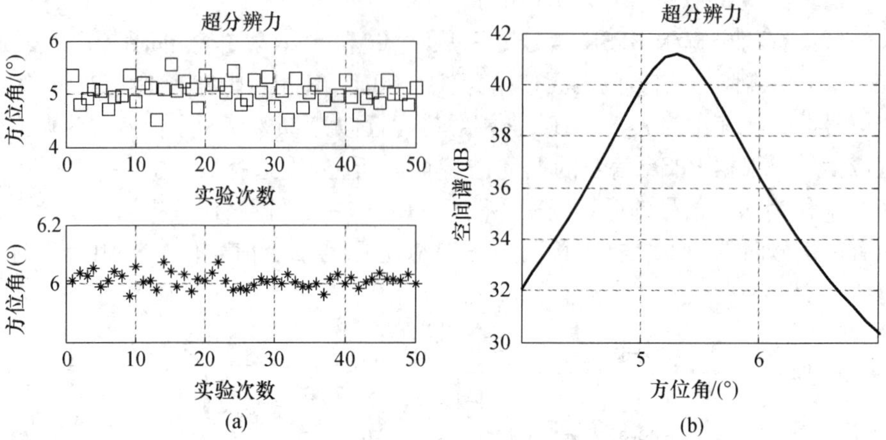

图6-14 超分辨力(信噪比为10dB)

(a) SC-Root-MSWF算法的DOA估计;(b) CSM算法的DOA估计。

仿真实验6-15 与噪声统计特性无关。

假设阵元噪声服从瑞利分布,且阵元之间噪声完全相干,两个信号的信噪比均为0dB。其他实验条件同实验6-13。

如图6-15所示,虽然阵元噪声为瑞利分布且完全相干,但是两种算法仍然十分有效,可以正确估计信号DOA,均有较好的噪声抑制能力。

仿真实验6-16 过载DOA估计能力。

假设阵元数为4,而有3个BPSK信号和2个AM信号共5个宽带信号分别从-30°、-10°、15°、30°和50°入射。选取第一个从-30°入射的BPSK信号为有用信号。其他实验条件同实验6-13。

如图6-16(a)所示,50次实验的DOA估计值均出现在有用信号入射的-30°附近,且估计均值为-29.6053°,而从图6-16(b)看出,CSM算法不能对DOA进行正确估计。其实从CSM法原理上就可得知,在此种情况下,CSM法根本无法正常工作。这充分说明,在源信号总数大于阵元数,而有用信号数小于阵元数时,本章给出的SC-Root-MSWF法仍然可以正确估计有用信号的DOA。而像CSM等常规的宽带DOA估计算法则要求源信号总数必须小于阵元数,所以根本无法正确估计。

仿真实验6-17 SC-Root-MSWF法与SC-MUSIC法的性能比较。

实验条件同实验6-13。该实验研究了将第一个信号作为有用信号时,

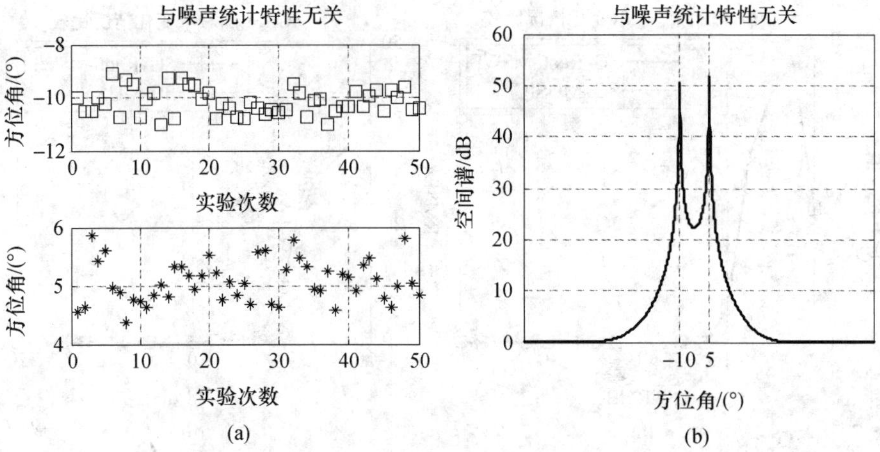

图 6－15　与噪声统计特性无关(信噪比为 0dB)

(a) SC－Root－MSWF 算法的 DOA 估计；(b) CSM 算法的 DOA 估计。

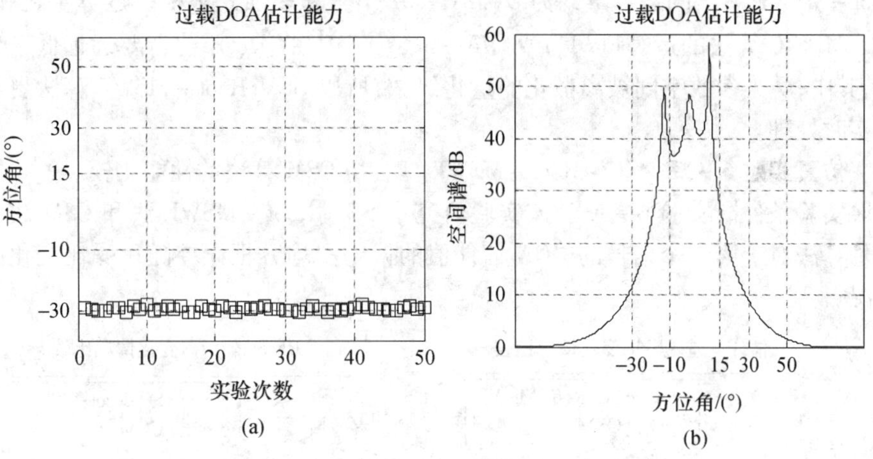

图 6－16　过载 DOA 估计能力(信噪比为 10dB)

(a) SC－Root－MSWF 算法的 DOA 估计；(b) CSM 算法的 DOA 估计。

SC－Root－MSWF 法和 SC－MUSIC 法这两种算法的 DOA 估计偏差和均方根误差(RMSE)随信噪比变化的情况。

如图 6－17 所示,无论从估计偏差方面还是从估计均方根误差方面看,两种算法的性能都相当,在信噪比较高(SNR > －10dB)时,两种算法均有较好的估计效果,而信噪比较低(SNR < －10dB)时,两种算法的性能均急剧下降。再者并不像传统的 MSWF 算法的性能要略差于 MUSIC 算法一样,SC－Root－MSWF 和 SC－MUSIC 这两个循环平稳类算法的性能相近,这主要是由于通过循环自相关函数的计算所得到的伪数据矩阵,大大地消除了噪声的影响,使得这两个算法不存在信号子空间的泄漏问题。而且,SC－Root－MSWF 算法的平均运行时间为 0.00188s,而 SC－MUSIC 算法的平均运行时间为 0.27336s,这是因为 SC－

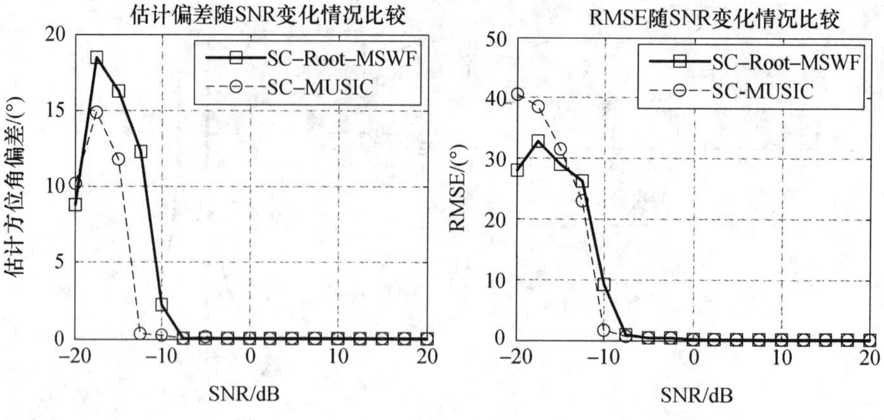

(a) (b)

图 6-17 性能比较(一)

(a) DOA 估计偏差;(b) DOA 估计均方根误差。

Root-MSWF 算法的运算量约为 $O(MN+MP_{\alpha}N_{s})$ 和多项式求根的运算量之和,SC-MUSIC 算法的运算量却为 $O(MN+M^{2}N_{s}+M^{3}+PMQ)$,前者要远远低于后者,其中,$Q$ 为参数空间被离散化的量化级数,所以 SC-Root-MSWF 算法更利于实时处理。

仿真实验 6-18 SC-Root-MSWF 算法与 CSM 算法的性能比较。

实验条件同实验 6-13。该实验研究了 SC-Root-MSWF 法和 CSM 法这两种算法对于第一个信号的 DOA 估计值的偏差和均方根误差随信噪比变化的情况。

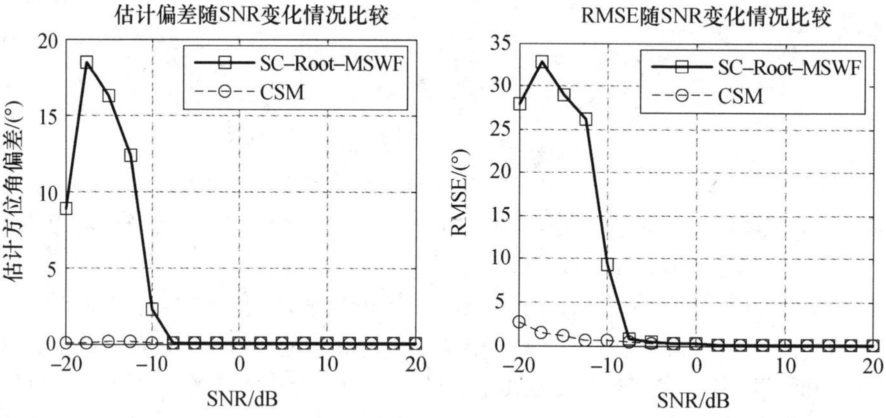

(a) (b)

图 6-18 性能比较(二)

(a) DOA 估计偏差;(b) DOA 估计均方根误差。

如图 6-18 所示,在信噪比较高(SNR > -10dB)时,两种算法的性能是一致的,而只是在信噪比很低(SNR < -10dB)时,传统的 CSM 算法的性能才优于

本节给出的 SC – Root – MSWF 算法。不过 SC – Root – MSWF 算法的平均运行时间为 0.00188s，而 CSM 算法的平均运行时间为 0.31976s，两者相差近 170 倍。这是因为 SC – Root – MSWF 算法的运算量仅为 $O(MN+MP_{\alpha}N_{s})$ 和多项式求根的运算量之和，而 CSM 法的运算量约为 $O(MN_{f}\log_{2}N_{f}+J(M^{2}N_{f}+M^{3})+PMQ)$，前者要远小于后者，其中，$N_{f}$ 为傅里叶变换的点数，一般与 N 数量级相当，J 为窄频段数，Q 为参数空间被离散化的量化级数。

6.4 相干宽带循环平稳信号的 DOA 估计

6.4.1 人工神经网络简介

1. 人工神经网络定义及特点

人工神经网络是由大量简单的并行工作的基本处理单元——神经元(Neuron)彼此按某种方式相互连接而成的自适应非线性动态系统。它是在人脑神经网络的基本认识的基础上，用数学物理方法从信息处理的角度对人脑神经网络进行抽象，并建立某种简化模型，它远不是人脑生物神经网络的真实写照，而只是对它的简化、抽象与模拟。因此，人工神经网络是一种旨在模仿人脑结构及其功能的信息处理系统。

虽然单个神经元的结构极其简单，功能有限，但大量的神经元组成的神经网络系统所能实现的功能却是极其丰富而有效的。神经网络具备以下基本特点[24]：

(1) 结构特点：信息处理的并行性、信息存储的分布性、信息处理单元的互连性、结构的可塑性。

(2) 性能特点：高度的非线性、良好的容错性、计算的非精确性。

(3) 能力特征：自学习、自组织与自适应性。

神经网络善于联想记忆、非线性映射、分类与识别、优化计算和知识处理等，已经在许多领域成功地运用。这种引自人脑，并独立发展起来的计算网络，一方面因其新颖的自学习能力而广泛应用于智能信息处理领域和自适应信息处理领域；另一方面，由于其与生俱来的高度并行计算能力，在速度及抗噪声能力方面独树一帜，应用潜力十分巨大，而被用作各种复杂算法快速实现的工具，许多学者把其应用于模式识别、优化计算及信号处理方面，显示了其具有强大的生命力。另外，人工神经网络的分布计算能力表现出极强的鲁棒性，加之其自学习能力，人工神经网络作为实际中复杂环境的处理工具是比较理想的。

非线性映射功能是指神经网络能够通过对系统输入输出样本对的学习自动提取蕴涵其中的映射规则，从而以任意精度拟合任意复杂的非线性函数。神经网络的这一优良性能使其可以作为多维非线性函数的通用数学模型。该模型的表达是非解析的，输入/输出数据之间的映射规则由神经网络在学习阶段自动抽取并分布式存储在网络的所有连接中。具有非线性映射功能的神经网络应用十分广泛，几乎涉及所有领域。

2. 神经元模型

神经元是神经网络的基本处理单元，它一般是一多输入/单输出的非线性器件，神经元的结构非常简单，其结构模型如图 6－19 所示。

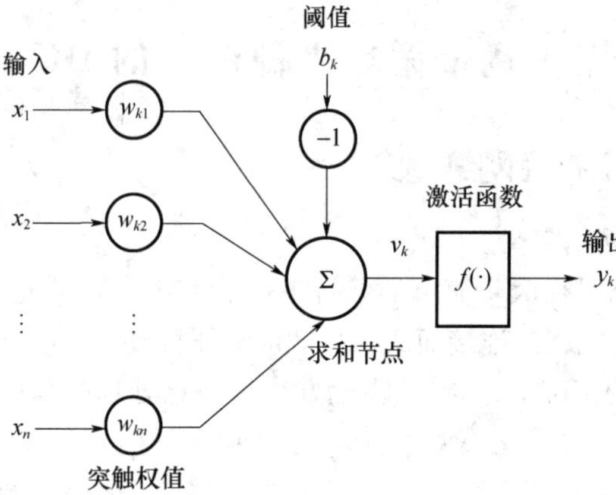

图 6－19　神经元的非线性模型

其中，$\boldsymbol{X}=(x_0\quad x_2\quad\cdots\quad x_n)$ 是输入矢量；$\boldsymbol{W}_k=(wk_1\quad wk_2\quad\cdots\quad wk_n)$ 为第 k 个神经元的权重矢量，取 $\boldsymbol{W}_k$ 与 $\boldsymbol{X}$ 的内积再减去阈值 b_k 就得到了第 k 个神经元的净输入 v_k，对 v_k 进行某种函数运算 $f(\cdot)$ 即可得到第 k 个神经元的输出 y_k。全部运算可表达为

$$v_k = \boldsymbol{W}_k\boldsymbol{X}^{\mathrm{T}} - b_k = \sum_{i=0}^{n} w_i x_i - b_k \tag{6－73}$$

$$y_k = f(v_k) \tag{6－74}$$

其中，$f(\cdot)$ 称为激活函数，是一个单调非减函数。最常用的激活函数有以下三种形式。

（1）阈值函数，又称硬限幅函数（符号函数），表达式如下：

$$f(x) = \begin{cases} 1 & (x \geqslant 0) \\ 0 & (x < 0) \end{cases} \tag{6－75}$$

（2）分段线性函数，表达式如下：

$$f(x) = \begin{cases} 1 & \left(x \geqslant \dfrac{1}{2}\right) \\ x & \left(-\dfrac{1}{2} < x < \dfrac{1}{2}\right) \\ 0 & \left(x \leqslant -\dfrac{1}{2}\right) \end{cases} \tag{6－76}$$

(3) Sigmoid(S 型)函数,表达式如下:

$$f(x)=\frac{1}{1+e^{-x}} \tag{6-77}$$

3. 神经网络在 DOA 估计中的应用现状。

为解决 DOA 估计问题可以从两个角度考虑:一是建立数学模型,通过解析计算得出结果。近年来,基于这种思路的 DOA 估计取得了丰硕的成果,其中以 MUSIC 方法[21]为代表的特征结构法成为学术界研究的一个热点。特征结构法是通过协方差矩阵的特征分解来划分信号子空间和噪声子空间,然后利用它们之间的正交性来估计到达波方向参数的,因此在角度分辨率、无偏性等方面取得了很高的参数估计性能[21]。在精确的阵列协方差矩阵的情况下,特征结构法可以在实际角度位置产生无偏的谱峰,而不受信噪比和方向角间隔的影响。但特征结构法主要包括特征值分解和谱峰搜索两个过程。而对于一个 $M\times M$ 的矩阵来说,特征分解的运算量为 $O(M^3)$,若假设参数空间被离散化为 Q 个量化级,信号源的个数为 P 个,那么谱峰搜索的运算量为 $O(PMQ)$,所以当 Q 很大时,即参数空间的搜索要求较细时,谱峰搜索的运算量将占主要地位。

另一个是解决 DOA 估计问题的思路是采用“软建模”、“软计算”的方法,如人工神经网络、模糊集合理论、进化计算等。其中基于人工神经网络的方法建模过程是用训练样本构造人工神经网络模型,而不是建立严格精确的数学方程式。这种方法主要可分为两类:一类是利用神经网络分别实现 DOA 估计中运算量庞大的部分[25];另一类是把 DOA 估计做为一个优化问题映射到神经网络上。在实际情况下采集的训练样本已经将噪声、信噪比、信号模型、传输通道等因素考虑了进去,因此可以较好地解决这些问题。且这种方法在计算时不需要进行特征值分解、谱峰搜索,计算量较小,可以实现系统实时处理,从而有望应用于实际工程。

分析波达方向估计中存在的问题和人工神经网络技术的长处,将神经网络技术应用于波达方向估计就是很自然的事情了。近年来,随着神经网络理论的发展,人们开始研究用神经网络的方法来解决 DOA 估计问题,研究工作已表明神经网络在 DOA 估计方面大有可为[26,27]。这方面陆续有不少文章发表,也取得了一些研究成果。

6.4.2 宽带相干信号情况下的 DOA 估计算法

1. 径向基函数神经网络简介

径向基函数神经网络(Radial Basis Function Neural Network,RBFNN)是一种性能良好的前向神经网络,它不仅可以最佳逼近和全局逼近非线性函数,且其学习算法也不存在像逆向传播(Back Propagation,BP)网络那样可能陷入局部最小的问题。从理论上讲,BP 网络和 RBFNN 一样可近似任何的连续非线性函数。

但 RBFNN 在逼近能力、分类能力和学习速度上均优于 BP 网络。RBFNN 由三层组成(图 6－20):输入层节点将信号传递到隐层;隐层节点由辐射状作用函数(通常是高斯函数)构成,对输入信号在局部产生响应,使 RBFNN 具备局部逼近能力;输出节点通常是简单的线性函数。

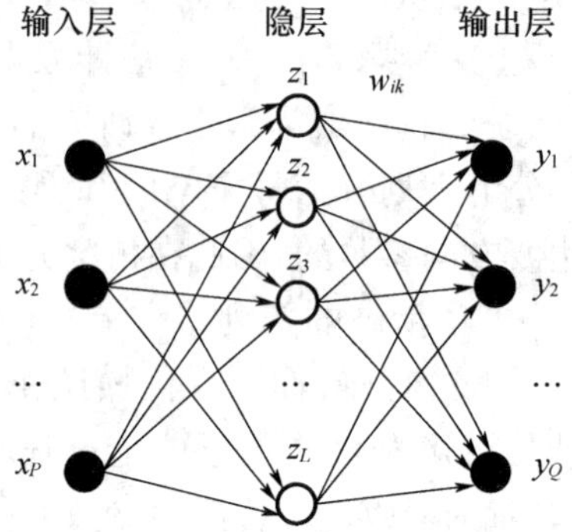

图 6－20　径向基函数神经网络示意图

设输入节点、隐层节点和输出节点数分别为 P、L、Q,且隐层的变换函数为常用的高斯函数,则隐层第 i 个单元对应的输出为

$$z_i(t) = K(|x(t) - s_i|) = \exp\left[-\frac{1}{2\sigma_i^2}\sum_{j=1}^{N}(x_j(t) - s_{ij})^2\right] \quad (1 \leqslant i \leqslant L) \tag{6-78}$$

式中:$z_i(t)$为第 i 个隐单元的输出(即径向基函数);$x(t)$为第 t 个输入模式矢量;s_i 为隐层中第 t 个单元的变换中心矢量;σ_i 为第个 i 中心矢量的形状参数。

RBFNN 输出层的第 j 个单元的对应输出为

$$y_j(t) = \sum_{i=1}^{L} w_{ji}(k) z_i(t) + \theta_j(t) = \sum_{i=0}^{L} w_{ji}(k) z_i(t) = \boldsymbol{z}^{\mathrm{T}}(t)\,\boldsymbol{w}_j(k) \quad (1 \leqslant j \leqslant Q) \tag{6-79}$$

其中

$$w_{j0}(k) = \theta_j(k), z_0(t) = 1 \tag{6-80}$$

$$\boldsymbol{w}_j(k) = [w_{j0}(k) \quad w_{j1}(k) \quad \cdots \quad w_{jQ}(k)]^{\mathrm{T}} \tag{6-81}$$

$$\boldsymbol{z}(t) = [z_0(t) \quad z_1(t) \quad \cdots \quad z_Q(t)]^{\mathrm{T}} \tag{6-82}$$

RBFNN 模型建立后,在学习时要解决三个问题,即基函数中心矢量的确定、基函数形状参数的选取和连接权矢量的修正。对基函数变换中心的选取,当样本数较少时,可将数据点作为隐层中心;当数据点较多时,可采用某种聚类方法先将样本数据进行聚类,通常可采用 k－均值方法或者 Kohonen 自组织特征映射方法等。基函数形状参数的取值,可采用如下经验公式[28]

$$\sigma_i = \frac{\beta^2}{P}(2Q_i)^{-\gamma/P} \tag{6-83}$$

式中:P 为模式样本矢量的维数;Q 为第 i 个模式对应的训练样本数;γ 为确信系数,通常取 0~0.5 的值。由于基函数形状参数对网络性能和收敛性影响较大,可在经验公式估测的基础上多试几次,找出较为合适的形状参数。RBFNN 隐层至输出层的连接权矢量的训练一般采用正交最小二乘算法。

径向基神经网络 DOA 估计方法可以有效地解决特征结构类方法的计算量问题[26,27,29]。

2. 训练样本的选择

训练样本的筛选对网络性能有较大的影响。训练样本必须具有广泛的代表性,否则神经网络不能得到较好的学习,推广能力就会减弱;训练样本若具有过多的冗余部分,网络学习速度将会下降,网络复杂度也会增加。对训练样本的选择较大程度上取决于训练者的经验和主观判断,同时也是一个不断尝试和改进的过程。RBFNN 的学习过程实际上是一个对多维曲面的拟合过程,它对陌生样本的响应实际上是在该多维曲面上的插值过程。

1) 训练样本输入的选择

(1) 基于伪数据矩阵的协方差矩阵($M\times M$ 维),形成 $M^2\times 1$ 维的列矢量,考虑到矢量元素是复数,将实部与虚部分开后为 $2M^2\times 1$ 维的列矢量,再对其进行归一化,然后作为神经网络的输入。

(2) 利用协方差矩阵的对称性,可以仅考虑上(或下)三角部分的元素,以降低网络输入端规模,降低复杂度。

2) 训练样本输出的选择

直接选取有用信号所对应的 DOA 值作为神经网络的输出。

本章以信噪比为 0dB 的空间角域[-60°,60°]的等间隔入射信号为仿真实例去训练 RBFNN,信号之间的角分隔度分别选为 2°、5°、10°、15°、20°、25°和30°,这样选择的样本具有代表性,网络的泛化能力较强,仿真结果也是比较令人满意的。

3. 谱相关径向基函数神经网络法

针对相干的宽带循环平稳信号的 DOA 估计问题,结合循环平稳理论和神经网络理论,本章给出了谱相关径向基函数神经网络(SC-RBFNN)法,该快速算法具体步骤归纳如下:

(1) 构造训练集。

对确定的循环频率 α(估计的或是已知的),利用式(6-1)计算每个阵列输出数据的循环自相关函数 $R_{x_i}^{\alpha}(\tau)(i=1,2,\cdots,M)$,并形成矢量$\boldsymbol{R}_x^{\alpha}(\tau)$。

然后对该循环频率 α,按照式(6-43)构造伪数据矩阵 $\boldsymbol{X}(\alpha)$。

最后计算$\boldsymbol{R}_{sc}=\boldsymbol{X}(\alpha)\boldsymbol{X}(\alpha)^{\mathrm{H}}$,按 6.3 节提到的方法构造出训练集。

(2) 确定网络结构。

选择只含一个隐层的三层结构,隐层节点数由 MATLAB 提供的函数自动确定。至于扩展常数的确定,是在大量的实验中找到较优值得到的。

(3) 训练网络。

用构造的训练集对网络进行训练。

(4) 生成测试集,对网络的性能进行评估。

产生在训练角度区域内任意角度间隔的数据对网络进行泛化能力测试,如达不到指标,返回步骤(2),修改扩展常数,如达到指标,继续到步骤(5)。

(5) 使用训练好的网络,进行 DOA 估计。

按步骤(1)中的方法求得伪数据矩阵的协方差矩阵,并抽取部分数据组成网络输入,这时网络输出即为要估计的有用信号的 DOA。

(6)改变 α 值,重复步骤(1)到步骤(5),直到得到所有有用信号的 DOA 估计值。

4. 谱相关径向基函数神经网络法的特点

从本节 SC - RBFNN 法的过程看,其具有如下特点:

(1) 由于利用了信号的循环平稳特性,使得该方法具有循环平稳类算法的所有优点。

(2) 由于利用矩阵的对称性,使得网络结构进一步简单化。

(3) 由于选取具有代表性的角度间隔形成训练集,使得网络泛化能力较强的同时训练样本采集相对简单化。

(4) 由于训练集的形成已经将噪声、相干源等问题考虑进来,所以该方法具有更好的适应性,即抗噪能力强、可以估计相干信号 DOA 等。

(5) 由于该方法是基于神经网络的而不是基于特征值分解的,因此也无有用信号数小于阵元数的限制。

(6) 由于利用神经网络避免了特征值分解及谱峰搜索,可直接给出方向结果,使得该方法在保持较高的 DOA 估计精度的前提下,具有比以 MUSIC 法为代表的特征结构类算法更低的运算复杂度,实时性能更好。

5. 计算机仿真及结果分析

为了验证本节给出的基于循环平稳特性的宽带相干信号的 RBFNN 估计方法的性能,主要从有效性、分辨率、精度、均方根误差和平均估计时间五个方面着手分析,特地进行了以下计算机仿真实验。

由上述 RBFNN 估计 DOA 的原理可知,在训练和估计阶段都需要预先知道待估计的有用信号源数,即针对估计不同有用信号源数的 DOA 需要训练不同的 RBFNN。本章针对估计三个信号源(其中只有两个信号为有用信号源且相干)入射的情况进行了计算机仿真,来验证 RBFNN 结合阵列天线结构进行信号源方向估计的有效性。

设源信号为三个等功率的宽带 BPSK 信号入射到 24 元均匀线阵,其中前两个信号为有用信号且相干,载频均为 $f_c = 100\text{Hz}$,码元速率分别为 $f_{b1} = 15\text{Hz}$、$f_{b2} = 15\text{Hz}$ 和 $f_{b3} = 20\text{Hz}$,则三个信号的相对带宽分别近似为 15%、15% 和 20%,

是典型的宽带信号。因为前两个信号为有用信号，所以循环频率选为 $\alpha = 2f_c + f_{b1}$。阵元间距为 $c/2f_e$，其中，c 为光速，f_e 为等效阵列流形的中心频率，本章中 $f_e = 2f_c + \max(f_{b1}, f_{b2}, f_{b3})$。

采样频率为 $f_s = 500$Hz，采样点数为 $N = 5000$ 点，独立的 Monte Carlo 仿真模拟次数为 100 次。仿真环境为 MATLAB7.0。在仿真中，选用三层 RBFNN，通过不断尝试，确定 RBFNN 最优的扩展常数为 1.1，而隐节点数由 MATLAB 提供函数自动确定。输入节点数和输出节点数按 6.3 节中的原则确定。

仿真实验 6-19 有效性。

验证本章算法(SC-RBFNN)、SC-MUSIC、SC-Root-MSWF、基于循环互相关的 MSC-MUSIC 及 CSM 五种方法能否正确地估计宽带相干信号的 DOA。

三个宽带信号分别从 -18°和2.5°同时入射。信噪比为 10dB。

如表 6-1 所列，在存在相干信号源的情况下，SC-MUSIC 和 SC-Root-MSWF 两种算法无法正确估计 DOA，而 SC-RBFNN、MSC-MUSIC 及 CSM 三种算法仍可以正确估计 DOA，并且 SC-RBFNN 和 MSC-MUSIC 与 CSM 相比还具有信号选择性。

表 6-1 验证五种算法估计宽带相干信号 DOA 的有效性

算法 / DOA	SC-RBFNN	SC-MUSIC	SC-Root-MSWF	MSC-MUSIC	CSM
-18°	-17.8942°	-7.6341°	-7.6374°	-18.4504°	-17.3825°
2.5°	2.4675°	3.1719°	3.2285°	3.2755°	2.7728°

下面主要就可以有效估计宽带相干信号的三种算法的性能进行比较。

仿真实验 6-20 分辨率。

分辨率是指信号源和阵列参数相同的条件下，能够正确估计的 DOA 最小间隔。

对比 SC-RBFNN、CSM 和 MSC-MUSIC 三种算法估计宽带相干信号的分辨率。

三个宽带信号分别从 -18°和 -12°同时入射。信噪比为 10dB。

如表 6-2 所列，在信号入射方位角相距较近的情况下，SC-RBFNN 法仍给出了正确的 DOA 估计，而其他两种方法均估计错误。通过仿真发现，在实验所给的相同仿真条件下，SC-RBFNN、MSC-MUSIC 及 CSM 三种算法的分辨率分别为 1°、13°和 13°左右，显然，SC-RBFNN 法的分辨率远远高于其他两种方法。

表 6-2 三种算法估计宽带相干信号 DOA 的分辨率

算法 / DOA	SC-RBFNN	MSC-MUSIC	CSM
2.5°	-18.1388°	-37.8605°	-21.6907°
-12°	-12.3263°	-16.5425°	-12.1906°

仿真实验 6－21　精度。

精度是指估计偏差，即估计的均值和真实值之差。

三个宽带信号分别从－18°、2.5°和25°同时入射。

如图6－21所示，随着信噪比的提高，三种方法的估计精度都在提高（即估计偏差在降低）并且相差不多，而且对0°附近的2.5°的估计精度要高于远离0°的－18°的估计精度，通过大量实验，这个结论是具有普遍性的。

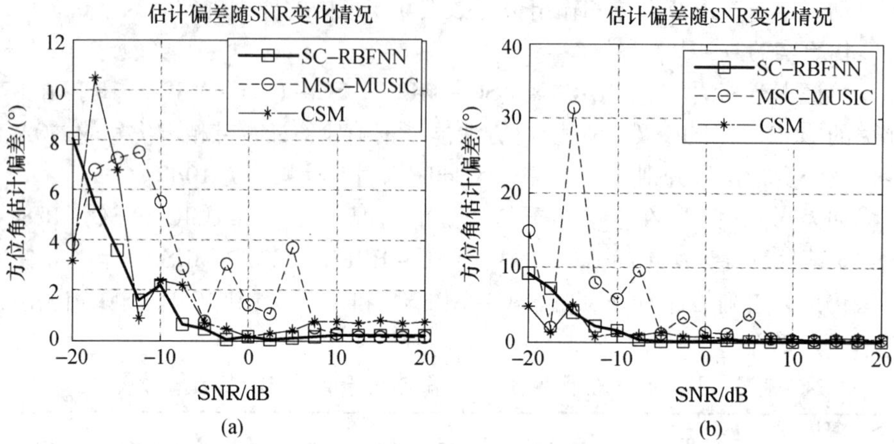

图6－21　三种算法的估计偏差随信噪比变化情况
（a）第一个信号；（b）第二个信号。

仿真实验 6－22　均方根误差。

角度估计的均方根误差（RMSE）$\Delta\varepsilon$ 定义为

$$\Delta\varepsilon = \sqrt{\frac{1}{N_t}\sum_{i=1}^{N_t}\left(\Delta e(i)\right)^2} \tag{6-84}$$

式中：N_t 是集平均的样本数；$\Delta e(i)$ 是第 i 次估计的角度误差，即

$$\Delta e(i) = \sqrt{\left(\theta(i) - \hat{\theta}(i)\right)^2} \tag{6-85}$$

式中：$\theta(i)$ 和 $\hat{\theta}(i)$ 分别是第 i 次估计的方位角的真实值和估计值。

三个宽带信号分别从－18°、2.5°和25°同时入射。

如图6－22所示，随着信噪比的提高，三种方法的RMSE都在减小，在信噪比较高（SNR > 10dB）时，三种方法的RMSE很接近，而在信噪比较低（SNR < 10dB）时，SC－RBFNN的RMSE要明显小于其他两种方法。这说明SC－RBFNN法对实际环境的适应能力更强。而且对于RMSE，同样有实验3中的普遍性结论。

仿真实验 6－23　平均估计时间。

平均估计时间是指在固定信噪比下进行一次蒙特卡罗实验所需要的平均时间。

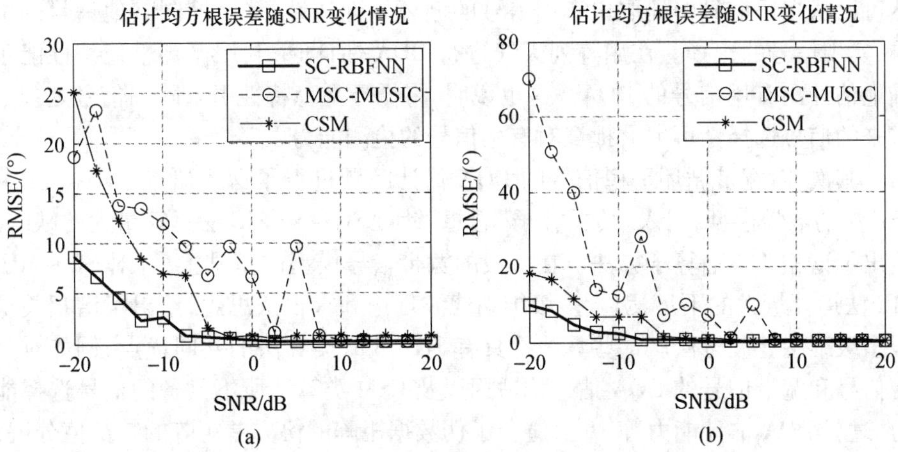

图 6－22　三种算法的估计均方根误差随信噪比变化情况

(a) 第一个信号；(b) 第二个信号。

三个宽带信号分别从 －18°、2.5°和 25°同时入射。信噪比为 10dB。

如表 6－3 所列，在平均估计时间方面，SC－RBFNN 法仅为 0.0233s，而 MSC－MUSIC 法为 0.2803s，CSM 法为 1.094s，分别是 SC－RBFNN 法的近 12 倍和 47 倍之多。可见，本章方法的估计时间要远远低于其他两种传统算法，也就是说，SC－RBFNN 方法估计更快速，更有利于实时处理。从运算量方面考虑，MSC－MUSIC 约为 $O(MN+M^2N_s+M^3+PMK)$，CSM 约为 $O(MN_f\log_2N_f+J(M^2N_f+M^3)+PMK)$，而 SC－RBFNN 约为 $O(MN+M^2N_s)$。这主要是因为与 MSC－MUSIC 法和 CSM 法相比，本节给出的 SC－RBFNN 法不需要进行特征值分解及谱峰搜索，更不需要“聚焦变换”，而是直接由输入数据给出 DOA 估计值，运算复杂度要远远低于其他两种方法。

表 6－3　三种算法估计宽带相干信号 DOA 的平均估计时间

算　法	SC－RBFFNN	MSC－MUSIC	CSM
平均估计时间/s	0.0233	0.2803	1.094

6.5　小　结

本章首先对信号的循环平稳特性进行了研究，循环平稳信号的循环频率 α 与其调制方式以及载频、码元速率或带宽等参数密切相关，而且各个信号的这些参数不尽相同，因此不同的信号往往具有不同的循环频率族 $\{\alpha\}$。因而如果感兴趣信号具有其他干扰信号所不具有的循环频率 α，即使有用信号和干扰在时域和频域上相互交叠，通过选取适当的循环频率及其对应的循环自相关函数，仍然可以从多重信号中提取出有用信号的循环统计特性,从而抑制其他信号的影响,实现信号的选择。在用阵列天线进行 DOA 估计时,利用循环平稳特性能正确地估计出有用信号的 DOA。这也说明,将循环平稳特性引入阵列信号处理中带来的信号选择性可大大提高对有用信号的检测能力。

其次,对宽带循环平稳信号的 DOA 估计问题进行了深入研究。根据 SC－SSF 法的数学模型,引入“传播算子”思想,针对 SC－MUSIC 法运算量大的缺陷,给出了谱相关传播算子方法。在一般的宽带信号模型的基础上,针对 SC－MUSIC 法运算量大的不足,引入多级维纳滤波理论和求根法思想,给出了谱相关求根多级维纳滤波方法。这些算法都具有 SC－SSF 类算法的共同优点,例如对窄带信号和宽带信号的 DOA 估计均适用以及 CSM 类算法所不具备的信号选择能力、过载 DOA 估计能力等,并且避免了伪数据矩阵的协方差矩阵的特征值分解,更不需要“聚焦变换”,运算复杂度大幅度降低,特别是有用信号数远小于阵元数的时候,其更易于实时处理,而估计性能依然良好。

最后对相干宽带循环平稳信号的 DOA 估计问题进行了研究,结合谱相关理论和人工神经网络给出了谱相关径向基函数神经网络(SC－RBFNN)法。大量的仿真实验表明,SC－RBFNN 法不仅可以正确估计宽带相干信号源的 DOA,而且具有循环平稳类方法的所有优点:不仅估计精度和均方根误差不差于其他两种现有方法外,分辨率还远远高于它们;由于运算复杂度的大大降低,平均估计时间更短,SC－RBFNN 法更适于实时处理。

参考文献

[1] Gardner W A. Simplification of MUSIC and ESPRIT by exploitation of cyclostionarity[J]. Proc. IEEE, 1988, 76(7): 845－847.

[2] Xu G H, Kailath T. Direction－of－arrival estimation via exploitation of cyclostationarity－A combination of temporal and spatial processing[J]. IEEE Trans. on Signal Processing, 1992, 40: 1775－1785.

[3] Xu G H, Kailath T. Array signal processing via exploitation of spectral correlation－a combination of temporal and spatial processing[C]. In Proc. 23rd Asilomar Conf. Signals. Syst., Comput. (Pacific Grove, CA), 1989, 2: 945－949.

[4] Jin L, Yin Q Y, Yao M L. Estimating spatial spectrum with generalized spectral－correlation signal subspace fitting[C]. Circuits and Systems, 2000 Proceedings ISCAS 2000 Geneva, The 2000 IEEE International Symposium on, 2000,4: 577－580.

[5] Jin L, Yao M L, Yin Q Y. A New Model for The DOA Estimation of The Coherent Signals[J]. IEEE, 1998, IV: 329－332.

[6] 金梁,殷勤业,汪仪林. 广义谱相关子空间拟合 DOA 估计原理[J]. 电子学报,2000,28(1):60－63.

[7] 黄知涛,周一宇,姜文利. 基于信号一阶循环平稳特性的源信号方向估计方法[J]. 信号处理,2001,17(5):412－417.

[8] 黄知涛,王炜华,姜文利,等.一种基于循环互相关的非相干源信号方向估计方法[J].通信学报,2003,24(2):108-113.

[9] Huang Z T,et al. DOA estimation method based on weighted cyclic spectrum[C]. CIE International Conference on Radar, Beijing, 2001: 1108-1111.

[10] Huang Z T, Jiang W L, Zhou Y Y. Direction-finding for wideband cyclostationary signals[J]. Progress in Natural Science, 2005, 15(5): 491-495.

[11] Schell S V. Performance analysis of the cyclic MUSIC method of direction estimation for cyclostationary signals[J], IEEE Trans . on Signal Processing, 1994, 42: 3043-3050.

[12] 黄知涛,周一宇,姜文利.一种基于循环互相关的非相干源信号方向估计方法[J],通信学报,2003,24(2):108-113.

[13] 汪仪林,殷勤业,金梁,等.利用信号的循环平稳特性进行相干源的波达方向估计[J].电子学报,1999,27(9):86-89.

[14] 韩国栋,蔡斌,邬江兴.调制分析与识别的谱相关方法[J].系统工程与电子技术,2001,23(3):34-36.

[15] 张贤达,保铮.非平稳信号分析与处理[M].北京:国防工业出版社,1998.

[16] Gardner W A, Spooner C M. Signal Interception: Performance Advantages of Cyc lic-Feature Detectors[J], IEEE Trans. on Communication, 1992, 40(1): 149-159.

[17] Brown W A, Loomis H H. Digital Implementations of Spectral Correlation Analyzers[J], IEEE Trans. on Signal Processing, 1993, 41(2): 703-720.

[18] Frederick T, Erdol N. Estimation of Spectral Correlation Using Filter Banks[C], ICASSP'95, 1995, 3: 1629-1632.

[19] 朱德君.谱相关理论在电子侦察中的应用[J].电子对抗,1995,2:43-58.

[20] Yang T, Reed J H, Hsia T C. Spectral Correlation of BPSK and QPSK Signals in a Nonlinear Channel with AM/AM and AM/PM Conversions[C]. ICC'92, 1992, 2: 627-632.

[21] 王永良,陈辉,彭应宁,等.空间谱估计理论与算法[M].北京:清华大学出版社,2005.

[22] Paul G, Reza A. Multi-class support vector machine classifier applied to hyper-spectral data[J]. IEEE Transactions on System Theory, 2002(3): 271-274.

[23] 包志强,吴顺君,张林让.一种信源个数与波达方向联合估计的新算法[J].电子学报,2006,34(12):2170-2174.

[24] 韩力群.人工神经网络教程[M].北京:北京邮电大学出版社,2006.

[25] Kung S Y, Diamantaras K I. A Neural Network Learning Algorithm for Adaptive Principal[A]Component Extraction (APEX) Proc ICASSP, 1990, 2: 861-864.

[26] Southall H L, Simmers J A, Donnell T H O. Direction finding in phased arrays with a neural network beamformer[J]. IEEE Transactions on Antennas and Propagation, 1995, 43(12): 1369-1374.

[27] Elkamchouchi H M. Space fitting the uncorrelated interference patterns in constrained adaptive antenna arrays using neural networks[A]. In: Eighteenth National Radio Science Conference[C], Mansoura Univ, Egypt, March, 2001: 27-29; 105-111.

[28] EI Zooghby A H, Christodoulou C G, Georgiopoulos M. Performance of radial basis function network for direction of arrival estimation with antenna arrays[J]. IEEE Trans. on AP, 1997, 45(11): 1611-1617.

[29] EI Zooghby A H. A Neural Network-Based Smart Antenna for Multiple Source Tracking[J]. IEEE on ASSP, 2000, 48(5): 768-776.

[30] Rao B D, Hari K V S. Performance analysis of Root-MUSIC[J]. IEEE Trans. on ASSP, 1989, 37(12): 1939-1948.

第 7 章　宽带快速 DOA 估计算法

7.1　引　言

众多宽带 DOA 估计方法中，常规特征子空间类方法具有很好的分辨性能和鲁棒性，但它们一般都需要估计阵列相关矩阵、进行特征值分解和谱峰搜索，运算复杂度很高，尤其是在阵元数较多的情况下，运算量是相当巨大的，难以满足工程应用中对实时性的要求，因此宽带 DOA 估计的快速实现问题已成为一个研究热点。

本章主要针对宽带 DOA 估计算法运算量大、实现复杂和实时性差的问题，进行宽带快速 DOA 估计算法的研究，主要研究了基于多级维纳滤波器（MSWF）的快速子空间估计方法，并给出了一种基于 MSWF 的宽带子空间快速 DOA 估计方法；研究了基于 PCA 神经网络的快速子空间估计方法，给出了一种基于自适应学习 PCA 神经网络的宽带快速 DOA 估计方法；研究了空间谱谱峰搜索的实现方法，给出了一种基于波束间小生境遗传算法和爬山方法相结合的谱峰混合搜索方法。

本章内容具体安排如下：首先研究了基于 MSWF 和 PCA 神经网络的快速子空间方法，分别给出了基于 MSWF 和 PCA 神经网络的宽带子空间快速 DOA 估计方法，然后研究了谱峰搜索的优化求解问题，分析了常规谱峰搜索和一般遗传算法优化搜索的不足，给出了一种基于波束间小生境和爬山搜索的混合搜索方法，实现了空间谱峰的快速高精度搜索。

7.2　基于 MSWF 的宽带快速 DOA 估计

7.2.1　MSWF 的基本原理

MSWF 是 Goldstein 等人提出的一种有效的降维技术，其不需要对协方差矩阵求逆就可以得到 Wiener－Hopf 方程$\boldsymbol{R}_x \boldsymbol{w}_{wf} = \boldsymbol{r}_{xd}$的渐近最优解$\boldsymbol{w}_{\text{opt}} = \boldsymbol{R}_x^{-1} \boldsymbol{r}_{xd}$。MSWF 由维纳滤波器发展而来，因此首先简单介绍一下维纳滤波器的原理。

对于一个 M 维的观测信号 $\boldsymbol{X}_0(k)$ 和一个期望信号 $\boldsymbol{d}_0(k)$，维纳滤波的目的是使从观测数据得到的估计值 $\hat{\boldsymbol{d}}_0(k)$ 与 $\boldsymbol{d}_0(k)$ 之间的均方误差最小。从图 7－1 可以看出，期望信号的估计误差 $\boldsymbol{\varepsilon}_0(k)$ 为

$$\boldsymbol{\varepsilon}_0(k) = \boldsymbol{d}_0(k) - \hat{\boldsymbol{d}}_0(k) = \boldsymbol{d}_0(k) - \boldsymbol{w}_0^{\mathrm{H}}\boldsymbol{X}_0(k) \tag{7-1}$$

估计值的均方误差为

$$\mathrm{MSE}_0 = E\{|\boldsymbol{\varepsilon}_0(k)|^2\} = \sigma_{d_0}^2 - \boldsymbol{w}_0^{\mathrm{H}}\boldsymbol{r}_{X_0d_0} - \boldsymbol{r}_{X_0d_0}^{\mathrm{H}}\boldsymbol{w}_0 + \boldsymbol{w}_0^{\mathrm{H}}\boldsymbol{R}_{X_0}\boldsymbol{w}_0 \tag{7-2}$$

式中：$\boldsymbol{R}_{X_0} = E[\boldsymbol{X}_0(k)\boldsymbol{X}_0^{\mathrm{H}}(k)]$；$\boldsymbol{r}_{X_0d_0} = E[\boldsymbol{X}_0(k)\boldsymbol{d}_0^*(k)]$；$\sigma_{d_0}^2 = E\{|\boldsymbol{d}_0(k)|^2\}$。

对式(7-2)求 $\boldsymbol{w}_0$ 的偏导并取其最小值，可得维纳滤波器为

$$\boldsymbol{w}_0 = \boldsymbol{R}_{X_0}^{-1}\boldsymbol{r}_{X_0d_0} \tag{7-3}$$

可以看出，欲通过式(7-3)直接求得维纳滤波系数 $\boldsymbol{w}_0$，就必须求协方差矩阵 $\boldsymbol{R}_{X_0}$ 的逆，但它与观测数据维数有很大关系。因此，如果能把高维观测数据变换成比较低维的数据进行处理，则可以提高算法处理速度。

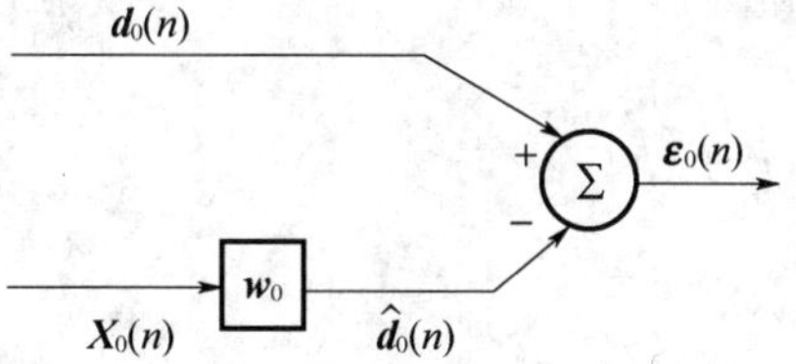

图 7-1　维纳滤波器结构

MSWF 是由多个维纳滤波器嵌套而成的，可以将其典型地分解为两个滤波器组：分解滤波器组与合成滤波器组，如图 7-2 所示。

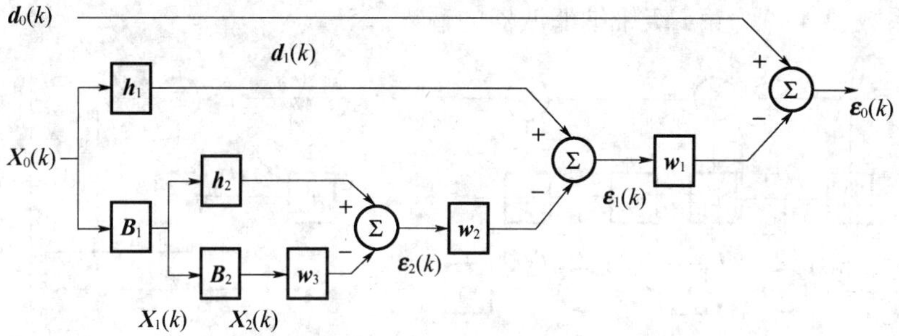

图 7-2　$M=3$ 时多级维纳滤波器结构框图

在分解滤波器组中，每一级的匹配滤波器均是前一级期望信号和观测数据的互相关函数的归一化矢量，即

$$h_i = \frac{\boldsymbol{r}_{X_{i-1}d_{i-1}}}{\sqrt{\boldsymbol{r}_{X_{i-1}d_{i-1}}^{\mathrm{H}}\boldsymbol{r}_{X_{i-1}d_{i-1}}}} = \frac{E[\boldsymbol{d}_{i-1}^*(k)\boldsymbol{X}_{i-1}(k)]}{\|E[\boldsymbol{d}_{i-1}^*(k)\boldsymbol{X}_{i-1}(k)]\|_2} \tag{7-4}$$

选择阻塞矩阵 $\boldsymbol{B}_i = \mathrm{null}\{\boldsymbol{h}_i\}$，使得其能够抑制来自 $\boldsymbol{r}_{X_{i-1}d_{i-1}}$ 方向的信号，即 $\boldsymbol{B}_i^{\mathrm{H}}\boldsymbol{h}_i = 0$。阻塞矩阵的选择方法很多，但使得匹配滤波器是单位正交的阻塞矩阵的最佳选择为 $\boldsymbol{B}_i = \boldsymbol{I}_M - \boldsymbol{h}_i\boldsymbol{h}_i^{\mathrm{H}}$。

在 MSWF 算法中，计算阻塞矩阵 $\boldsymbol{B}_i = \boldsymbol{I}_M - \boldsymbol{h}_i\boldsymbol{h}_i^{\mathrm{H}}$ 所需要的运算量是相当大的。Ricks 等人提出了 MSWF 有效应用结构，即基于相关相减结构的多级维纳

滤波器(CSA－MSWF),如图7－3所示。CSA－MSWF大大简化了Goldstein等人提出的最初形式的多级维纳滤波器(GRS－MSWF)结构,避免了阻塞矩阵 $\boldsymbol{B}_i$ 的求解,有效降低了MSWF前向递推的计算量。CSA－MSWF是一种西多级维纳滤波器,比GRS－MSWF具有更好的数值稳定性,级数为 M 的基于相关相减结构的MSWF算法如下:

① 初始化 $\boldsymbol{d}_0(k)$ 和 $\boldsymbol{X}_0(k)$。$\boldsymbol{X}_0(k)=\boldsymbol{X}(k)$。

② 前向递推。

For $i=1,2,\cdots,M$

$\boldsymbol{r}_{x_{i-1}d_{i-1}}=E[\boldsymbol{X}_{i-1}(k)\boldsymbol{d}_{i-1}^*(k)]$

$\boldsymbol{h}_i=\boldsymbol{r}_{x_{i-1}d_{i-1}}/\|\boldsymbol{r}_{x_{i-1}d_{i-1}}\|_2$

$\boldsymbol{d}_i(k)=\boldsymbol{h}_i^{\mathrm{H}}\boldsymbol{X}_{i-1}(k)$

$\boldsymbol{X}_i(k)=\boldsymbol{X}_{i-1}(k)-\boldsymbol{h}_i\boldsymbol{d}_i(k)$

③ 后向递推。

$\boldsymbol{e}_M(k)=\boldsymbol{d}_M(k)$

For $i=M,M-1,\cdots,1$

$\boldsymbol{w}_i=E[\boldsymbol{d}_{i-1}^*(k)\boldsymbol{e}_i(k)]/E[|\boldsymbol{e}_i(k)|^2]$

$\boldsymbol{e}_{i-1}(k)=\boldsymbol{d}_{i-1}(k)-\boldsymbol{w}_i^*\boldsymbol{e}_i(k)$

式中:$\boldsymbol{d}_0(k)$ 为期望信号或训练信号;$\boldsymbol{X}_0(k)$ 为阵列接收数据;$\boldsymbol{h}_i$ 为第 i 级维纳滤波器系数;$\boldsymbol{X}_i(k)$ 为第 i 级维纳滤波器的输入。

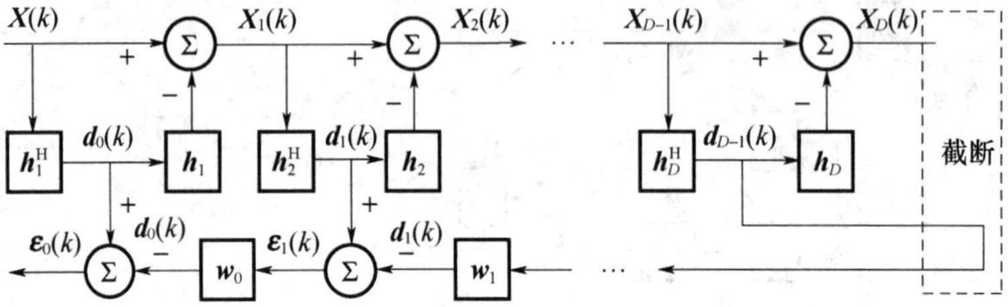

图7－3　基于相关相减结构的MSWF的结构示意图

分解滤波器组的作用可以看作一个无耗的 $M\times M$ 变换(预滤波)矩阵 $\boldsymbol{T}_M$

$$\boldsymbol{T}_M=[\boldsymbol{t}_1\quad \boldsymbol{t}_2\quad \cdots\quad \boldsymbol{t}_{M-1}\quad \boldsymbol{t}_M]=[\boldsymbol{h}_1\quad \boldsymbol{B}_1^{\mathrm{H}}\boldsymbol{h}_2\quad \cdots(\prod_{i=1}^{M-2}\boldsymbol{B}_i^{\mathrm{H}})\boldsymbol{h}_{M-1}\quad (\prod_{i=1}^{M-1}\boldsymbol{B}_i^{\mathrm{H}})] \tag{7-5}$$

由于匹配滤波器 $\boldsymbol{h}_i$ 是相互正交的,从而上式的预滤波矩阵也可以表示成

$$\boldsymbol{T}_M=[\boldsymbol{h}_1\quad \boldsymbol{h}_2\quad \cdots\quad \boldsymbol{h}_{M-1}\quad \boldsymbol{h}_M] \tag{7-6}$$

所以,经过分解滤波器组滤波后,得到各级的期望信号为

$$\boldsymbol{d}(k)=\boldsymbol{T}_M^{\mathrm{H}}\boldsymbol{X}_0(k)=[\boldsymbol{d}_1(k)\quad \boldsymbol{d}_2(k)\quad \cdots\quad \boldsymbol{d}_M(k)]^{\mathrm{T}} \tag{7-7}$$

由于每级的匹配滤波器 $\boldsymbol{h}_i$,最大化相邻级期望信号的相关性,而阻塞矩阵

$\boldsymbol{B}_i$ 使得相隔各级的期望信号不相关,所以经过预滤波的阵列协方差矩阵是三对角矩阵

$$\boldsymbol{R}_d = \boldsymbol{T}_M^{\mathrm{H}} \boldsymbol{R}_{X_0} \boldsymbol{T}_M = \begin{bmatrix} \sigma_{d_1}^2 & \delta_2^* & & & \\ \delta_2 & \sigma_{d_2}^2 & \delta_3^* & & \\ & \delta_3 & \sigma_{d_3}^2 & \ddots & \\ & & \ddots & \ddots & \delta_M^* \\ & & & \delta_M & \sigma_{d_M}^2 \end{bmatrix} \tag{7-8}$$

式中:$\sigma_{d_i}^2 = E[|\boldsymbol{d}_i|^2]$ 为各级期望信号的方差;$\delta_{i+1} = E[\boldsymbol{d}_{i+1}\boldsymbol{d}_i^{\mathrm{H}}]$ 为相邻级期望信号的协方差。

对于图 7-3 所示的 MSWF,假设在其第 $D(D<M)$ 级截断,则可以得到降维(维数是 D)的 MSWF。相应地,秩为 D 的预滤波矩阵(或降维矩阵)为

$$\boldsymbol{T}_D = [\boldsymbol{h}_1 \quad \boldsymbol{h}_2 \quad \cdots \quad \boldsymbol{h}_D] \tag{7-9}$$

MSWF 经过 D 次分解后得到一个 $M \times D$ 的矩阵,用它对观测信号进行变换,使得所 有的处理可在更低维数上进行,从而降低了算法的运算量,提高了算法处理速度。

MSWF 在最近几年内得到了广泛研究和应用,Goldstein 和 Reed 已经成功地将 MSWF 技术广泛地应用到雷达信号处理中[1]。Honig 等人把 MSWF 应用在异步 CDMA 通信系统中,有效地抑制了多址干扰(MAI)[2,3]。Myrick 等人的研究结果表明,MSWF 能够有效地抑制 GPS 信号中的宽带干扰和窄带干扰,同时可以大大降低 GPS 接收机中算法的计算复杂度[4]。

7.2.2 基于 MSWF 的快速子空间估计

黄磊等人在对 MSWF[5] 进行深入研究的基础上,通过 Krylov 空间证明了信号子空间可以由 MSWF 的匹配滤波器 $\{\boldsymbol{h}_1, \boldsymbol{h}_2, \cdots, \boldsymbol{h}_P\}$ 张成,P 是信号源的数目。下面给出文献[5]提出的基于 MSWF 的快速子空间估计算法。

(1) 算法初始化。$d_0(k) = s(k)$,$X_0(k) = X(k)$。

(2) 前向递推。

For $i = 1, 2, \cdots, P$

$\boldsymbol{h}_i = E[\boldsymbol{X}_{i-1}(k)\boldsymbol{d}_{i-1}^*(k)] / \| E[\boldsymbol{X}_{i-1}(k)\boldsymbol{d}_{i-1}^*(k)] \|_2$

$\boldsymbol{d}_i(k) = \boldsymbol{h}_i^{\mathrm{H}} \boldsymbol{X}_{i-1}(k)$

$\boldsymbol{X}_i(k) = \boldsymbol{X}_{i-1}(k) - \boldsymbol{h}_i \boldsymbol{d}_i(k)$

(3) 计算信号子空间 $\boldsymbol{U}_S$ 或噪声子空间 $\boldsymbol{U}_N$。

$\boldsymbol{U}_S = \mathrm{span}\{\boldsymbol{h}_1, \boldsymbol{h}_2, \cdots, \boldsymbol{h}_P\}$

$\boldsymbol{U}_N = \mathrm{span}\{\boldsymbol{h}_{P+1}, \boldsymbol{h}_{P+2}, \cdots, \boldsymbol{h}_M\}$

从上面算法可以看出,基于 MSWF 的快速子空间估计只需 MSWF 的多级前向递推,不需要计算其后向合成维纳滤波器,也不需要估计协方差矩阵及对其作特征值分解。由于采用基于相关相减结构的 MSWF 避开了阻塞矩阵的计算,而且所有运算均是复矢量相乘运算,所以很适合高速 DSP 实现。基于 MSWF 的快速子空间估计算法的运算量为 $O(P(NM+2M+N))$,而基于特征值分解的子空间估计所需的运算量为 $O(M^3)+O(NM^2)$,其中,N 为快拍数,M 为阵元数。显然,在阵元数较多的情况下,基于 MSWF 的快速子空间求取方法的运算量比常规子空间分解方法要小得多。正是因为 MSWF 的这些优点,使得它一经提出,便得到了广泛的研究和应用。

7.2.3 基于 MSWF 的宽带快速 DOA 估计

基于相干子空间的宽带 DOA 估计算法需要对 J 个频点下的数据进行聚焦变换。聚焦变换需要数据协方差矩阵的信号子空间,通常利用特征分解求取信号子空间的运算量为 $O(M^3)$。当阵元数 M 较大时,运算量将迅速增大,严重制约宽带相干子空间 DOA 估计算法的实时实现。

将 7.2.2 节中基于 MSWF 的快速子空间求取方法应用到宽带信号相干子空间 DOA 估计方法中,替代聚焦矩阵求取和窄带 DOA 估计时的特征分解,即可获得一种基于 MSWF 的宽带子空间快速 DOA 估计方法。

假设有 P 个宽带信号入射到 M 个均匀直线阵上,将整个阵列数据分为了 K 段,每段有 N_k 个快拍。对每个子段进行了 N_k 点的 DFT 变换,则第 k 段 f_j 频点下的阵列数据为 $\boldsymbol{X}_k(f_j)$ $(k=1,2,\cdots,K;j=1,2,\cdots,J)$,数据协方差矩阵 $\boldsymbol{R}(f_j)$ 为

$$\boldsymbol{R}(f_j)=\frac{1}{K}\sum_{k=1}^{K}\boldsymbol{X}_k(f_j)\boldsymbol{X}_k^{\mathrm{H}}(f_j) \tag{7-10}$$

在窄带信号情况下,可以将阵列接收数据直接输入到多级维纳滤波器。但是宽带信号的 DOA 估计不仅需要对阵列数据进行 DFT 变换,而且需要对各频率点下的协方差矩阵 $\boldsymbol{R}(f_j)$ 进行聚焦。协方差矩阵 $\boldsymbol{R}(f_j)$ 的求取是不可避免的。因此,在宽带信号情况下,将 $\boldsymbol{R}(f_j)$ 作为多级维纳滤波器的输入,通过 MSWF 的 $P+2$ 级分解得到 $\boldsymbol{R}(f_j)$ 的信号子空间,其中匹配滤波器系数的计算按照下面给出的方法求取。将协方差矩阵经过 MSWF 多级分解后得到信号子空间 $\boldsymbol{H}(f_j)=[\boldsymbol{h}_1\quad \boldsymbol{h}_2\quad \cdots\quad \boldsymbol{h}_{P+2}]$[6],按照文献[7]给出的基于信号子空间的聚焦变换方法,TCT 算法的聚焦矩阵 $\boldsymbol{T}(f_j)$ 可以写成如下形式

$$\boldsymbol{T}(f_j)=\boldsymbol{H}(f_0)\boldsymbol{H}^{\mathrm{H}}(f_j) \tag{7-11}$$

按照 TCT 算法对协方差矩阵进行聚焦变换,然后按照窄带信号进行 DOA 估计。

(1) 算法初始化。初始化 $\boldsymbol{X}_0(k)=\boldsymbol{X}(k)$,令 $\boldsymbol{r}_{X_0d_0}$ 为去噪协方差矩阵的某一行,可得

$$h_0 = r_{X_0d_0} / \| r_{X_0d_0} \|$$

(2) 前向递推。

For $i=1,2,\cdots,P+2$

$\boldsymbol{h}_i = E[\boldsymbol{X}_{i-1}(k)\boldsymbol{d}_{i-1}^*(k)] / \| E[\boldsymbol{X}_{i-1}(k)\boldsymbol{d}_{i-1}^*(k)] \|_2 \qquad (i \neq 1)$

$\boldsymbol{d}_i(k) = \boldsymbol{h}_i^{\mathrm{H}}\boldsymbol{X}_{i-1}(k)$

$\boldsymbol{X}_i(k) = \boldsymbol{X}_{i-1}(k) - \boldsymbol{h}_i\boldsymbol{d}_i(k)$

(3) 计算信号子空间 $\boldsymbol{U}_S$ 或噪声子空间 $\boldsymbol{U}_N$。

$\boldsymbol{U}_S = \mathrm{span}\{\boldsymbol{h}_1, \boldsymbol{h}_2, \cdots, \boldsymbol{h}_{P+2}\}$

$\boldsymbol{U}_N = \mathrm{span}\{\boldsymbol{h}_{P+3}, \boldsymbol{h}_{P+4}, \cdots, \boldsymbol{h}_M\}$

综上所述,基于 MSWF 的宽带子空间快速 DOA 估计算法可归纳如下:

(1) 将整个阵列数据分为了 K 段,每段有 N_k 个快拍。对每个子段进行了 J 点的 DFT 变换,得到第 k 段 f_j 频点下的阵列数据 $\boldsymbol{X}_l(f_j)$ $(l=1,2,\cdots,L;j=1,2,\cdots,J)$,求取协方差矩阵 $\boldsymbol{R}(f_j)$。

(2) 用本章基于 MSWF 的快速子空间求取方法求取 $\boldsymbol{R}(f_j)$ 的信号子空间 $\boldsymbol{H}(f_j)$,并按照式(7-11)构造聚焦矩阵 $\boldsymbol{T}(f_j)$。

(3) 对 $\boldsymbol{R}(f_j)$ 进行聚焦变换得到聚焦后的协方差矩阵 $\boldsymbol{R}$。

(4) 对聚焦后的协方差矩阵 $\boldsymbol{R}$ 再次按照本章基于 MSWF 的快速子空间求取方法得到聚焦后的信号子空间 $\boldsymbol{U}_S$,按照 MUSIC 算法构造空间谱,进行 DOA 估计。

基于 MSWF 的宽带信号快速 DOA 估计算法,避免了特征值分解运算。同时,按照文献[7]的信号子空间聚焦方法,只需要得到信号子空间即可。在已知各频点协方差矩阵后,求取出聚焦后协方差矩阵的运算量仅为 $O(J(P+2)(M^2+M)+JM^2P+JM^3+M^3)$,而 TCT 算法则为 $O(JM^3+2JM^3+M^3)$。通常 $M \gg P$,因此,与 TCT 算法相比,基于 MSWF 的宽带信号快速 DOA 估计算法运算量要大大减小,从而实现快速测向。

7.2.4 仿真实验与结果分析

仿真采用 8 元均匀直线阵,阵元间距为中心频率对应波长的一半,三个窄带信号分别从 $-30°$、$-15°$和 $10°$方向入射,噪声为高斯白噪声,快拍数为 256 点。用实验验证基于 MSWF 的快速 DOA 估计算法的估计性能。

仿真实验 7-1 基于 MSWF 的快速 DOA 估计算法与 MUSIC 算法估计性能比较。

已知入射信号波形,将入射信号作为多级维纳滤波器的期望信号 $\boldsymbol{d}_0(k)$。在相同信号条件下,分别用基于 MSWF 的快速 DOA 估计算法和 MUSIC 算法进行 DOA 估计。

如图 7-4(a)所示,在高信噪比(10dB)下,基于 MSWF 的快速 DOA 估计算法和 MUSIC 算法的空间谱几乎是一样的。如图 7-4(b)所示,在低信噪比(-5dB)下,基于 MSWF 的快速 DOA 估计算法所得到的空间谱要远差于 MUSIC 算法得到的空间谱,部分到达角对应的空间谱峰出现了较大程度的偏离。这表明基于 MSWF 的快速子空间估计算法所得到的信号子空间和特征分解得到的子空间在高信噪比下几乎是相同的,而在低信噪比下则出现了较大的偏差。

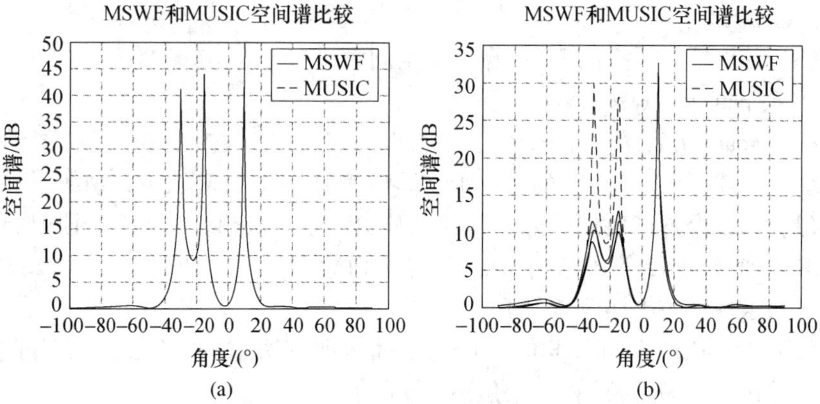

图 7-4　MSWF 快速 DOA 估计算法与 MUSIC 算法的空间谱图比较

(a) SNR = 10dB; (b) SNR = -5dB。

在每个信噪比下,独立实验 100 次。如图 7-5 所示,随着信噪比的增加基于 MSWF 的快速 DOA 估计算法的估计误差逐渐变小。在低信噪比下基于 MSWF 的快速 DOA 估计算法估计误差较大,而在高信噪比下估计误差和 MUSIC 算法相当。

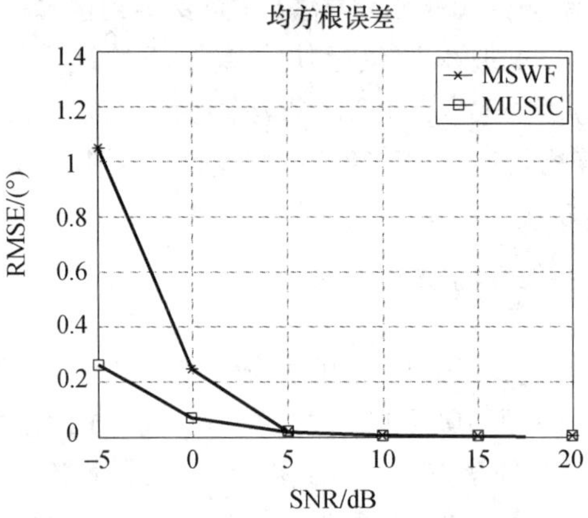

图 7-5　两种 DOA 估计算法误差随信噪比的变化曲线

仿真实验 7-2　期望信号对基于 MSWF 的快速 DOA 估计算法的影响。

仿真条件同实验 7-1,但无入射信号的先验知识,多级维纳滤波器无准确的期望信号。

如图 7-6 所示,无论是在高信噪比(10dB)还是在低信噪比下(-10dB),无期望信号时文献[5]给出的基于多级维纳滤波器的快速 DOA 估计算法是无法正确完成波达方向估计的。而上述基于 MSWF 的快速 DOA 估计算法可以在无期望信号的情况下较好地完成 DOA 估计,如图 7-7 所示。

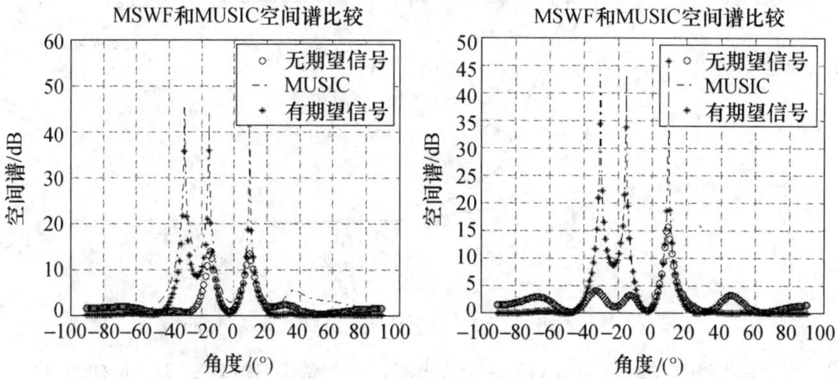

(a) (b)

图 7-6 期望信号对 MSWF 快速空间谱估计的影响

(a) SNR = 10dB; (b) SNR = -10dB。

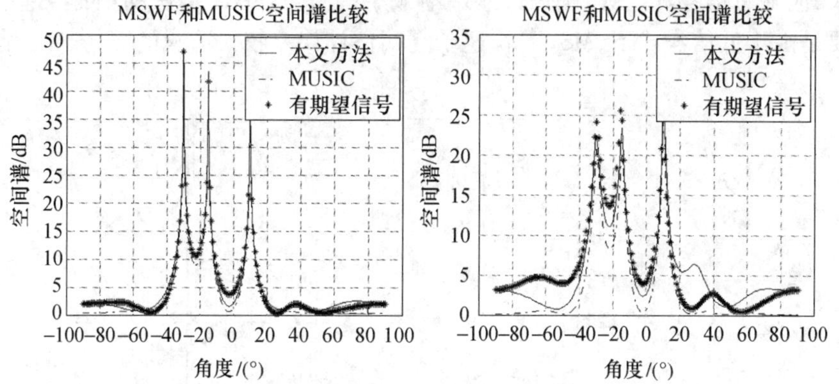

(a) (b)

图 7-7 无期望信号时本章子空间快速估计算法的空间谱

(a) SNR = 10dB; (b) SNR = -10dB。

图 7-8 是本章的基于 MSWF 的快速 DOA 估计算法估计误差随信噪比的变化曲线,并与文献[5]MSWF 的 DOA 估计方法和 MUSIC 算法进行了比较。随着信噪比的增加,基于 MSWF 的快速 DOA 估计算法的估计误差逐渐变小,在低信噪比下本章的基于 MSWF 的快速 DOA 估计方法比 MUSIC 的估计误差稍大,但要优于文献[5]MSWF 的 DOA 估计方法。高信噪比下,三种算法的估计性能相近。

仿真实验 7-3 信噪比对基于 MSWF 的快速 DOA 估计算法的影响。

仿真实验采用 8 元均匀直线阵,阵元间距为中心频率对应波长的 1/2。宽

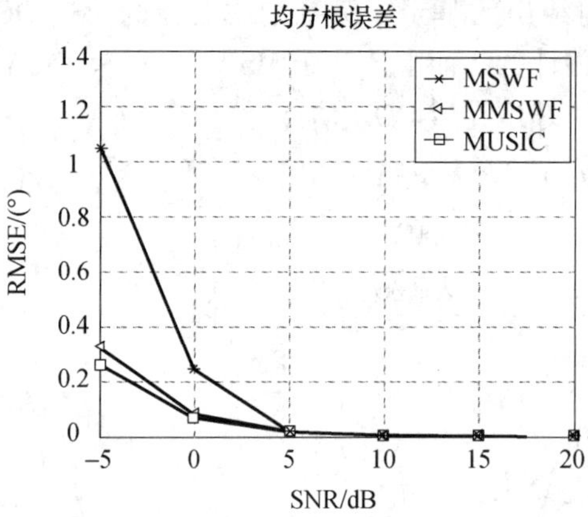

图 7－8　三种算法的估计误差随信噪比的变化曲线

带信号为线性调频信号，中心频率为 70MHz，带宽为 30MHz，从 －30°方向入射。噪声为高斯白噪声，快拍数为 2048 点，分为 16 子段，每段 128 点，每个子段作 128 点的 FFT。分别用 TCT 算法和基于 MSWF 的快速 TCT 算法进行 DOA 估计。

如图 7－9 所示，基于 MSWF 的快速子空间 TCT 算法在低信噪下估计误差较大，但随着信噪比增大，估计误差逐渐减小，并接近 TCT 算法的估计误差。这主要是由于低信噪比下，MSWF 快速子空间估计误差较大造成的。

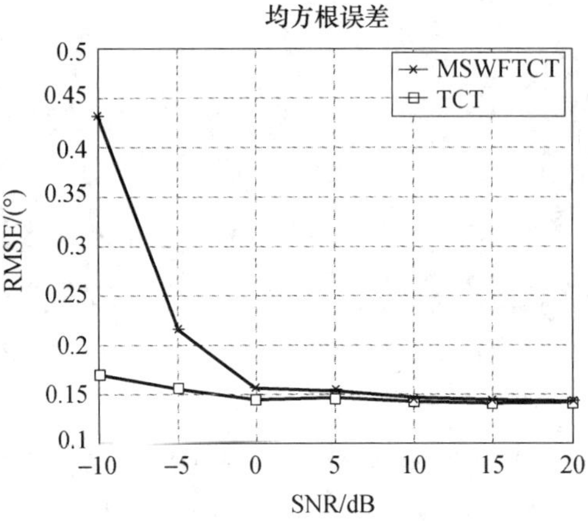

图 7－9　宽带 DOA 估计误差随信噪比的变化曲线

7.3　基于 PCA 神经网络的宽带快速 DOA 估计

7.3.1　主成分分析

主成分分析（Principal Components Analysis，PCA）具有较长的发展历史，

Pearson 在 1901 年首先将变换引入生物学领域，重新对线性回归进行了分析，得出了变换的一种新形式。Hotelling 于 1933 年则将其与心理测验学领域联系起来，把离散变量转变为无关联系数。在概率论建立的同时，主成分分析又单独出现，由 Karhunen 于 1947 年提出，随后 Loeve 于 1963 年将其归纳总结。因此，主成分分析也被称为 K－L 变换。主成分分析在许多工程领域有着广泛的应用，如数据压缩编码、模式识别、图像处理、自适应波束形成等[8]。

主成分分析和矩阵的特征分解有密切关系，假设一个 M 维的矢量 $\boldsymbol{X}$，希望压缩到 P 维，$P<M$。如果简单地对 $\boldsymbol{X}$ 进行截断，所带来的均方误差等于舍掉的各分量的方差之和。而 PCA 是寻找一可逆变换 $\boldsymbol{T}$，使得对经过变换后 $\boldsymbol{T}(\boldsymbol{X})$ 的截断，在均方误差意义下是最优的。

令 $\boldsymbol{X}$ 代表 M 维数据矢量，不失一般性，假定其均值为零，令 $\boldsymbol{u}$ 代表一个 M 维单位矢量，即 $\|\boldsymbol{u}\|=(\boldsymbol{u}^{\mathrm{T}}\boldsymbol{u})^{1/2}=1$，$\boldsymbol{X}$ 在 $\boldsymbol{u}$ 上的投影为

$$a=\boldsymbol{X}^{\mathrm{T}}\boldsymbol{u}=\boldsymbol{u}^{\mathrm{T}}\boldsymbol{X} \tag{7-12}$$

a 的均值为零，方差为

$$\sigma^2=E[a^2]=E[(\boldsymbol{u}^{\mathrm{T}}\boldsymbol{X})(\boldsymbol{x}^{\mathrm{T}}\boldsymbol{X})]=\boldsymbol{u}^{\mathrm{T}}E[\boldsymbol{X}\boldsymbol{X}^{\mathrm{T}}]\boldsymbol{u}=\boldsymbol{u}^{\mathrm{T}}\boldsymbol{R}_X\boldsymbol{u} \tag{7-13}$$

式中：$\boldsymbol{R}_X$ 为 $\boldsymbol{X}$ 的协方差矩阵。

令

$$\varphi(\boldsymbol{u})=\sigma^2=\boldsymbol{u}^{\mathrm{T}}\boldsymbol{R}_X\boldsymbol{u} \tag{7-14}$$

PCA 就是希望找到一个 $\boldsymbol{u}$ 使得方差 $\varphi(\boldsymbol{u})$ 达到最大，当 $\boldsymbol{u}$ 满足下式

$$\boldsymbol{R}_X\boldsymbol{u}=\lambda\boldsymbol{u} \tag{7-15}$$

可保证方差 $\varphi(\boldsymbol{u})$ 达到最大[9]。这正是矩阵 $\boldsymbol{R}_X$ 的特征值方程，即 $\boldsymbol{u}$ 为 $\boldsymbol{R}_X$ 的特征矢量。$\boldsymbol{R}_X$ 为实对称阵，它的特征值为非负实数，且对应不同特征值的特征矢量是正交的。用 $\lambda_1,\lambda_2,\cdots,\lambda_M$ 表示 $\boldsymbol{R}_X$ 的 M 个特征值，则有

$$\boldsymbol{R}_X\boldsymbol{u}_j=\lambda_j\boldsymbol{u}_j \quad (j=1,2,\cdots,M) \tag{7-16}$$

设 λ_j 的排序为 $\lambda_1\geqslant\lambda_2\geqslant\cdots\geqslant\lambda_j\geqslant\cdots\geqslant\lambda_M$，用所对应的特征矢量构成一个矩阵

$$\boldsymbol{U}=[\boldsymbol{u}_1\quad\boldsymbol{u}_2\quad\cdots\quad\boldsymbol{u}_M] \tag{7-17}$$

则有

$$\boldsymbol{R}_X=\boldsymbol{U}\boldsymbol{\Lambda}\boldsymbol{U}^{\mathrm{T}} \tag{7-18}$$

式中：$\boldsymbol{\Lambda}=\mathrm{diag}(\lambda_1,\lambda_2,\cdots,\lambda_M)$；$\boldsymbol{U}$ 为正交阵（列矢量相互正交）。

可见主成分分析的过程与矩阵特征值分解是一个等价过程。如果要将 M 维数据压缩到 P 维，则需要一个 $M\times P$ 维变换矩阵对原始数据进行变换，且变换矩阵为 P 个大特征值对应的特征矢量。可见变换矩阵求取和信号子空间估计是一个等价的过程。

7.3.2 基于人工神经网络的 PCA

神经网络的一个重要特点是向环境学习，并通过学习来改进自身功能。这

种学习可分为通过训练样本的学习(即监督学习)和不通过训练样本的学习(即无监督学习)。学习过程是按照预定的规则和输入模式,不断修改系统中的各连接权值,直至形成一种最终的形态。自组织过程就是一种无监督学习,它可以从一组数据中提取有意义的特征或某种内在的规律性。

当数据维数 M 较大时,直接计算 $\boldsymbol{R}_X$ 的特征值运算量较大,实时实现较为困难。神经网络具有很强的并行计算能力和自组织性,因此,利用人工神经网络实现 PCA,可避免计算量较大的特征值分解运算。1982 年,Oja 提出了单一神经元提取第一主成分的人工神经网络模型[10]。如图 7-10(a)所示,它有 M 个输入、一个输出 $\boldsymbol{y}(k)$

$$\boldsymbol{y}(k) = \sum_{i=1}^{M} \boldsymbol{w}_i(k)\boldsymbol{x}_i(k) = \boldsymbol{X}^{\mathrm{T}}\boldsymbol{W} \tag{7-19}$$

网络的权值迭代公式为

$$\boldsymbol{W}(k+1) = \boldsymbol{W}(k) + \eta\boldsymbol{y}(k)[\boldsymbol{X}(k) - \boldsymbol{y}(k)\boldsymbol{W}(k)] \tag{7-20}$$

式中:η 为学习效率。当网络权值收敛后,其正好是协方差矩阵 $\boldsymbol{R}_X$ 的最大特征值对应的特征矢量。

Oja 网络实现了对第一主分量的提取。1989 年,Sanger 提出了一种可以自适应提取 $P(P<M)$ 个主分量的单层前向神经网络[11],如图 7-10(b)所示。该网络有 M 个输入,P 个输出。对于第 j 个输出有

$$\boldsymbol{y}_j(k) = \sum_{i=1}^{M} \boldsymbol{w}_{ji}(k)\boldsymbol{x}_i(k) \quad (j = 1,2,\cdots,P) \tag{7-21}$$

所对应的网络权值更新准则为

$$\boldsymbol{w}_j(k+1) = \boldsymbol{w}_j(k) + \eta\boldsymbol{y}_j(k)\left[\boldsymbol{x}_i(k) - \sum_{h=1}^{j} \boldsymbol{w}_h(k)\boldsymbol{y}_h(k)\right] \quad (i = 1,2,\cdots,M) \tag{7-22}$$

Sanger 算法又被称为广义 Hebb 算法(General Hebb Algorithm,GHA)。当输出个数 $j=1$ 时便是 Oja 算法。

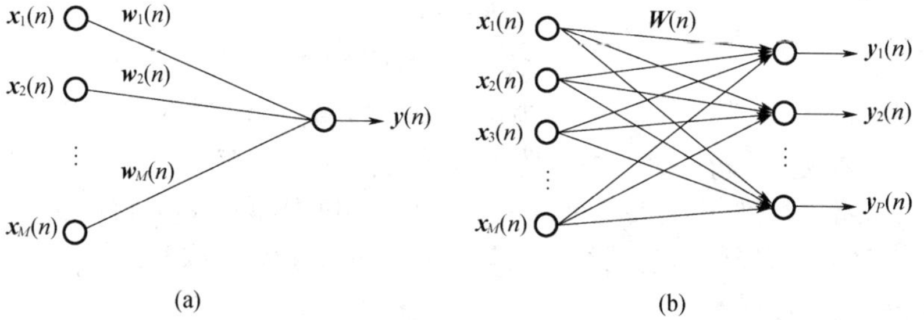

图 7-10 PCA 人工神经网络模型

(a)单个神经元的模型;(b)单层神经网络模型。

为了对 GHA 算法进行直观分析,把式(7-22)写成如下形式

$$\Delta \boldsymbol{w}_j = \eta \boldsymbol{y}_j(k)[\boldsymbol{x}'(k) - \boldsymbol{w}_j(k)\boldsymbol{y}_j(k)] \tag{7-23}$$

式中:$\boldsymbol{x}'(k)=\boldsymbol{x}(k)-\sum_{h=1}^{j-1}\boldsymbol{w}_h(k)\boldsymbol{y}_h(k)$。

从网络模型和权值迭代准则可以得出以下结论:

(1) 对于第 1 个输出神经元($j=1$)有 $\boldsymbol{x}'(k)=\boldsymbol{x}(k)$,它相当于 Oja 神经网络模型可以提取 $\boldsymbol{x}(k)$ 第一主分量。

(2) 对于第 2 个输出神经元($j=2$)有 $\boldsymbol{x}'(k)=\boldsymbol{x}(k)-\boldsymbol{w}_0(k)\boldsymbol{y}_0(k)$,如果第 1 个输出神经元已经收敛于第一主分量,则第 2 个输出神经元得到的输入 $\boldsymbol{x}'(k)$ 是已经去掉第一主分量的结果,它抽取的是 $\boldsymbol{x}'(k)$ 第一主分量,相当于提取了 $\boldsymbol{x}(k)$ 第二主分量。

(3) 对于第 3 个输出神经元($j=3$)有 $\boldsymbol{x}'(k)=\boldsymbol{x}(k)-\boldsymbol{w}_0(k)\boldsymbol{y}_0(k)-\boldsymbol{w}_1(k)\boldsymbol{y}_1(k)$,如果第 1、2 输出神经元已经收敛到第一、二主分量,则第 3 个输出神经元得到的输入 $\boldsymbol{x}'(k)$ 是已经去掉第一、二主分量的结果,它抽取的是 $\boldsymbol{x}'(k)$ 第一主分量,相当于提取了 $\boldsymbol{x}(k)$ 第三主分量。依此类推。

以上过程类似于 Gram-Schmidt 正交化过程,逐个神经元的分析是为了便于解释,实际上整个神经网络是同时并行工作的。当学习效率满足 $0<\eta<1/\lambda_1$ 时,网络权值经过有限次迭代可收敛,详细地收敛性证明见参见文献[10]。

另一种可以提取多个主成分的神经网络学习算法是随机梯度上升算法(SGA)[10]。SGA 与 GHA 紧密相关,可以由 GHA 直接推导,式(7-22)中相对于 j 的求和,可以分解成如下形式

$$\sum_{h=1}^{j}\boldsymbol{w}_h(k)\boldsymbol{y}_h(k) = \sum_{h=1}^{j-1}\boldsymbol{w}_h(k)\boldsymbol{y}_h(k) + \boldsymbol{w}_j(k)\boldsymbol{y}_j(k) \tag{7-24}$$

如果在式(7-24)的求和项进行 α 加权,那么 SGA 算法可以写成如下形式

$$\boldsymbol{w}_{ji}(k+1) = \boldsymbol{w}_{ji}(k) + \eta\boldsymbol{y}_j(k)[\boldsymbol{x}_i(k) - \boldsymbol{w}_{ji}(k)\boldsymbol{y}_j(k) - \sum_{h=1}^{j-1}\boldsymbol{w}_{hi}(k)\boldsymbol{y}_h(k)] \tag{7-25}$$

式中:$j=1,2,\cdots,P$; $i=1,2,\cdots,M$;且 $\alpha>1$(一般取为 $\alpha=2$)。

SGA 算法在求取较少的支配分量时比 GHA 算法具有更快的收敛速度[7]。

7.3.3 基于 PCA 神经网络的子空间估计

PCA 神经网络不需要矩阵特征值分解,便可自适应地提取协方差矩阵多个主特征矢量。考虑到信号子空间是由协方差矩阵的前 P 个大特征值对应的特征矢量张成。因此,接下来主要研究基于 PCA 神经网络的快速子空间估计方法。

参考文献[12,13]给出了一种基于 PCA 神经网络的快速 DOA 估计方法。

首先利用 PCA 迭代算法求出信号子空间或噪声子空间,然后再利用 MUSIC 算法进行 DOA 估计。考虑到一般阵列数据为复数据的情况,参考文献[12,13]将 $M\times M$ 维复数据协方差矩阵 $\boldsymbol{R}_C$ 转化为了 $2M\times 2M$ 实数据矩阵 $\begin{bmatrix}\boldsymbol{R}_r & -\boldsymbol{R}_i\\ \boldsymbol{R}_i & \boldsymbol{R}_r\end{bmatrix}$ 作为 PCA 网络的输入,然后再将得到的实权值矢量转化为复权值矢量来张成信号子空间。这样,复实数据的转化,扩大了 PCA 网络规模,增加了计算量。

已有的文献没有给出 PCA 分解复数据的准则,为了能够使 PCA 网络能够直接处理阵列复数据,从最小重构误差准则出发,给出 PCA 的复权值迭代准则。

设输入数据 $\boldsymbol{X}(k)$ 为复数据,相应的 PCA 网络权值 $\boldsymbol{W}$ 为复矩阵,且满足 $\boldsymbol{W}\boldsymbol{W}^{\mathrm{H}}=\boldsymbol{I}$ 约束条件。PCA 神经网络输出 $\boldsymbol{Y}=\boldsymbol{W}\boldsymbol{X}$,那么,基于网络输出 $\boldsymbol{Y}$ 的输入重构为

$$\hat{\boldsymbol{X}} = \boldsymbol{W}^{\mathrm{H}}\boldsymbol{Y} \tag{7-26}$$

重构误差矢量为

$$\boldsymbol{e} = \boldsymbol{X} - \hat{\boldsymbol{X}} \tag{7-27}$$

定义代价函数为

$$L(\boldsymbol{W}) = \frac{1}{2}\|\boldsymbol{e}\|_2^2 = \frac{1}{2}\boldsymbol{e}^{\mathrm{H}}\boldsymbol{e} = \frac{1}{2}(\boldsymbol{X}-\boldsymbol{W}^{\mathrm{H}}\boldsymbol{W}\boldsymbol{X})^{\mathrm{H}}(\boldsymbol{X}-\boldsymbol{W}^{\mathrm{H}}\boldsymbol{W}\boldsymbol{X}) = \frac{1}{2}(\boldsymbol{X}^{\mathrm{H}}\boldsymbol{X}-2\boldsymbol{X}^{\mathrm{H}}\boldsymbol{W}^{\mathrm{H}}\boldsymbol{W}\boldsymbol{X}+\boldsymbol{X}^{\mathrm{H}}\boldsymbol{W}^{\mathrm{H}}\boldsymbol{W}\boldsymbol{W}^{\mathrm{H}}\boldsymbol{W}\boldsymbol{X}) \tag{7-28}$$

为了得到最优解 $\boldsymbol{W}_{\mathrm{opt}}$,采用最速梯度下降法进行权值的迭代,权值的更新方向为负梯度方向,对 $L(\boldsymbol{W})$ 求复梯度可得

$$\nabla_{\boldsymbol{W}}L(\boldsymbol{W}) = -\boldsymbol{W}\boldsymbol{X}\boldsymbol{X}^{\mathrm{H}}+\boldsymbol{W}\boldsymbol{X}\boldsymbol{X}^{\mathrm{H}}\boldsymbol{W}^{\mathrm{H}}\boldsymbol{W}-\boldsymbol{W}\boldsymbol{X}\boldsymbol{X}^{\mathrm{H}}+\boldsymbol{W}\boldsymbol{W}^{\mathrm{H}}\boldsymbol{W}\boldsymbol{X}\boldsymbol{X}^{\mathrm{H}} \tag{7-29}$$

因为 $\boldsymbol{W}\boldsymbol{W}^{\mathrm{H}}\to\boldsymbol{I}$,所以式(7-29)中最后两项会很快逼近 0,可得到如下学习规则

$$\boldsymbol{W}(k+1) = \boldsymbol{W}(k)+\eta\boldsymbol{W}(k)\boldsymbol{X}\boldsymbol{X}^{\mathrm{H}}[\boldsymbol{I}-\boldsymbol{W}^{\mathrm{H}}(k)\boldsymbol{W}(k)] \tag{7-30}$$

$$\boldsymbol{W}(k+1) = \boldsymbol{W}(k)+\eta\boldsymbol{Y}(k)[\boldsymbol{X}(k)-\boldsymbol{W}^{\mathrm{H}}(k)\boldsymbol{Y}(k)]^{\mathrm{H}} \tag{7-31}$$

考虑到 GHA 网络权值迭代准则所用到的只是矩阵 $\boldsymbol{W}^{\mathrm{H}}(k)\boldsymbol{Y}(k)$ 的下三角部分进行推导。这样,可得到 GHA 的复权值迭代准则

$$\boldsymbol{w}_{ji}(k+1) = \boldsymbol{w}_{ji}(k)+\eta\boldsymbol{y}_j(k)\left[\boldsymbol{x}_i(k)-\sum_{h=1}^{j}\boldsymbol{w}_{hi}^{\mathrm{H}}(k)\boldsymbol{y}_h(k)\right]^{\mathrm{H}} \tag{7-32}$$

同理,可推出 SGA 的复权值迭代准则

$$\boldsymbol{w}_{ji}(k+1) = \boldsymbol{w}_{ji}(k)+\eta\boldsymbol{y}_j(k)\left[\boldsymbol{x}_i(k)-\boldsymbol{w}_{ji}^{\mathrm{H}}(k)\boldsymbol{y}_j(k)-\sum_{h=1}^{j-1}\boldsymbol{w}_{hi}^{\mathrm{H}}(k)\boldsymbol{y}_h(k)\right]^{\mathrm{H}} \tag{7-33}$$

在最小重构误差准则下,根据复 PCA 神经网络权值迭代公式,使得 PCA 网络在处理阵列复数据时不再需要数据转换,避免了 PCA 神经网络规模的扩大,在求取子空间时较参考文献[12,13]进一步减少了运算量。

由于信号子空间所对应的特征值较大，占有支配位置。在求取较少支配分量时，SGA 较 GHA 迭代准则的权值收敛速度要快。因此，采用 SGA 算法进行网络权值迭代，可以加快网络权值的收敛，仿真实验将证明这一点。同时，在利用最小重构误差推导新的网络权值迭代准则时，并没有要求输入的均值为零，因此，可以将数据协方差矩阵直接输入到 PCA 网络。当 $\|\boldsymbol{w}(k)-\boldsymbol{w}(k-1)\|_2 \leqslant 0.01$ 时，认为网络已经收敛。

学习效率 η 对 PCA 算法的收敛有关键影响，如果 η 的值过大，学习规则将不收敛。如果 η 的值太小，收敛将会变得极其缓慢。为了保证算法的收敛学习效率应该满足 $0<\eta<1/\lambda_1$，其中 λ_1 是协方差矩阵 $\boldsymbol{R}_X$ 的最大特征值[9]。通过仿真发现，当学习效率 $\eta>1/\|\boldsymbol{R}_X\|_2^2$ 时，则 PCA 网络权值无法收敛；当 $0<\eta<1/\|\boldsymbol{R}_X\|_2^2$时，PCA 网络权值经过有限次迭代达到收敛，并且 η 越小，收敛越慢，收敛次数越大，则求取信号子空间的运算量越大。

为了减少 PCA 神经网络求取信号子空间时的运算量，需要加快网络权值的收敛。网络权值的迭代是按照负梯度方向寻优的，一般希望在迭代初期使用较大学习效率，进行大步长搜索最优权值。当达到最优权值附近时，进行小步长搜索，以利于权值的收敛。因此，在恒定学习效率的基础上进行了改进，提出了一种自适应学习效率方案，即在网络权值迭代初期使用大学习效率 $\eta=1/\|\boldsymbol{R}_X\|_2^2$，在网络权值迭代后期使用较小学习效率 $\eta=\xi/\|\boldsymbol{R}_X\|_2^2(0<\xi<1)$，整个学习过程采用线性递减的学习效率，学习效率 $\eta=(1-(1-\xi)n/\text{num\_it})/\|\boldsymbol{R}_X\|_2^2$。其中，$n$ 为当前的迭代次数，num_it 为总的迭代次数，ξ 一般取 0.5。

综上所述，给出基于 PCA 神经网络的快速子空间估计算法如下：

(1) 求取阵列数据 $\boldsymbol{X}(k)$ 协方差矩阵 $\boldsymbol{R}_X$，将 $\boldsymbol{R}_X$ 作为 PCA 网络的输入。

(2) 选择 M 个输入、P 个输出的单层 PCA 网络，采用本章给出的复 SGA 迭代准则和自适应学习效率 $\eta=(1-(1-\xi)n/\text{num\_it})/\|\boldsymbol{R}_X\|_2^2$，对网络权值进行迭代运算，当 $\|\boldsymbol{w}(k)-\boldsymbol{w}(k-1)\|_2 \leqslant 0.01$ 时，网络收敛。

(3) 利用收敛后的网络权值 $\boldsymbol{W}$ 的行矢量张成信号子空间 $\boldsymbol{U}_S$。

得到信号子空间 $\boldsymbol{U}_S$ 后，可以按照 MUSIC 算法构造空间谱，进行 DOA 估计。

从上面算法可以看出，基于 PCA 神经网络的快速子空间估计只需 PCA 网络权值的有限次自组织学习，不需要样本训练，也不需要对协方差矩阵作特征值分解便可求得信号子空间。由于采用了复 SGA 准则避免了阵列复数据的转化、网络规模的扩大，较 GHA 准则的网络权值收敛更快。而且采用自适应学习效率，在保证网络收敛的前提下，还可加快网络权值的收敛，一般情况下 30 次左右即可收敛。基于 PCA 神经网络的快速子空间估计算法的运算量为 $O(M^2P)+O(NM^2)$，而基于特征值分解的子空间估计所需的运算量为 $O(M^3)+O(NM^2)$，N 为快拍数，M 为阵元数。显然，在阵元数较多的情况下，上述方法的运算量比常规子空间分解方法要小得多。与基于 MSWF 的快速子空间算法相比，基于

PCA 神经网络的快速子空间不需要参考信号,因此,实用性更强。

7.3.4 基于 PCA 神经网络的宽带 DOA 估计

按照 7.2.3 节的思路,将基于 PCA 神经网络的快速子空间方法应用到宽带信号的子空间估计中,替代聚焦矩阵求取和窄带 DOA 估计时的特征分解,并给出基于 PCA 神经网络的宽带信号快速 DOA 估计。

考虑到 TCT 算法的运算步骤,同样将协方差矩阵作为 PCA 神经网络的输入。按照 7.3.3 节给出的快速子空间方法求解每个频率点下 $\boldsymbol{R}(f_j)$ 的信号子空间。具体算法如下:

(1) 将整个阵列数据分为了 K 段,每段有 N_k 个快拍。对每个子段进行了 N_k 点的 DFT 变换,得到第 k 段 f_j 频点下的阵列数据 $\boldsymbol{X}_l(f_j)$ ($l=1,2,\cdots,L;j=1,2,\cdots,J$),求取协方差矩阵 $\boldsymbol{R}(f_j)$。

(2) 采用 M 个输入、P 个输出的 PCA 神经网络,将 $\boldsymbol{R}(f_j)$ 作为 PCA 神经网络的输入,采用本章的复 SGA 迭代算法和自适应学习效率,求取 $\boldsymbol{R}(f_j)$ 的信号子空间,并按照式(7-11)构造聚焦矩阵 $\boldsymbol{T}(f_j)$。

(3) 对 $\boldsymbol{R}(f_j)$ 进行聚焦变换得到聚焦后的协方差矩阵 $\boldsymbol{R}$。

(4) 对聚焦后的协方差矩阵 $\boldsymbol{R}$ 再次输入到 PCA 神经网络,得到聚焦后的信号子空间 $\boldsymbol{U}_S$,按照 MUSIC 算法构造空间谱,进行 DOA 估计。

基于 PCA 神经网络的宽带信号 DOA 估计算法避免了特征值分解运算,在已知各频点协方差矩阵后,求取出聚焦后协方差矩阵的运算量仅为 $O(JM^2P+JM^2P+JM^3+M^3)$。而 TCT 算法则为 $O(JM^3+2JM^3+M^3)$。通常 $M\gg P$,因此,与 TCT 算法相比,基于 PCA 神经网络的宽带信号快速 DOA 估计算法运算量要大为减小,从而能实现快速 DOA 估计。

7.3.5 仿真实验与结果分析

为了验证基于 PCA 神经网络的快速 DOA 估计算法的有效性,进行如下实验验证:仿真采用 8 元均匀直线阵,阵元间距为中心频率对应波长的一半,三个窄带信号分别从 -30°、-15°和 10°方向入射,噪声为高斯白噪声,快拍数为 256 点。用 DOA 估计性能评价基于 PCA 神经网络的快速子空间方法。

仿真实验 7-4 不同迭代准则下基于 PCA 神经网络的快速 DOA 估计性能对比。

分别采用复 GHA 和复 SGA 迭代准则进行信号子空间估计,按照 MUSIC 算法构造空间谱进行 DOA 估计。PCA 神经网络迭代 60 次,网络学习效率取自适应学习效率。

如图 7-11 所示,GHA 准则下基于 PCA 神经网络的空间谱图如图 7-11(a)、(b)所示,与 MUSIC 空间谱对比可以看出,无论在高信噪比(10dB)还是低信噪比(-10dB)下两种方法的空间谱图几乎完全相同。而SGA准则下基于PCA神经网络的空间谱图和MUSIC空间谱图完全相同,如图7-11(c)、(d)所示。这说明基于PCA神经网络方法得到的子空间和矩阵特征分解得到的子空间是完全相同的。

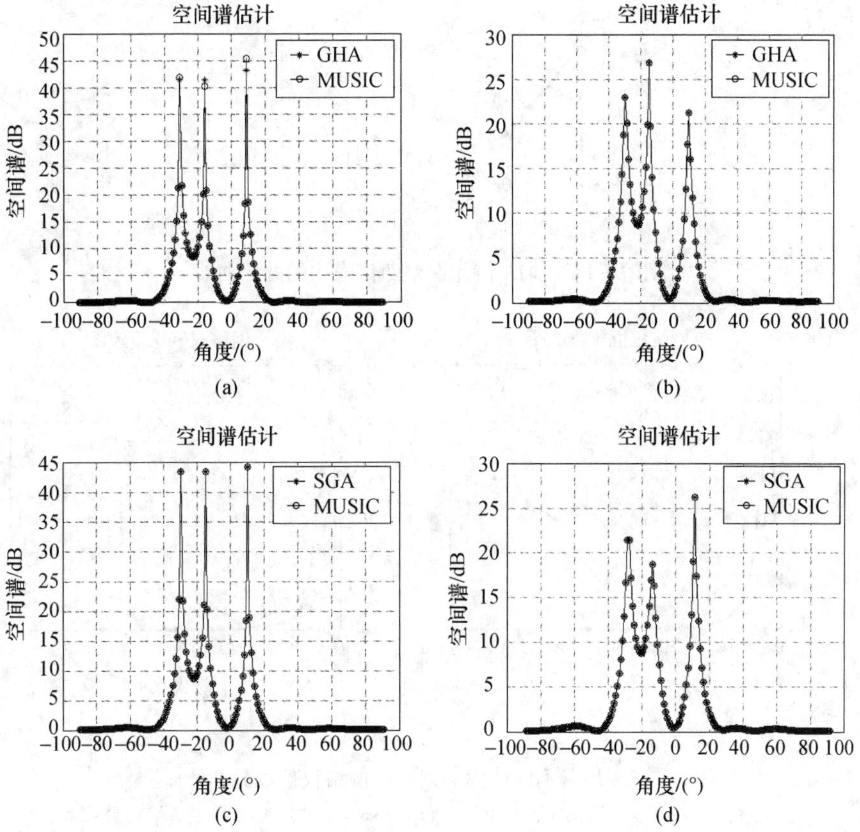

图7-11　PCA神经网络不同迭代准则的空间谱对比图
(a)SNR = 10dB;(b) SNR = -10dB;
(c)SNR = 10dB;(d) SNR = -10dB。

如图7-12所示,独立实验100次,以-30°入射信号的DOA估计结果为统计对象,两种准则下基于PCA神经网络的DOA估计误差随着信噪比的增加逐步减小,总体和MUSIC算法的估计误差相当。

仿真实验7-5　不同迭代准则下PCA网络权值收敛速度对比。

仿真条件同实验7-4,分别采用复GHA准则和复SGA准则进行PCA网络权值迭代。

如图7-13所示,与复GHA准则相比,复SGA准则下网络权值的收敛速度要快,高信噪比(10dB)下,仅需要20次网络权值便可收敛;低信噪比(-10dB)下,30次左右网络权值也会收敛。

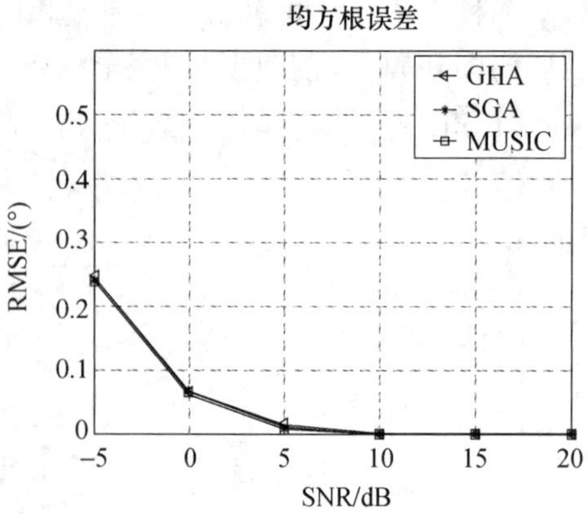

图 7－12　DOA 估计误差随信噪比的变化曲线

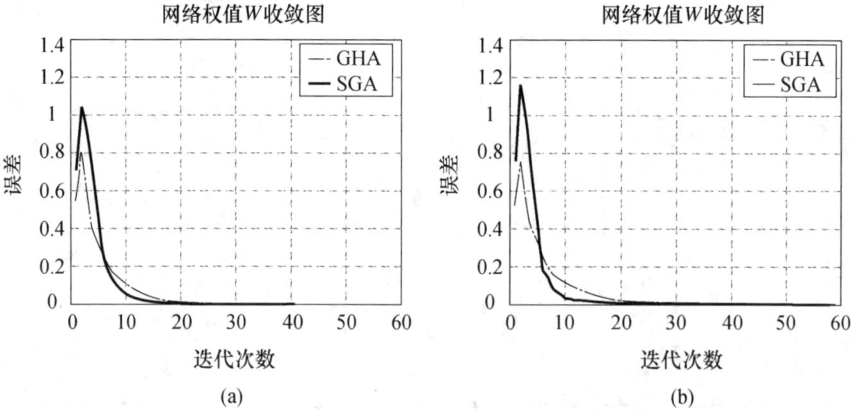

图 7－13　不同迭代准则下的网络权值收敛曲线

(a) SNR = 10dB；(b) SNR = －10dB。

仿真实验 7－6　不同学习效率对网络权值收敛的影响。

仿真条件同实验 7－14，PCA 神经网络采用复 SGA 迭代准则进行子空间快速估计。迭代次数为 60 次，比较不同的学习效率下网络权值的收敛情况。

如图 7－14 所示，学习效率 η 对网络权值的收敛有着重要影响。令 eta = $1/\|\boldsymbol{R}_X\|_2^2$，过大的学习效率（$\eta = 0.9$eta）将会使得网络权值无法收敛，从而得不到准确的信号子空间。过小的学习效率使得网络权值收敛较为缓慢。当 $\eta =$ 2eta 时，网络权值需要大约 40 次迭代才能收敛。无论在高、低信噪比下，本章给出的自适应学习效率仅需要 20 左右的迭代，网络权值即可收敛。

仿真实验 7－7　不同信噪比对网络权值收敛的影响。

仿真条件同实验 7－6，复 SGA 迭代准则下 PCA 神经网络采用自适应学习效率，迭代次数为 60 次，比较不同信噪比下的收敛情况。

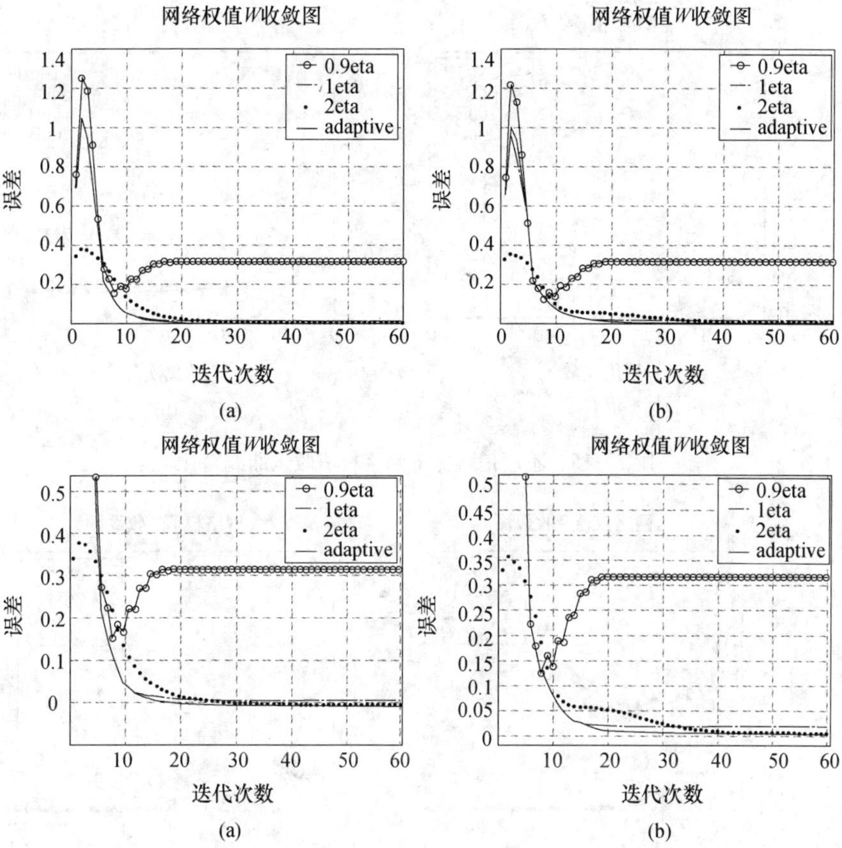

图 7－14　不同学习效率下的网络权值收敛曲线

(a) SNR = 10dB；(b) SNR = －10dB；

(c) SNR = 10dB（局部放大）；(d) SNR = －10dB（局部放大）。

如图 7－15 所示，网络权值在低信噪比的收敛速度要慢于高信噪比下的收敛速度。但在 0dB 以上网络权值的收敛速度基本不受信噪比的影响，基本可以 20 次左右达到收敛。

仿真实验 7－8　不同阵元数对网络权值收敛的影响。

仿真条件同实验 7－7，比较不同阵元数下网络权值的收敛情况。

从图 7－16 可以看出，阵元数对网络权值收敛的影响并不重要。不同阵元数下，网络权值收敛需要的迭代次数不尽相同。随着阵元数的增加，网络权值的收敛次数并没有线性增加，而是保持在 40 次以内。

仿真实验 7－9　基于 PCA 神经网络的宽带信号 DOA 估计精度。

仿真实验采用 8 元均匀直线阵，阵元间距为中心频率对应波长的 1/2。宽带信号为线性调频信号，中心频率为 70MHz，带宽为 30MHz，从 －30°方向入射，噪声为高斯白噪声，快拍数为 2048 点，分为 16 子段，每段 128 点。每个子段作

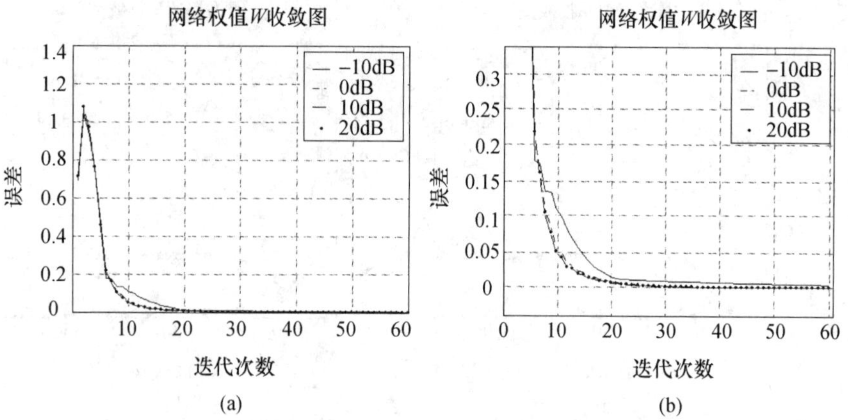

图 7－15　不同信噪比下网络权值收敛曲线对比

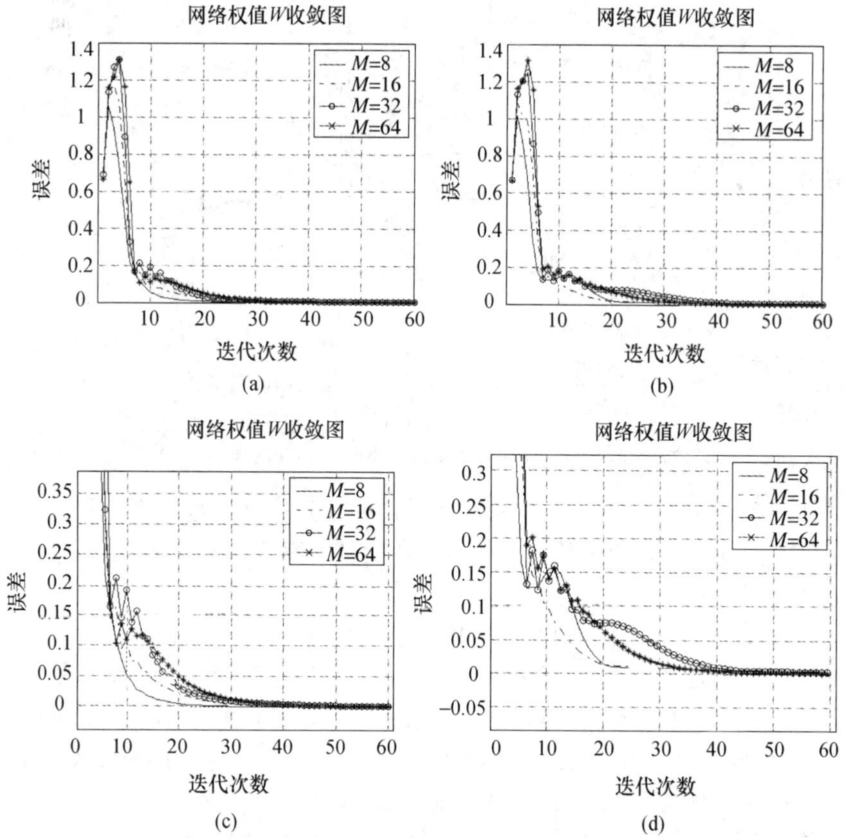

图 7－16　不同阵元数下网络权值的收敛曲线对比

(a)SNR = 10dB；(b) SNR = －10dB；

(c) SNR = 10dB(局部放大)；(d) SNR = －10dB(局部放大)。

128 点的 FFT。分别用 TCT 算法和基于 PCA 神经网络的快速子空间 TCT 算法进行 DOA 估计。

如图 7－17 所示，基于 PCA 神经网络的快速子空间 TCT 算法的估计误差与原 TCT 算法估计误差基本相当，低信噪比下要好于基于 MSWF 快速子空间 TCT 算法的估计误差。原因在于 PCA 神经网络的子空间与基于特征分解的子空间等价，而 MSWF 分解的子空间只是特征分解子空间的近似等价。

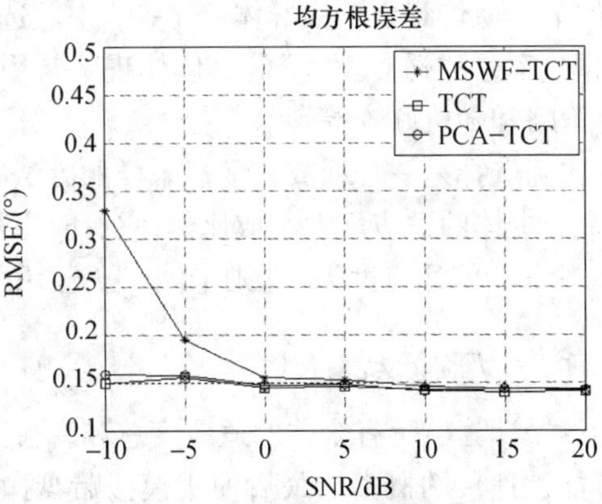

图 7－17　基于 PCA 神经网络的宽带信号 DOA 估计精度

7.4　基于遗传算法的谱峰搜索技术

7.4.1　遗传算法的基本原理

遗传算法（Genetic Algorithm，GA）是模拟生物在自然环境中的遗传和进化过程而形成的一种自适应全局优化搜索算法，它最早由美国 Michigan 大学的 John Holland 教授在 20 世纪 60 年代末提出的，20 世纪 70 年代 De Jong 基于遗传算法的思想在计算机上进行了大量的纯数值函数优化计算实验。在一系列研究工作的基础上，20 世纪 80 年代由 Goldberg 进行归纳总结，形成了 GA 的基本框架。而后 GA 作为函数优化器（function optimizers）在自适应控制、组合优化、模式识别、机器学习、人工生命、管理决策等各个领域得到了广泛应用。同时，大批学者对 GA 进行了改进，丰富和发展了 GA 理论[14,15]。

与传统的启发式优化搜索算法（爬山方法、模拟退火法、Monte Carlo 方法等）相比，GA 是一种群体搜索方法。用有一定数目个体（individual）组成的种群（population）表示问题可能的解集，每个个体有相应的基因编码方式的染色体。种群仿照自然界的进化策略，经过选择（select）、交叉（crossover）和变异（mutation）操作产生新一代种群。按照适者生存和优胜劣汰的准则，每代中适应度（fitness）大的个体进化到下一代，经过一定次数的进化迭代，整个种群将会收敛到问题的最优解。GA 大量借用了自然界生物遗传的操作，抽象了其中的原理，在 GA 中这些操作的具体含义如下[16]：

（1）适应度：个体对环境的适应程度，是评价个体优劣的标准。适应度越高，个体保留到下一代的概率就越大。一般要求适应度函数为正且最优值对应适应函数的最大值。

（2）选择：根据个体的适应度，按照一定的规则或方法，从第 t 代种群 $P(t)$ 中选择出一些优良的个体遗传到下一代群体 $P(t+1)$ 中。选择操作的目的是提高全局收敛性和计算效率，是“适者生存”的具体体现。常用的选择算子有比例选择算子、最优保存策略和随机联赛等。

（3）比例选择：比例选择是一种回放式随机采样的方法，即被选中并遗传到下一代种群中的概率与个体的适应度大小成比例，它有时也被称为轮盘赌选择。设种群的大小为 N_P，个体 i 的适应度为 F_i，则个体 i 被选中的概率为

$$p_{is} = F_i / \sum_{i=1}^{N_P} F_i \qquad (i = 1,2,\cdots,N_P) \tag{7-34}$$

其操作过程如下：先计算出所有个体的适应度总和，再计算出各个个体的相对适应度大小（即可能被遗传的概率），最后使用模拟赌盘操作来确定各个个体被选中的次数。

（4）最优保存策略：当前种群 $P(t)$ 中适应度最高的个体不参与交叉运算和变异运算，而直接替换掉本代种群中经过交叉、变异等操作后所产生的适应度最低的个体。最优保存策略是为了防止各种遗传操作破坏当前群体中适应度最好的个体，从而提高算法的运行效率。采用最优保存策略可以保证 GA 以概率 1 收敛到最优值[15]。

（5）随机联赛：从当前种群 $P(t)$ 中随机选择 q 个个体，将其中适应值最大的个体保存到下一代。反复执行该过程直到下一代个体数量达到预定的种群规模。根据大量实验总结，一般联赛规模取 $q=2$。

（6）交叉：将种群 $P(t)$ 内的各个个体随机搭配成对，对成对个体以某一概率（交叉概率）交换它们之间的部分染色体。通过交叉运算产生了新的个体，是全局搜索的具体表现。交叉运算分为单点交叉、多点交叉以及算术交叉等多种方法。单点交叉是在个体编码串中设置一个交叉点，然后在该点相互交换两个配对个体的部分染色体；多点交叉则设置多个交叉点，然后交换交叉点间的部分染色体。

（7）变异：变异是指将个体染色体编码串中的某些基因座上的基因值用其他基因来代替，从而形成一个新个体。变异运算是产生新个体的辅助方法，它是局部搜索的体现。正是由于交叉算子和变异算子的相互配合，共同完成了对搜索空间的全局搜索和局部搜索，从而使得遗传算法能够完成最优化问题的寻优过程。

GA 通过对生物遗传和进化过程的选择、交叉以及变异机理的模仿,来完成对问题最优解的自适应求取,求解过程如图 7 - 18 所示。它直接将适应度函数作为搜索信息,因此,不受目标函数的可微限制,具有很强的鲁棒性,特别是对于一些大型、复杂优化非线性系统,更显示出其独特和优越的性能。同时,GA 是一种多点并行搜索方法,搜索效率很高,种群规模为 N,每次搜索可执行 $O(N^3)$ 次有效搜索[17]。关于 GA 优化搜索的数学原理,可通过模式定理和构造块假设等加以分析讨论,对其收敛性可通过 Markov 链进行分析[16]。这些已有学者进行了研究,这里不再讨论。

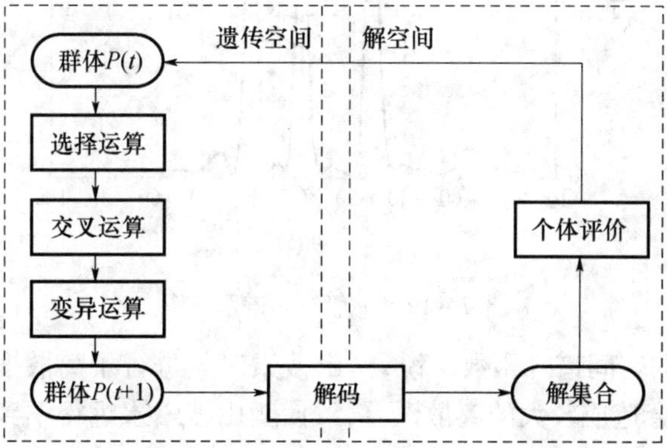

图 7 - 18　遗传算法的优化求解过程

7.4.2　空间谱谱峰搜索

当宽带相干子空间 DOA 估计方法完成聚焦变换,得到聚焦后的信号子空间 $\boldsymbol{U}_S$ 后,应用 MUSIC 算法得到空间谱为

$$P(\theta) = 1/[\boldsymbol{a}(\theta)^{\mathrm{H}}(\boldsymbol{I} - \boldsymbol{U}_S\boldsymbol{U}_S^{\mathrm{H}})\boldsymbol{a}(\theta)] \tag{7 - 35}$$

通过对空间谱谱峰搜索,得到波达方向的数值解。典型的空间谱如图 7 - 19 所示,它是来波方向 θ 的一个多峰函数,我们需要找到其谱峰所对应的来波方向。对于谱峰搜索,常用的是爬山搜索方法,即

```
Initial θ = θmin Step = Δθ
While(θ < θmax)
{ if((P(θ) < P(θ + Step))&&(P(θ + Step) > P(θ + 2 × Step)))
Break;
θ = θ + Step;
}
θi = θ + Step;
```

上述爬山搜索在[θ_{min}, θ_{max}]的入射角范围内,通过 $\Delta\theta$ 的搜索步长寻找所有

谱峰。由于噪声的影响,会出现一些小峰。因此,先搜索整个搜索范围内的全部峰值,得到极值后进行排序,选出 P 个最大的峰值所对应的入射角 θ_i($i=1,2,\cdots,P$)即为来波方向。

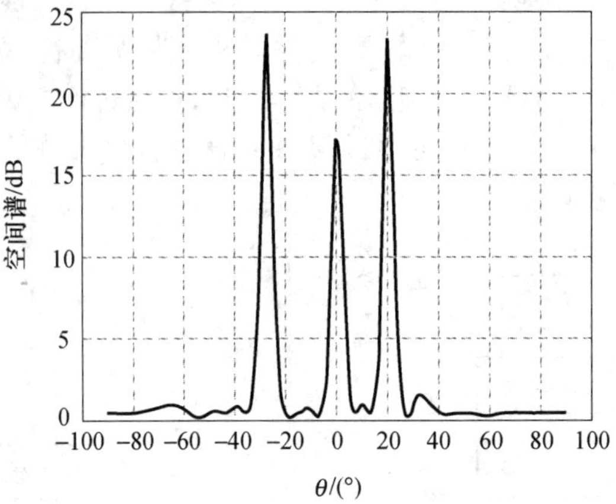

图 7-19 一般空间谱示意图

对于连续的空间谱峰函数来说,爬山搜索对其进行了离散搜索。如果搜索步长 $\Delta\theta$ 过大,会造成较大的离散误差,致使爬山搜索永远得不到最优解。为了得到精确的 DOA 估计值,一般采用高精度搜索。$\Delta\theta$ 越小,DOA 估计的离散误差越小。考虑到超分辨测向算法的估计误差,$\Delta\theta$ 应小于 0.1°。当搜索空间一定时,搜索精度越高,运算量越大。如果要进行 360°范围的方位搜索和 90°的俯仰搜索,按照 0.1 的搜索精度,大约需要10^6 次空间谱计算,而每次空间谱的运算量为 $O(M^2+M)$。这样搜索的运算量是非常庞大的,给 DOA 估计算法实时实现带来了巨大困难。

爬山搜索原理简单,搜索方便,但是搜索效率低下,运算量巨大。为了加快谱峰搜索速度,一般采用多 DSP 并行搜索[18,19],让每块 DSP 负责一定的搜索范围,减轻运算负荷。但这是以增加处理芯片为代价的,接下来从减少搜索算法的运算量出发,提出一种基于现代优化技术—遗传算法的高精度快速谱峰搜索方法。

7.4.3 基于 GA 的谱峰优化搜索

大部分 DOA 估计算法如 MUSIC、最大似然估计和子空间拟合等[20]求解 DOA 数值解时,都可转化为空间谱函数的最大值求解问题。用一般的爬山搜索方法求取空间谱最大值问题的运算量巨大,搜索效率低下。GA 是一种现代化的并行搜索方法,具有较高的搜索效率和较强的稳健性。因此,可以将 GA 应用到空间谱估计领域,解决谱峰搜索问题。对空间谱谱峰进行搜索,其实质是对空间谱函数的优化求解问题,即

$$\begin{cases}\text{Max}\ \{P(\theta)=1/[(\boldsymbol{a}\theta)^{\mathrm{H}}\boldsymbol{U}_N\boldsymbol{U}_N^{\mathrm{H}}\boldsymbol{a}(\theta)]\} \\ \text{Subject to} \qquad \theta\in \text{Ra}\end{cases} \tag{7-36}$$

GA 作为一种函数优化求解手段，需要根据具体的应用设置不同的参数。适应度函数是评价个体优劣的标准，要根据优化的函数选择合适的适应度函数。一般要求适应度函数为正且是求最大化适应函数所对应问题的解，如果目标函数不满足上述要求，需要通过一定的转换得到适应度函数。空间谱谱峰搜索中，空间谱函数为正，且谱峰对应所寻求的波达方向。因此，可直接将空间谱函数作为适应度函数。

种群表示问题可能的解集，每个个体都是问题一个可能的解。个体通过编码后便可进行进化运算。常用的编码有二进制编码、实数编码、树编码和自适应编码等。其中二进制编码是一种常用的编码方式，通过搜索范围和搜索精度来确定个体的编码长度。如在 180°范围内进行 0.1°搜索，则每个染色体需要 11 位二进制编码，为了能同时搜索出 P 个波达方向，每个个体需要 P 个染色体共 $11\times P$ 位二进制编码。且对每代个体进化时，需要编解码运算，来评价个体。而实数编码不需要编解码运算，具有精度高、便于大空间搜索的优点。因此，个体采用实数编码方式，即 θ_i 为[−90°,90°]的实数。

为了避免比例选择时选择比例 p_{is} 的计算，本章采用规模数为 2 的随机联赛选择产生下一代。交叉运算采用了适合实数编码个体的算术交叉。算术交叉是由两个个体的线性组合来产生新的个体，如假设两个个体为 θ_A^t 和 θ_B^t，则算术交叉后产生的新个体 θ_A^{t+1}、θ_B^{t+1} 为

$$\begin{cases}\theta_A^{t+1}=\alpha\theta_B^t+(1-\alpha)\theta_A^t \\ \theta_B^{t+1}=\alpha\theta_A^t+(1-\alpha)\theta_B^t\end{cases} \tag{7-37}$$

式中：α 为交叉概率。

变异采用均匀变异。均匀变异就是以一定变异概率 P_m 用 θ_i'替换原来染色体 θ_i，θ_i'为[$\theta_{\min}$，$\theta_{\max}$]服从均匀分布的随机数。均匀变异后的 θ_i'为

$$\theta_i'=\theta_{\min}+\gamma(\theta_{\max}-\theta_{\min}) \tag{7-38}$$

式中：γ 为[0,1]服从均匀分布的随机数。

GA 搜索机理简单，没有复杂的数学推导，许多参数由经验得到。如种群个体一般取 20 个 ~100 个，交叉概率取 0.6 ~1，变异概率取 0.001 ~0.1，迭代次数取 50 ~200。只要参数在一个合适的经验范围内，GA 经过进化迭代便可得到所求问题的最优解。

在 GA 中，交配完全是随机的，这种完全随机化的交配形式在寻优的初级阶段保持了解的多样性，但在进化的后期，大量的个体集中于某一极值点上，出现了“早熟”现象。由于它们的近亲繁殖，使得子代与父代具有相似的编码形式，无法跳出极值点，阻碍了整个种群的进化。因此，在用 GA 求解多峰函数时，经

常只能找到个别的几个最优解,甚至得到局部最优解,无法得到目标函数的全部最优解。而大部分空间谱函数是一个多峰函数,虽然文献[21,22]利用多染色体编码,来求解多峰空间谱函数,但是这并不能保证 GA 可以同时得到空间谱函数的多个最优值。这主要由两方面原因造成:一个原因是随着 GA 搜索过程的进行,种群会出现"早熟"现象,使得种群容易收敛到一个极大值,得到 $\theta=\{\theta_i,\theta_i,\cdots,\theta_i\}$ 的错解,得不到全局最优解 $\theta=\{\theta_1,\theta_2,\cdots,\theta_P\}$;另一原因是所搜索的空间谱函数造成的。受到诸多因素的影响,空间谱的所有谱峰不是等高峰,如果 θ_i 所对应的谱峰最高,最优解会是 $\theta=\{\theta_i,\theta_i,\cdots,\theta_i\}$,因此也无法得到次优解 $\theta=\{\theta_1,\theta_2,\cdots,\theta_P\}$。为了 GA 能够很好地完成空间谱峰搜索,必须对其进行改进,缓解其"早熟"现象,避免整个种群过早收敛到某个极值。

7.4.4 基于波束间 NGA 的谱峰优化搜索

针对 GA 不能优化求解多峰空间谱函数的问题,在此引进了小生境(niche)技术。生物学上,小生境是指特定环境中的一种组织功能,是一种"物以类聚"的进化思想。在自然界中,往往特征、形状相似的物种相聚在一起,并在同类中交配繁衍后代。小生境技术就是将每一代个体划分为若干类,每个类中选出若干适应度较大的个体作为一个类的优秀代表组成一个种群,再在种群中以及不同的种群之间通过杂交、变异产生新一代个体群,同时采用预选择(preselection)机制或排挤(crowding)机制或分享(sharing)机制完成选择操作。小生境遗传算法可以很好地保持群体的多样性,同时具有很高的全局寻优能力和收敛速度,适合于多峰函数的优化问题。

Cavichio 提出了一种预选择机制的小生境遗传算法,其基本思想是当新产生的子代个体的适应度超过其父代个体适应度时,所产生的子代个体才能代替其父代个体而遗传到下一代群体中,否则父代个体仍保留在下一代群体中。由于子代个体和父代个体之间编码结构的相似性,所以替换掉的只是一些编码结构相似的个体,因此能够造就小生境的进化环境,有效地维持种群的多样性。De Jong 提出了一种基于排挤机制的小生境遗传算法,其基本思想源于在一个有限的生存空间中,各种不同的生物为了生存,它们之间必须相互竞争有限的生存资源。通过设置一个排挤因子 CF(一般 CF 取 2 或 3),在种群中随机的选取 N_P/CF 个个体组成排挤成员,然后依据新产生的个体与排挤成员的相似性来排挤一些与排挤成员相类似的个体,个体之间的相似性通过个体编码之间的海明距离来度量。随着排挤过程的进行,种群中的个体逐渐被分类,从而形成一个个小生境,保持了种群的多样性。基于共享策略的小生境遗传算法是 Goldberg 等人在 1987 年提出的,其基本做法是通过个体之间的相似程度的共享函数来调整种群中各个个体的适应度,从而在种群的进化过程中,能够依据调整后的新适应度进行选择操作,从而维护群体的多样性[15]。以上是目前常用的小生境遗传算法(NGA),它们的主要思想都是要形成一个小生境进化环境,控制最优值下个体的数量,使得个体在次优值下也有一定的数量,从而保持了种群的多样性。这样 NGA 收敛后,每个小生境的最优个体即为优化问题的多个最优解。

7.4.5 基于波束间 NGA 和爬山搜索相结合的混合搜索

与基本 GA 相比,波束间 NGA 缩短了个体编码长度,缩小了搜索空间,使得种群规模和进化迭代次数得到了减少。但是它保持了 GA 的搜索特点——全局搜索性较强,局部搜索能力相对较差。这样,使得波束间 NGA 在进化前期可以较快地逼近到最优值附近,在进化后期则需要较多的迭代才能收敛到最优值。

爬山搜索是一种局部搜索能力较强的贪婪算法,通过个体的优劣信息来引导搜索。在搜索空间内以一个初始点作为当前点,然后从当前点的邻域内产生一个点,如果该点优于当前点,则用该点代替当前点。否则,就在当前点的邻域内另产生一个点再进行比较,直到终止条件满足时结束算法,然后返回找到最优解。

爬山搜索的全局搜索能力较弱,是一种纯局部搜索方法,因为它只关注当前搜索点的邻近点信息。爬山搜索可以看成是没有选择、交叉运算,只有变异运算的 GA,并且这种变异是一种以概率 1 接受比原来个体优秀的个体、完全抛弃劣势个体的局部搜索。

为了加快波束间 NGA 的搜索速度,在此给出一种波束间 NGA 和爬山方法相结合的混合谱峰搜索方法。在谱峰搜索前期使用波束间 NGA 优化搜索,当经过一定次数迭代后,得到谱峰的粗略位置。然后,抛弃波束间 NGA 搜索,采用小步长爬山搜索,进行后期高精度谱峰搜索。

当波束间 NGA 完成初步搜索后,得到粗略的峰值,它一般在真正峰值的附近。因此,启用爬山算法的第一步就是要判断粗略峰值是位于上坡区还是下坡区,或者达到了真正的峰值。如图 7-20 所示,用 θ 表示波束间 NGA 得到的粗略峰值,令 $\theta_1=\theta-\Delta\theta$,$\theta_2=\theta+\Delta\theta$,其中 $\Delta\theta$ 为一较小的搜索步长。

(1) 如果 $P(\theta_1)<P(\theta)<P(\theta_2)$,如图 7-20(a)所示,说明 θ 在上坡区,需要令 $\theta=\theta+\Delta\theta$ 正向爬坡寻找谱峰。当满足 $P(\theta_1)<P(\theta)>P(\theta_2)$ 时停止爬山搜索,返回谱峰值 θ。

(2) 如果 $P(\theta_1)>P(\theta)>P(\theta_2)$,如图 7-20(b)所示,说明 θ 在下坡区,需要令 $\theta=\theta-\Delta\theta$ 反向爬坡寻找谱峰。当满足 $P(\theta_1)<P(\theta)>P(\theta_2)$ 时停止爬山搜索,返回谱峰值 θ。

(3) 如果开始就满足 $P(\theta_1)<P(\theta)>P(\theta_2)$,如图 7-20(c)所示,则不需要启用爬山搜索,返回谱峰值 θ 即可。

采用爬山搜索时采用较小步长(如令 $\Delta\theta=0.01°$)以保证谱峰搜索的精度。爬山搜索的最大范围为波束小生境宽度。因此,爬山搜索迭代次数不会太多,较

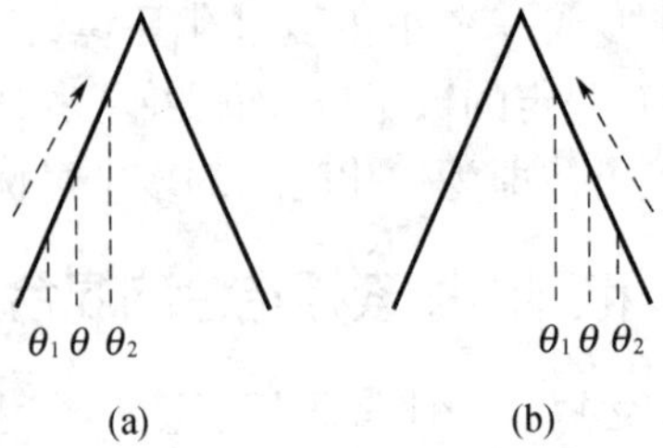

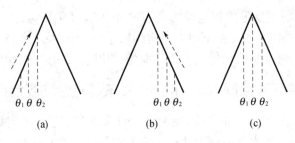

图 7－20　谱峰搜索示意图

原来的纯爬山搜索会大幅减少运算量。

可以看出，上述混合搜索算法可相互发挥两者搜索的优势，弥补彼此的不足，既发挥了波束间 NGA 的全局多峰寻找能力，也避免了爬山陷入局部最大值，同时保证了后期的局部搜索能力和最优值的收敛速度，克服了波束间 NGA 局部搜索能力不足和收敛较慢的缺点。和常规爬山搜索或遗传算法相比，上述混合搜索可以快速高精度地完成空间谱谱峰搜索。

混合搜索的运算主要在波束间 NGA 上，假设整个种群有 N_P 个个体，经过 Q 次进化迭代，那么搜索的运算量为 $O(QN_PM^2+QN_PM)$，而爬山搜索的运算量为 $O(HM^2+HM)$，其中 Ω 为角度搜索范围，$H=\Omega/\delta$，δ 为搜索步长，M 为阵元数。混合搜索相对于爬山搜索的运算量减少 QN_P/H，当搜索范围较大（如多维搜索），搜索精度较高时，混合搜索减少的运算量更为明显。

7.4.6　仿真实验与结果分析

为了比较混合搜索方法在谱峰搜索方面和以往的爬山搜索、遗传算法搜索方法的性能优劣，进行如下的计算机仿真实验。

假设三个分别来自 $-10°$、$0°$ 和 $30°$ 方向的等功率信号入射到 8 元均匀线阵上，阵元间距为中心频率对应波长的 1/2，信噪比为 10dB。由于本节主要研究谱峰搜索，因此，在得到聚焦后协方差矩阵信号子空间 $\boldsymbol{U}_S$，按照 MUSIC 算法构造空间谱，分别用不同谱峰搜索方法进行 DOA 数值估计。

仿真实验 7－10　遗传算法和小生境遗传算法的谱峰搜索方法对比。

用 GA 进行谱峰搜索时，种群规模为 40 个个体，个体采用三染色体实数编码，交叉概率为 0.7，变异概率为 0.05，进化次数 100 次。

用波束间 NGA 进行谱峰搜索时，种群规模为 20 个个体，个体采用单染色体实数编码，波束小生境为 2.5°，相当于 1/4 半波束宽度，交叉概率为 0.7，变异概率为 0.05，最优保存前 3 个最优个体，进化次数为 20 次。

如图 7－21（a）所示，GA 算法将种群初始化为随机分布的染色体。经过 100 次迭代后，种群个体几乎全部收敛到了入射角方向，如图 7－21（b）所示。但是，大部分情况下，种群个体收敛到了个别入射角方向下，如图 7－21（c）所

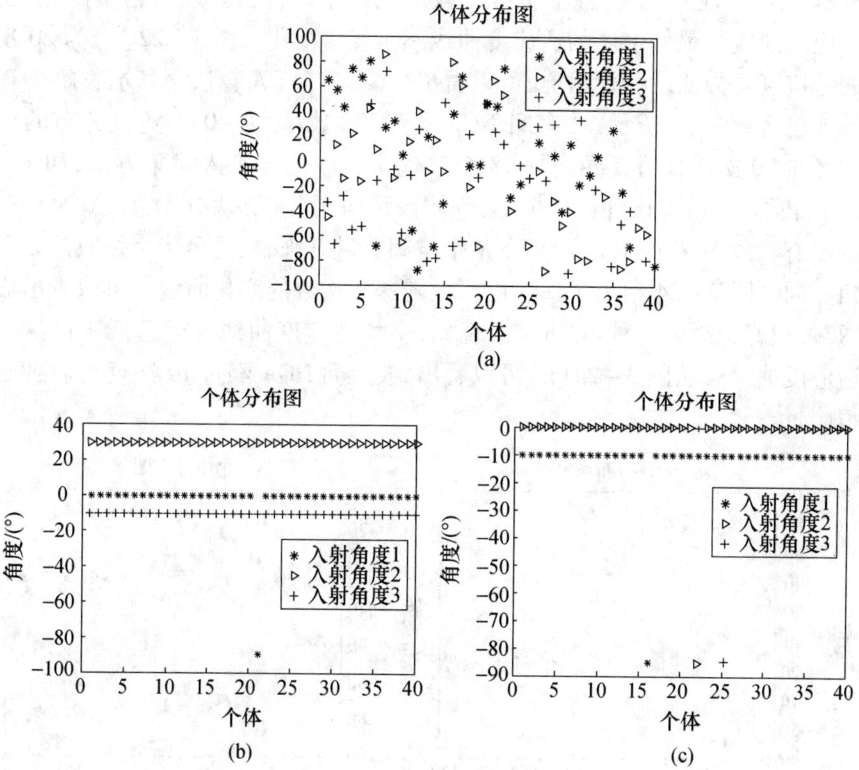

图 7－21　GA 算法的个体分布图

（a）初始个体分布；（b）正确收敛个体分布；（c）不正确收敛个体分布。

示。图 7－22 给出了适应度函数随迭代次数的变化曲线。从图 7－22(a)可以看出，在 20 次迭代左右，平均适应度曲线与最好个体的适应度曲线基本重合，说

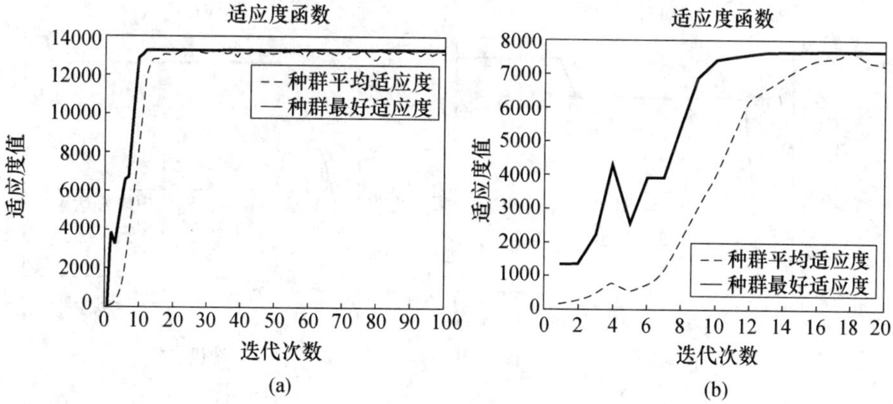

图 7－22　GA 算法适应度函数的变化曲线

（a）迭代 100 次；（b）迭代 20 次。

明种群“早熟”现象严重，整个种群已收敛到某个最优值。以后再多的迭代，平均适应度曲线与最好个体的适应度曲线不再发生变化。图7-22(b)为20次迭代的适应度函数曲线变化情况，可以看出20次左右GA算法会基本收敛。

如图7-23(a)所示，波束间NGA将种群初始化为20个随机分布的染色体。经过20次迭代后，种群的前3个最优个体收敛到了入射角方向，如图7-23(b)所示。可以看出种群规模、染色体数目均比GA算法有大幅度减少。整个种群没有收敛到某个极值，而是在整个空间分散开来，只是最优个体收敛到了入射角方向。图7-24给出了适应度函数随迭代次数的变化曲线。可以看出波束间NGA很好地缓解了种群“早熟”现象，平均适应度曲线要远远低于最优个体的适应度曲线。从图7-24(b)可以看出，波束间NGA经过10次便可收敛到最优值附近。

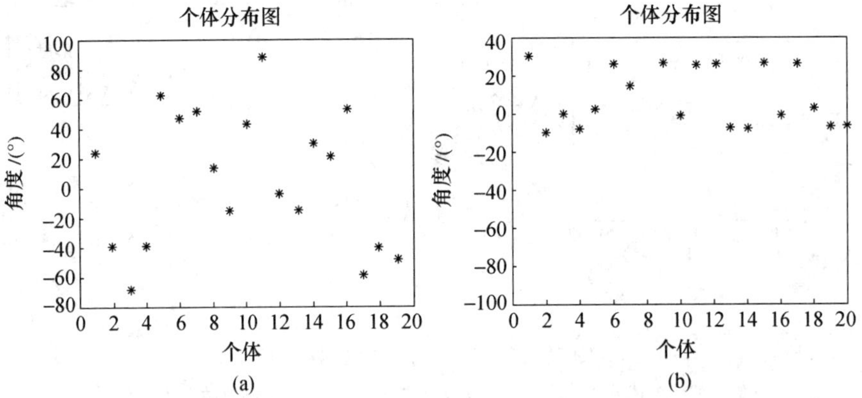

图7-23 波束间NGA的个体分布图

(a) 初始个体分布；(b) 收敛时个体分布。

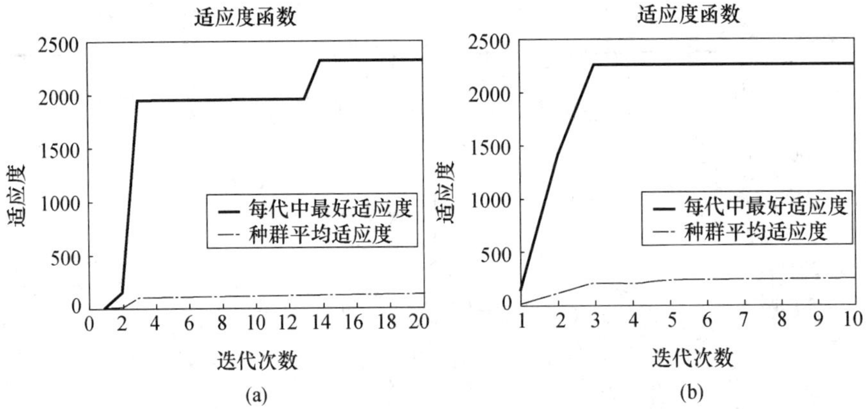

图7-24 波束间NGA的适应度曲线变化图

(a)迭代20次；(b)迭代10次。

仿真实验 7－11　不同种群规模和不同迭代次数对谱峰搜索方法的影响。

仿真条件同实验 7－10，为了评价遗传算法搜索多峰函数的能力，这里定义如果能一次得到全部入射角的估计值，那么就是一次成功的谱峰搜索。设置不同的种群规模和迭代次数，分别进行 100 次独立实验。

图 7－25(a)给出了 GA 算法不同种群规模在不同迭代次数下的成功谱峰搜索率，随着迭代次数增加，成功搜索概率不断增加，但 30 次迭代过后，成功搜索率不再明显变化。说明一般情况下 30 次左右会迭代完毕。随着种群数目的增加，成功搜索概率不断增加，但 40 个个体以上规模，成功搜索率不再明显变化。说明 40 个个体已经可以很好地完成谱峰搜索。总体来看，GA 成功谱峰搜索率只能在 30% 左右，因此，大部分情况下，它无法得到全部入射角估计值。而波束间 NGA 算法可以一次得到全部入射角估计值，如图 7－25(b)所示，即使在 20 个个体规模下，10 次左右的迭代便可收敛到最优值附近。

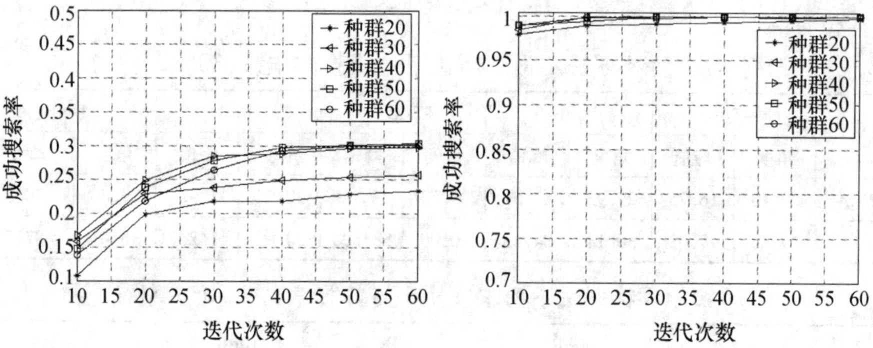

(a)　　(b)

图 7－25　不同种群规模下谱峰成功搜索率随次数的变化曲线
(a) GA 算法；(b) NGA 算法。

仿真实验 7－21　波束小生境宽度对波束间 NGA 谱峰搜索方法的影响。

仿真条件同实验 7－10，迭代次数为 10 次，在不同的信噪比下设定不同的波束小生境宽度，分别进行 100 次独立实验，统计成功搜索概率。

如图 7－26 所示，随着波束小生境宽度的增大，成功谱峰搜索率在不断增加。－5dB 下，波束间 NGA 算法成功谱峰搜索概率较低，随着信噪比的增加，成功谱峰搜索率在逐渐增加。对于 3°的波束小生境宽度，波束间 NGA 在 0dB 以上成功谱峰搜索率可以保持在 90% 以上。

仿真实验 7－13　波束间 NGA 搜索和爬山方法相结合的混合搜索算法。

仿真条件同实验 7－10，分别用波束间 NGA 搜索方法和混合搜索方法进行谱峰搜索。其中波束间 NGA 搜索迭代次数为 20 次。混合方法波束间 NGA 搜索迭代次数为 10 次，而后采用搜索精度为 0.01°的爬山搜索。

表 7－1～表 7－3 给出了两种方法在不同信噪比下的搜索结果。可以看

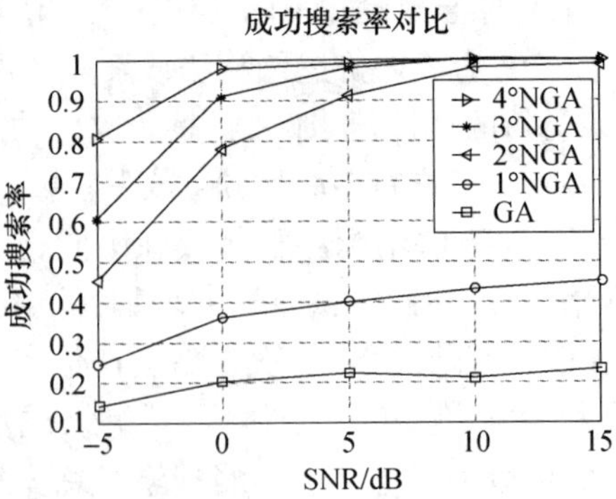

图 7-26 成功搜索率随信噪比的变化曲线

出,混合搜索方法所得到的谱峰值要高于波束间 NGA 算法搜索的谱峰值,说明混合算法的搜索精度要高于波束间 NGA 的搜索精度,可以更为准确地找到谱峰所在位置。

表 7-1 两种方法不同信噪比下谱峰搜索结果(30°入射角)

	-5dB		0dB		5dB		10dB		15dB	
	角度	峰值	角度	峰值	角度	峰值	角度	峰值	角度	峰值
NGA	29.40	16.75	29.92	82.51	28.73	57.08	30.02	1139.0	29.86	3065
NGAHC	29.70	17.02	30.11	84.83	30.00	584.06	30.00	1142.7	30.01	8713

表 7-2 两种方法不同信噪比下谱峰搜索结果(0°入射角)

	-5dB		0dB		5dB		10dB		15dB	
	角度	峰值	角度	峰值	角度	峰值	角度	峰值	角度	峰值
NGA	0.58	18.03	-0.13	88.57	0.00	759.96	-0.80	500.56	-0.04	11027
NGAHC	0.52	18.34	-0.24	89.08	-0.18	852.21	-0.18	1854.9	0.01	12855

表 7-3 两种方法不同信噪比下谱峰搜索结果(-10°入射角)

	-5dB		0dB		5dB		10dB		15dB	
	角度	峰值	角度	峰值	角度	峰值	角度	峰值	角度	峰值
NGA	-9.72	58.83	-10.13	416.2	-9.59	478.9	-9.50	672.8	-9.97	19190
NGAHC	-9.57	59.13	-9.92	454.7	-10.18	1375	-10.05	3212	-10.02	21157

7.5 小　结

本章首先介绍了 MSWF 正交分解的基本原理,在已有 MSWF 快速分解算法的研究基础上,给出了基于 MSWF 的宽带子空间快速 DOA 估计方法;然后介绍了主成分分析和 PCA 神经网络基本原理,研究了主成分分析和信号子空间求取的等价性，给出了一种基于复 SGA 准则的 PCA 神经网络的快速子空间估计方法，并结合 TCT 算法，在聚焦矩阵求取和窄带 DOA 估计时用 PCA 神经网络的主成分提取替代特征值分解，给出了基于 PCA 神经网络的宽带信号子空间快速 DOA 估计方法；最后介绍了空间谱谱峰搜索的一般实现方法和遗传算法基本原理，研究了基于遗传算法（GA）的空间谱谱峰优化搜索方法，并针对 GA 求解多峰空间谱函数能力的不足，给出了一种基于波束间 NGA 的谱峰优化搜索方法，且针对波束间 NGA 局部搜索能力不足、后期收敛较慢的缺点，给出了一种波束间 NGA 和爬山方法相结合的混合谱峰搜索方法，提高了谱峰搜索的速度和精度。

参考文献

[1] Goldstein J S, Reed I S, Zulch P A. Multistage Partially Adaptive STAP CFAR Detection Algorithm[J]. IEEE Trans Aerospace and Electronic Systems, 1999, 35(2): 645 - 661.

[2] 丁前军，王永良，张永顺. 一种多级维纳滤波器的快速实现算法——迭代相关相减算法[J]. 通信学报，2005，26(12)：1 - 6.

[3] Honig M L, Weimin Xiao. Performance of reduced - rank linear interference suppression. IEEE Trans. On SP, 2001, 47(5): 1928 - 1946.

[4] Myrick W L, Zoltowski M D, GPS jammer suppression with low - sample support using reduced - rank power minimization[C]. Proceeding of the 10th IEEE Workshop on Statistical Signal and Array Processing, Pocono Manor, 2000, 514 - 518.

[5] 黄磊，吴顺君，张林让，等. 快速子空间分解方法及其维数的快速估计[J]. 电子学报，2005，33(6)：977 - 981.

[6] 黄可生，周一宇，张国柱，等. 基于 Krylov 子空间的宽带信号 DOA 快速估计方法[J]. 宇航学报，2005，26(4)：461 - 465.

[7] 赵拥军，周林. 宽带相干源波达方向估计的新方法[J]. 电子测量与仪器学报，2007，21(6)：54 - 57.

[8] Fredric M. Ham Ivica Kostanic. 神经计算原理[M]. 叶世伟，王海娟，译. 北京：机械工业出版社，2007.

[9] 阎平凡，张长水. 人工神经网络与模拟进化计算[M]. 北京：清华大学出版社，2000.

[10] Erkki Oja. Principal components, minor components, and linear neural networks[J]. Neural Networks, 1992, 5: 927 - 935.

[11] Sanger T D. Optimal Unsupervised Learning in a Single - Layer Linear Feedforward NN[J]. Neural Networks, 1989, 2(4): 459 - 473.

[12] Badidi L, Radouane L. A neural network approach for DOA estimation and tracking[C]. Proceeding of the 10th IEEE Workshop on Statistical Signal and Array Processing. Pocono Manor, PA USA, 2000. 434 - 438.

[13] 陈洪光，沈振康，郭天天. 一种基于 PCA 分析的 DOA 估计算法[J]. 系统工程与电子技术，2005，27(8)：1376 - 1378.

[14] Goldberg D E, Richardson J. Genetic algorithm with sharing for multimodal function optimization[C]. In: Proceeding of 2nd Int. conf. on Genetic algorithms, Lawrence Erlbaum associates, 1987, 41 - 49.

[15] 王小平,曹立明.遗传算法—理论、应用与软件实现[M].西安:西安交通大学出版社,2002.

[16] 周明,孙树栋.遗传算法原理及应用[M].北京:国防工业出版社,1999.

[17] 肖国强,王丽萍,彭斌.遗传算法及其并行性研究[J].微处理机,2007,10(5):68-73.

[18] 郭跃,王宏远,陈思捷,等.阵列测向中的精确高速并行谱峰搜索算法[J].微电子学与计算机,2007,24(12):50-54.

[19] 郑洪,肖先赐.MUSIC 算法在高速并行处理机上的实现[J].电子科技大学学报,2005,34(6):759-762.

[20] 王永良,陈辉,彭应宁,等.空间谱估计理论与算法[M].北京:清华大学出版社,2005.

[21] 吕铁军,王河,肖先赐.利用改进遗传算法的 DOA 估计[J].电波科学学报,2000,15(4):429-433.

[22] 赵春晖,李福昌.基于遗传算法的宽带加权子空间拟合测向算法[J].电子学报,2004,32(9):1 487-1490.

第3篇　时域宽带阵列信号波达方向估计

第8章　时域阵列信号处理模型和蒙特卡罗方法

8.1　引　言

目前常用的宽带阵列信号处理模型[1,2]，通过将接收到的宽带信号在观察时间内分成若干子段，再对其作DFT，从而得到类似于窄带信号处理模型的宽带信号频域模型。这个过程计算复杂，往往会引入转换误差，且运算量非常大，难以实时实现，在一定程度上影响了宽带阵列信号高分辨测向算法的性能和宽带测向系统的发展。另一方面，在实际的测向系统中，传感器阵列接收到的信号也可能是宽带、窄带信号同时存在的混合信号，即在一个宽带信号的频带上同时存在某一频段的窄带信号，此时已有的宽带阵列信号频域模型及处理方法不再适用。

如何合理、充分地利用信号的空时信息，建立更为有效的宽带阵列信号处理模型，并且使其同时适用于窄带信号，是研究宽带阵列高分辨测向算法要解决的首要问题，也是本章研究的出发点。2005年，N. G. William等人利用同一入射信号在相邻阵元的时延信息，构建了一种宽、窄带信号同时适用的阵列信号处理模型[3,4]，为空间谱估计发展提供了一个全新的思路。该方法的基本思路是：通过信号的低通采样定理，利用信号在阵元之间的时延信息，重构阵列信号，从而构建阵列信号的处理模型。通过深入研究发现该方法还不完善，有很多方面有待进一步改进。该模型在构建时没有区别信号频谱无混叠采样理论和信号重构理论，利用低通信号重构理论建立模型，与大多数基于带通采样的信号处理方法不一致，导致其难以实际应用；此外，该方法需要在±0°之间对信号来波方向进行预判断，针对不同来波方向的信号不能完全统一，即不能同时估计出从正负两个方向入射信号的DOA。

在建立了阵列信号的处理模型之后，还要考虑阵列模型的求解问题。通常，方向估计需要解决多维搜索问题,如果采用多维网格搜索方法,必然带来巨大的计算量。因此,本章将介绍蒙特卡罗计算方法,用于方位搜索,实现快速、高精度的方向估计。

本章的主要内容有:①在 N. G. William 研究成果的基础上,采用带通信号重构理论,建立了一种准确、通用性强的宽/窄带信号同时适用的阵列信号处理时域模型;通过扩大插值矩阵,解决了已有宽带阵列信号处理时域模型不能同时估计出正负两个方向入射信号来波方向的问题,使得宽带、窄带信号,相干、非相干信号,以及全方向入射信号都可以统一到同一模型下进行处理。②引入蒙特卡罗方法,重点介绍马尔科夫链蒙特卡罗方法,并将其用于第 9 章的模型求解之中。

8.2 时域阵列信号模型

8.2.1 带通信号采样与重构

信号重构是指从采样信号中复原被测信号。从理论上讲,只要采样后信号的频谱不发生混叠,被测信号就可以不失真地复原。Nyquist 低通采样定理为:一个频带限制在$(0,f_h)$内的频率带限信号$s(t)$,如果以不小于$f_s=2f_h$的采样速率对其进行等间隔采样,得到时间离散的采样信号$s(n)=s(nT_s)$(其中$T_s=1/f_s$称为采样间隔),则原信号$s(t)$将被所得到的采样值$s(n)$完全确定。

Nyquist 低通采样定理只讨论了其频谱分布在$(0,f_h)$上的基带信号的采样问题,当信号的频率分布在某一有限的频带(f_l,f_h)上时,根据 Nyquist 采样定理仍然可以按$2f_h$的采样速率来进行采样。但是当$f_h \gg B=f_h-f_l$时,也就是当信号的最高频率f_h远远大于其信号带宽B时,如果仍然按 Nyquist 采样频率采样,其采样频率会很高,以致很难实现,后续处理的速度也难以满足要求。由于带通信号本身的带宽并不一定很宽,自然会想到能不能采用比 Nyquist 采样率更低的速率来采样,这就是带通采样理论要回答的问题。

根据带通信号采样定理[5]:设一个频率带限信号$s(t)$,其频带限制在(f_l,f_h)内,如果采样频率f_s满足

$$f_s=\frac{2(f_h+f_l)}{2n+1} \tag{8-1}$$

式中:n取满足$f_s\geqslant 2(f_h-f_l)$的最大正整数,则用f_s进行等间隔采样所得到的信号采样值$s(lT_s)$能准确地确定原信号$s(t)$。

需要指出的是,上述带通采样定理适用的前提条件是,只允许在其中的一个频带上存在信号而不允许在不同的频带上同时存在信号,否则将会引起信号混叠。另外值得注意的是,上述频带宽度B不仅仅只限于某一信号的带宽,这里

的 B 应理解为处理带宽。也就是说在这一处理带宽内可以同时存在多个信号而不只限于一个信号。

根据上述带通信号采样定理得到信号重构公式为

$$s(t)=2\Delta fT_s\sum_{l=-\infty}^{\infty}s(lT_s)\mathrm{sinc}[\pi\Delta f(t-lT_s)]\cos2\pi f_o(t-lT_s)\quad(8-2)$$

式中：sinc 表示 sinc 函数，即 $\mathrm{sinc}(x)=\sin x/x$；$f_o$ 表示带通信号的中心频率，$f_o=(f_l+f_h)/2$。

这是目前最为常用的带通信号采样和重构理论，但通过研究发现这种方法重构的信号在采样点上的重构值与原采样值不相等[6]，重构信号和原信号误差较大。因此本节采用文献[6]中的方法实现信号重构。选取采样频率 f_s 满足

$$\lim_{\varepsilon\to0}\frac{f_l}{k+\varepsilon}>f_s>\frac{2f_h}{2k+1}\qquad(k=0,1,\cdots,k_m)\qquad(8-3)$$

其中

$$k_m=\max\left\{\frac{f_l}{2(f_h-f_l)}\right\}\qquad(8-4)$$

采样后信号频谱在频域以 f_s 为间隔展开且不会混叠，重构公式为

$$s(t)=\sum_{l=-\infty}^{\infty}s(lT_s)\mathrm{sinc}\left[\frac{\pi}{2T_s}(t-lT_s)\right]\cos\left[\frac{\pi}{T_s}\left(2k+\frac{1}{2}\right)(t-lT_s)\right]$$

$$(8-5)$$

定义

$$\psi(t)=\mathrm{sinc}\left(\frac{\pi t}{2T_s}\right)\cos\left[\frac{\pi}{T_s}\left(2k+\frac{1}{2}\right)t\right]\qquad(8-6)$$

则信号重构公式(8-5)可简写为

$$s(t)=\sum_{l=-\infty}^{\infty}s(lT_s)\psi(t-lT_s)\qquad(8-7)$$

实际中无法取到负无穷到正无穷，因此用 $2L+1$ 个离散值近似表示为

$$s(t)\approx\sum_{l=-L}^{L}s(lT_s)\psi(t-lT_s)\qquad(8-8)$$

为了说明带通信号重构理论的有效性，比较两种信号重构方法的差异，给出如下仿真实验。

实验条件：频率范围为[98MHz，128MHz]的线性调频信号，采用文献[5]带通信号重构定理时，由式(8-1)确定的采样频率为 $f_s=64.6$ MHz，原信号和重构信号的对比如图 8-1(a)所示，重构产生信号误差如图 8-1(b)所示。采用文献[6]带通信号重构定理时，由式(8-3)确定的采样频率为 $f_s=91.6$ MHz，原信号和重构信号的对比如图 8-1 (c)所示，重构信号误差如图 8-1(d)所示。通过观察可以发现，采用文献[6]带通信号重构定理，重构信号与原信号更为相近，误差更小。

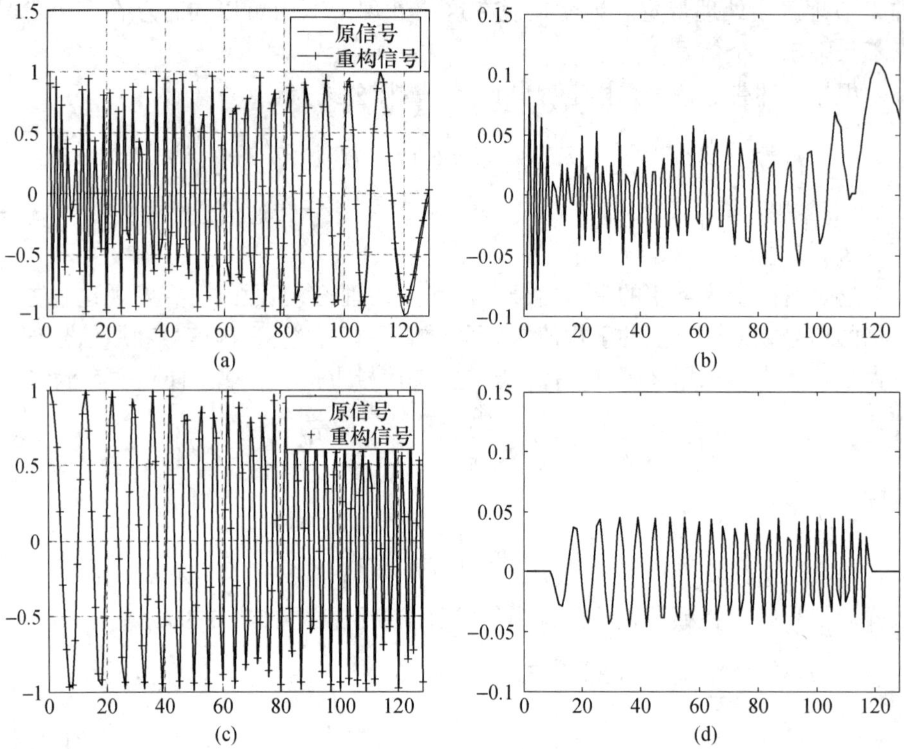

图 8－1　信号重构效果对比

（a）方法 1 原信号与重构信号；（b）方法 1 重构信号误差；

（c）方法 2 原信号与重构信号；（d）方法 2 重构信号误差。

带通信号重构理论是本章建模的基础，重构信号误差大小将直接影响整个模型的准确性，这一点在后续章节中会得到验证。

8.2.2　一维信号模型

文献[4]给出了一种宽/窄带信号同时适用的阵列信号处理时域模型，建立的基础为低通信号重构理论，即

$$s(t) = \sum_{l=-\infty}^{\infty} s(lT_s)\psi(t - lT_s) \tag{8-9}$$

其中

$$\psi(t) = \frac{\sin(\pi t/T_s)}{\pi t/T_s} \tag{8-10}$$

但是在实际中，阵列传感器处理的大多为带通信号，不加区别地直接将低通信号重构理论应用到带通信号是不可行的。因此，下面研究基于带通信号重构理论的建模方法。

假设有一个信号 $s(t)$ 入射到间距为 d 的 M 元均匀直线阵上，入射角 $\theta > 0$，$\theta \in [0,\pi/2]$，如图 8 - 2 所示。$s(t)$ 的频率范围为

$$f \in [f^{l}, f^{u}], f^{u} = f^{l} + B \tag{8-11}$$

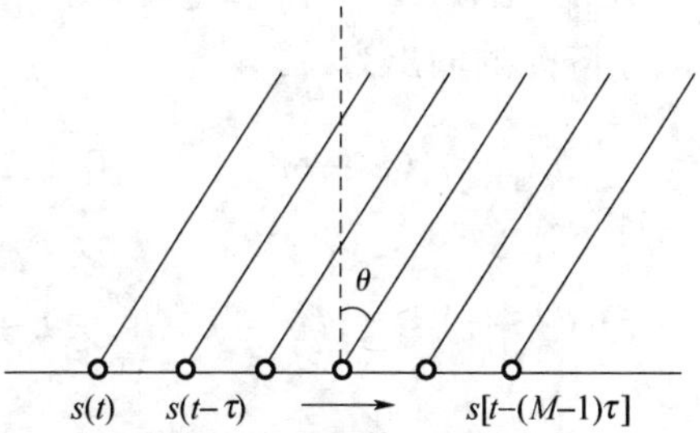

图 8 - 2　均匀直线阵示意图($\phi > 0$)

式中：f^{l} 和 f^{u} 分别为入射信号的最低频率和最高频率；B 表示信号带宽。信号入射到第 k 个阵元相对于第 $k-1$ 个阵元的时延 τ 为

$$\tau = \frac{d}{C}\sin\theta \tag{8-12}$$

式中：C 表示传播速度。为避免造成测向模糊，要求

$$d \leqslant \frac{1}{2}\lambda_{\min} = \frac{C}{2f_{\max}} \tag{8-13}$$

即

$$\frac{d}{C} \leqslant \frac{1}{2f_{\max}} \tag{8-14}$$

由式(8 - 12)和式(8 - 14)可得

$$|\tau| \leqslant \frac{1}{2f_{\max}} = \frac{1}{2f^{u}} \triangleq T_{\max} \tag{8-15}$$

从而得到 $\tau \in [-T_{\max}, T_{\max}]$。

第 0 个阵元的输出为 $s(t)$，第 1 个阵元的输出为 $s(t-\tau)$，由式(8 - 8)类推可以得到

$$s(t-\tau) = \sum_{l=-L}^{L} s(lT_{s})\psi(t-\tau-lT_{s}) \tag{8-16}$$

对其进行采样，考虑 $s(t-\tau)$ 在 $t = nT_{s}$ 时刻的采样值

$$s(t-\tau)_{|t=nT_{s}} = \sum_{l=-L}^{L} s(lT_{s})\psi(t-\tau-lT_{s})_{|t=nT_{s}} \tag{8-17}$$

得到

$$s(nT_{s}-\tau) = \sum_{l=-L}^{L} s(lT_{s})\psi((n-l)T_{s}-\tau) \tag{8-18}$$

用 $n-l$ 替代 l，对 T_{s} 进行归一化得

$$s(n-\tau) \approx \sum_{l=-L}^{L} \psi_1(\tau) s(n-l) \tag{8-19}$$

其中

$$\psi_l(\tau) \triangleq \psi(lT_s - \tau) = \psi(l-\tau) \tag{8-20}$$

由此可得，$s(t)$ 在第 m 个阵元的输出为

$$s(n-m\tau) = \sum_{l=-L}^{L} \psi_l(m\tau) s(n-l) \quad (m=0,1,2,\cdots,M-1) \tag{8-21}$$

定义

$$h_1(\tau) = \psi(l-\tau)\omega(l-\tau) \qquad (l=-L+1,\ -L+2,\cdots,L-1) \tag{8-22}$$

增加窗函数 $\omega(l)$ 可以减小由于取近似值产生的误差，本章选择海明窗，即

$$\omega(l) = 0.54 + 0.46\cos\left(\frac{\pi l}{L-1}\right) \quad (l=-L+1,\ -L+2,\cdots,L-1) \tag{8-23}$$

将式(8-21)改写为

$$s(n-m\tau) = \sum_{l=-L+1}^{L-1} h_l(m\tau) s(n-l) \quad (m=0,1,2,\cdots,M-1) \tag{8-24}$$

将 M 个阵元的输出矢量记为 $\boldsymbol{S}_\tau(n) = [s(n), s(n-\tau), \cdots, s(n-(M-1)\tau)]^{\mathrm{T}}$，则式(8-21)扩展为矩阵形式，得到

$$\begin{bmatrix} s(n) \\ s(n-\tau) \\ \vdots \\ s(n-(M-1)\tau) \end{bmatrix} = \begin{bmatrix} h_{-L}(0) & \cdots & h_0(0) & \cdots & h_L(0) \\ h_{-L}(\tau) & \cdots & h_0(\tau) & \cdots & h_L(\tau) \\ \vdots & \ddots & \vdots & \ddots & \vdots \\ h_{-L}((M-1)\tau) & \cdots & h_0((M-1)\tau) & \cdots & h_L((M-1)\tau) \end{bmatrix} \begin{bmatrix} s(n-(-L+1)) \\ s(n-(-L+2)) \\ \vdots \\ s(n-(L-1)) \end{bmatrix} \tag{8-25}$$

记为

$$\boldsymbol{S}_\tau(n) = \boldsymbol{H}(\tau)\boldsymbol{S}(n) \tag{8-26}$$

式中：$\boldsymbol{S}(n)$ 称为观测信号矢量，即

$$\boldsymbol{S}(n) = [s(n+L) \quad \cdots \quad s(n) \quad \cdots \quad s(n-L)]^{\mathrm{T}} \tag{8-27}$$

$\boldsymbol{H}(\tau) \in \boldsymbol{R}^{M\times(2L-1)}$ 称为时延 τ 的插值矩阵，将其表示成 $2L+1$ 个列矢量为

$$\boldsymbol{H}(\tau) \triangleq [\boldsymbol{h}_{-L}(\tau) \quad \cdots \quad \boldsymbol{h}_0(\tau) \quad \cdots \quad \boldsymbol{h}_L(\tau)] \tag{8-28}$$

由此可将式(8-26)改写为

$$S_\tau(n) = \boldsymbol{h}_0(\tau)s(n) + \sum_{l=-L}^{-1}\boldsymbol{h}_l(\tau)s(n-l) + \sum_{l=1}^{L}\boldsymbol{h}_l(\tau)s(n-l) \tag{8-29}$$

从中可以看出，阵列输出矢量可以由 $2L+1$ 个列矢量 $\{\boldsymbol{h}_l(\tau), l=-L,\cdots 0,\cdots,L\}$ 和观测信号矢量 $\boldsymbol{S}(n)$ 线性表示。

当入射角 $\theta<0, \theta\in(-\pi/2,0)$ 时，如图 8-3 所示，由式(8-12) 可得，信号时延 $\tau<0$，此时第 $M-1$ 个阵元最先接收到信号，第 0 个阵元在 $-(M-1)\tau$ 后才能接收到信号。为了和入射角 $\theta>0$ 时的模型统一，设第 0 个阵元的输出为 $s(t)$，第 1 个阵元的输出为 $s(t-\tau)$，则 M 个阵元的输出矢量仍然可以表示为 $\boldsymbol{S}_\tau(n) = [s(n) \quad s(n-\tau) \quad \cdots \quad s(n-(M-1)\tau)]^{\mathrm{T}}$。由此可得 $\theta<0$ 时，阵列输出表达式同式(8-29)，即式(8-29) 对入射角 $\theta>0$ 和 $\theta<0$ 都适用。

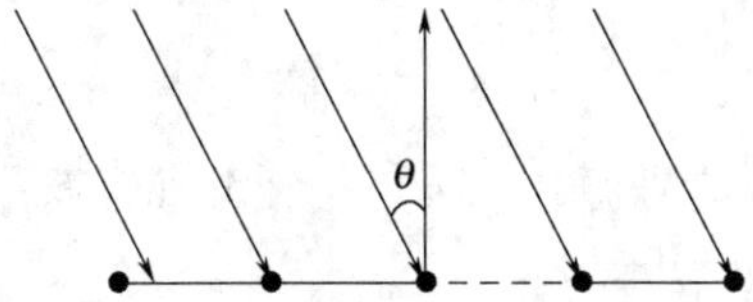

图 8-3　均匀直线阵示意图

8.2.3　K 维信号模型

上述模型很容易推广到有 K 个入射信号($K\geqslant 1$) 时的情况，此时信号的频率范围表示为 $f_k\in[f_k^{\mathrm{l}}, f_k^{\mathrm{u}}]$，$f_k^{\mathrm{u}} = f_k^{\mathrm{l}} + \Delta f_k$，其中 $k=0,1,\cdots,K-1$，入射信号的角度和阵元间时延分别为矢量 $\boldsymbol{\varphi}$ 和 $\boldsymbol{\tau}$，即

$$\boldsymbol{\varphi} = [\theta_0 \quad \theta_1 \quad \cdots \quad \theta_{K-1}]^{\mathrm{T}} \tag{8-30}$$

$$\boldsymbol{\tau} = [\tau_0 \quad \tau_1 \quad \cdots \quad \tau_{K-1}]^{\mathrm{T}} \tag{8-31}$$

其中

$$\tau_k = \frac{d}{C}\sin\theta_k \tag{8-32}$$

同式(8-15)可得 $\tau_k\in[-T_{\max}, T_{\max}]$，并且有

$$T_{\max} = \min_{k=0,1,\cdots,K-1}\left\{\frac{1}{2f_k^{\mathrm{u}}}\right\} \tag{8-33}$$

为了将信号模型从一维推广到 K 维，给 τ 和 $s(t)$ 都增加下标 k，则相对于信号 $s_k(t)$，M 个阵元的输出矢量，即式(8-29) 可表示为

$$\boldsymbol{S}_{\tau_k}(n) = \boldsymbol{H}(\tau_k)\boldsymbol{S}_k(n) = \boldsymbol{h}_0(\tau_k)s_k(n) + \sum_{l=-L}^{-1}\boldsymbol{h}_l(\tau_k)s_k(n-l) + \sum_{l=1}^{L}\boldsymbol{h}_l(\tau_k)s_k(n-l) \tag{8-34}$$

其中

$$\boldsymbol{S}_{\tau_k}(n) = [s_k(n) \quad s_k(n-\tau_k) \quad \cdots \quad s_k(n-(M-1)\tau_k)]^{\mathrm{T}} \tag{8-35}$$

$s_k(n-m\tau_k)$（其中$m=0,1,\cdots,M-1$）表示相对于第0个阵元、第k个信号$s_k(n)$在第m个阵元的输出，由式(8－21)得

$$s_k(n-m\tau_k) = \sum_{l=-L}^{L} h_l(m\tau_k)s_k(n-l) \quad (k=0,1,\cdots,K-1) \tag{8-36}$$

K个入射信号在第m个阵元的总输出记为$y_m(n)$，观测环境中存在噪声时，$y_m(n)$可以表示为

$$y_m(n) = \sum_{k=0}^{K-1} s_k(n-m\tau_k) + \sigma_\omega \omega_m(n) = \sum_{k=0}^{K-1}\sum_{l=-L}^{L} h_l(m\tau_k)s_k(n-l) + \sigma_\omega\omega_m(n) \quad (m=0,1,\cdots,M-1) \tag{8-37}$$

式中：$s_k(n)$表示第k个信号源；$\omega_m(n)$表示均值为零、方差为1的高斯随机变量；σ_ω^2表示观测环境中的噪声方差。

下面定义入射信号矢量$\boldsymbol{a}(n)$，表示K个信号源在时刻n的值，即

$$\boldsymbol{a}(n) = [s_0(n) \quad s_1(n) \quad \cdots \quad s_{K-1}(n)]^{\mathrm{T}} \tag{8-38}$$

M个阵元的输出矢量用$\boldsymbol{y}(n)$表示，即$\boldsymbol{y}(n)=[y_1(n) \quad y_2(n) \quad \cdots \quad y_M(n)]^{\mathrm{T}}$，则由式(8－37)可得

$$\boldsymbol{y}(n) = \boldsymbol{H}_0(\boldsymbol{\tau})\boldsymbol{a}(n) + \sum_{l=-L}^{-1}\boldsymbol{H}_l(\boldsymbol{\tau})\boldsymbol{a}(n-l) + \sum_{l=1}^{L}\boldsymbol{H}_l(\boldsymbol{\tau})\boldsymbol{a}(n-l) + \sigma_\omega\boldsymbol{\omega}(n) \tag{8-39}$$

式中：$\boldsymbol{\omega}(n) \in \boldsymbol{R}^M$称为噪声矢量；$\boldsymbol{H}_l(\boldsymbol{\tau}) \in \boldsymbol{R}^{M\times K}$称为信号时延矢量$\boldsymbol{\tau}$的插值矩阵，具体表示如下

$$\boldsymbol{H}_l(\boldsymbol{\tau}) = [\boldsymbol{h}_l(\tau_0) \quad \boldsymbol{h}_l(\tau_1) \quad \cdots \quad \boldsymbol{h}_l(\boldsymbol{\tau}_{K-1})] \tag{8-40}$$

$$\boldsymbol{h}_l(\tau_k) = (h_l(0) \quad h_l(\tau_k) \quad \cdots \quad h_l((M-1)\tau_k))^{\mathrm{T}} \tag{8-41}$$

式(8－39)中信号矢量$\boldsymbol{a}(n-l)$（其中$l=-L,\cdots,-1,1,\cdots,L$）在后面的章节中会给出估计方法，因此，在此处可以认为它是已知的。在这个前提下，定义$\boldsymbol{z}(n)$

$$\boldsymbol{z}(n) = \boldsymbol{y}(n) - \sum_{l=-L}^{-1}\boldsymbol{H}_l(\boldsymbol{\tau})\boldsymbol{a}(n-l) - \sum_{l=1}^{L}\boldsymbol{H}_l(\boldsymbol{\tau})\boldsymbol{a}(n-l) \tag{8-42}$$

式(8－42)可以理解为阵列输出数据真实值和估计值之间的误差，对比式(8－39)和式(8－42)可得

$$\boldsymbol{z}(n) = \boldsymbol{H}_0(\boldsymbol{\tau})\boldsymbol{a}(n) + \sigma_\omega\boldsymbol{\omega}(n) \tag{8-43}$$

式(8－43)即为本章基于带通信号重构理论构建的宽/窄带信号同时适用的阵列信号处理时域模型。

8.2.4 模型特性

比较本章给出的宽/窄带信号同时适用的阵列信号处理时域模型(式(8-43)),和传统的窄带阵列信号处理模型 $\boldsymbol{Y}(t)=\boldsymbol{A}(\boldsymbol{\Theta})\boldsymbol{S}(t)+\boldsymbol{N}(t)$,会发现一个非常有趣的现象,虽然两种模型建立的出发点和过程截然不同,但是它们的形式却非常相似,具体描述如下:

(1) 阵列输出数据(快拍):窄带信号模型中,阵列输出数据 $\boldsymbol{Y}(n)$ 对应着传感器阵列的输出;本章模型中,和 $\boldsymbol{Y}(n)$ 相对应的是 $\boldsymbol{z}(n)$,它不表示阵列的输出数据,而是传感器阵列输出真实值 $\boldsymbol{y}(n)$ 和估计值之间的误差,见式(8-42),其中阵列输出估计值是由 $2L+1$ 个入射信号采样值加权求和得到的,因此,将 $\boldsymbol{z}(n)$ 称为修正后的快拍(modified snapshot)。

(2) 估计参数:在窄带模型中,估计参数为信号源的入射角 $\boldsymbol{\theta}$, $\boldsymbol{\theta}$ 的元素 θ_k 取值界定在 $[-\pi/2,\pi/2]$;本章模型中的估计参数为信号时延 $\boldsymbol{\tau}$,$\boldsymbol{\tau}$ 的元素 τ_k 的取值界定在 $[-T_{\max},T_{\max}]$。

(3) 处理矩阵:在传统的窄带模型中,处理矩阵为阵列流行矩阵 $\boldsymbol{A}(\boldsymbol{\Theta})$,$\boldsymbol{A}(\boldsymbol{\Theta})$ 中的元素为复数;在本章模型中,处理矩阵为插值矩阵 $\boldsymbol{H}_0(\boldsymbol{\tau})$,$\boldsymbol{H}_0(\boldsymbol{\tau})$ 中的元素为实数。

由此可以看出,本章给出的基于带通信号重构理论的阵列信号处理模型和传统的窄带阵列信号处理模型在形式上非常相似,但表示的具体含义不同,表8-1总结了两种模型的差异。本章给出的模型,直接利用同源信号在相邻阵元间的时延信息,不需要改变任何参数就可以同时适用于宽带信号和窄带信号,并且所用数据都为实数,避免了复数运算。此外,从推导过程可以看出,这种建模方法不受信号相关性的限制,因此也适用于相干源信号。

表8-1 传统窄带信号模型和本章宽带信号模型的比较

描述	传统窄带信号模型	本章给出的宽带信号模型
快拍	$\boldsymbol{Y}(t)=\boldsymbol{S}(\boldsymbol{\Theta})\boldsymbol{A}(t)+\boldsymbol{N}(t)$	$z(n)=\boldsymbol{H}_0(\tau)\boldsymbol{a}(n)+\sigma_\omega\boldsymbol{\omega}(n)$
估计参数	$\theta_k\in\left[-\frac{\pi}{2},\frac{\pi}{2}\right]$	$\tau_k\in[-T_{\max},T_{\max}]$
处理矩阵	$\boldsymbol{A}(\boldsymbol{\Theta})\in\boldsymbol{C}^{M\times K}$	$\boldsymbol{H}_0(\boldsymbol{\tau})\in\boldsymbol{R}^{M\times K}$
处理矩阵中 (m,k) 元素	$\exp\left(-\mathrm{j}\frac{m\pi\sin\theta_k}{2}\right)$	$\varphi(m\tau_k)\omega(m\tau_k)$

和文献[4]中的建模方法相比,本章充分考虑了低通信号重构采样理论和带通信号重构理论的区别,详细讨论了带通信号重构定理,选择了更为准确的带通信号重构方法,因此构造的插值矩阵更为准确,建立的信号模型更为合理。插值矩阵中包含入射信号的时延信息,通过估计信号时延可以间接得到信号的

DOA,因此插值矩阵准确与否将直接决定着整个算法的估计性能。

此外,文献[4]需要在 ±0° 之间对入射信号的 DOA 进行预判断,对不同来波方向的入射信号不能完全统一。在信号源的入射角 $\theta \in (-\pi/2,0)$ 时,需要调整插值矩阵,即在入射角 $\theta \in (0,\pi/2)$ 时所构造的插值矩阵前乘以变换矩阵 $\boldsymbol{E}_M \in \mathbf{R}^{M\times M}$

$$\boldsymbol{E}_M = \begin{bmatrix} 0 & 0 & \cdots & 1 \\ 0 & \cdots & 1 & 0 \\ \vdots & \ddots & \ddots & \vdots \\ 1 & 0 & \cdots & 0 \end{bmatrix} \tag{8-44}$$

因此,如果有两个信号源分别从 $\theta > 0$ 和 $\theta < 0$ 两个方向入射,用文献[4]的方法需要构造两次矩阵,对这两个信号源的 DOA 分别进行估计。如果角度预估计出现错误,即把入射角 $\phi > 0$ 的信号源判定为入射角 $\phi < 0$,则文献[4]的方法将完全失效。通过本节的分析可以看出,本节给出的信号模型,通过扩大插值矩阵,可以同时估计出包括入射角 $\theta > 0$ 和 $\theta < 0$ 的所有信号源。这不仅省去了对入射信号进行角度预估计的过程,提高了模型精度,避免了错误的角度预估计对信号源 DOA 估计的影响,同时还大幅度减少了运算量,因为由扩大插值矩阵带来的运算量要远远小于角度预估计和对不同来波方向的信号源分别估计 DOA 所带来的运算量的总和。

8.3 蒙特卡罗方法

近年来,马尔科夫链蒙特卡罗(Markov Chain Monte Carlo, MCMC)方法的深入研究为贝叶斯理论和方法的推广应用开辟了广阔的空间。本节主要介绍 MC(Monte Carlo)方法和 MCMC 方法的基本理论和不同的抽样方法,包括重要性抽样方法、MH (Metropolis - Hastings)方法、Gibbs 抽样方法,以及可以在多维空间实现跳转的 RJMCMC(Reversible Jump MCMC)方法。

蒙特卡罗方法,又称随机抽样方法,源于美国在第二次世界大战进行的研制原子弹的"曼哈顿计划"。该计划的主持人之一数学家冯·诺伊曼通过用驰名世界的赌城摩纳哥的 Monte Carlo 来命名这种方法,为它蒙上了一层神秘色彩。

蒙特卡罗方法是一类非常重要的数值计算方法,与一般数值计算方法有本质的区别。它以概率统计理论为指导,使用随机数或更常见的伪随机数,采用统计抽样理论近似地求解数学或物理问题。其主要理论基础是概率论中的大数定律,其主要手段是随机变量的抽样。

与传统方法相比,蒙特卡罗方法在解决超大计算量问题,包括优化和积分等方面有很大的灵活性[7-9],主要优点如下:

(1) 计算方法及程序结构简单。因为它的计算是通过大量而简单的重复抽样实现的,因此方法和程序都很简单。

(2) 适应性强。用该方法解题时受问题条件限制的影响较小。

(3) 对于随机性问题,无需将其转化为确定性问题,而具有直接模拟求解的能力,其解也更接近于实际问题。

由于具备这些优点,蒙特卡罗方法引起了信号处理专家的重视。2002 年,IEEE 信号处理汇刊专门出版了一期由统计信号处理专家 Petar. M. Djuric 教授等主编的有关蒙特卡罗统计信号处理方法的特刊[10],论述蒙特卡罗理论方法的各个分支及最新的研究成果和诸多应用领域。从中可以看到,蒙特卡罗方法被应用于多目标检测、参数估计、跟踪等研究领域。

下面通过最简单的计算定积分说明蒙特卡罗方法的实现过程。

8.3.1 蒙特卡罗积分

计算多重积分是蒙特卡罗方法的重要应用领域之一[11]。蒙特卡罗方法求积分的一般规则如下:任何一个积分,都可看作某个随机变量的期望值,因此,可以用这个随机变量的平均值来近似它。

假定要计算一个复杂积分

$$I = \int_a^b h(x)\mathrm{d}x \tag{8-45}$$

设 $p(x)$ 是区间 (a,b) 上的概率密度函数,有

$$I = \int_a^b \frac{h(x)}{p(x)}p(x)\mathrm{d}x = E_{p(x)}\left[\frac{h(x)}{p(x)}\right] \tag{8-46}$$

则所求积分可以看成函数 $h(x)/p(x)$ 在概率密度函数 $p(x)$ 上的期望。根据大数定律,可以用均值近似期望,通过从 $p(x)$ 中抽取大量的随机变量 $x_1,x_2,\cdots,x_n$,可得

$$I = E_{p(x)}\left[\frac{h(x)}{p(x)}\right] \approx \frac{1}{n}\sum_{i=1}^{n}\frac{h(x_i)}{p(x_i)} \tag{8-47}$$

式(8-47)被称为蒙特卡罗积分的一般表达式。显然存在如何选取 $p(x)$ 的问题,$p(x)$ 被称作提议函数(Proposal Function),选取其最优的估计形式,将是 MC 方法要讨论的问题之一。

最简单地,若 a,b 有限,可取 $p(x) = 1/(b-a)$。设 $x_1,x_2,\cdots,x_n$ 是来自均匀分布 $U[a,b]$ 的随机数,则 $\int_a^b h(x)\mathrm{d}x$ 的一个估计值为

$$\hat{I} = \frac{1}{n}\sum_{i=1}^{n}\frac{h(x_i)}{p(x_i)} = \frac{b-a}{n}\sum_{i=1}^{n}h(x_i) \tag{8-48}$$

下面给出具体计算步骤:

(1) 产生独立的 n 个随机数,$u_1,u_2,\cdots,u_n \sim U[0,1]$ 。

(2) 计算 $x_i = a + (b-a)u_i$ 和 $h(x_i)$ 。

(3) 用式(8-48)计算 I 的估计值。

显然，$\hat{I}$ 是 I 的无偏估计，$\hat{I}$ 的方差为

$$\mathrm{var}(\hat{I})=(b-a)^2\frac{\mathrm{var}h(x)}{n}=\frac{(b-a)^2}{n}\{E(h(x))^2-(Eh(x))^2\}=$$

$$\frac{(b-a)^2}{n}\int_a^b(h(x))^2\frac{1}{b-a}\mathrm{d}x-\frac{1}{n}I^2 \tag{8-49}$$

8.3.2 重要性抽样

应用蒙特卡罗方法的过程中常需要产生服从各种概率分布的随机数。当所需随机数服从均匀分布或高斯分布时，抽样比较简单（可直接调用计算机语言）。然而，所需要的随机数往往更为复杂，需要对抽样方法进行设计。常用的有直接抽样、拒绝抽样等。本小节主要介绍在后续章节中应用较多的重要性抽样。

重要性抽样可以把难以直接抽样的概率分布，转换为从易于抽取样本的重要函数进行抽样，简单方便，且可以降低估计方差。设重要性函数 $q(x)$ 与待抽样函数 $\pi(x)$ 具有相同的支持域，且容易抽取大量的样本。贝叶斯重要性采样方法通过样本重要性系数 $w(x^{(i)})$ 和样本去近似理想分布 $\pi(x)$。重要性系数 $w(x^{(i)})$ 定义为

$$w(x^{(i)})\propto\frac{\pi(x^{(i)})}{q(x^{(i)})}\qquad(i=1,2,\cdots,N_s) \tag{8-50}$$

根据重要性系数，目标函数被近似为

$$\hat{\pi}_N(\mathrm{d}x)=\frac{\sum_{i=1}^{N_s}w(x^{(i)})\delta_{x^{(i)}}(\mathrm{d}x)}{\sum_{i=1}^{N_s}w(x^{(i)})}=\sum_{i=1}^{N_s}\tilde{w}(x^{(i)})\delta_{x^{(i)}}(\mathrm{d}x) \tag{8-51}$$

$\tilde{w}(x^{(i)})$ 是归一化重要性权系数。

$$\tilde{w}(x^{(i)})=\frac{w(x^{(i)})}{\sum_{j=1}^{N}w(x^{(j)})} \tag{8-52}$$

重要性抽样方法是粒子滤波方法的重要基础。

8.3.3 马尔科夫链蒙特卡罗方法

1. 马尔科夫链

在介绍 MCMC 方法之前，先介绍一下将要用到的马尔科夫链的相关知识。一个随机变量序列 $\{X^0,X^1,X^2,\cdots\}$，在任一时刻 $t(t\geqslant0)$，序列中下一时刻 $t+1$ 处的 X^{t+1} 由条件分布 $p(x\mid X^t)$ 产生，它只依赖于时刻 t 的状态，而与时刻 t 以前的历史状态 $\{X^0,X^1,\cdots,X^{t-1}\}$ 无关，这样的随机变量序列称为马尔科夫链。无论

马尔科夫链的初始值 X^0 取什么,X^t 的分布都是收敛到同一个分布,即所谓的平稳分布。

一般地,令 $\{X^t\}_{t\geqslant 0}$ 为参数空间 Θ 上的马尔科夫链,其一步转移概率函数为

$$p(x,x') \triangleq p(x \to x') = p(X^{t+1} = x' \mid X^t = x)\text{(离散)} \qquad (8-53)$$

或

$$p(x \to B) = \int_B p(x,x')\mathrm{d}x'\text{(连续)} \qquad (8-54)$$

其中,$p(\cdot,\cdot)$ 称为马尔科夫链的转移核,如果转移核只与状态有关,而与时间无关,则称马尔科夫链是齐次的(或平稳的)。记 X^0 的分布,即初始概率分布为 $\mu(x) = p(X^0 = x)$,经过 t 步之后 X^t 的边缘概率分布记为 $\mu^{(t)}(x) = p(X^t = x)$。如果 $\pi(x)$ 满足

$$\int p(x,x')\pi(x)\mathrm{d}x = \pi(x'), \forall x' \in \Theta \qquad (8-55)$$

则称 $\pi(x)$ 为转移核 $p(\cdot,\cdot)$ 的平稳分布。对于离散马尔科夫链,所有状态的一步转移概率表示为转移矩阵 $\boldsymbol{P}$,则式(8-55)可记作

$$\pi\boldsymbol{P} = \pi \qquad (8-56)$$

作为起始状态,X^0 最好具有分布 $\pi(x)$,于是由平稳分布的定义保证任一 X^t 的边缘概率分布也是 $\pi(x)$,然而这在需要应用 MCMC 时通常做不到。正是因为从 $\pi(x)$ 难以直接抽取样本才借助于 MCMC 方法。

为了实现对目标分布的采样,要求从任意的初始状态 X^0 开始,通过利用一个转移核 $p(\cdot,\cdot)$,产生一个各态历经的链,并且稳定分布为所需的目标分布 $\pi(x)$,从而保证 X^t 的分布会收敛到来自 $\pi(x)$ 的随机变量。平稳分布存在的充要条件是对样本空间的所有状态满足细节平衡(Detail Balance Equation)[11],即任何转移的发生概率等于对应的逆转移的发生概率,即

$$p(x^* \mid x)\pi(x) = p(x \mid x^*)\pi(x^*) \qquad (8-57)$$

如果细节平衡,则一定总平衡,即如果选择转移核 $p(\cdot,\cdot)$ 满足式(8-57),则一定满足式(8-56)。这要求设计的马尔科夫链必须具有如下性质:

(1) 不变性:所有状态最终都可以到达平稳分布。

(2) 不可约:以任意状态作为初始状态,经过有限次跳转,可以到达另外任意状态。

(3) 非周期:马尔科夫链的转移核不会在所有的状态中产生一个周期运动。

(4) 循环性:可以从任意状态无限次访问其他任意状态。

满足上述条件,从不同的 X^0 出发,马尔科夫链经过一段时间的迭代之后,就可以认为各个时刻的 X^t 的边际分布都是平稳分布 $\pi(x)$,此时称为收敛了;而在收敛之前的那些迭代过程中,各状态的边缘概率分布不能认为是 $\pi(x)$。达到稳定分布之前的状态称为“burn-in”状态,应用之前需要舍去这些状态。

表面上看起来似乎很难构造这样的马尔科夫链,但通过后面的介绍会发现马尔科夫链的构造通常出乎意料地简单。

2. 马尔科夫链蒙特卡罗概述

MCMC 方法是最近发展起来的一种简单而且行之有效的贝叶斯计算方法,它把贝叶斯方法扩展到了更多应用领域。和经典 MC 方法相比,MCMC 方法可以处理更高维、更加复杂的问题。MCMC 方法在统计物理学中得到广泛应用已有四十多年的历史,但它在贝叶斯统计、显著性检验、极大似然估计等方面的应用则是近十年内的事情。近些年,MCMC 方法被大量应用于信号处理等领域,用来研究信号检测、参数估计、跟踪和图像处理等问题。

MCMC 方法的基本思想是通过建立一个平稳分布为 $\pi(x)$ 的马尔科夫链来得到 $\pi(x)$ 的样本,基于这些样本就可以做各种统计推断。对于贝叶斯问题,平稳分布 $\pi(x)$ 为后验分布。MCMC 方法主要应用于多变量、高维数、非标准形式且各变量之间互相不独立时分布的模拟。

MCMC 方法主要概括为以下三步:

(1) 在 Θ 上选一个合适的马尔科夫链,使其转移核为 $p(\cdot,\cdot)$,这里"合适"的含义主要指能使构造的马尔科夫链的平稳分布为 $\pi(x)$ 。

(2) 由 Θ 中的某一点 X^0 出发,用步骤(1)中的马尔科夫链产生点序列 X^1, $X^2,\cdots,X^n$。

(3) 从 X^0 出发,马尔科夫链经过 m 个样本的迭代之后,各个时刻的 X^n 的边缘概率分布都是平稳分布 $\pi(x)$,迭代达到收敛。因为前 m 次迭代没有收敛,各状态的边缘概率分布不能认为是 $\pi(x)$,故应把前 m 个样本舍去。到达平稳分布之前的这段时间通常被称为"burn - in"阶段。

需要说明的是,由于 MCMC 方法是一个迭代的方法,因此收敛性问题是非常重要的,确定步骤(3)中的 m 值需要用到收敛诊断方法[12]。最常用的方法就是随着迭代时间的增加,简单地画出一个或一些状态的数量函数值,直观地判断什么时候达到平稳。MCMC 方法的收敛诊断是一个相对复杂的数学问题,因为不是本章研究的重点,在此不作详细讨论。

采用 MCMC 方法时,转移核的构造具有至关重要的作用。目前应用最为广泛的 MCMC 方法主要有两种:Metropolis-Hasting(M - H)抽样和 Gibbs 抽样方法。

1) Metropolis-Hastings 抽样

1953 年 Metropolis[13] 提出了一种转移核构造方法,它的主要思想是从一个对称分布抽取新样本,然后计算新样本的接受概率,决定接受或者拒绝新样本;之后再抽取一个新样本,重复上述过程,直至算法收敛为止。之后,Hastings[14] 对这一方法加以推广,形成了应用更为广泛的 M - H 方法。M - H 方法不要求抽取样本的分布为对称分布,其余的步骤和 Metropolis 方法相同,具体说明如下。

假设目前马尔科夫链所在状态为 x，从提议函数 $q(\cdot)$ 采样得到下一时刻的候选状态(Candidate State)为 x^*，则接受概率定义为

$$\alpha(x,x^*) = \min\{\gamma(x,x^*),1\} \tag{8-58}$$

式中：$\gamma(x,x^*)$ 称为接受比率(Acceptance Ratio)，定义如下

$$\gamma(x,x^*) = \frac{\pi(x^*)q(x \mid x^*)}{\pi(x)q(x^* \mid x)} \tag{8-59}$$

以概率 $\alpha(x,x^*)$ 接受候选状态，如果接受，则马尔科夫链的状态变为 x^*，否则马尔科夫链仍然停留在当前状态 x。当提议函数 $q(\cdot)$ 为对称分布时，则有 $q(x \mid x^*) = q(x^* \mid x)$，此时 M－H 抽样转化为 Metropolis 抽样，接受概率为

$$\alpha(x,x^*) = \min\left\{\frac{\pi(x^*)}{\pi(x)},1\right\} \tag{8-60}$$

M－H 方法构造的马尔科夫链的转移核为

$$P(x,x^*) = \begin{cases} q(x^* \mid x)\alpha(x,x^*) & (\forall x^* \neq x) \\ 1 - q(x^* \mid x)\alpha(x,x^*) & (x^* = x) \end{cases} \tag{8-61}$$

可以证明 M－H 方法构造的马尔科夫链满足细节平衡[14]，即

$$\pi(x)p(x,x^*) = \pi(x^*)p(x^*,x) \tag{8-62}$$

总结 M－H 方法的具体步骤如下：

(1) 第 0 次迭代，初始化 x^0，选择提议函数 $q(\cdot)$。

(2) 迭代次数 $i, i \geqslant 1$。

① 从 $q(\cdot)$ 抽取样本，得到一个新的候选状态 $x^* \sim q(x \mid x^{i-1})$。

② 计算接受比率和接受概率

$$\gamma(x^{i-1},x^*) = \frac{\pi(x^*)q(x^{i-1} \mid x^*)}{\pi(x^{i-1})q(x^* \mid x^{i-1})}$$

$$\alpha(x^{i-1},x^*) = \min\{\gamma(x^{i-1},x^*),1\}$$

(3) 抽取样本 $u \sim U[0,1]$，如果 $u \leqslant \alpha(x,x^*)$，则接受候选状态，即马尔科夫链的状态变为 $x^i = x^*$，否则马尔科夫链仍然停留在原状态，即 $x^i = x^{i-1} = x$。

(4) $i \leftarrow i+1$，回到步骤(2)。

如何选取提议函数 $q(\cdot)$ 是 M－H 抽样的关键问题之一，这里给出两种常用方法：随机游走(Random Walk)采样法和独立马尔科夫链(Independent Markov Chain)采样法。

(1) 随机游走采样法。随机游走采样法的提议密度函数满足

$$q(x^* \mid x) = q(x^* - x) = q(z) \tag{8-63}$$

即候选状态 x^* 通过下式得到

$$x^* = x + z \tag{8-64}$$

其中，z 满足提议密度函数 $q(\cdot)$ 分布。因为候选状态类似等于目前的状态加上一个随机扰动，因此把这种方法称为随机游走采样法。随机游走采样法是最简单的 M－H 方法，应用也最为广泛。

$q(z)$ 通常选择为均匀分布或正态分布。当 z 为多维变量时，假设 $q(z)$ 是均值为零的多维正态分布，即 $\boldsymbol{z} \sim N(0,\boldsymbol{\Sigma})$（$\boldsymbol{\Sigma}$ 是任意的正定矩阵）。在实际计算中，由于要求 $\boldsymbol{\Sigma}$ 是正定矩阵，所以常取 $\boldsymbol{\Sigma} = \sigma\boldsymbol{I}$，$\sigma$ 为一个参数，这时一个重要的问题就是 σ 应取多少才合适。如果取得过大，则游走的范围太宽，大多数提出的候选状态将落入分布的尾部，从而被拒绝，此时马尔科夫链变化过程很慢，有可能在还没有达到平稳分布之前出现近似收敛的情况，令我们产生误判断，得到错误的估计结果。如果取得过小，那么样本的自相关系数就会很高，游走的范围变得太窄，则随机游走需要很长时间才能采样整个状态空间，导致收敛到目标分布的速度也会很慢。不论哪种情况，都不能在时间有限的采样过程中得到较好的服从目标分布的随机数。

针对上述问题，本章给出一种自适应随机游走采样方法，自适应地控制 σ 的大小，使其随着迭代次数的增加取值不断减小，即游走的范围不断缩小。在第 i 次迭代时，σ 的取值为

$$\sigma = \sigma_{\max}\exp\left\{T_0\left(\frac{N_{\mathrm{d}} - i}{N_{\mathrm{d}}} - 1\right)\right\} \tag{8-65}$$

式中：$\sigma_{\max}$ 表示参数 σ 可以达到的最大值；N_{d} 表示迭代次数。当 $i = 0$ 时，σ 取最大值 $\sigma_{\max}$，当 $i = N_{\mathrm{d}}$ 时，σ 取最小值 $\mathrm{e}^{-T_0}\sigma_{\max}$，调整 T_0 可以控制 σ 的下界。针对具体问题，选择合适的 $\sigma_{\max}$ 值，采用自适应随机游走采样方法可以在较短的时间内获得更好的服从目标分布的随机数。

（2）独立马尔科夫链采样法。和随机游走采样法不同，独立马尔科夫链采样法从提议密度函数抽取的候选状态和马尔科夫链当前所处的状态无关，因此称为独立马尔科夫链采样。独立马尔科夫链采样方法的提议密度函数满足

$$q(x^* \mid x) = q(x^*) \tag{8-66}$$

如前所述，可以通过调节提议密度函数的方差来控制接受概率，从而影响马尔科夫链的状态变化速度和各个状态的自相关性。和随机游走采样方法相比，由于独立马尔科夫链采样方法的候选状态和当前状态没有关系，因而在整个空间采样的速度要快得多。但也由于独立马尔科夫链采样方法在整个空间采样，采样范围太宽，导致很多状态会被拒绝，以致在没有达到收敛前出现近似收敛的情况。

从理论上讲,提议函数 $q(x^* \mid x)$ 的选取是任意的,但在实际计算中,提议函数的选取对于算法的效率的影响是相当大的。和重要性抽样类似,一般认为提议函数的形式与目标分布越接近,则模拟的效果越好。

2）Gibbs 抽样

Gibbs 抽样方法是由 Geman 于 1984 年提出的[15],是 MCMC 方法中最简单、应用最为广泛的一种方法。Gibbs 抽样可以看作是 M－H 抽样的一个特例,它在某种程度上改进了 M－H 算法。Gibbs 抽样的成功在于它利用满条件分布将多个相关参数的复杂问题降低为每次只需处理一个参数的较为简单的问题。Gibbs 抽样最初用于图形处理领域、人工智能和神经网络等大型复杂数据的分析,后经 Gelfand 和 Smith 引入贝叶斯模型研究中,对贝叶斯方法的实际应用产生了极其深刻的影响。Gibbs 抽样算法的基本思想是:从完全条件分布中迭代地进行抽样,当迭代次数足够大时,就可以得到来自联合分布的样本,进而也得到了来自边缘分布的样本。

假设一个矢量 $\boldsymbol{x}$ 的长度为 K ,Gibbs 抽样方法每次只从满条件分布中抽取 $\boldsymbol{x}$ 的一个元素。令 $q(x_k \mid \boldsymbol{x}_{-k})$（其中 $k = 1,2,\cdots,K$）表示矢量 $\boldsymbol{x}$ 的第 k 个元素的满条件分布,记为

$$q(x_k \mid \boldsymbol{x}_{-k}) = q(x \mid x_1, x_2, \cdots, x_{k-1}, x_{k+1}, \cdots, x_K) \qquad (8-67)$$

可见,Gibbs 抽样不是在复杂的 K 维分布中抽取样本,而是转化为从一维满条件分布中抽取 K 次,并以概率 1 接受抽取的所有候选样本。在一次迭代中,一个新样本产生后就插入满条件分布,直到所有的元素都更新后,一次迭代结束。

Gibbs 抽样方法的具体步骤如下:

（1）初始化:$i = 0, \boldsymbol{x}^0 = [x_1^0, x_2^0, \cdots, x_K^0]$。

（2）迭代次数 $i, i \geqslant 1$。

——抽取样本 $x_1^{i+1} = q(x \mid x_2^i, x_3^i, \cdots, x_K^i)$ 。

——抽取样本 $x_2^{i+1} = q(x \mid x_1^{i+1}, x_3^i, \cdots, x_K^i)$ 。

⋮

——抽取样本 $x_K^{i+1} = q(x \mid x_1^{i+1}, x_2^{i+1}, \cdots, x_{K-1}^{i+1})$ 。

记 $\boldsymbol{x}^{i+1} = (x_1^{i+1}, x_2^{i+1}, \cdots, x_K^{i+1})$ 。

（3）得到马尔科夫链的实现值 $\{\boldsymbol{x}^1, \boldsymbol{x}^2, \boldsymbol{x}^3, \cdots\}$ 。

据此,依次对变量进行循环操作,也可以采用其他循环顺序,或者对变量进行成组的抽样,而不是一个一个地抽样。

3. 可逆跳转马尔科夫链蒙特卡罗方法

MCMC 方法的研究对推广贝叶斯推断理论和方法的应用开辟了广阔的前景,但当参数空间的维数不确定时,无法判定贝叶斯模型阶数。为了解决这一问题,Peter J. Green 于 1995 年提出了 RJMCMC[16]方法,该方法是 MCMC 的一个重要发展,根据不同的模型通过 Reversible jump 抽样从参数空间抽取样本。Reversible jump 抽样不仅可以按照普通方式在某一个模型的参数空间走动，而且可以从一个参数空间跳转到另一个参数空间。当抽样收敛时，它在某一个参数空间花费的时间和相应的模型的后验概率成比例。因此，Reversible jump 抽样可以同时解决检测和估计问题，在信号处理领域有很大的应用潜力[16-19]。但是，也正因为 Reversible jump 抽样要在所有的参数子空间跳转，这其中也包括后验概率很低的空间，因此 RJMCMC 方法的效率低，计算量非常大。

假设离散变量 k 表示模型阶数，它是待估计的一个参数。整个参数空间由 $\cup_{k=0}^{k_{\max}} k \times \Phi_k$ 表示，其中 Φ_k 是阶数为 k 的参数子空间，$k_{\max}$ 为参数空间的最大维数。在保证可逆的条件下，根据每一步迭代的移动方向，待估计参数在不同维数的参数空间移动，最终将访问整个参数空间。和 M－H 方法类似，每次迭代，RJMCMC 方法也要从提议函数中产生一个候选样本，不同的是此时的提议函数根据不同的模型阶数有所不同，以保证待估计参数能访问到整个参数空间。

假设 $q(\cdot)$ 表示提议函数，候选样本 x^* 的维数为 k^*。在维数不变时，RJMCMC 方法和 M－H 方法一样，从 $q(\cdot)$ 抽取候选样本 x^*，接受概率 α 定义如下：

$$\alpha((x,k)(x^*,k^*)) = \min\{r((x,k),(x^*,k^*)),1\} \qquad (8-68)$$

其中接受比率 γ 为

$$\gamma((x,k),(x^*,k^*)) = \frac{\pi(x^*,k^*)q(x,k \mid x^*,k^*)}{\pi(x,k)q(x^*,k^* \mid x,k)} \times J((x,k),(x^*,k^*)) \qquad (8-69)$$

其中，$J((x^*,k^*),(x,k))$ 表示雅克比变换，使不同维数参数空间的跳转总概率平衡，保证待估计参数在不同维数空间跳转的可逆性。根据 Godsill 在文献[20]中的描述，$J((x,k),(x^*,k^*))$ 的定义如下：

$$J((x,k),(x^*,k^*)) = \left|\frac{\partial x^*}{\partial x}\right| \qquad (8-70)$$

如果候选状态 (x^*,k^*) 被接受，则马尔科夫链跳转到新的状态 (x^*,k^*)，否则马尔科夫链停留在当前状态 (x,k)。

为了确切表达 RJMCMC 方法在不同维数参数空间跳转的过程，将其描述为三个具体的过程，分别记为：更新过程（Update Move）、死亡过程（Death Move）和出生过程（Birth Move）。三个过程的选择概率分别用 u_k、d_k、b_k 表示，则 $u_k + d_k + b_k = 1$。如果选择了 Death Move，则下一步迭代将在低维空间产生候选样本；如果选择了 Birth Move，则下一步迭代将在高维空间产生候选样本；如果选择了 Update Move，则马尔科夫链在固定维数的参数空间更新状态。Green 在文献[16]中对选择概率进行了详细定义，即

$$b_k = c\min\left\{\frac{p(k+1)}{p(k)},1\right\} \qquad (8-71)$$

$$d_{k+1} = c\min\left\{\frac{p(k)}{p(k+1)},1\right\} \qquad (8-72)$$

式中：$p(\cdot)$ 是 k 阶模型的先验分布；c 表示一个调整参数，决定了 Update Move 和跳转过程的比。如无特别说明，本书实验选取 $c = 0.5$，则每次迭代，跳转过程发生的概率在 0.5 和 1 之间[16]。整个 RJMCMC 方法由每次迭代所选择的运动过程所决定，具体描述如下：

（1）初始化：设定 $\boldsymbol{\Phi} = (x^{(0)}, k^{(0)})$。

（2）迭代次数 i。

——抽取样本 $u \sim U[0,1]$。

——当 $u < b_{k(i)}$ 时，选择 Birth Move。

——当 $b_{k(i)} u < b_{k(i)} + d_{k(i)}$ 时，选择 Death Move。

——除此之外，选择 Update Move。

（3）$i \leftarrow i + 1$，回到步骤（2）。

最终，RJMCMC 方法收敛到维数固定的参数空间，从而估计出模型阶数，产生平稳分布为目标分布的马尔科夫链。下面分别给出 Update Move、Birth Move、Death Move 三个过程的详细描述。

1）Update Move

选择 Update Move，模型阶数不发生变化，即候选样本和马尔科夫链的当前状态具有相同的维数，因此该过程和 M－H 抽样方法完全相同。

假设算法目前所处的状态为 $\{\boldsymbol{\Phi}_k, k\}$，在 Update Move 中，候选样本从维数固定的 k 维空间 $\boldsymbol{\Phi}_k$ 中抽取。假设候选样本用 $\boldsymbol{x}^*$ 表示，从提议函数 $q(\cdot)$ 中抽取得到，则同式（8－69）可得 $\boldsymbol{x}^*$ 的接受比率 γ_{update} 为

$$\gamma_{\text{update}} = \frac{\pi(\boldsymbol{x}^*)q(\boldsymbol{x} \mid \boldsymbol{x}^*)}{\pi(\boldsymbol{x})q(\boldsymbol{x}^* \mid \boldsymbol{x})} \tag{8-73}$$

$\boldsymbol{x}^*$ 的接受概率 α_{update} 为

$$\alpha_{\text{update}} = \min\{\gamma_{\text{update}}, 1\} \tag{8-74}$$

2）Birth Move

假设算法目前所处的状态为 $\{\boldsymbol{\Phi}_k, k\}$，选择 Birth Move，抽样过程从低维空间跳转到高维空间，下一时刻的状态可以用 $\{\boldsymbol{\Phi}_{k+1}, k+1\}$ 表示，即参数空间的维数增加 1。此时，可以从提议函数中抽取一个新样本 x_c，和已有样本 $\boldsymbol{x}_k$ 一起共同构成 $k+1$ 维候选样本 $\boldsymbol{x}_{k+1}^*$，记为

$$\boldsymbol{x}_{k+1}^* = [\boldsymbol{x}_k, x_c] \tag{8-75}$$

因此，提议函数 $q(\boldsymbol{x}_{k+1}^*, k+1 \mid \boldsymbol{x}_k, k)$ 可表示为

$$q(\boldsymbol{x}_{k+1}^*, k+1 \mid \boldsymbol{x}_k, k) = p(k+1)p(x_c) \tag{8-76}$$

式中：$p(k+1)$ 表示模型阶数为 $k+1$ 的先验分布；$p(x_c)$ 表示样本 x_c 的提议函数。则候选状态 $\{\boldsymbol{x}_{k+1}^*, k+1\}$ 的接受比率 γ_{birth} 为

$$\gamma_{\text{birth}} = \frac{\pi(\boldsymbol{x}_{k+1}^*)q(\boldsymbol{x}_k \mid \boldsymbol{x}_{k+1}^*)}{\pi(\boldsymbol{x}_k)q(\boldsymbol{x}_{k+1}^* \mid \boldsymbol{x}_k)}\left|\frac{\partial \boldsymbol{x}_{k+1}^*}{\partial \boldsymbol{x}_k}\right| \tag{8-77}$$

接受概率 α_{birth} 为

$$\alpha_{\text{birth}} = \min\{\gamma_{\text{birth}},1\} \tag{8-78}$$

假设马尔科夫链第 i 次迭代所处的状态为 $\{\boldsymbol{x}_k^i,k\}$,Birth Move 的具体步骤如下:

(1) 产生新的样本 x_c,和 $\boldsymbol{x}_k^i$ 一起构成候选状态 $\boldsymbol{x}_{k+1}^* = [\boldsymbol{x}_k^i,\boldsymbol{x}_c]$ 。

(2) 由式(8-77)、式(8-78)计算接受概率 $\alpha_{\text{birth}} = \min\{\gamma_{\text{birth}},1\}$。

(3) 抽取样本 $u \sim U[0,1]$。

(4) 如果 $\alpha_{\text{birth}} < u$,则接受候选状态,马尔科夫链的状态变为 $\{\boldsymbol{x}_{k+1}^*,k+1\}$,即 $\boldsymbol{x}_{k+1}^{i+1} = \boldsymbol{x}_{k+1}^*$;否则马尔科夫链仍然停留在状态 $\{\boldsymbol{x}_k^i,k\}$,即 $\boldsymbol{x}_k^{i+1} = \boldsymbol{x}_k^i$ 。

3) Death Move

为了保证 RJMCMC 方法达到平稳分布,在不同阶数子空间跳转的马尔科夫链必须为可逆的。也就是说,从阶数 k 跳转到 $k+1$ 的概率和从阶数 $k+1$ 跳转到 k 的概率是相同的。保证 RJMCMC 方法可逆的充分条件为[16]

$$\gamma_{\text{death}} = \frac{1}{\gamma_{\text{birth}}} \tag{8-79}$$

假设马尔科夫链当前所处状态为 $\{\boldsymbol{x}_{k+1},k+1\}$,选择 Death Move,下一时刻的候选状态将在低维子空间 $\boldsymbol{\Phi}_k$ 中产生。产生下一时刻候选状态最简单的方法是在当前状态的 $k+1$ 维样本中随机去掉一个样本值。此时提议函数可表示为

$$q(\boldsymbol{x}_k^*,k \mid \boldsymbol{x}_{k+1},k+1) = p(k)\frac{1}{k+1} \tag{8-80}$$

则候选状态的接受比率 γ_{death} 为

$$\gamma_{\text{death}} = \frac{\pi(\boldsymbol{x}_k^*)q(\boldsymbol{x}_{k+1} \mid \boldsymbol{x}_k^*)}{\pi(\boldsymbol{x}_{k+1})q(\boldsymbol{x}_k^* \mid \boldsymbol{x}_{k+1})}\left|\frac{\partial \boldsymbol{x}_k^*}{\partial \boldsymbol{x}_{k+1}}\right| \tag{8-81}$$

候选状态的接受概率 α_{death} 为

$$\alpha_{\text{death}} = \min\{\gamma_{\text{death}},1\} \tag{8-82}$$

Death Move 具体步骤如下,其中 i 表示迭代次数:

(1) 从 $k+1$ 维样本中随机去掉第 j 个样本值,构成候选状态 $\boldsymbol{x}_k^* = [x_{1:(j-1)}^i, x_{(j+1):(k+1)}^i]$。

(2) 根据式(8-81)、式(8-82)计算接受概率 $\alpha_{\text{death}} = \min\{\gamma_{\text{death}},1\}$。

(3) 抽取样本 $u \sim U[0,1]$。

(4) 如果 $\alpha_{\text{birth}} < u$,则接受候选状态,马尔科夫链的状态变为 $\{\boldsymbol{x}_k^*,k\}$,即 $\boldsymbol{x}_k^{i+1} = \boldsymbol{x}_k^*$;否则马尔科夫链仍然停留在状态 $\{\boldsymbol{x}_{k+1}^{i+1},k+1\}$,即 $\boldsymbol{x}_{k+1}^{i+1} = \boldsymbol{x}_{k+1}^i$ 。

4. 混合 MCMC 方法

上面介绍了几类最常用的 MCMC 方法,除此之外还有很多抽样方法,比如 Metropolis-Hasting one-at-the-time 抽样[20]、Perfect 抽样[21]、序贯蒙特卡罗方法[22]等,这些方法被广泛应用于信号处理、图形处理、目标跟踪等多个领域[22-24]。这些抽样方法可以单独使用,也可以通过一定的混合策略联合使用。最主要的混

合策略有交叉(mixtures)策略和循环(cycles)策略[12]。假设马尔科夫链的平稳分布为π,转移核为$\boldsymbol{P}_1,\boldsymbol{P}_2,\cdots,\boldsymbol{P}_m$。使用交叉策略时,定义混合概率$\alpha_1,\alpha_2,\cdots,\alpha_m$,$\alpha_1+\alpha_2+\cdots+\alpha_m=1$,迭代过程中,每一步所选择的转移核由这些混合概率来确定。使用循环策略时,按照一定的顺序依次使用每个转移核,直到最后一个转移核,代表一次循环结束,新的循环开始。

交叉和循环策略在很多情况下都可以使用,比如 Gibbs 抽样和独立马尔科夫链采样方法混合,在保证平稳分布的前提下,可以减少样本之间的相关性。又比如,假设θ可以分成(θ_1,θ_2)两部分,可以从$q(\theta_1 \mid \theta_2)$中直接采样,但是从$q(\theta_2 \mid \theta_1)$中直接采样比较困难,此时就可以考虑使用 Gibbs 采样和 M-H 采样相混合的方法。

需要说明的是,使用交叉策略时,只要有一个转移核是不可约、非周期的,则整个混合 MCMC 方法的转移核是不可约、非周期的,但是在使用循环策略时上述情况不能总是得到保证,需要针对不同的情况来分析混合 MCMC 的转移核是否为不可约、非周期的。

在本章详细分析了两种 M-H 采样方法——随机游走采样法和独立马尔科夫链采样法,发现由于转移核和采样方法的不同,它们分别具有不同的收敛特性:随机游走采样属于局部采样,因此收敛速度相对较慢;相反,独立马尔科夫链采样属于全空间采样,因此收敛速度相对较快。基于此,本章基于交叉策略给出一种结合独立马尔科夫链采样方法和自适应随机游走采样方法的混合 MCMC 方法,具体步骤如下(设λ为一实数,满足$0<\lambda<1$):

(1) 初始化:设定初始值$\boldsymbol{x}^0$。

(2) 迭代次数i。

——采样$u \sim U[0,1]$。

——如果$u<\lambda$,执行独立马尔科夫链采样方法,提议函数为$q_1(\boldsymbol{x}^* \mid \boldsymbol{x}^i)$。

——否则执行自适应随机游走采样方法,提议函数为$q_2(\boldsymbol{x}^* \mid \boldsymbol{x}^i)$。

(3) $i \leftarrow i+1$,回到步骤(2)。

由此可见,混合 MCMC 方法可以使这两种采样方法相互渗透,将局部采样与全空间采样相结合,从而提高算法收敛速度,避免在马尔科夫链未收敛之前出现近似收敛的情况,大幅提高了 M-H 算法性能,这一点将在第 9 章得到证明。

Reversible jump 抽样可以同时解决检测和估计问题,为了进一步提高 RJMCMC 方法的性能,将混合 MCMC 方法的思想引入 RJMCMC 方法,给出混合 RJMCMC 抽样方法,即在 RJMCMC 方法中的 Update Move 采用混合 MCMC 方法,Birth Move 和 Death Move 保持不变。这样既利用了 RJMCMC 方法可以同时实现信号检测和参数估计的特点,也充分发挥了混合 MCMC 方法的特性。在第 9 章中会分别给出应用混合 MCMC 方法实现信号 DOA 估计以及应用混合 RJMCMC

方法实现信号源数和 DOA 联合估计的具体过程。

8.4 小　结

本章通过分析带通信号重构理论,给出了一种重构信号的方法。基于此方法,利用同源信号到达不同传感器时,因传输距离不同而引起的时间差(时延)与信号的带宽没有关系,给出了一种全新的宽/窄带信号同时适用的阵列信号处理时域模型。并通过扩大插值矩阵,增强了模型的适用性,使其对任意来波方向的入射信号都适用。同时,本章介绍了求解贝叶斯估计的有效方法——MCMC 方法,给出了算法的原理和详细计算步骤。本章的阵列信号模型和蒙特卡罗方法都是第 9 章求解信号波达方向的基础。

参考文献

[1] 王永良,陈辉,彭应宁,等.空间谱估计理论与算法[M].北京:清华大学出版社,2004:52-54.

[2] 黄可生. 宽带信号阵列高分辨处理技术研究[D]. 长沙:国防科学技术大学,2005.

[3] William N G, James P Reilly,Thia Kirubarajan. Wideband Array Slgnal Processing Using MCMC Methods [J]. IEEE Transactions on Signal Processing,2003.

[4] William N G, James P Reilly. Wideband Array Signal Processing Using MCMC Methods[J]. IEEE Transactions on Signal Processing, 2005,53(2).

[5] 杨小牛,楼才义,等.软件无线电原理与应用[M].北京:电子工业出版社,2008:11-13.

[6] 黄有方.带通信号的直接采样和重构[J].信号处理,1994,10.

[7] 徐钟济.蒙特卡罗方法[M].上海:上海科学技术出版社,1985.

[8] 朱本仁.蒙特卡罗方法引论[M].济南:山东大学出版社,1987.

[9] 裴鹿成,王仲奇.蒙特卡罗方法及其应用[M].北京:海洋出版社,1998.

[10] Petar M Djuric, Simon J Godsill. Guest Editorial-Special Issue onMonte Carlo Methods for Statistical Signal Processing [J]. IEEE Transactions on Signal Processing,2000,50(2).

[11] B Walsh, Markov Chain Monte Carlo,Gibbs Sampling, Lecture Notes for EBB 581, version 26 [J]. 2004,(4).

[12] 李雄.基于蒙特卡罗方法的高分辨方位估计新方法研究[D].西安:西北工业大学,2005.

[13] Metropolis, Equation of State calculation by fast computing machines [J]. Journal of Chemical Physics 1953,21 (6): 1087-1092.

[14] Hastings W K. Monte Carlo sampling methods using Markov chain and their application [J]. Biometrika, 1970,57(1):97-109.

[15] Geman S, Geman D. Stochastic relaxation, Gibbs distributions, and the Bayesian restoration of images [J]. IEEE Transactions on Pattern Analysis and Machine Intelligence,1984 6(6):721 - 732.

[16] Peter J Green,Reversible jump Markov chain Monte Carlo computation and Bayesian model detection [J]. Biometrika,1995,82:711-732.

[17] Robin D Morris,Fitzgerald W J,Kokaram A C. A Sampling Based Approach to Line Scratch Removal from

Motion Picture Frames [J]. IEEE International Conference on Image Processing, 1996:801 - 804.

[18] Kannan B, Fitzgerald W J, Kuruoglu E E. Joint DOA, Frequency and Model Order Estimation in Additive α - stable Noise [J]. ICASSP'00, 2000, 6:3798 - 3801.

[19] Jean-René Larocque, James P Reilly. Reversible Jump MCMC for Joint Detection and Estimation of Sources in Colored Noise [J]. IEEE Transactions on Signal Processing, 2002, 50(2).

[20] Andrieu C, Doucet A, Godsill S, et al. An introduction to the theory and applications of simulation based computational methods in Bayesian signal processing [J]. In Tutorial from Proceedings of the International Conference on Acoustics, Speech, and Signal Processing, Seattle, WA, 1998.

[21] Chris Holmes, David G T. Denison, Perfect Sampling for the Wavelet Reconstruction of Signals [J]. IEEE Transactions on Signal Processing, 2002, 50(2).

[22] Arulampalam M S, Maskell S, Gordon N, et al. A Tutorial on Particle Filters for Online Nonlinear/Non-Gaussian Bayesian Tracking [J]. IEEE Transactions on Signal Processing, 2002, 50(2).

[23] Petar M Djuric, Yufei Huang, Tadesse Ghirmai. Perfect Sampling: A Review and Applications to Signal Processing [J]. IEEE Transactions on Signal Processing, 2002, 50(2).

[24] 姚剑敏. 粒子滤波跟踪方法研究[D]. 长春:中国科学院长春光学精密机械与物理研究所, 2004.

第9章 基于时域模型的高分辨波达方向估计

9.1 引 言

目前常用的宽带阵列信号处理模型[1]将接收到的信号在观察时间内分成若干子段,再对每一子段作离散傅里叶(DFT)变换,在每个频点利用窄带阵列模型进行处理。这个过程计算复杂,往往会引入转换误差,且运算量较大,难以实时实现,在一定程度上影响了宽带阵列信号高分辨测向算法的性能和宽带测向系统的应用。此外,在信号源数目和DOA联合估计这一领域,信号源数目估计和DOA估计往往是是两个独立的过程,容易造成错误估计。

本章基于宽带阵列信号的时域模型[2,3],应用贝叶斯最大后验概率DOA估计方法,通过引入可逆跳转马尔科夫链蒙特卡罗(Reversible Jump Markov Chain Monte Carlo,RJMCMC)方法[5-11],同时估计出信号源数目和DOA[4,12-14],实现了真正意义上的信号源数目和DOA的联合估计,且该方法基于时域阵列信号处理模型,适用于宽带、窄带信号。

本章的主要工作体现在以下几个方面:①基于贝叶斯最大后验概率参数估计方法和宽带时域阵列信号处理模型,实现信号源数目和DOA的联合估计。②将混合RJMCMC方法应用于贝叶斯最大后验概率参数估计,解决了贝叶斯最大后验概率参数估计方法计算量大的问题。本章按如下顺序展开:首先讨论了贝叶斯定理;然后在给出了信号源和信号时延的联合后验概率密度函数基础上,进一步研究基于混合RJMCMC实现信号源数目和DOA联合估计的过程。

9.2 贝叶斯定理

贝叶斯定理是贝叶斯参数估计方法的数学基础,因此先对它做一些简要介绍。贝叶斯定理的主要内容如下[15]:

设$x_1,x_2,\cdots,x_N$为独立同分布的可观测随机变量,每一变量有相对于未知参数θ的条件概率密度$p(x|\theta)$,则未知参数θ的后验概率密度为

$$p(\theta \mid x_1,x_2,\cdots,x_N) = \frac{p(x_1,x_2,\cdots,x_N \mid \theta)p(\theta)}{p(x_1,x_2,\cdots,x_N)} = \frac{p(x_1,x_2,\cdots,x_N \mid \theta)p(\theta)}{\int p(x_1,x_2,\cdots,x_N \mid \theta)p(\theta)\mathrm{d}\theta} \tag{9-1}$$

对贝叶斯定理有几点需要说明：

(1) $p(x_1,x_2,\cdots,x_N \mid \theta)$ 表示给定参数 θ 后的似然函数，其中各数据是相互独立的，并且似然函数相对于变量 θ 而言是唯一的。

(2) $p(\theta)$ 是待估计参数 θ 的概率密度，称为先验分布密度或先验分布，它是根据以往的实践经验和认识在观测实验数据之前确定的。

(3) $p(\theta \mid x_1,x_2,\cdots,x_N)$ 为后验分布密度，也被称为后验分布，是在观测了实验数据之后确定的未知参数 θ 的概率密度。

(4) 由式(9-1)可看出，分母是一个常数，实际只依赖于 $x_1,x_2,\cdots,x_N$，与 θ 无关。因此贝叶斯定理可等价描述为：后验分布密度 $\propto$ 似然函数 $\times$ 先验分布密度，即

$$p(\theta \mid x_1,x_2,\cdots,x_N) \propto p(x_1,x_2,\cdots,x_N \mid \theta)p(\theta) \qquad (9-2)$$

其中，“$\propto$”表示二者成正比例，即二者只相差一个常数因子。

由上面的论述可以看出，贝叶斯参数估计方法是把待估计的参数 θ 当作一个随机变量，这样就可以引入它的先验分布 $p(\theta)$。在没有观测数据可以利用的情况下，就只能根据以前的经验对 θ 做出判断，即只使用先验分布 $p(\theta)$。但如果有观测数据可以利用，就可以根据贝叶斯定理对 $p(\theta)$ 进行修正。也就是说，将先验分布与实际观测数据相结合得到后验分布。后验分布是观测到与待估计的未知参数有关的实验数据之后所确定的分布，它综合了先验知识和样本知识，因而基于后验分布对未知参数做出的估计较先验分布而言更具有合理性。也就是说，贝叶斯定理给出了一个关于更新参数值的先验分布从而得出其后验分布的数学方法。这是一个将经验知识与观测数据加以综合的过程，也是贝叶斯参数估计方法具有优越性的原因所在。

9.3 贝叶斯高分辨估计方法原理及性能分析

9.3.1 信号模型

在第8章给出了建立信号模型的具体过程，为了方便叙述，再次给出模型的数学表达式。假设有 K 个信号源从不同的入射方向到达均匀直线阵，$s_k(n)$ 表示第 k 个信号源，频率范围为 $f \in [f_1,f_h]$，$f_h = f_1 + B$，相邻阵元间的信号时延为 τ_k，具体定义为 $|\tau| \leqslant 1/2f_{\max} = 1/2f_h \triangleq T_{\max}$。由第8章的推导可知，$M$ 个阵元组成的均匀直线阵的输出矢量 $\boldsymbol{y}(n) \in \boldsymbol{R}^{M\times 1}$，表达式为

$$\boldsymbol{y}(n) = \sum_{l=-L}^{L} \boldsymbol{H}_l(\boldsymbol{\tau})\boldsymbol{a}(n-l) + \sigma_\omega \boldsymbol{\omega}(n) \quad (n = 1,2,\cdots,N) \qquad (9-3)$$

式中：$\boldsymbol{\tau} \in \boldsymbol{R}^{K\times 1}$ 为信号时延矢量；$\boldsymbol{a}(n) \in \boldsymbol{R}^{K\times 1}$ 为入射信号矢量；$\boldsymbol{H}_l(\boldsymbol{\tau}) \in \boldsymbol{R}^{M\times K}$ 为插值矩阵；$\boldsymbol{\omega}(n) \in \boldsymbol{R}^{M}$ 表示噪声矢量，定义为

$$\boldsymbol{\omega}(n) \sim N(0, I_M) \tag{9-4}$$

式中：σ_ω^2 表示噪声方差；N 表示快拍数。定义修正后的快拍 $\boldsymbol{z}(n) \in \boldsymbol{R}^{M\times 1}$，表达式为

$$\boldsymbol{z}(n) = \boldsymbol{y}(n) - \sum_{l=-L}^{-1} \boldsymbol{H}_l(\boldsymbol{\tau})\boldsymbol{a}(n-l) - \sum_{l=1}^{L} \boldsymbol{H}_l(\tau)\boldsymbol{a}(n-l) \quad (n = 1,2,\cdots,N) \tag{9-5}$$

由此得到阵列信号处理时域模型

$$\boldsymbol{z}(n) = \boldsymbol{H}_0(\boldsymbol{\tau})\boldsymbol{a}(n) + \sigma_\omega \boldsymbol{\omega}(n) \quad (n = 1,2,\cdots,N) \tag{9-6}$$

9.3.2 贝叶斯后验概率密度函数理论推导

由本章给出的阵列信号处理时域模型，即式(9-6)，利用噪声统计特性，可得修正后的快拍 $\boldsymbol{z}(n)$ 的似然函数为

$$l(\boldsymbol{z} \mid \boldsymbol{a}(\cdot), \boldsymbol{\tau}, \sigma_\omega^2, k) = \frac{1}{(2\pi\sigma_\omega^2)^{M/2}} \times \exp\left\{\frac{-1}{2\sigma_\omega^2}(\boldsymbol{z}(n) - \boldsymbol{H}_0(\boldsymbol{\tau})\boldsymbol{a}(n))^{\mathrm{T}} \times (\boldsymbol{z}(n) - \boldsymbol{H}_0(\boldsymbol{\tau})\boldsymbol{a}(n))\right\} \tag{9-7}$$

对阵元输出进行 N 次采样，修正后的 N 次快拍数据可表示为

$$\boldsymbol{Z} = [\boldsymbol{z}(1), \boldsymbol{z}(2), \cdots, \boldsymbol{z}(N)] \tag{9-8}$$

由式(9-7)可得 $\boldsymbol{Z}$ 的似然函数为

$$l(\boldsymbol{Z} \mid \boldsymbol{a}(\cdot), \boldsymbol{\tau}, \sigma_\omega^2, k) = \prod_{n=1}^{N} \frac{1}{(2\pi\sigma_\omega^2)^{M/2}} \times \exp\left\{\frac{-1}{2\sigma_\omega^2}(\boldsymbol{z}(n) - \boldsymbol{H}_0(\boldsymbol{\tau})\boldsymbol{a}(n))^{\mathrm{T}} \times (\boldsymbol{z}(n) - \boldsymbol{H}_0(\boldsymbol{\tau})\boldsymbol{a}(n))\right\} \tag{9-9}$$

其中 k 表示信号源数目的估计值。应用贝叶斯原理，由似然函数和未知参数的先验分布可以得到贝叶斯后验概率密度函数

$$\pi(\boldsymbol{a}(\cdot), \boldsymbol{\tau}, \sigma_\omega^2, k \mid \boldsymbol{Z}) \propto p(\boldsymbol{Z} \mid \boldsymbol{a}(\cdot), \boldsymbol{\tau}, \sigma_\omega^2, k) \times p(\boldsymbol{a}(\cdot) \mid k, \boldsymbol{\tau}, \sigma_\omega^2) p(\boldsymbol{\tau} \mid k) p(\sigma_\omega^2) p(k) \tag{9-10}$$

根据文献[16]所述，基于最大熵原则，选择信号矢量 $\boldsymbol{a}(n)$ 的先验分布为零均值高斯分布，具体形式为

$$p(\boldsymbol{a}(n) \mid k, \boldsymbol{\tau}, \delta^2\sigma_\omega^2) = N(0, \delta^2\sigma_\omega^2[\boldsymbol{H}_0^{\mathrm{T}}(\boldsymbol{\tau})\boldsymbol{H}_0(\boldsymbol{\tau})]^{-1}) \tag{9-11}$$

式中：δ^2 表示信噪比有关的参数，可以理解为期望的信噪比[3]。由式(9-11)可得 N 次快拍信号矢量的联合先验分布为

$$p(\boldsymbol{a}(1), \cdots, \boldsymbol{a}(N) \mid k, \boldsymbol{\tau}, \delta^2\sigma_\omega^2) = \prod_{n=1}^{N} N(0, \delta^2\sigma_\omega^2[\boldsymbol{H}_0^{\mathrm{T}}(\boldsymbol{\tau})\boldsymbol{H}_0(\boldsymbol{\tau})]^{-1}) \tag{9-12}$$

假设信号时延矢量 $\boldsymbol{\tau}$ 的元素为独立同分布的随机变量，考虑信号入射方向在各个方向是等概率出现的，基于贝叶斯假设原则，选择 $\boldsymbol{\tau}$ 的先验分布为均匀分布，即

$$p(\boldsymbol{\tau} \mid k) = U[-T_{\max}, T_{\max}]^k \tag{9-13}$$

参数 σ_ω^2 为表征噪声的尺度参数，基于共轭分布原则选取其先验分布为逆伽马(inverse－Gamma)分布[16]，即

$$p(\sigma_\omega^2) = IG\left(\frac{\nu_0}{2}, \frac{\gamma_0}{2}\right) \tag{9-14}$$

$$p(\sigma_\omega^2) \propto (\sigma_\omega^2)^{-\frac{\nu_0}{2}-1} \exp\left\{\frac{-\gamma_0}{2\sigma_\omega^2}\right\} \tag{9-15}$$

当 $\nu_0 = 0, \gamma_0 = 0$ 时，由式(9－15)可得 σ_ω^2 为无信息 Jeffrey 先验分布，即

$$p(\sigma_\omega^2) \propto 1/\sigma_\omega^2 \tag{9-16}$$

最后，选取信号源数的先验分布是参数为 Λ 的泊松分布

$$p(k) = \frac{\Lambda}{k!} \exp\{-\Lambda\} \tag{9-17}$$

式中：Λ 是信号源数目的期望值。将式(9－13)～式(9－17)代入式(9－10)得到贝叶斯后验概率密度函数的解析式为

$$\begin{aligned}\pi(\boldsymbol{a}, \boldsymbol{\tau}, \sigma_\omega^2, k \mid \boldsymbol{Z}) \propto & \frac{1}{(2\pi\sigma_\omega^2)^{MN/2}} \times \exp\left\{\frac{-1}{2\sigma_\omega^2}\sum_{n=1}^{N}(\boldsymbol{z}(n) - \boldsymbol{H}_0(\boldsymbol{\tau})\boldsymbol{a}(n))^{\mathrm{T}} \times \right. \\ & \left.(\boldsymbol{z}(n) - \boldsymbol{H}_0(\boldsymbol{\tau})\boldsymbol{a}(n))\right\} \times \frac{|\boldsymbol{H}_0^{\mathrm{T}}(\boldsymbol{\tau})\boldsymbol{H}_0(\boldsymbol{\tau})|^{N/2}}{(2\pi\delta^2\sigma_\omega^2)^{Nk/2}} \times \\ & \exp\left\{\frac{-1}{2\delta^2\sigma_\omega^2}\sum_{n=1}^{N}\boldsymbol{a}^{\mathrm{T}}(n)\boldsymbol{H}_0^{\mathrm{T}}(\boldsymbol{\tau})\boldsymbol{H}_0(\boldsymbol{\tau})\boldsymbol{a}(n)\right\} \times \\ & \left(\frac{1}{2T_{\max}}\right)^k \times \frac{\Lambda}{k!}\exp\{-\Lambda\} \times (\sigma_\omega^2)^{-\frac{\nu_0}{2}-1}\exp\left\{\frac{-\gamma_0}{2\sigma_\omega^2}\right\}\end{aligned} \tag{9-18}$$

可见式(9－18)的形式非常复杂，下面对其进行化简。

9.3.3 化简后验概率密度函数

式(9－18)中包括 $\boldsymbol{a}$、$\boldsymbol{\tau}$、σ_ω^2、k 四个参数，本章只对其中的信号源个数 k 和信号时延矢量 $\boldsymbol{\tau}$ 两个参数感兴趣，因此将信号矢量 $\boldsymbol{a}$ 和环境噪声方差 σ_ω^2 视为冗余参数，通过积分将它们去掉，从而实现后验概率密度函数的化简。参考 Andrieu 和 Doucet 在文献[16]中的作法，将后验概率密度函数改写为下面的形式

$$\pi(\boldsymbol{a},\boldsymbol{\tau},\sigma_{\omega}^{2},k \mid \boldsymbol{Z}) \propto \frac{1}{(2\pi\sigma_{\omega}^{2})^{MN/2}} \times \exp\left\{\frac{-1}{2\sigma_{\omega}^{2}}\sum_{n=1}^{N}\boldsymbol{z}^{\mathrm{T}}(n)\boldsymbol{P}_{\boldsymbol{H}_0}^{\perp}(\boldsymbol{\tau})\boldsymbol{z}(n)\right\}\times$$

$$\frac{\mid \boldsymbol{H}_0^{\mathrm{T}}(\boldsymbol{\tau})\boldsymbol{H}_0(\boldsymbol{\tau}) \mid^{N/2}}{(2\pi\delta^2\sigma_{\omega}^{2})^{Nk/2}}\exp\left\{\frac{-1}{2\sigma_{\omega}^{2}}\sum_{n=1}^{N}(\boldsymbol{a}(n)-\boldsymbol{m}_{\boldsymbol{a}}(n))^{\mathrm{T}}\sum_{\boldsymbol{H}_0}^{-1}(\boldsymbol{\tau})(\boldsymbol{a}(n)-\boldsymbol{m}_{\boldsymbol{a}}(n))\right\}\times$$

$$\times\left(\frac{\Lambda}{2T_{\max}}\right)^{k}\times\frac{1}{k!}\exp\{-\Lambda\}\times(\sigma_{\omega}^{2})^{-\frac{\nu_0}{2}-1}\exp\left\{\frac{-\gamma_0}{2\sigma_{\omega}^{2}}\right\} \qquad (9-19)$$

其中

$$\Sigma_{\boldsymbol{H}_0}^{-1}(\boldsymbol{\tau}) = (1+\delta^{-2})\boldsymbol{H}_0^{\mathrm{T}}(\boldsymbol{\tau})\boldsymbol{H}_0(\boldsymbol{\tau}) \qquad (9-20)$$

$$\boldsymbol{P}_{\boldsymbol{H}_0}^{\perp}(\boldsymbol{\tau}) = \boldsymbol{I} - \frac{\boldsymbol{H}_0(\boldsymbol{\tau})[\boldsymbol{H}_0^{\mathrm{T}}(\boldsymbol{\tau})\boldsymbol{H}_0(\boldsymbol{\tau})]^{-1}\boldsymbol{H}_0^{\mathrm{T}}(\boldsymbol{\tau})}{(1+\delta^{-2})} \qquad (9-21)$$

以及

$$\boldsymbol{m}_{\boldsymbol{a}}(n) = \Sigma_{\boldsymbol{H}_0}(\boldsymbol{\tau})\boldsymbol{H}_0^{\mathrm{T}}(\boldsymbol{\tau})\boldsymbol{z}(n) \qquad (9-22)$$

将式(9－5)代入式(9－22)可得

$$\boldsymbol{m}_{\boldsymbol{a}}(\boldsymbol{n}) = \Sigma_{\boldsymbol{H}_0}(\boldsymbol{\tau})\boldsymbol{H}_0^{\mathrm{T}}(\boldsymbol{\tau})\left(\boldsymbol{y}(n) - \sum_{l=-L}^{-1}\boldsymbol{H}_l(\boldsymbol{\tau})\boldsymbol{a}(n-l) - \sum_{l=1}^{L}\boldsymbol{H}_l(\boldsymbol{\tau})\boldsymbol{a}(n-l)\right) \qquad (9-23)$$

信号源幅度矢量 $\boldsymbol{a}(n)$ 的最大后验概率估计为 $\boldsymbol{m}_{\boldsymbol{a}}(n)$，即

$$\hat{\boldsymbol{a}}_{\mathrm{MAP}} \triangleq \boldsymbol{m}_{\boldsymbol{a}}(n) \qquad (9-24)$$

对式(9－19)积分，消除冗余参数 $\boldsymbol{a}$、σ_{ω}^{2}，即

$$\pi(\boldsymbol{\tau},k \mid \boldsymbol{Z}) \propto \int_{0}^{\infty}\int_{-\infty}^{\infty}(\boldsymbol{a},\boldsymbol{\tau},\sigma_{\omega}^{2},k \mid \boldsymbol{Z})\mathrm{d}\boldsymbol{a}\mathrm{d}\sigma_{\omega}^{2} \qquad (9-25)$$

从而得到信号源数和信号时延的联合边缘后验概率密度函数，即简化的后验概率密度函数，具体表达式为

$$\pi(\boldsymbol{\tau},k \mid \boldsymbol{Z}) \propto \frac{1}{(1+\delta^2)^{Nk/2}}\left(\frac{\Lambda}{2T_{\max}}\right)^{k}\frac{\exp\{-\Lambda\}}{k!}\times(\gamma_0+\mathrm{tr}(\boldsymbol{P}_{\boldsymbol{H}_0}^{\perp}(\boldsymbol{\tau})\hat{\boldsymbol{R}}_{zz}))^{-(MN+\nu_0)/2} \qquad (9-26)$$

其中 $\mathrm{tr}(\cdot)$ 表示矩阵的迹，即

$$\mathrm{tr}(\boldsymbol{P}_{\boldsymbol{H}_0}^{\perp}(\boldsymbol{\tau})\hat{\boldsymbol{R}}_{zz}) = \sum_{n=1}^{N}\boldsymbol{z}^{\mathrm{T}}(n)\boldsymbol{P}_{\boldsymbol{H}_0}^{\perp}(\boldsymbol{\tau})\boldsymbol{z}(n) \qquad (9-27)$$

$\hat{\boldsymbol{R}}_{zz}$ 是 $\boldsymbol{z}(n)$ 的协方差矩阵，即

$$\hat{\boldsymbol{R}}_{zz} = \sum_{n=1}^{N}\boldsymbol{z}(n)\boldsymbol{z}^{\mathrm{T}}(n) \qquad (9-28)$$

虽然经过简化，但式(9－26)的形式仍然比较复杂，这是一个关于 $\boldsymbol{\tau}$ 和 k 的高维非线性的多峰函数。要求它的全局最大值对应的信号时延，最直接的方法就是把信号源数 k 当作已知量(实际是通过信号源数目估计方法估计得到)，对后验概率密度函数进行 k 维搜索得到全局最大峰值，最大峰值对应的 k 个信号时

延就是信号时延的估计值。

上述方法由于需要多维搜索，因此运算量特别大，难以满足实时性的要求，并且必须在准确估计出信号源数 k 的前提下进行，无法同时估计出这一问题中的信号源数 k 和信号时延 $\boldsymbol{\tau}$ 。因此本章将 RJMCMC 方法引入贝叶斯最大后验概率密度函数求解，可以很好地解决这一问题。

9.3.4 信号恢复

应用 RJMCMC 方法时，需要选取合理的建议函数，从中抽取 $\boldsymbol{\tau}$ 和 k 的建议样本。进而计算 $\boldsymbol{z}(n)$ 的协方差矩阵 $\hat{\boldsymbol{R}}_{zz}$，计算 $\hat{\boldsymbol{R}}_{zz}$ 时需要已知信号矢量 $\boldsymbol{a}(n)$，所以准确估计出信号源的幅度在整个算法中起着至关重要的作用。虽然可以通过式 (9－22) 给出 $\boldsymbol{a}(n)$ 的最大后验概率估计，但是通过分析发现，式(9－22) 中只用到了插值矩阵 $\boldsymbol{H}_0(\boldsymbol{\tau})$，因为由式(9－6) 可知其小括号内的项等于 $\boldsymbol{H}_0(\boldsymbol{\tau})\boldsymbol{a}(n)+\sigma_\omega\boldsymbol{\omega}(n)$，其他项也只包含 $\boldsymbol{H}_0(\boldsymbol{\tau})$，而没有用到所有插值矩阵 $\boldsymbol{H}_l(\boldsymbol{\tau})=[\boldsymbol{h}_l(\tau_0)\quad \boldsymbol{h}_l(\tau_1)\quad \cdots\quad \boldsymbol{h}_l(\tau_{K-1})]$（其中 $l=-L,-L+1,\cdots,L$）。此外，通过分析发现 $\boldsymbol{H}_0(\boldsymbol{\tau})$ 近似等于零矩阵，因此，如果用式(9－22) 估计信号源幅度 $\boldsymbol{a}(n)$ 将会大大抑制观测信号，必然会导致估计性能下降。所以使用式(9－22) 估计信号源幅度不是最好的选择，整个算法的性能将会受到影响，为了解决这一问题，有效地估计出信号源幅度矢量 $\boldsymbol{a}(n)$ ，下面给出信号恢复方法。

从式(9－3)，即

$$\boldsymbol{y}(n)=\sum_{l=-L}^{L}\boldsymbol{H}_l(\boldsymbol{\tau})\boldsymbol{a}(n-l)+\sigma_\omega\boldsymbol{\omega}(n)\quad(n=1,2,\cdots,N)\quad(9-29)$$

可以看出 L 个连续的快拍 $\boldsymbol{y}(n-L)$ 到 $\boldsymbol{y}(n)$ 都包含信号源幅度矢量 $\boldsymbol{a}(n-L)$ ，因此有效的估计信号源幅度需要使用所有这些快拍数据。对贝叶斯后验概率密度函数，即式(9－19)取自然对数得

$$L(\boldsymbol{a},\boldsymbol{\tau},\sigma_\omega^2,k\mid \boldsymbol{Z})\propto k-\frac{1}{2\sigma_\omega^2}\times\sum_{n=1}^{N}\Big(\boldsymbol{y}(n)-\sum_{l=-L}^{L}\boldsymbol{H}_l(\boldsymbol{\tau})\boldsymbol{a}(n-l)\Big)^{\mathrm{T}}\times$$
$$\Big(\boldsymbol{y}(n)-\sum_{l=-L}^{L}\boldsymbol{H}_l(\boldsymbol{\tau})\boldsymbol{a}(n-l)\Big)-\frac{\delta^{-2}}{2\sigma_\omega^2}\sum_{n=1}^{N}\boldsymbol{a}^{\mathrm{T}}(n)\boldsymbol{H}_0^{\mathrm{T}}(\boldsymbol{\tau})\boldsymbol{H}_0(\boldsymbol{\tau})\boldsymbol{a}(n)$$

(9－30)

其中信号源数 k 是和信号幅度矢量 $\boldsymbol{a}(n)$ 独立的常量，将 $\boldsymbol{a}(n-L)$ 视为变量，求式(9－30)的极大值可得

$$\hat{\boldsymbol{a}}(n-L)=(1+\delta^{-2})^{-1}[\tilde{\boldsymbol{H}}^{\mathrm{T}}(\boldsymbol{\tau})\tilde{\boldsymbol{H}}(\boldsymbol{\tau})]^{-1}\tilde{\boldsymbol{H}}^{\mathrm{T}}(\boldsymbol{\tau})\boldsymbol{\varepsilon}(n)\quad(9-31)$$

其中

$$\tilde{\boldsymbol{H}}(\boldsymbol{\tau})=[\boldsymbol{H}_L(\boldsymbol{\tau})\quad\cdots\quad\boldsymbol{H}_0(\boldsymbol{\tau})\quad\cdots\quad\boldsymbol{H}_{-L}(\boldsymbol{\tau})]^{\mathrm{T}}\quad(9-32)$$

$$\boldsymbol{\varepsilon}(n)=[\boldsymbol{\varepsilon}_{-L}(n)\quad\cdots\quad\boldsymbol{\varepsilon}_0(n)\quad\cdots\quad\boldsymbol{\varepsilon}_L(n)]^{\mathrm{T}}\quad(9-33)$$

$\boldsymbol{\varepsilon}_p(n)$（其中 $p=-L,-L+1,\cdots,L$）的具体表达式为

$$\begin{aligned}\boldsymbol{\varepsilon}_p(n) &= \boldsymbol{y}(n-p)-\boldsymbol{x}_p(n)\\ &= \boldsymbol{H}_{L-p}(\boldsymbol{\tau})\boldsymbol{a}(n-L)+\sigma_\omega\boldsymbol{\omega}(n)\end{aligned} \tag{9-34}$$

其中

$$\boldsymbol{x}_p(n)=\sum_{\substack{l\neq L-P\\ -L}}^{L}\boldsymbol{H}_l(\boldsymbol{\tau})\boldsymbol{a}(n-p-l) \tag{9-35}$$

通过式(9-35)计算出 $\boldsymbol{x}_p(n)$ 后，代入式(9-34)可以得到 $\boldsymbol{\varepsilon}_p(n)$ 的值，进而通过式(9-31)可以得到信号源幅度矢量 $\boldsymbol{a}(n-L)$ 的估计值 $\hat{\boldsymbol{a}}(n-L)$。注意到在用式(9-35)估计 $\boldsymbol{x}_p(n)$ 时，除了要用到 $n-L$ 时刻之前的 p 个已知的信号幅度值，还要用到 $n-L$ 时刻之后的未知的信号源幅度矢量 $\boldsymbol{a}(n-p-l)$，$n-p-l>n-L$。对于这些未知数据可以用式(9-23)计算它们的最大后验概率估计来代替。这一方法虽然比较复杂，但估计过程中利用了所有的插值矩阵 $\boldsymbol{H}_l(\boldsymbol{\tau})$（$l=-L,-L+1,\cdots,L$），因此估计精度要比最大后验概率等其他直接估计方法有很大提高。

9.3.5 性能分析

贝叶斯最大后验概率参数估计方法的性能优越，主要原因有两点：①贝叶斯估计利用了先验分布，含有更多的信息量。将先验分布与实际观测数据相结合得到后验分布，后验分布综合了先验知识和样本知识，因而基于后验分布对未知参数做出的估计较先验分布而言更具有合理性，更加准确。②最大似然估计（MLE）在估计方位参数过程中，把和方位无关的参数用它们的最大似然估计代替，这种处理方式会导致估计误差，尤其在低信噪比情况下；但是，贝叶斯估计方法中没有这样替代处理，而是直接通过积分消去和方位无关的参数，因而不存在这种误差，所以贝叶斯估计的性能要比 MLE 好。

尽管贝叶斯最大后验概率参数估计方法性能十分优良，但是该方法理论复杂，由于多维搜索、多维积分导致运算量特别大，如果不加处理就无法满足实际应用中的实时性要求。

为了解决贝叶斯估计的计算量问题，本章采用 RJMCMC 方法实现贝叶斯最大后验概率密度函数求解。由于 RJMCMC 方法可以在多维空间中实现跳转，因此可以同时估计出模型阶数 k 和信号时延 $\boldsymbol{\tau}$。采用 RJMCMC 方法，不需要直接从后验概率密度函数 $\pi(\boldsymbol{\tau},k\mid \mathbf{Z})$ 抽取样本，而是通过建立一个平稳分布为后验概率密度函数 $\pi(\boldsymbol{\tau},k\mid \mathbf{Z})$ 的马尔科夫链得到 $\pi(\boldsymbol{\tau},k\mid \mathbf{Z})$ 的样本。依据这些样本模拟贝叶斯后验概率密度函数，从而实现贝叶斯最大后验概率参数估计。

应用 RJMCMC 方法时，需要给出 $(\boldsymbol{\tau},k)$ 的一个候选样本 $(\boldsymbol{\tau}^*,k^*)$，再通过式(9-26)计算这一建议值的后验概率密度函数 $\pi(\boldsymbol{\tau}^*,k^*\mid \mathbf{Z})$，最后按照一定的准则决定是否接受候选样本。具体步骤如下：

(1) 给出 RJMCMC 方法中的候选样本 $(\boldsymbol{\tau}^*,k^*)$，模型阶数为 k^* 的插值矩阵 $\boldsymbol{H}_l(\boldsymbol{\tau}^*)$ $(l=-L,-L+1,\cdots,L)$。

(2) 对于 $n=L-1,L,\cdots,N$：

① 信号源幅度矢量的估计值 $\hat{\boldsymbol{a}}(n-L)$。

② 给定信号源幅度矢量 $\hat{\boldsymbol{a}}(n-L)$ 后，根据式(9-6)估计修正的快拍 $\hat{z}(n-L)$。

(3) 给定 $\hat{z}(n-L+1)$，根据式(9-28)计算其协方差矩阵 $\hat{\boldsymbol{R}}_{zz}$，进一步根据式(9-26)计算贝叶斯后验概率密度函数 $\pi(\boldsymbol{\tau}^*,k^*\mid \boldsymbol{Z})$。

(4) 将第(3)步的计算结果应用到 RJMCMC 方法中，根据一定的准则决定是否接受建议样本 $(\boldsymbol{\tau}^*,k^*)$。

9.4 节将详细给出选取 RJMCMC 方法的转移核，产生服从后验概率密度函数 $\pi(\boldsymbol{\tau},k\mid \boldsymbol{Z})$ 的样本，实现信号源数和 DOA 联合估计的具体过程。

9.4 基于混合 RJMCMC 的信号源数和 DOA 联合估计方法

9.4.1 信号源数目已知时的 DOA 估计方法

1. 理论推导

已知信号源数和信号时延的联合后验概率密度函数为

$$\pi(\boldsymbol{\tau},k\mid \boldsymbol{Z})\propto\frac{1}{(1+\delta^2)^{Nk/2}}\left(\frac{\Lambda}{2T_{\max}}\right)^k\frac{\exp\{-\Lambda\}}{k!}\times\left(\gamma_0+\operatorname{tr}\left(\boldsymbol{P}_{\boldsymbol{H}_0}^{\perp}(\boldsymbol{\tau})\hat{\boldsymbol{R}}_{zz}\right)\right)^{-(MN+\nu_0)/2}\tag{9-36}$$

信号源数目 k 已知时，式(9-36)可进一步化简为

$$\pi(\boldsymbol{\tau}\mid \boldsymbol{Z})\propto\left(\gamma_0+\operatorname{tr}\left(\boldsymbol{P}_{\boldsymbol{H}_0}^{\perp}(\boldsymbol{\tau})\hat{\boldsymbol{R}}_{zz}\right)\right)^{-(MN+\nu_0)/2}\tag{9-37}$$

MCMC 方法的关键是转移核的构造，根据一定的原则选择合适的转移核，使马尔科夫链的平稳分布为目标分布，此处，目标分布为贝叶斯后验概率密度函数。在第 8 章中介绍了最为常用的 M-H 方法，详细分析了两种构造马尔科夫链的方法，即自适应随机游走采样方法和独立马尔科夫链采样方法。在此基础上，基于交叉策略给出了一种结合上述两种采样方法的混合 MCMC 方法。针对本节要解决的具体问题，再次将混合 MCMC 方法的步骤叙述如下，设 $\lambda=0.5$：

(1) 初始化：设定初始值 $\boldsymbol{\tau}^0=[\tau_1^0,\tau_2,\cdots,\tau_k^0]$。

(2) 迭代次数 i。

① 抽取样本 $u\sim U[0,1]$。

② 若 $u<\lambda$，执行独立马尔科夫链采样方法，提议函数为 $q_1(\boldsymbol{\tau}^*\mid \boldsymbol{\tau}^i)$。

③ 否则，执行自适应随机游走采样方法，提议函数为 $q_2(\boldsymbol{\tau}^*\mid \boldsymbol{\tau}^i)$。

(3) $i \leftarrow i+1$，回到步骤(2)。

为了确保收敛，假设上述步骤需要迭代 N_d 次，从而得到马尔科夫链的样本值为$[\boldsymbol{\tau}^0,\boldsymbol{\tau}^1,\cdots,\boldsymbol{\tau}^{N_d}]$。

下面将详细说明选取不同提议函数时的求解过程，为了简化表达式，去掉表示迭代次数的上标 i。

以概率 λ 执行独立马尔科夫链采样方法，候选状态和当前的状态相独立，提议函数满足 $q_1(\boldsymbol{\tau}^* \mid \boldsymbol{\tau}) = q_1(\boldsymbol{\tau}^*)$，根据式(9-13)选取 $q_1(\boldsymbol{\tau}^* \mid \boldsymbol{\tau})$ 为 k 维均匀分布，即

$$q_1(\boldsymbol{\tau}^* \mid \boldsymbol{\tau}) = p(\boldsymbol{\tau}^* \mid k) = p(\boldsymbol{\tau} \mid k) \tag{9-38}$$

$$p(\boldsymbol{\tau} \mid k) = U[-T_{\max},T_{\max}]^k \tag{9-39}$$

此时的接受比率为

$$\gamma_1 = \frac{\pi(\boldsymbol{\tau}_k^* \mid \boldsymbol{Z})q_1(\boldsymbol{\tau}_k \mid \boldsymbol{\tau}_k^*)}{\pi(\boldsymbol{\tau}_k \mid \boldsymbol{Z})q_1(\boldsymbol{\tau}_k^* \mid \boldsymbol{\tau}_k)} = \frac{\pi(\boldsymbol{\tau}_k^* \mid \boldsymbol{Z})}{\pi(\boldsymbol{\tau}_k \mid \boldsymbol{Z})} \tag{9-40}$$

将式(9-38)代入式(9-40)，化简 γ_1 得

$$\gamma_1 = \left(\frac{\gamma_0 + \mathrm{tr}(\boldsymbol{P}_{\boldsymbol{H}_0}^{\perp}(\boldsymbol{\tau}_k)\hat{\boldsymbol{R}}_{zz})}{\gamma_0 + \mathrm{tr}(\boldsymbol{P}_{\boldsymbol{H}_0}^{\perp}(\boldsymbol{\tau}_k^*)\hat{\boldsymbol{R}}_{zz}^*)}\right)^{(MN+\nu_0)/2} \tag{9-41}$$

式中：M 表示阵元数；N 表示快拍数，由式(9-21)和式(9-28)可得

$$\boldsymbol{P}_{\boldsymbol{H}_0}^{\perp}(\boldsymbol{\tau}) = \boldsymbol{I} - \frac{\boldsymbol{H}_0(\boldsymbol{\tau})[\boldsymbol{H}_0^{\mathrm{T}}(\tau)\boldsymbol{H}_0(\boldsymbol{\tau})]^{-1}\boldsymbol{H}_0^{\mathrm{T}}(\boldsymbol{\tau})}{(1+\delta^{-2})} \tag{9-42}$$

$$\hat{\boldsymbol{R}}_{zz} = \sum_{n=1}^{N}\boldsymbol{z}(n)\boldsymbol{z}^{\mathrm{T}}(n) \tag{9-43}$$

由此可得接受概率为

$$\alpha_1 = \min\{r_1,1\} \tag{9-44}$$

抽取样本 $u_1 \sim U[0,1]$，如果 $u_1 \leqslant \alpha_1$，则接受候选状态，马尔科夫链的状态变为 $\boldsymbol{\tau}^*$；否则，马尔科夫链仍然停留在原状态 $\boldsymbol{\tau}$。

以概率 $1-\lambda$ 执行自适应随机游走采样方法，此时

$$q_2(\boldsymbol{\tau}^* \mid \boldsymbol{\tau}) = q_2(\boldsymbol{\varepsilon}) \tag{9-45}$$

其中 $\boldsymbol{\tau}^* = \boldsymbol{\tau} + \boldsymbol{\varepsilon}$，即产生的候选样本 $\boldsymbol{\varepsilon}$ 可以看作当前状态 $\boldsymbol{\tau}$ 的随机扰动。选取 $q_2(\boldsymbol{\varepsilon})$ 是均值为零的多维正态分布，即 $\boldsymbol{\varepsilon} \sim N(0,\boldsymbol{\Sigma})$，$\boldsymbol{\Sigma} = \sigma\boldsymbol{I}$，$\sigma$ 是一个参数，选择

$$\sigma = \sigma_{\max}\exp\left\{T_0\left(\frac{N_d - i}{N_d} - 1\right)\right\} \tag{9-46}$$

由于 $\boldsymbol{\tau} \in [-T_{\max},T_{\max}]$，根据经验选择 $\sigma_{\max} = 0.01T_{\max}$，$T_0 = 5$。

$$q_2(\boldsymbol{\tau}^* \mid \boldsymbol{\tau}) = q_2(\boldsymbol{\varepsilon}) = q_2(\boldsymbol{\tau} \mid \boldsymbol{\tau}^*) \tag{9-47}$$

此时计算的接受比率为

$$\gamma_2 = \frac{\pi(\boldsymbol{\tau}_k^* \mid \boldsymbol{Z})q_2(\boldsymbol{\tau}_k \mid \boldsymbol{\tau}_k^*)}{\pi(\boldsymbol{\tau}_k \mid \boldsymbol{Z})q_2(\boldsymbol{\tau}_k^* \mid \boldsymbol{\tau}_k)} = \frac{\pi(\boldsymbol{\tau}_k^* \mid \boldsymbol{Z})}{\pi(\boldsymbol{\tau}_k \mid \boldsymbol{Z})} \tag{9-48}$$

将式(9－37)代入式(9－49),化简接受比率为

$$\gamma_2 = \left(\frac{\gamma_0 + \mathrm{tr}(\boldsymbol{P}_{\boldsymbol{H}_0}^{\perp}(\boldsymbol{\tau}_k)\hat{\boldsymbol{R}}_{zz})}{\gamma_0 + \mathrm{tr}(\boldsymbol{P}_{\boldsymbol{H}_0}^{\perp}(\boldsymbol{\tau}_k^*)\hat{\boldsymbol{R}}_{zz}^*)}\right)^{(MN+\nu_0)/2} \tag{9-49}$$

由此可得接受概率为

$$\alpha_2 = \min\{r_2, 1\} \tag{9-50}$$

抽取样本 $u_2 \sim U[0,1]$,如果 $u_2 \leqslant \alpha_2$,则接受候选状态,马尔科夫链的状态变为 $\boldsymbol{\tau}^*$;否则,马尔科夫链仍然停留在原状态 $\boldsymbol{\tau}$。

为了确保收敛,上述步骤需要迭代 N_d 次,设“burn－in”过程的迭代次数为 N_0,则去掉前 N_0 个样本值,使用后面 $N_d - N_0$ 个样本模拟贝叶斯最大后验概率密度函数,从而得到信号时延的估计值,再利用信号 DOA 与信号时延的关系,即

$$\boldsymbol{\theta} = \arcsin\left(\frac{\boldsymbol{\tau}C}{d}\right) \tag{9-51}$$

可以间接得到信号 DOA 的估计值,其中 d 表示阵元间距, C 表示信号传播速度。

2. 计算机仿真及结果分析

实验中,假设阵列是理想的各向同性的均匀直线阵,阵元个数 $M=16$,阵元间距为半波长,环境噪声为高斯白噪声。

仿真实验 9－1 宽带非相干信号。

入射信号为三个宽带线性调频信号,入射角分别为－15°、5°和 25°,信号频率范围分别为[98MHz,128MHz],[100MHz,130MHz],[101MHz,129MHz],信噪比 SNR＝10dB,观测序列长度即快拍数 $N=64$,迭代次数为 $N_d = 1000$ 。

图 9－1 给出了三个入射信号的频谱图和阵元接收信号的频谱图。图 9－2(a)给出了应用混合 MCMC 方法产生平稳分布为 $\pi(\boldsymbol{\tau} \mid \boldsymbol{Z})$ 的马尔科夫链过程,即信号的时延估计随迭代次数的变化,可以直观地看出只需要经过 200 次迭代,时延估计的变化开始变得非常缓慢,并开始在真实值附近波动,说明马尔科夫链已经收敛。

作为对比,图 9－2(b)给出了使用独立马尔科夫链采样方法时,信号的时延估计随迭代次数的变化。可见此时需要 3200 次左右的迭代马尔科夫链才能收敛,收敛所需时间要远远大于本章所给出的混合 MCMC 方法,并且在 1000 次迭代之后,很长一段时间马尔科夫链的状态没有出现跳变,如果就此判定马尔科夫链已经达到平稳分布,得到信号时延估计结果的误差要大于 3200 次迭代之后的估计结果,这也是本章给出混合 MCMC 方法,即在独立马尔科夫链采样方法中引入自适应随机游走采样方法的重要原因。

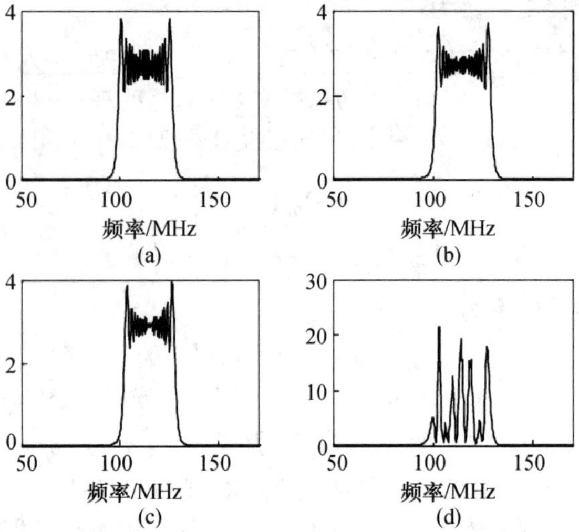

图 9-1　入射信号的频率成分

（a）入射信号 1 的频率成分；（b）入射信号 2 的频率成分；

（c）入射信号 3 的频率成分；（d）阵元接收信号的效率成分。

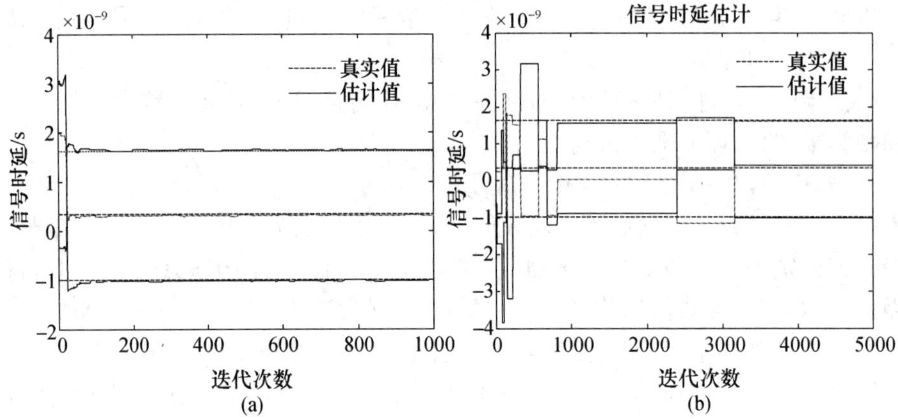

图 9-2　宽带非相干信号时延估计

（a）混合 MCMC 方法；（b）独立马尔科夫链采样方法。

图 9-3(a)、(b)、(c)分别给出了三个入射信号的时延估计直方图，直方图最大值对应的时延值即为入射信号的时延估计结果，代入式(9-52)可以求出相应的 DOA 估计值。

表 9-1 同时给出了用混合 MCMC 方法和独立马尔科夫链采样法得到的信号时延和 DOA 的估计值，并分别给出了估计结果相对于真实值的误差。由此可以看出，本章给出的混合 MCMC 方法较独立马尔科夫链采样方法不仅在收敛速度上得到了很大提高，也极大改善了估计精度。

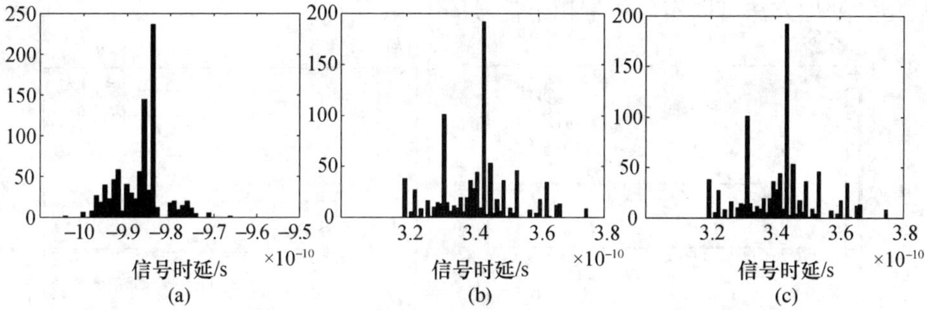

图 9－3　三个入射信号的时延估计直方图

（a）信号 1 时延估计直方图；（b）信号 2 时延估计直方图；（c）信号 3 时延估计直方图。

表 9－1　真实值和估计值的比较(宽带非相干信号)

参数	真实值	估计值（混合 MCMC）	估计值（独立马尔科夫链）	相对误差 混合/%	相对误差 独立/%
τ_1	-9.95×10^{-10}s	-9.85×10^{-10}s	-1.04×10^{-9}s	1.0	4.5
τ_2	3.35×10^{-10}s	3.44×10^{-10}s	4.02×10^{-10}s	2.7	20.0
τ_3	1.625×10^{-9}s	1.667×10^{-9}s	1.610×10^{-9}s	2.6	1.0
ϕ_1	－15°	－14.8°	－15.7	1.3	4.7
ϕ_2	5°	5.1°	6.0	2.0	20.0
ϕ_3	25°	25.6°	24.7	2.4	1.2

仿真实验 9－2　宽带相干信号。

入射信号为三个宽带相干线性调频信号，入射角分别为－15°、5°和 25°，信号频率范围为[100MHz，130MHz]，信噪比 SNR＝10dB，观测序列长度即快拍数 $N=64$，迭代次数为 $N_d = 1000$ 。

图 9－4～图 9－6 的具体说明同实验 9－1，不再赘述，可见本章给出的信号

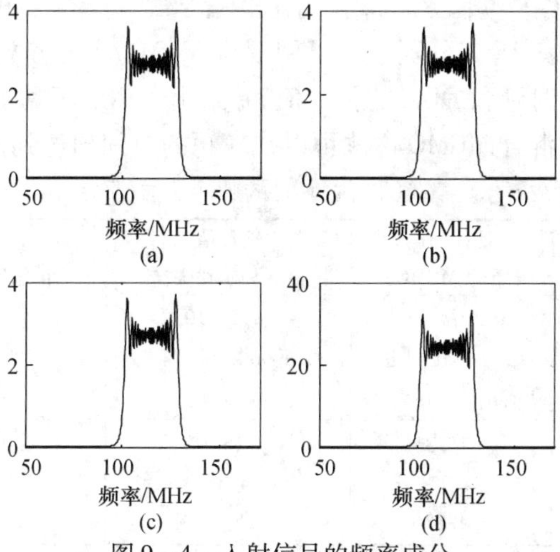

图 9－4　入射信号的频率成分

（a）入射信号 1 的频率成分；（b）入射信号 2 的频率成分；
（c）入射信号 3 的频率成分；（d）阵元接收信号的频率成分。

模型和处理方法可以实现宽带相干信号的 DOA 估计。

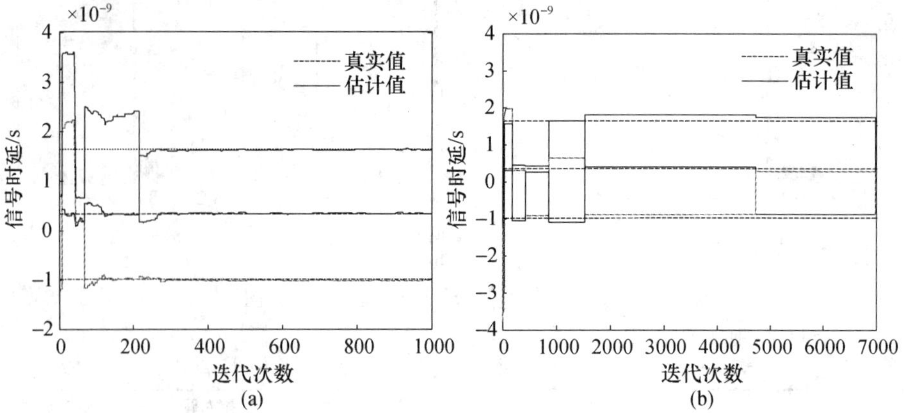

图 9-5 宽带相干信号时延估计

(a) 混合 MCMC 方法；(b) 独立马尔科夫链采样方法。

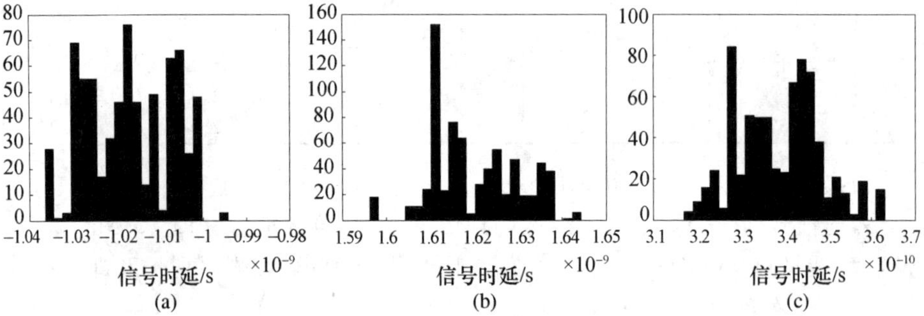

图 9-6 入射信号的时延估计直方图

(a) 信号 1 时延估计直方图；(b) 信号 2 时延估计直方图；(c) 信号 3 时延估计直方图。

同实验 9-1，表 9-2 分别给出了用混合 MCMC 方法和独立马尔科夫链采样方法得到的信号时延和 DOA 的估计值，并给出了相对于真实值的误差。再次证明了本章给出的混合 MCMC 方法可以在较短的时间内达到很高的估计精度。

表 9-2 真实值和估计值的比较(宽带相干信号)

参数	真实值	估计值（混合 MCMC）	估计值（独立马尔科夫链）	相对误差混合/%	相对误差独立/%
τ_1	-9.95×10^{-10}s	-1.016×10^{-9}s	-0.893×10^{-9}s	3.1	0.6
τ_2	3.35×10^{-10}s	3.29×10^{-10}s	3.56×10^{-10}s	7.8	13.4
τ_3	1.625×10^{-9}s	1.612×10^{-9}s	1.500×10^{-9}s	3.6	2.1
ϕ_1	-15°	-15.3°	-15.1°	2.0	0.7
ϕ_2	5°	4.9°	4.3°	2.0	14.0
ϕ_3	25°	24.8°	25.6°	0.8	2.4

仿真实验 9-3 窄带非相干信号。

入射信号为两个窄带非相干线性调频信号，入射角分别为 -15°和 5°，信号频率范围为[95MHz,99MHz],[98MHz,100MHz],信噪比 SNR = 10dB,观测序列长度即快拍数 $N=64$,迭代次数为 $N_d = 1000$ 。

两个窄带信号的频谱如图 9-7 所示,图 9-8 为信号时延随迭代次数的变化,可以看出经过 500 次左右的迭代,马尔科夫链近似达到平稳分布。图 9-9(a)、(b)分别为两个入射信号的时延估计直方图。表 9-3 给出了信号时延和 DOA 的估计值与真实值的比较以及相对误差。可见本章给出的信号模型和处理方法对窄带信号源同样适用。

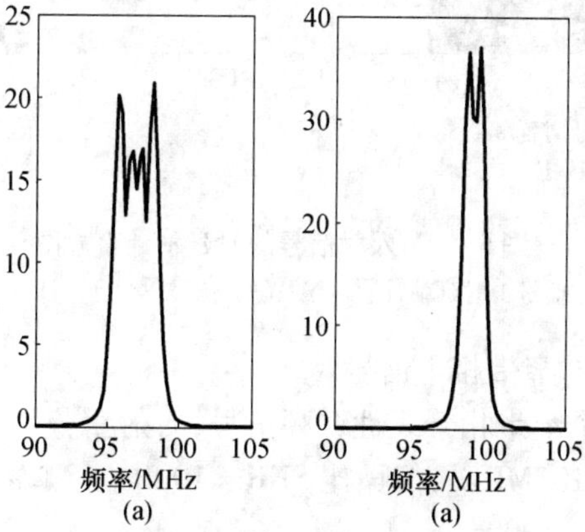

图 9-7 入射信号的频率成分

(a) 入射信号 1 的频率成分;(b) 入射信号 2 的频率成分。

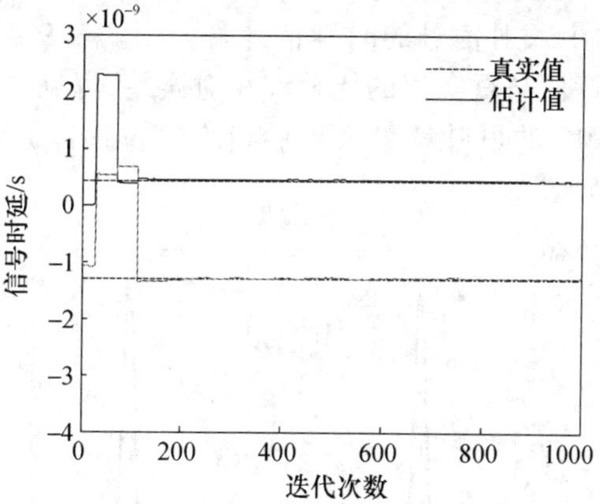

图 9-8 窄带非相干信号时延估计

表 9-3 真实值和估计值的比较(窄带非相干信号)

参数	真实值	估计值	相对误差/%
τ_1	-1.294×10^{-9} s	-1.282×10^{-9} s	0.9
τ_2	4.36×10^{-10} s	4.42×10^{-10} s	1.4
ϕ_1	−15°	−14.9°	0.7
ϕ_2	5°	5.1°	2.0

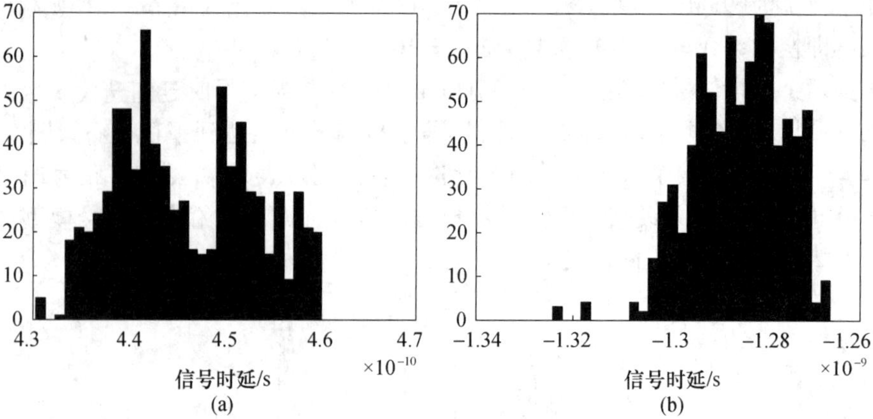

图 9－9　入射信号的时延估计直方图

（a）信号 1 时延估计直方图；（b）信号 2 时延估计直方图。

仿真实验 9－4　窄带相干信号。

入射信号为两个窄带相干线性调频信号，入射角分别为－15°和 5°，信号频率范围为[100MHz，101MHz]，信噪比 SNR＝10dB，观测序列长度即快拍数 $N=64$，迭代次数为 $N_d = 1000$ 。

信号频谱如图 9－10 所示，图 9－11 为信号时延估计随迭代次数的变化，可以看出经过 200 次左右的迭代，马尔科夫链近似达到平稳分布。图 9－12（a）、（b）分别为两个入射信号的时延估计直方图。表 9－4 给出了信号时延估计值和 DOA 估计值与真实值的比较和相对误差，可见本章所构建的信号模型和基于混合 MCMC 的贝叶斯最大后验概率方位估计方法对窄带相干信号源同样适用。

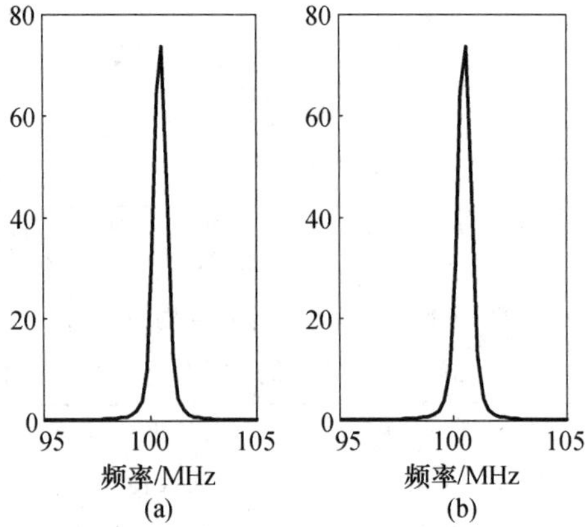

图 9－10　入射信号的频率成分

（a）信号 1 的频率成分；（b）信号 2 的频率成分。

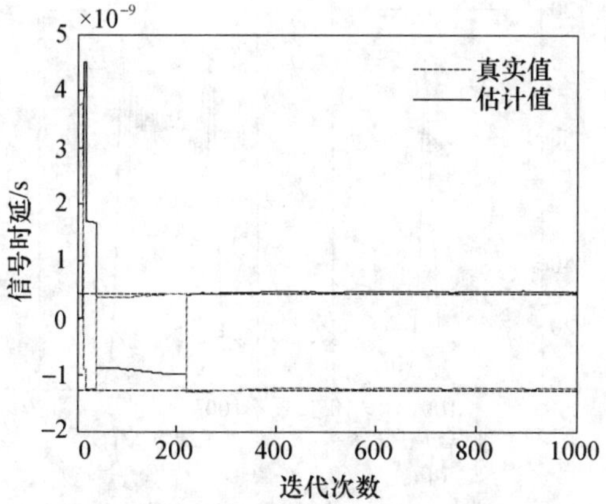

图 9 - 11　窄带相干信号时延估计

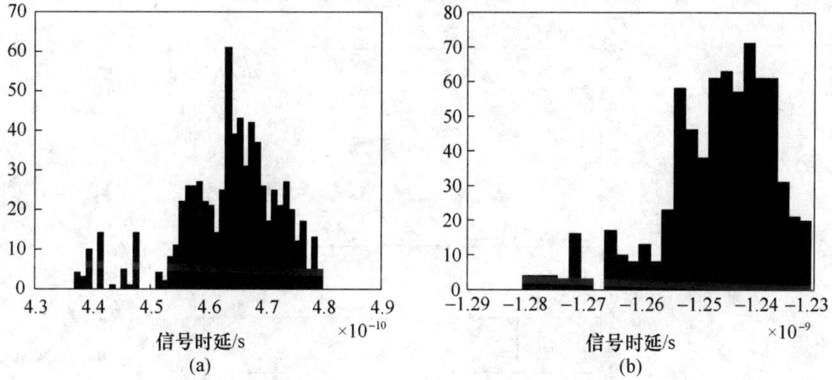

图 9 - 12　入射信号的时延估计直方图

(a) 信号 1 时延估计直方图；(b) 信号 2 时延估计直方图。

表 9 - 4　真实值和估计值的比较(窄带相干信号)

参数	真实值	估计值	相对误差/%
τ_1	-1.294×10^{-9} s	-1.242×10^{-9} s	4.0
τ_2	4.36×10^{-10} s	4.63×10^{-10} s	6.2
ϕ_1	$-15°$	$-14.5°$	3.3
ϕ_2	$5°$	$5.4°$	8.0

仿真实验 9 - 5　宽窄带混合信号。

入射信号为宽窄带混合信号,入射角分别为 $-15°$ 和 $5°$,信号频率范围分别为[100MHz,101MHz],[100MHz,130MHz],信噪比 SNR = 10dB,观测序列长度即快拍数 $N=64$,迭代次数为 $N_d = 1000$。

两个入射信号的频谱如图 9 - 13 所示。图 9 - 14 给出了信号的时延估计随迭代次数的变化,可以看出经过 400 次左右的迭代,马尔科夫链近似达到平稳分布。图 9 - 15(a)、(b)分别对应两个入射信号的时延估计直方图。表 9 - 5 给出

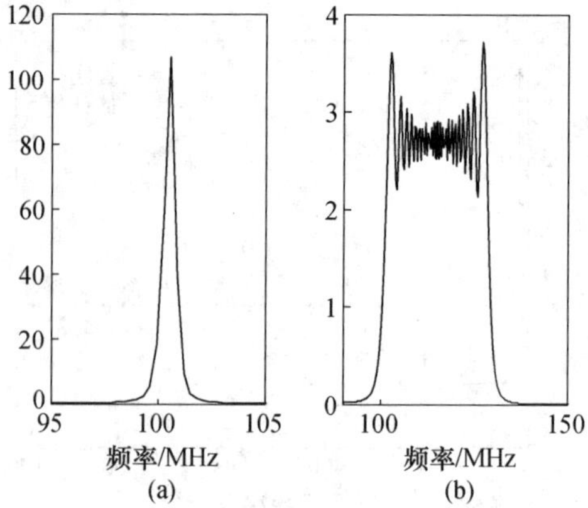

图 9－13　入射信号的频率成分

（a）入射信号 1 的频率成分；（b）入射信号 2 的频率成分。

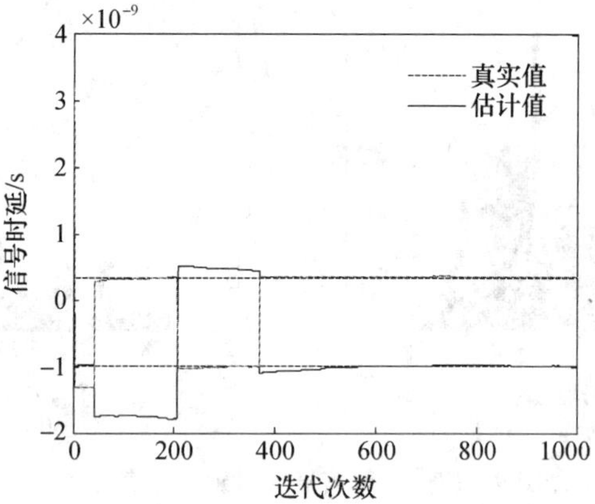

图 9－14　宽窄带混合信号时延估计

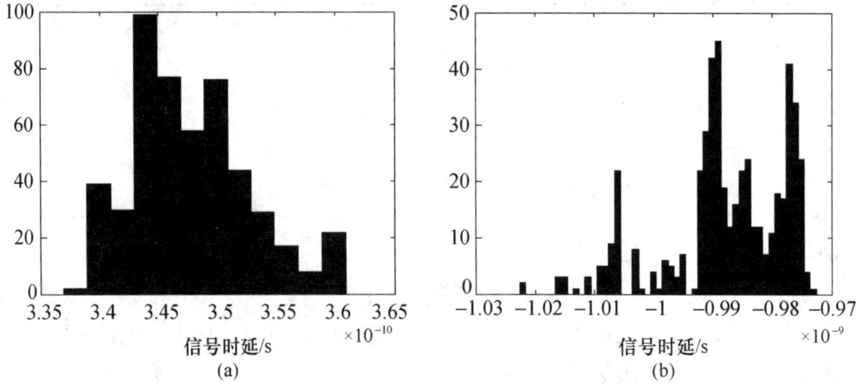

图 9－15　入射信号的时延估计直方图

（a）信号 1 时延估计直方图；（b）信号 2 时延估计直方图。

了信号时延和 DOA 的估计值与真实值的比较和相对误差,可见本章给出的信号模型和处理方法对宽窄带混合信号源同样适用。

表 9－5 真实值和估计值的比较(宽窄带混合信号)

参数	真实值	估计值	相对误差/%
τ_1	-9.96×10^{-10} s	-9.89×10^{-10} s	0.7
τ_2	3.35×10^{-10} s	3.44×10^{-10} s	2.7
ϕ_1	$-15°$	$-14.9°$	0.7
ϕ_2	$5°$	$5.1°$	2.0

仿真实验 9－6 算法的高分辨性。

入射信号为两个宽带线性调频信号,入射角分别为 10°和 5°,信号频率范围分别为[96MHz,129MHz],[100MHz,130MHz],信噪比 SNR＝10dB,观测序列长度即快拍数 $N=64$,迭代次数为 $N_d = 1000$ 。

16 个阵元构成的均匀直线阵的半功率点波束宽度为

$$BW_{0.5} = \arcsin\left(\frac{\lambda}{Md}\right) = 7.18° \tag{9-52}$$

式中:$d = \dfrac{\lambda}{2}$ 表示阵元间距,此时两个入射信号的角度间距为 5°,小于半功率点波束宽度 7.18°。

信号的时延估计随迭代次数的变化如图 9－16 所示,可以看出经过 300 次左右的迭代,马尔科夫链达到平稳分布。图 9－17 同时给出了两个入射信号的时延估计直方图。表 9－6 给出了信号时延和 DOA 的估计值与真实值的比较和相对误差。可见基于本章给出的信号模型,应用贝叶斯最大后验概率参数估计方法可以实现对宽带入射信号源的高分辨估计。

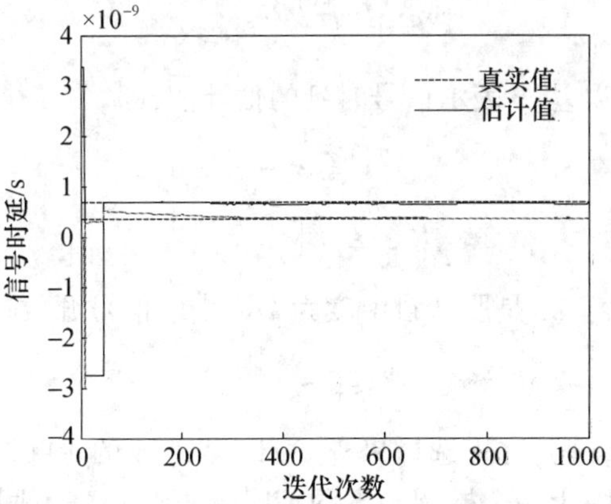

图 9－16 信号时延估计

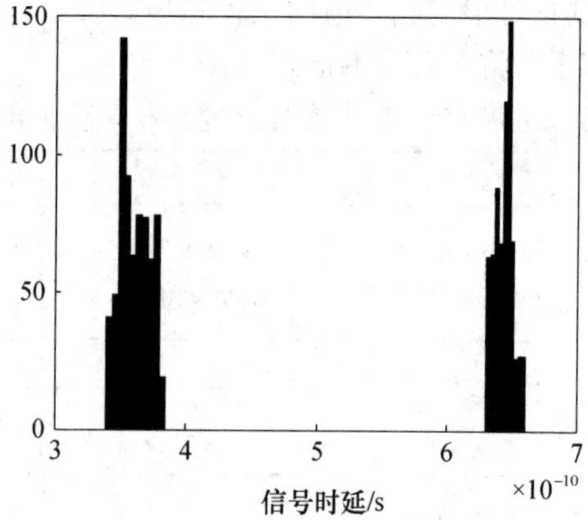

图 9－17　时延估计直方图

表 9－6　真实值和估计值的比较(高分辨)

参数	真实值	估计值	相对误差/%
τ_1	6.679×10^{-10} s	6.470×10^{-10} s	1.1
τ_2	3.352×10^{-10} s	3.500×10^{-10} s	8.1
ϕ_1	10°	9.7°	3.0
ϕ_2	5°	5.3°	6.0

仿真实验 9－7　信噪比对算法性能的影响。

信噪比是影响算法性能的一个重要因素，根据参考文献[17]提出的"goodness－of－fit 有效测试"进一步评估算法性能。

假设入射信号为两个宽带线性调频信号，入射角分别为－15°和 5°，信号频率范围分别为[101MHz，128MHz]，[100MHz，130MHz]，观测序列长度即快拍数 $N=64$，迭代次数为 $N_{\mathrm{d}}=1000$。

入射信号时延 $\boldsymbol{\tau}$ 估计误差的归一化协方差定义为

$$\varepsilon_{\tau} \triangleq \tilde{\boldsymbol{\tau}}^{\mathrm{T}} R_{\tilde{\tau}}^{-1} \tilde{\boldsymbol{\tau}} \tag{9-53}$$

式中：$\tilde{\boldsymbol{\tau}}$ 表示估计误差；$\hat{\boldsymbol{\tau}}$ 表示信号时延的估计值，即

$$\tilde{\boldsymbol{\tau}} \triangleq \boldsymbol{\tau} - \hat{\boldsymbol{\tau}} \tag{9-54}$$

$$R_{\tilde{\tau}} \triangleq E[\tilde{\boldsymbol{\tau}}\tilde{\boldsymbol{\tau}}^{\mathrm{T}}] \tag{9-55}$$

根据文献[17]有 ε_{τ} 是服从自由度为 k(k 表示信号源数目) 的 χ^2 分布，即

$$\varepsilon_{\tau} \sim \chi_k^2 \tag{9-56}$$

给定一个置信区间，这里选择95%，可以得到 ε_{τ} 的轮廓线，即信号时延的二维正确估计概率界限为一个椭圆。不同信噪比下会得到不同的椭圆线，用于评估混合 MCMC 方法估计信号时延的性能。在信噪比 15dB、10dB、5dB、0dB、

-2dB、-5dB 下分别做100 次蒙特卡罗实验,绘制时延估计 $\hat{\boldsymbol{\tau}} = [\hat{\tau}_1, \hat{\tau}_2]$ 的二维图,实验结果如图 9-18 所示。

由图 9-18 可以看出,随着信噪比的增加,椭圆的范围逐渐变小,估计结果越来越集中于95%置信区间对应椭圆的中心,估计结果的相对距离越来越小。

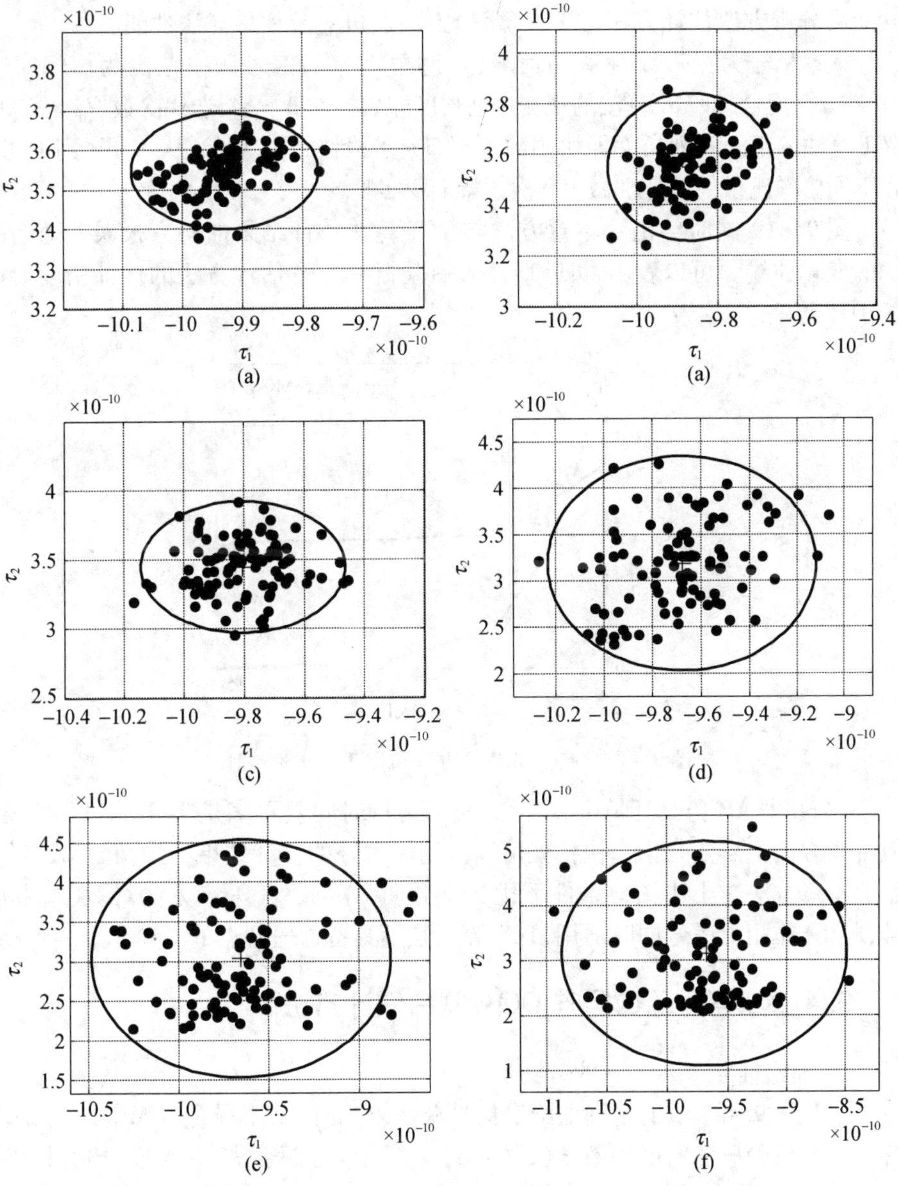

图 9-18　不同信噪比下信号时延估计和95%置信区间对应的归一化均方误差值

(a) SNR = 15dB; (b) SNR = 10dB; (c) SNR = 5dB;

(d) SNR = 0dB; (e) SNR = -2dB; (f) SNR = -5dB。

说明估计性能随着信噪比的增加有很大提高，但是当信噪比低于 -5dB 时，可以看出估计结果变得比较分散，说明本章给出的贝叶斯最大后验概率参数估计方法在低信噪比条件下性能下降很快。

仿真实验 9-8 贝叶斯最大后验概率方位估计方法与 TCT 算法比较。

TCT 算法在 CSM 类算法中性能最优，因此在实验 9-8 中将本章给出的贝叶斯高分辨方位估计方法与 TCT 算法相比较，进一步评估算法性能。

入射信号为宽带线性调频信号，入射角为 10°，信号频率范围为[100MHz, 130MHz]，混合 MCMC 算法的观测序列长度即快拍数 $N=64$，迭代次数 $N_d = 500$。TCT 算法的观测序列长度即快拍数 $N=256$，子段快拍数为 32，从 -5dB 到 16dB，在不同信噪比条件下分别做 100 次蒙特卡罗实验。

图 9-19 同时给出了本章方法与 TCT 算法估计结果的均方根误差随信噪比的变化曲线。可以看出，贝叶斯最大后验概率方位估计方法的估计精度要高于 TCT 算法。

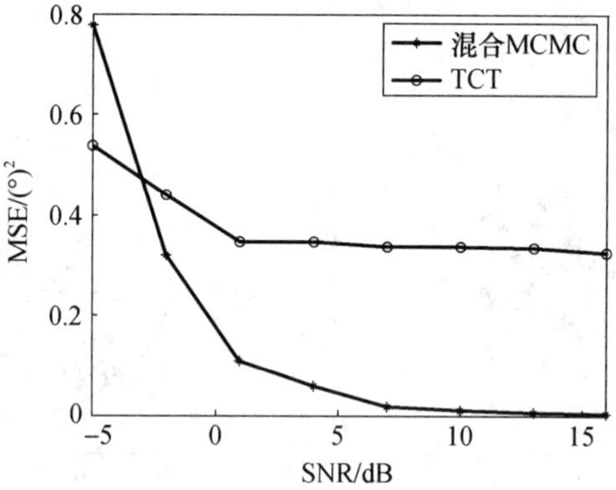

图 9-19 混合 MCMC 方法和 TCT 算法性能比较

在 MATLAB 仿真环境下，本章方法的运行时间差不多是 TCT 算法的 5 倍，但本章方法只需要几十个快拍就可以得到非常好的估计结果，因此和 TCT 算法相比本章方法在小快拍数条件下优势十分明显。此外，本章方法对宽、窄带信号，相干、非相干信号同时适用，TCT 算法是不具备这一特点的。

9.4.2 信号源数目与 DOA 联合估计方法

1. 理论推导

本节在 9.4.1 节的基础上给出信号源数未知时，采用混合 RJMCMC 方法求解贝叶斯后验概率密度函数 $\boldsymbol{\pi}(\boldsymbol{\tau},k \mid \boldsymbol{Z})$，实现信号源数和 DOA 联合估计的具体过程。

目标函数为 9.4.1 节推导出的时域模型下信号源数和信号时延的联合后验概率密度函数，即

$$\pi(\boldsymbol{\tau},k \mid \boldsymbol{Z}) \propto \frac{1}{(1+\delta^2)^{Nk/2}}\left(\frac{\Lambda}{2T_{\max}}\right)^k \frac{\exp\{-\Lambda\}}{k!}$$

$$\times\left(\gamma_0 + \mathrm{tr}(\boldsymbol{P}_{\boldsymbol{H}_0}^{\perp}(\boldsymbol{\tau})\hat{\boldsymbol{R}}_{zz})\right)^{-(MN+\nu_0)/2} \tag{9-57}$$

此时信号源数目即模型阶数 k 未知，因此需要采用可以在多维空间实现跳转的 RJMCMC 方法进行求解。RJMCMC 方法可以分为以下三个过程：

(1) Birth Move ($k < k_{\max}, k_{\max} = M$, M 表示阵元个数)：模型阶数加 1，此时需要在 $[-T_{\max}, T_{\max}]$ 范围内随机产生一个新的信号时延值 $\boldsymbol{\tau}$。

(2) Death Move ($k > 0$)：模型阶数减 1，从现有状态中随机去掉一个信号时延值 $\boldsymbol{\tau}$。

(3) Update Move：模型阶数保持不变，在 k 维空间中更新信号时延值。

三个过程的选择概率分别用 b_k、d_k、u_k 表示，有 $b_k + d_k + u_k = 1$ 。

$$b_k = c\min\left\{\frac{p(k+1)}{p(k)},1\right\} \tag{9-58}$$

$$d_{k+1} = c\min\left\{\frac{p(k)}{p(k+1)},1\right\} \tag{9-59}$$

式中：$p(\cdot)$ 是 k 阶模型的先验分布，由式(9-57)确定；c 表示一个调整参数，本章选择 $c = 0.5$，则每次迭代，跳转过程发生的概率在 0.5 和 1 之间[18]。则由上面两式就可以计算出不同模型阶数三个过程的选择概率，这里需要特别指出的是 $b_{k_{\max}} = 0, d_1 = 0$ 。

整个 RJMCMC 方法由每次迭代所选择的运动过程决定，具体描述如下：

(1) 初始化：设定 $\boldsymbol{\Phi}^0 = (\boldsymbol{\tau}^0, k^0)$。

(2) 迭代次数 i 。

① 抽取样本 $u \sim U[0,1]$ 。

② 当 $u < b_{k(i)}$ 时，选择 Birth Move。

③ $b_{k(i)} < u < b_{k(i)} + d_{k(i)}$ 时，选择 Death Move。

④ 除此之外，选择 Update Move。

(3) $i \leftarrow i+1$ ，回到步骤(2)。

最终，RJMCMC 方法将收敛到某一固定维数的参数空间，产生平稳分布为贝叶斯后验概率密度函数 $\pi(\boldsymbol{\tau},k \mid \boldsymbol{Z})$ 的马尔科夫链，基于这些样本可以近似估计 $\pi(\boldsymbol{\tau},k \mid \boldsymbol{Z})$ 。下面针对本章要解决的具体问题，分别给出 Update Move、Birth Move、Death Move 三个过程的具体描述。

1) Update Move

假设马尔科夫链目前所处的状态为 $\{\boldsymbol{\tau}_k, k\}$ ，选择 Update Move，马尔科夫链的状态维数保持不变，候选样本 $\boldsymbol{\tau}^*$ 在维数 k 固定的空间 $\boldsymbol{\Phi}_k$ 中抽取。混合 RJM-CMC 的更新过程和信号源数目已知时的混合 MCMC 方法完全一致，这里不再重

述,只将具体步骤总结如下(设 $\lambda = 0.5$):

(1) 迭代次数为 i,马尔科夫链所处的状态为 $\boldsymbol{\tau}_k^i$。

(2) 抽取样本 $u \sim U[0,1]$。

(3) 若 $u < \lambda$,执行独立马尔科夫链采样方法,提议函数为 $q_1(\boldsymbol{\tau}_k^* \mid \boldsymbol{\tau}_k^i)$,接受概率为 $\alpha_1 = \min\{r_1, 1\}$(见式(9-44))。

抽取样本 $u_1 \sim U[0,1]$,如果 $u_1 \leqslant \alpha_1$,则接受候选状态,马尔科夫链的状态更新为 $\boldsymbol{\tau}_k^{i+1} = \boldsymbol{\tau}_k^*$,否则马尔科夫链仍然停留在原状态 $\boldsymbol{\tau}_k^{i+1} = \boldsymbol{\tau}_k^i$。

(4) 若 $\lambda > u$,执行自适应随机游走采样方法,提议函数为 $q_2(\boldsymbol{\tau}_k^* \mid \boldsymbol{\tau}_k^i)$,接受概率为 $\alpha_2 = \min\{r_2, 1\}$(见式(9-50))。

抽取样本 $u_2 \sim U[0,1]$,如果 $u_2 \leqslant \alpha_2$,则接受候选状态,即马尔科夫链的状态更新为 $\boldsymbol{\tau}_k^{i+1} = \boldsymbol{\tau}_k^*$,否则马尔科夫链仍然停留在原状态,即 $\boldsymbol{\tau}_k^{i+1} = \boldsymbol{\tau}_k^i$。

2) Birth Move

假设第 i 次迭代马尔科夫链所处的状态为 $\{\boldsymbol{\tau}_k^i, k\}$,选择 Birth Move,马尔科夫链跳转到高维空间进行采样得到候选状态 $\boldsymbol{\tau}_{k+1}^*$,此时需要判断马尔科夫链的下一个状态是否为 $\{\boldsymbol{\tau}_{k+1}^*, k+1\}$。根据第8章接受比率的计算方法,得候选状态的接受比率 γ_{birth} 为

$$\gamma_{\text{birth}} = \frac{\pi(\boldsymbol{\tau}_{k+1}^*)\, q(\boldsymbol{\tau}_k^i, k \mid \boldsymbol{\tau}_{k+1}^*, k+1)}{\pi(\boldsymbol{\tau}_k^i)\, q(\boldsymbol{\tau}_{k+1}^*, k+1 \mid \boldsymbol{\tau}_k^i, k)} \times J((\boldsymbol{\tau}_k^i, k), (\boldsymbol{\tau}_{k+1}^*, k+1)) \tag{9-60}$$

候选状态 $\boldsymbol{\tau}_{k+1}^*$ 定义为

$$\boldsymbol{\tau}_{k+1}^* = [\boldsymbol{\tau}_k^i, \boldsymbol{\tau}_c] \tag{9-61}$$

式中:$\boldsymbol{\tau}_k^i$ 表示第 i 次迭代时的 k 维时延矢量;$\boldsymbol{\tau}_c$ 表示从均匀分布 $[-T_{\max}, T_{\max}]$ 随机产生的一个新的信号时延,和 $\boldsymbol{\tau}_k^i$ 一起构成第 $i+1$ 次迭代的 $k+1$ 维候选状态。此时 $\boldsymbol{\tau}_k^i$ 可以看成常量,模型阶数 k 和信号时延 $\boldsymbol{\tau}$ 相互独立,因此可得提议函数 $q(\boldsymbol{\tau}_{k+1}^*, k+1 \mid \boldsymbol{\tau}_k^i, k)$ 为

$$q(\boldsymbol{\tau}_{k+1}^*, k+1 \mid \boldsymbol{\tau}_k^i, k) = p(k+1)\frac{1}{2T_{\max}} \tag{9-62}$$

式中:$p(k+1)$ 表示模型阶数 $k+1$ 的先验分布。需要指出的是,式(9-60)中的雅科比值 $J((\boldsymbol{\tau}_k^i, k), (\boldsymbol{\tau}_{k+1}^*, k+1)) = 1$ [19]。

和 $q(\boldsymbol{\tau}_{k+1}^*, k+1 \mid \boldsymbol{\tau}_k^i, k)$ 相反,式(9-60)中的 $q(\boldsymbol{\tau}_k^i, k \mid \boldsymbol{\tau}_{k+1}^*, k+1)$ 表示从高维空间跳转到低维空间,最简单的想法是从 $k+1$ 维信号时延中随机去掉其中一个信号时延,因此有

$$q(\boldsymbol{\tau}_k^i,k \mid \boldsymbol{\tau}_{k+1}^*,k+1) = p(k) \times \frac{1}{k+1} \tag{9-63}$$

将式(9－62)、式(9－63)代入式(9－60)中，可得 Birth Move 接受比率 γ_{birth} 为

$$\gamma_{\text{birth}} = \frac{\pi(\boldsymbol{\tau}_{k+1}^*)}{\pi(\boldsymbol{\tau}_k^i)} \times \frac{2T_{\max}}{\lambda} \tag{9-64}$$

根据式(9－57)可得 $\pi(\boldsymbol{\tau}_{k+1}^*)$、$\pi(\boldsymbol{\tau}_k^i)$ 的具体表达式，代入式(9－64)得

$$\gamma_{\text{birth}} = \left(\frac{\gamma_0 + \text{tr}(\boldsymbol{P}_{\boldsymbol{H}_0}^{\perp}(\boldsymbol{\tau}_k^i)\hat{\boldsymbol{R}}_{zz})}{\gamma_0 + \text{tr}(\boldsymbol{P}_{\boldsymbol{H}_0}^{\perp}(\boldsymbol{\tau}_k^*)\hat{\boldsymbol{R}}_{zz}^*)}\right)^{(MN+v_0)/2} \times \frac{1}{(1+\delta^2)^{N/2}} \times \frac{1}{k+1} \tag{9-65}$$

则候选状态 $\{\boldsymbol{\tau}_{k+1}^*,k+1\}$ 的接受概率 $\alpha_{\text{birth}} = \min\{\gamma_{\text{birth}},1\}$。

最后将 Birth Move 的步骤总结如下：

(1) 产生新的样本 τ_c 和原有样本一起构成候选状态，即 $\boldsymbol{\tau}_{k+1}^* = [\boldsymbol{\tau}_k^i,\boldsymbol{\tau}_c]$。

(2) 根据式(9－65)计算候选样本的接受概率 $\alpha_{\text{birth}} = \min\{\gamma_{\text{birth}},1\}$。

(3) 抽取样本 $u \sim U[0,1]$。

(4) 如果 $\alpha_{\text{birth}} < u$，则马尔科夫链的状态变为 $\{\boldsymbol{\tau}_{k+1}^{i+1},k+1\}$，即 $\boldsymbol{\tau}_{k+1}^{i+1} = \boldsymbol{\tau}_{k+1}^*$；否则马尔科夫链仍然停留在状态 $\{\boldsymbol{\tau}_k^{i+1},k\}$，即 $\boldsymbol{\tau}_k^{i+1} = \boldsymbol{\tau}_k^i$。

3) Death Move

仍然假设第 i 次迭代马尔科夫链所处的状态为 $\{\boldsymbol{\tau}_k^i,k\}$，选择 Death Move，马尔科夫链跳转到低维空间，候选状态将在子空间 $\boldsymbol{\Phi}_{k-1}$ 中产生。根据第8章内容有候选状态的接受比率 γ_{death} 为

$$\gamma_{\text{death}} = \frac{\pi(\boldsymbol{\tau}_{k-1}^*)q(\boldsymbol{\tau}_k^i,k \mid \boldsymbol{\tau}_{k-1}^*,k-1)}{\pi(\boldsymbol{\tau}_k^i)q(\boldsymbol{\tau}_{k-1}^*,k-1 \mid \boldsymbol{\tau}_k^i,k)} \tag{9-66}$$

产生下一时刻候选样本最简单的方法是从当前状态的 k 维信号时延中随机去掉其中一个信号时延值，构成 k 维信号时延候选状态，因此有

$$q(\boldsymbol{\tau}_{k-1}^*,k-1 \mid \boldsymbol{\tau}_k^i,k) = p(k-1)\frac{1}{k} \tag{9-67}$$

与之相反有 $q(\boldsymbol{\tau}_k,k \mid \boldsymbol{\tau}_{k-1}^*,k-1)$ 表示从低维空间跳转到高维空间，因此有

$$q(\boldsymbol{\tau}_k^i,k \mid \boldsymbol{\tau}_{k-1}^*,k-1) = p(k)\frac{1}{2T_{\max}} \tag{9-68}$$

将式(9－67)、式(9－68)代入式(9－66)得到接受比率 γ_{death} 为

$$\gamma_{\text{death}} = \left(\frac{\gamma_0 + \text{tr}(\boldsymbol{P}_{\boldsymbol{H}_0}^{\perp}(\boldsymbol{\tau}_k^i)\hat{\boldsymbol{R}}_{zz})}{\gamma_0 + \text{tr}(\boldsymbol{P}_{\boldsymbol{H}_0}^{\perp}(\boldsymbol{\tau}_k^*)\hat{\boldsymbol{R}}_{zz}^*)}\right)^{(MN+v_0)/2} \times (1+\delta^2)^{N/2} \times k \tag{9-69}$$

则候选状态 $\{\boldsymbol{\tau}_{k-1}^{*},k-1\}$ 的接受概率 $\alpha_{\text{death}}=\min\{\gamma_{\text{death}},1\}$ 。

最后将 Death Move 的步骤总结如下：

（1）从当前状态中随机去掉一个样本，比如去掉第 j 个样本，得下一时刻的候选状态为 $\boldsymbol{\tau}_{k-1}^{*}=[\boldsymbol{\tau}_{1:j-1}^{i},\boldsymbol{\tau}_{j+1:k}^{i}]$。

（2）根据式(9-69)计算候选样本的接受概率 $\alpha_{\text{death}}=\min\{\gamma_{\text{death}},1\}$。

（3）抽取样本 $u\sim U[0,1]$。

（4）如果 $\alpha_{\text{death}}<u$ ，接受候选状态，马尔科夫链的状态变为 $\{\boldsymbol{\tau}_{k-1}^{i+1},k-1\}$，即 $\boldsymbol{\tau}_{k-1}^{i+1}=\boldsymbol{\tau}_{k-1}^{*}$；否则马尔科夫链仍然停留在原状态 $\{\boldsymbol{\tau}_{k}^{i+1},k\}$，即 $\boldsymbol{\tau}_{k}^{i+1}=\boldsymbol{\tau}_{k}^{i}$ 。

通过上面的分析可以看出，使用 RJMCMC 方法实现信号源数和 DOA 的联合估计由于需要进行模型选择，求解过程比 MCMC 方法要复杂很多。但是一旦确定了模型阶数，即马尔科夫链停留在维数固定的参数空间中，则 RJMCMC 方法将在 Update Move 中不断更新马尔科夫链的状态，直到 RJMCMC 方法收敛，得到平稳分布为 $\pi(\boldsymbol{\tau},k|\boldsymbol{Z})$ 的马尔科夫链。由此可见，单从实现信号 DOA 估计来看，RJMCMC 方法和 MCMC 方法的估计性能从理论上来说是相同的。因此，本小节重点讨论采用混合 RJMCMC 方法实现信号源数和 DOA 联合估计的可行性，以及信噪比、快拍数、阵元数对算法检测概率的影响。

2. 计算机仿真及结果分析

实验中如不特殊说明均使用阵元个数 $M=16$ 的均匀直线阵列，阵元间距为半波长，噪声为高斯白噪声。

仿真实验 9-9 宽带信号源数和波达方向的联合估计。

入射信号为两个宽带线性调频信号，入射角分别为 10°和 30°，信号频率范围分别为[100MHz，130MHz]，[101MHz，129MHz]，信噪比 SNR = 10dB，观测序列长度即快拍数 $N=64$，迭代次数 $N_{\text{d}}=1000$ 。在使用混合 RJMCMC 方法进行估计时，根据 Reversible jump 抽样原理可知，模型阶数 k 能够达到的最大空间维数为 $k=k_{\max}$，$k_{\max}=M=16$，即 M 个阵元所能检测的信号源数目最大值为 M。

图 9-20(a)给出了前 200 次迭代信号源数目估计值随迭代次数的变化，可以看出，模型阶数 k 随着迭代过程的进行在不同维数的空间跳转，在 50 次迭代左右收敛到正确的模型阶数 2。图 9-20(b)给出了"burn-in"过程之后的信号源数目的检测概率。

图 9-21 给出了信号时延估计随迭代次数的变化，可以看出，虽然模型阶数 k 在 50 次迭代左右已经到达正确的参数空间，但马尔科夫链要经过 300 次左右的迭代才能达到平稳分布。说明马尔科夫链跳转到维数为 2 的参数空间后，在 Update Move 中需经过一段时间的迭代，才能收敛到平稳分布。表 9-7 给出了信号时延以及 DOA 真实值和估计值的比较结果和相对误差。

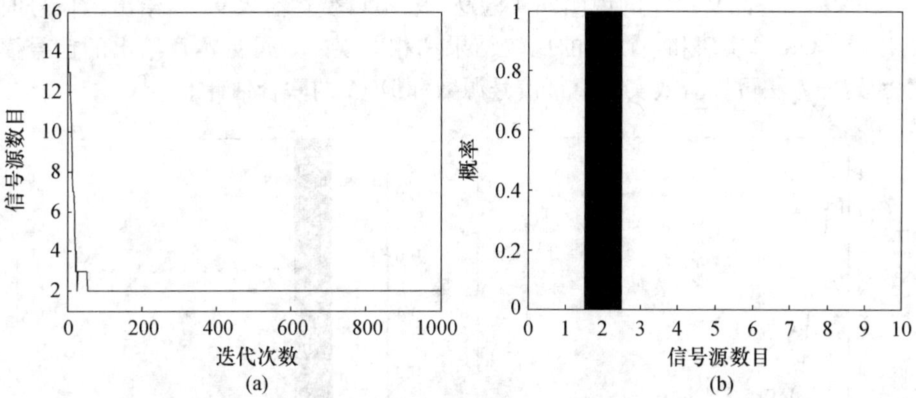

图 9－20　信号源数目估计

（a）信号源数目估计随迭代次数的变化；（b）burn-in 过程后的信号源数目估计直方图。

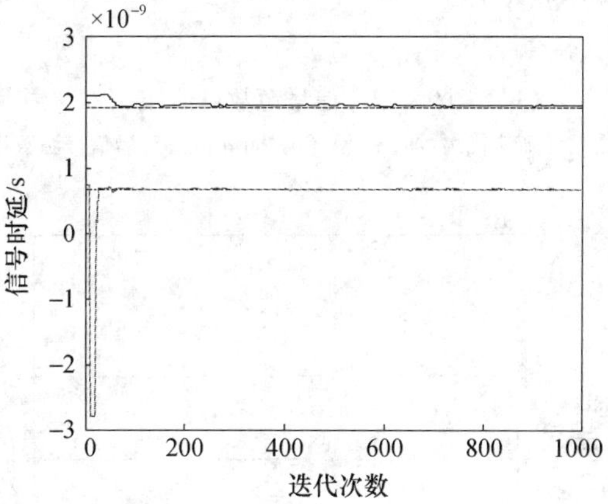

图 9－21　信号时延估计

表 9－7　真实值和估计值的比较(信号源数未知)

参数	真实值	估计值	相对误差/%
τ_1	6.68×10^{-10}	6.71×10^{-10}	0.5
τ_2	1.923×10^{-9}	1.957×10^{-9}	1.8
ϕ_1	10°	10.1°	−1.0
ϕ_2	30°	30.6°	2.0

综上可得,基于本章给出的信号模型,将混合 RJMCMC 方法引入贝叶斯最大后验概率参数估计,可有效实现宽带信号源数和 DOA 的联合估计。

仿真实验 9－10　窄带信号源数和波达方向的联合估计。

入射信号为两个窄带线性调频信号,入射角分别为 －10°和 20°,信号频率范围分别为[90MHz,100MHz],[92MHz,100MHz],信噪比 SNR = 10dB,观测序列长度即快拍数 $N=64$,迭代次数为 $N_{\mathrm{d}} = 1000$ 。

图 9-22、图 9-23 的说明同实验 9-9，不再赘述。表 9-8 给出了信号时延以及 DOA 真实值和估计值的比较结果和相对误差。可见本章给出的信号模型和处理方法可以有效实现窄带信号源数和 DOA 的联合估计。

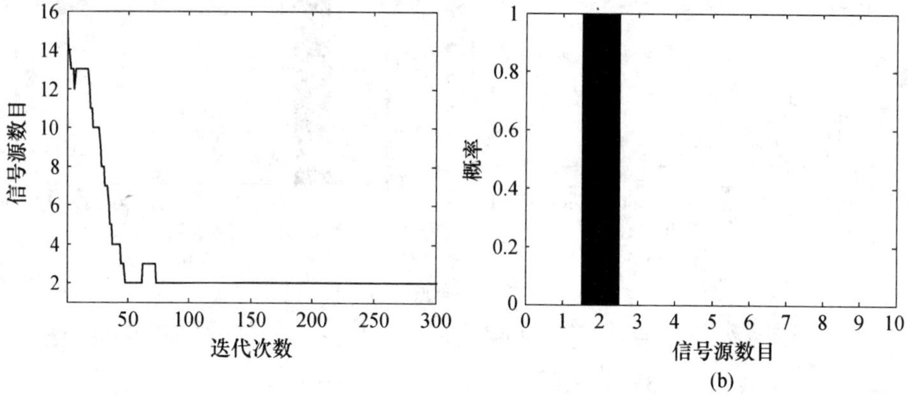

图 9-22　信号源数目估计

(a) 信号源数目估计随迭代次数的变化；(b) burn-in 过程后信号源数目估计直方图。

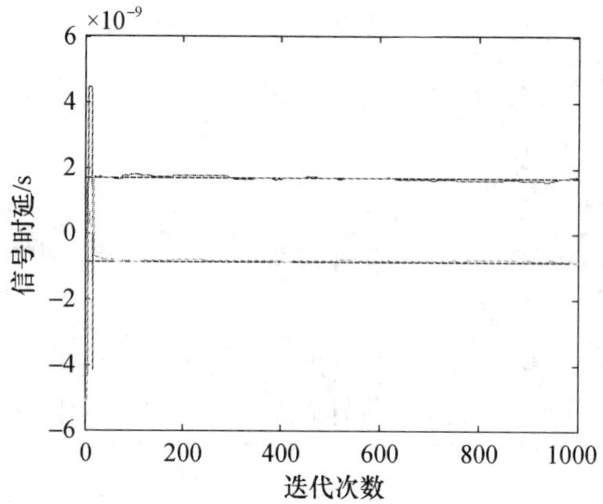

图 9-23　信号时延估计

表 9-8　真实值和估计值的比较(信号源数未知)

参数	真实值	估计值	相对误差/%
τ_1	-8.68×10^{-10}	-8.28×10^{-10}	4.6
τ_2	1.710×10^{-9}	1.655×10^{-9}	3.2
ϕ_1	$-10°$	$-9.5°$	5.0
ϕ_2	$20°$	$19.3°$	3.5

仿真实验 9-11　快拍数对算法检测概率和估计性能的影响。

入射信号为 2 个宽带线性调频信号，入射角分别为 $-10°$ 和 $20°$，信号频率范围分别为[100MHz,130MHz],[101MHz,129MHz],混合 RJMCMC 方法的迭代次数为 $N_{\mathrm{d}} = 1000$ 。

在不同观测序列长度即快拍数 N 和不同信噪比 SNR 条件下分别做 100 次独立的蒙特卡罗实验,得到正确检测概率分别在 $N=64$、$N=50$、$N=32$ 时随信噪比的变化,如图 9-24 所示。可见,随着快拍数和信噪比的增加,信号源数目的正确估计概率逐渐趋近于 1,在 $N=64$ 的条件下,即使在 SNR = -5dB 时,本章给出的方法仍然可以达到50%的正确检测概率。由此可得,本章给出的贝叶斯最大后验概率参数估计方法在小快拍数、低信噪比条件下仍然具有非常好的信号检测性能。

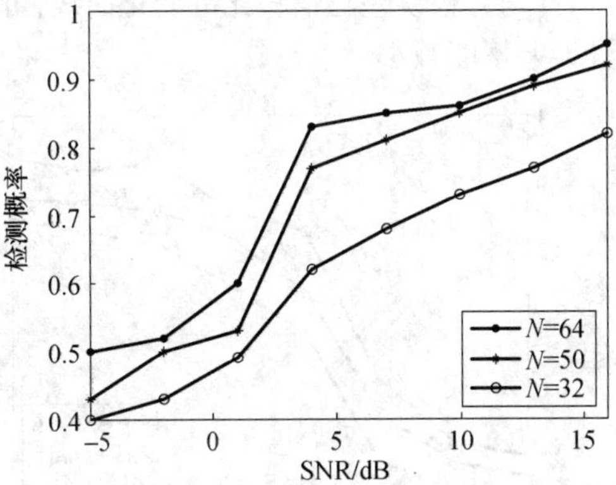

图 9-24　不同快拍数下检测概率随信噪比的变化

图 9-25(a)、(b)分别给出了在快拍数 $N=64$、$N=50$、$N=32$ 时,两个入射信号 DOA 的估计均方根误差随信噪比的变化曲线,可以看出随着快拍数和信噪比的增加估计误差不断减小。证明了本章给出的贝叶斯最大后验概率参数估计方法只需要很小的快拍数(64 个快拍数)就可以达到很高的估计精度。而目前

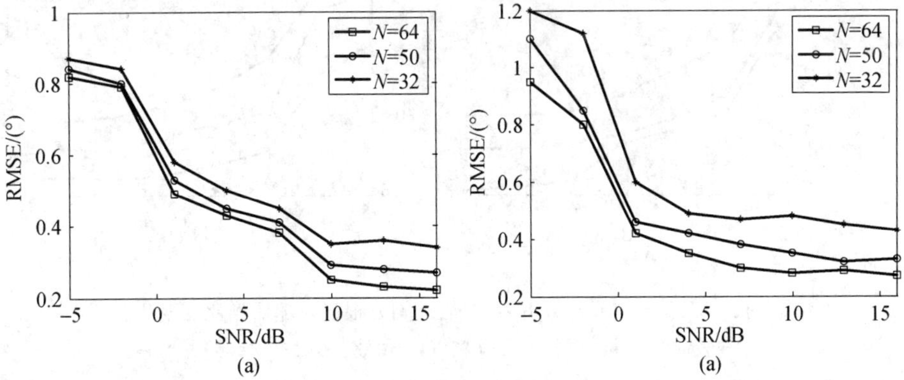

图 9-25　不同快拍数下 DOA 估计均方根误差随信噪比的变化

(a) 信号 1 入射角 $\phi = -10°$; (b) 信号 2 入射角 $\phi = 20°$ 。

常用的宽带高分辨子空间估计算法,由于需要估计多个窄频段的协方差矩阵,因此必须要有足够多的快拍数才能得到比较好的估计结果。相比而言,贝叶斯最大后验概率参数估计方法在小快拍数情况下具有很大优势。

仿真实验 9-12 阵元数对算法检测概率和估计精度的影响。

实验条件同实验 9-11,取快拍数 $N=64$。在不同阵元数 M 和不同信噪比 SNR 条件下分别做 100 次独立的蒙特卡罗实验。

图 9-26 给出了 $M=16$、$M=12$、$M=8$ 时正确检测概率随信噪比的变化曲线。可见阵元数对算法检测概率的影响是非常大的,随着阵元数的增加,在高信噪比条件下信号源数目的正确估计概率逐渐趋近于 1。图 9-27 分别给出了两个入射信号 DOA 的估计均方根误差随信噪比的变化曲线,可以看出随着阵元数和信噪比的增加估计误差不断减小。

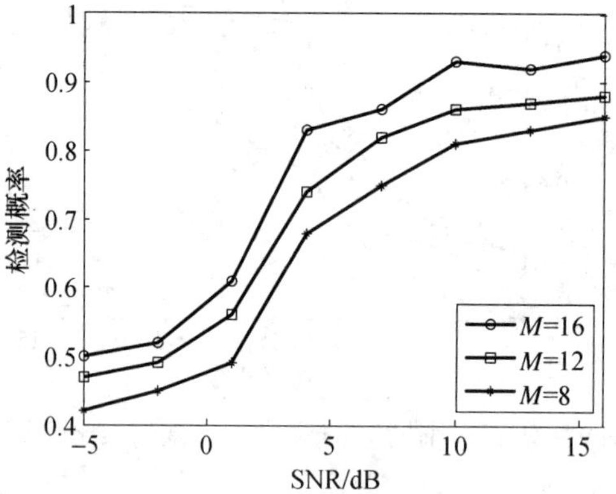

图 9-26 不同阵元数下检测概率随信噪比的变化

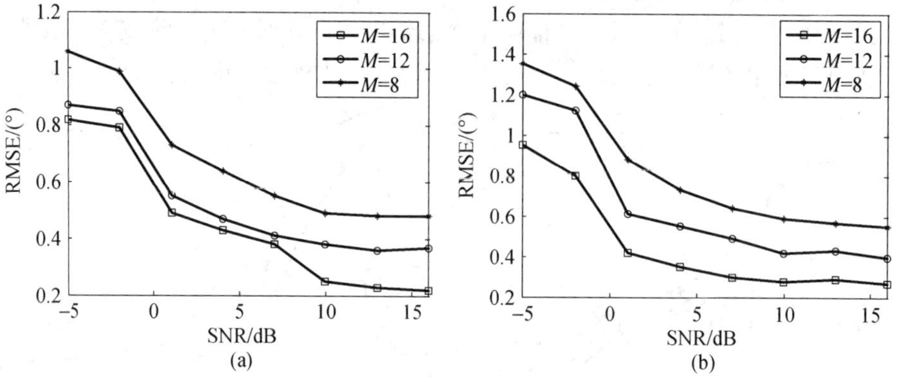

图 9-27 不同阵元数下 DOA 估计均方根误差随信噪比的变化

(a) 信号 1 入射角 $\phi=-10°$;(b) 信号 2 入射角 $\phi=20°$。

仿真实验 9-13 时延估计的均方误差和 CRLB 比较。

为了评估算法性能,在同样的实验条件下,同时对 N. G. Willam 在参考文献

[3]中给出的方法和本章方法进行实验仿真,并将这两种方法得到的信号时延估计均方误差与 CRLB 相比较,CRLB 的推导过程见附录。

假设入射信号为宽带线性调频信号,入射角为 10°,信号频率范围为[100MHz,130MHz],观测序列长度即快拍数 $N=64$。用本章给出的信号模型和处理方法进行参数估计时,迭代次数 $N_{d1}=1000$;用参考文献[3]中的信号模型和处理方法进行参数估计时,迭代次数 $N_{d2}=3000$。从 -5dB 到 16dB,在一系列信噪比下分别做 100 次蒙特卡罗实验,根据实验结果计算时延估计的均方误差。

图 9-28 给出了两种方法的时延估计均方误差和 CRLB 的比较结果,可以看出本章方法在较短的时间内(1000 次迭代)获得的估计性能要远远优于参考文献[3]中的方法。原因主要有两个方面:一是本章给出的基于带通信号重构理论的信号模型更为合理,构建的插值矩阵较参考文献[3]基于低通信号重构理论的插值矩阵更为准确;另一方面是因为本章采用混合 RJMCMC 方法求解贝叶斯最大后验概率密度函数,大大提高了算法的收敛速度和估计精度。同时可以看到,随着信噪比的增加,混合 RJMCMC 方法的估计均方误差逐渐接近 CRLB,但是当信噪比低于 -2dB 时,算法的性能急剧下降(均方误差远离 CRLB)。

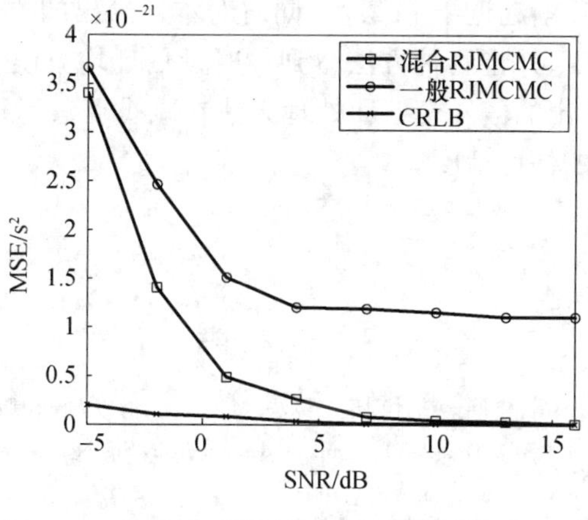

图 9-28　信号时延估计均方误差随信噪比的变化

9.5 小　结

本章详细介绍了 MC 方法的基本内容,包括经典 MC 方法、MCMC 方法及 RJMCMC 方法的基本原理、应用以及存在的问题等,在此基础上给出了基于交叉混合策略的混合 MCMC 方法以及混合 RJMCMC 方法。

在宽/窄带信号同时适用的阵列信号处理时域模型下,应用贝叶斯最大后验概率参数估计理论，给出了求解信号源数和信号时延联合后验概率密度函数的具体过程，并详细讨论了信号恢复的必要性和可行性，最后对贝叶斯最大后验概率参数估计方法的性能进行了分析比较。贝叶斯最大后验概率参数估计方法由于多重积分和多维搜索导致计算量巨大，实时性差，难以在工程中广泛应用，因此本章采用混合 MCMC 方法和混合 RJMCMC 方法，通过建立平稳分布为贝叶斯后验概率密度函数的马尔科夫链实现参数估计。

通过分析发现，混合 RJMCMC 方法的 Update Move 和混合 MCMC 方法的实现过程是相同的。为了易于理解和评估算法性能，本章首先给出了信号源数目已知时，用混合 MCMC 方法实现信号源 DOA 估计的过程；仿真实验证明，本章给出的信号模型和处理方法对宽、窄带信号以及相干、非相干信号同时适用；并分析了信噪比对算法性能的影响，给出了贝叶斯最大后验概率方位估计方法和 TCT 算法的比较，证明了本章给出的贝叶斯最大后验概率方位估计方法在小快拍数情况下具有很大的优越性，在此基础上，给出了信号源数目未知时，基于混合 RJMCMC 方法实现信号源数和 DOA 联合估计的过程，实验表明，本章方法可以在正确估计出入射信号源数目的同时实现信号的 DOA 估计，并且算法的运行速度和估计性能都得到了很大提高；分析了信噪比、快拍数和阵元数对本章处理方法检测概率的影响，实验证明随着信噪比、阵元数和快拍数的增加，信号源数目估计的正确概率逐渐趋近于 1；最后，同时对本章给出的方法和参考文献[3]中的方法进行了仿真，并将两种方法得到的时延估计均方误差与 CRLB 进行了比较，证明了本章给出的信号模型和处理方法在减小算法运行时间的同时大幅度提高了信号时延的估计精度。

参考文献

[1] 王永良，陈辉，彭应宁，等. 空间谱估计理论与算法[M]. 北京：清华大学出版社，2004：52－53.

[2] William N G, James P Reilly, Thia Kirubarajan. Wideband Array Signal Processing Using MCMC Methods [J]. IEEE Transaction on Signal Processing, 2003.

[3] William N G, James P Reilly. Wideband Array Signal Processing Using MCMC Methods[J]. IEEE Transactions on Signal Processing. 2005, 50(2).

[4] Roy E Bethel. Joint Detection and Estimation in a Multiple Signal Array Processing Environment [D]. Virginia: George Mason University, 2002.

[5] 李勇. 先验分布的选择理论研究[D]. 成都：西南交通大学，2006.

[6] 徐钟济. 蒙特卡罗方法[M]. 上海：上海科学技术出版社，1985.

[7] 朱本仁. 蒙特卡罗方法引论[M]. 济南：山东大学出版社，1987.

[8] 裴鹿成，王仲奇. 蒙特卡罗方法及其应用[M]. 北京：海洋出版社，1998.

[9] Petar M Djuric, Simon J Godsill. Guest Editorial-Special Issue on Monte Carlo Methods for Statistical Signal Processing [J]. IEEE Transactions on Signal Processing, 2000, 50(2).

[10] Walsh B. Markov Chain Monte Carlo and Gibbs Sampling. Lecture Notes for EBB 581, version 26 [J]. 2004,(4).

[11] 李雄. 基于蒙特卡罗方法的高分辨方位估计新方法研究[D]. 西安:西北工业大学,2005.

[12] Wax M, Detection and Localization of Multiple Sources via the Stochastic Signals Model [J]. IEEE Transactions on Signal Processing,1991,39(11):2450 - 2456.

[13] Cho C,Djuric P M. Detection And Estimation of DOAs of Signals via Bayesian Predictive Densities [J]. IEEE Transactions on Signal Processing,1994,42(11):3051 - 3060.

[14] Ottersten B,Viberg M,Stoica P,et al. Exact And Large Sample Maximum Likelihood Techniques For Parameter Estimation And Detection In Array Processing [J]. Radar Array Processing,1993:99 - 151.

[15] 张尧庭,陈汉峰. 贝叶斯统计推断[M]. 北京:科学出版社,1991.

[16] Christophe Andrieu, Arnaud Doucet. Joint Bayesian Model Selection and Estimation of Noisy Sinusoids via Reversible Jump MCMC [J]. IEEE Transactions os Signal Processing,1999,47(10).

[17] Li X - R,Bar-Shalom Y,Kirubarajan T. Estimation, Tracking and Navigation: Theory, Algorithms and Software [M]. New York: Wiley, 2001.

[18] Peter J Green. Reversible jump Markov chain Monte Carlo computation and Bayesian model detection [J]. Biometrika,1995,82:711 - 732.

[19] Godsill S. On the relationship between MCMC model uncertainty methods [J]. Journal of Computational and Graphical Statistics, 2001,10(2).

附录　CRLB 的推导过程

假设有 K 个入射信号,对应的信号时延为 $\tau_k(k=0,1,2,\cdots,K-1)$。由第 8 章可知阵列输出数据矢量 $\boldsymbol{y}(n)$ 可表示为

$$\boldsymbol{y}(n)=\boldsymbol{H}_0(\boldsymbol{\tau})\boldsymbol{a}(n)+\sum_{l=-L}^{-1}\boldsymbol{H}_l(\boldsymbol{\tau})\boldsymbol{a}(n-l)+\sum_{l=1}^{L}\boldsymbol{H}_l(\boldsymbol{\tau})\boldsymbol{a}(n-l)+\sigma_\omega\boldsymbol{\omega}(n) \tag{A-1}$$

其中

$$\boldsymbol{H}_l(\boldsymbol{\tau})=[\boldsymbol{h}_l(\tau_0)\quad \boldsymbol{h}_l(\tau_1)\quad\cdots\quad \boldsymbol{h}_l(\tau_{K-1})] \tag{A-2}$$

$$\boldsymbol{h}_l(\tau_k)\triangleq(h_l(0)\quad h_l(\tau_k)\quad\cdots\quad h_l((M-1)\tau_k))^{\mathrm{T}} \tag{A-3}$$

$$\boldsymbol{a}(n)\triangleq[s_0(n)\quad s_1(n)\quad\cdots\quad s_{K-1}(n)]^{\mathrm{T}} \tag{A-4}$$

定义似然函数 $l(\tau_k)$ 为

$$l(\tau_k)=p(Y\mid\tau_k)=\prod_{n=1}^{N}\frac{1}{(2\pi\sigma_\omega^2)^{M/2}}\exp\left\{\frac{-1}{2\sigma_\omega^2}\left(\boldsymbol{y}(n)-\sum_{l=-L+1}^{L-1}\boldsymbol{H}_l(\boldsymbol{\tau})\boldsymbol{a}(n-l)\right)^{\mathrm{T}}\left(\boldsymbol{y}(n)-\sum_{l=-L+1}^{L-1}\boldsymbol{H}_l(\boldsymbol{\tau})\boldsymbol{a}(n-l)\right)\right\} \tag{A-5}$$

令

$$\boldsymbol{u}(n)=\boldsymbol{y}(n)-\sum_{l=-L}^{L}\boldsymbol{H}_l(\boldsymbol{\tau})\boldsymbol{a}(n-l) \tag{A-6}$$

对式(A-5)取对数,则有

$$L(\tau_k)\triangleq\ln[l(\tau_k)]=\frac{-1}{2\sigma_\omega^2}\sum_{n=1}^{N}\boldsymbol{u}^{\mathrm{T}}(n)\boldsymbol{u}(n)-\frac{MN}{2}\ln(2\pi\sigma_\omega^2) \tag{A-7}$$

为了得到 CRLB,需要计算 Fisher 信息矩阵 $\boldsymbol{J}(\tau_k)$,定义为

$$\boldsymbol{J}(\tau_k)=\begin{bmatrix} E\left[\dfrac{\partial L^2(\tau_k)}{\partial\tau_0\partial\tau_0}\right] & \cdots & E\left[\dfrac{\partial L^2(\tau_k)}{\partial\tau_0\partial\tau_{K-1}}\right]\\ \vdots & \ddots & \vdots\\ E\left[\dfrac{\partial L^2(\tau_k)}{\partial\tau_{K-1}\partial\tau_0}\right] & \cdots & E\left[\dfrac{\partial L^2(\tau_k)}{\partial\tau_{K-1}\partial\tau_{K-1}}\right]\end{bmatrix} \tag{A-8}$$

下面给出其中各项的具体推导过程。首先推导一阶导数,推导如下:

$$\frac{\partial L(\tau_k)}{\partial \tau_k}=\frac{-1}{2\sigma_\omega^2}\left\{\frac{\partial}{\partial \tau_k}\sum_{n=1}^{N}\boldsymbol{u}^{\mathrm{T}}(n)\boldsymbol{u}(n)\right\}$$

$$=\frac{-1}{2\sigma_\omega^2}\left\{\sum_{n=1}^{N}\left(\frac{\partial \boldsymbol{u}(n)}{\partial \tau_k}\right)^{\mathrm{T}}\boldsymbol{u}(n)+\sum_{n=1}^{N}\boldsymbol{u}^{\mathrm{T}}(n)\left(\frac{\partial \boldsymbol{u}(n)}{\partial \tau_k}\right)\right\} \quad (\mathrm{A}-9)$$

$$\frac{\partial \boldsymbol{u}(n)}{\partial \tau_k}=\frac{\partial}{\partial \tau_k}\left(\boldsymbol{y}(n)-\sum_{l=-L}^{L}\boldsymbol{H}_l(\boldsymbol{\tau})\boldsymbol{a}(n-l)\right)=-\sum_{l=-L}^{L}\frac{\partial \boldsymbol{H}_l(\boldsymbol{\tau})}{\partial \tau_k}\boldsymbol{a}(n-l)$$

$$=-\sum_{l=-L}^{L}\frac{\partial}{\partial \tau_k}\left[\boldsymbol{h}_l(0)\quad\cdots\quad\boldsymbol{h}_l(\tau_{K-1})\right]\begin{bmatrix}s_0(n-l)\\ \vdots\\ s_{K-1}(n-l)\end{bmatrix}$$

$$=-\sum_{l=-L}^{L}\boldsymbol{h}'_l(\tau_k)\boldsymbol{s}_k(n-l)=$$

$$-\boldsymbol{h}'(\tau_k)\boldsymbol{s}_k(n)$$

$$(\mathrm{A}-10)$$

其中

$$\boldsymbol{h}'(\tau_k)=\left[\tilde{\boldsymbol{h}}'_{-L}(\tau_k)\quad\cdots\quad\tilde{\boldsymbol{h}}'_{L}(\tau_k)\right] \quad (\mathrm{A}-11)$$

$$\boldsymbol{s}_k(n)=\left[\boldsymbol{s}_k(n+L)\quad\cdots\quad\boldsymbol{s}_k(n-L)\right]^{\mathrm{T}} \quad (\mathrm{A}-12)$$

将式(A-10)代入式(A-9)可得

$$\frac{\partial L(\tau_k)}{\partial \tau_k}=\frac{-1}{\sigma_\omega^2}\left\{\sum_{n=1}^{N}(-\boldsymbol{h}'(\tau_k)\boldsymbol{s}_k(n))^{\mathrm{T}}\boldsymbol{u}(n)\right\}$$

$$=\frac{1}{\sigma_\omega^2}\left\{\sum_{n=1}^{N}\boldsymbol{s}_k^{\mathrm{T}}(n)\boldsymbol{g}_k(n)\right\} \quad (\mathrm{A}-13)$$

其中

$$\boldsymbol{g}_k(n)=(\boldsymbol{h}'(\tau_k))^{\mathrm{T}}\boldsymbol{u}(n) \quad (\mathrm{A}-14)$$

由式(A-13)推导二阶导数

$$\frac{\partial L^2(\tau_k)}{\partial \tau_k\partial \tau_p}=\frac{1}{\sigma_\omega^2}\frac{\partial}{\partial \tau_p}\left\{\sum_{n=1}^{N}\boldsymbol{s}_k^{\mathrm{T}}(n)\boldsymbol{g}_k(n)\right\}$$

$$=\frac{1}{\sigma_\omega^2}\sum_{n=1}^{N}\boldsymbol{s}_k^{\mathrm{T}}(n)\left(\frac{\partial(\boldsymbol{h}'(\tau_k))^{\mathrm{T}}\boldsymbol{u}(n)}{\partial \tau_p}\right)$$

$$=\frac{1}{\sigma_\omega^2}\sum_{n=1}^{N}\boldsymbol{s}_k^{\mathrm{T}}(n)\left(\frac{\partial(\boldsymbol{h}'(\tau_k))^{\mathrm{T}}\boldsymbol{u}(n)}{\partial \tau_p}\right) \quad (\mathrm{A}-15)$$

如果 $k\neq p$,有

$$\frac{\partial L^2(\tau_k)}{\partial\tau_k\partial\tau_p}=\frac{1}{\sigma_\omega^2}\sum_{n=1}^{N}\boldsymbol{s}_k^{\mathrm{T}}(n)(\boldsymbol{h}'(\tau_k))^{\mathrm{T}}\frac{\partial\boldsymbol{u}(n)}{\partial\tau_p}$$

$$=\frac{-1}{\sigma_\omega^2}\sum_{n=1}^{N}\boldsymbol{s}_k^{\mathrm{T}}(n)(\boldsymbol{h}'(\tau_k))^{\mathrm{T}}\boldsymbol{h}'(\tau_p)\boldsymbol{s}_p(n) \tag{A-16}$$

$$=\frac{-1}{\sigma_\omega^2}\mathrm{tr}[\boldsymbol{H}(\tau_k,\tau_p)\boldsymbol{R}_{kp}(n)]$$

其中

$$\boldsymbol{H}(\tau_k,\tau_p)=(\boldsymbol{h}'(\tau_k))^{\mathrm{T}}\boldsymbol{h}'(\tau_p) \tag{A-17}$$

$$\boldsymbol{R}_{kp}(n)=\sum_{n=1}^{N}\boldsymbol{s}_p(n)\boldsymbol{s}_k(n)^{\mathrm{T}} \tag{A-18}$$

如果 $k=p$

$$\frac{\partial L^2(\tau_k)}{\partial\tau_k^2}=\frac{1}{\sigma_\omega^2}\sum_{n=1}^{N}\boldsymbol{s}_k^{\mathrm{T}}(n)\left(\frac{\partial(\boldsymbol{h}'(\tau_k))^{\mathrm{T}}\boldsymbol{u}(n)}{\partial\tau_k}\right)$$

$$=\frac{1}{\sigma_\omega^2}\sum_{n=1}^{N}\boldsymbol{s}_k^{\mathrm{T}}(n)\left(\boldsymbol{u}(n)(\boldsymbol{h}''(\tau_k))^{\mathrm{T}}+(\boldsymbol{h}'(\tau_k))^{\mathrm{T}}\frac{\partial\boldsymbol{u}(n)}{\partial\tau_k}\right)$$

$$=\frac{1}{\sigma_\omega^2}\sum_{n=1}^{N}\boldsymbol{s}_k^{\mathrm{T}}(n)(\boldsymbol{u}(n)(\boldsymbol{h}''(\tau_k))^{\mathrm{T}}-(\boldsymbol{h}'(\tau_k))^{\mathrm{T}}\boldsymbol{h}'(\tau_k)\boldsymbol{s}_k(n))$$

$$=\frac{1}{\sigma_\omega^2}\sum_{n=1}^{N}\{\boldsymbol{s}_k^{\mathrm{T}}(n)\boldsymbol{u}(n)(\boldsymbol{h}''(\tau_k))^{\mathrm{T}}-\boldsymbol{s}_k^{\mathrm{T}}(n)(\boldsymbol{h}'(\tau_k))^{\mathrm{T}}\boldsymbol{h}'(\tau_k)\boldsymbol{s}_k(n)\}$$

$$=\frac{1}{\sigma_\omega^2}\{\sum_{n=1}^{N}\boldsymbol{s}_k^{\mathrm{T}}(n)\boldsymbol{u}(n)(\boldsymbol{h}''(\tau_k))^{\mathrm{T}}-\mathrm{tr}[\boldsymbol{H}(\tau_k,\tau_k)\boldsymbol{R}_{kk}(n)]\} \tag{A-19}$$

其中

$$\boldsymbol{H}(\tau_k,\tau_k)=(\boldsymbol{h}'(\tau_k))^{\mathrm{T}}\boldsymbol{h}'(\tau_k) \tag{A-20}$$

$$\boldsymbol{R}_{kk}(n)=\sum_{n=1}^{N}\boldsymbol{s}_k(n)\boldsymbol{s}_k(n)^{\mathrm{T}} \tag{A-21}$$

由式(A－16)和式(A－19)可以得到 Fisher 信息矩阵 $\boldsymbol{J}(\tau_k)$ 的表达式。

内 容 简 介

空间谱估计是现代信号处理的重要内容，在近年来得到迅速发展。相对于宽带阵列测向方法，窄带信号的各种高分辨阵列测向算法已经比较成熟。然而，现代雷达、通信系统信号频带越来越宽，宽带雷达、宽带通信系统应用更加广泛，信号环境越来越复杂，信号带宽与频率范围不断拓展，使得已有的窄带处理方法显现出不适应性。本书深入、系统地论述了宽带空间谱估计的一些理论、算法，总结了这一领域的研究进展和作者多年在该领域的研究成果。全书由 9 章组成，分别论述了宽带阵列信号高分辨 DOA 估计的研究现状和发展趋势、空间谱估计基础、宽带信号源数目估计、非相干和相干信号子空间算法、宽带波束域高分辨测向算法、循环相关 DOA 估计算法、快速 DOA 估计算法、时域阵列信号处理模型、时域阵列信号高分辨测向算法等。

本书可为从事雷达、声纳、通信、电子对抗等领域的广大技术人员提供参考，也可作为相关院校信号处理、通信等专业的高年级本科生和研究生的参考书。

Spatial spectrum estimation is an important area in modern signal processing, which has rapidly developed in recent years. Compared to wideband array signal direction finding algorithms the narrowband algorithms are relatively much mature. However, the bandwidth of modern radar and communication system is becoming much wider, the wideband radar and communication system are used more and more widely, and the bandwidth and frequency is expanding, as a result of which, the narrowband array signal processing approach is being unable to deal with wideband signal. The book is devoted to present various methods and algorithms and some relative research experience by author. The book is organized in nine chapters, consisting of summarization of DOA estimation, basis of spatial spectrum estimation, number of wideband signal estimation, subspace class algorithms of wideband signals, beamspace DOA estimation, wideband DOA estimation based on cyclostationarity, fast algorithms for wideband DOA estimation, wideband data model in time domain, high resolution DOA estimation based on wideband data model in time domain and so on.

The book should appeal to those researchers in related fields such as radar, sonar, communication, and ECM(Electronic Counter Measures). Besides, it also can used as a reference book of senisor students and graduate student.